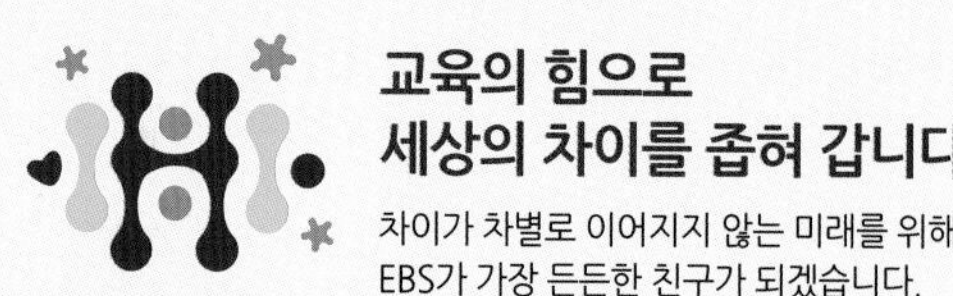

모든 교재 정보와 다양한 이벤트가 가득!
EBS 교재사이트 book.ebs.co.kr

본 교재는 EBS 교재사이트에서
eBook으로도 구입하실 수 있습니다.

수능특강

과학탐구영역 | 화학 I

기획 및 개발
심미연(EBS 교과위원)
강유진(EBS 교과위원)
권현지(EBS 교과위원)
조은정(개발총괄위원)

감수
한국교육과정평가원

책임 편집
김수현

본 교재의 강의는 TV와 모바일 APP, EBS*i* 사이트(www.ebs*i*.co.kr)에서 무료로 제공됩니다.

발행일 2025. 1. 31. **1쇄 인쇄일** 2025. 1. 24. **신고번호** 제2017-000193호 **펴낸곳** 한국교육방송공사 경기도 고양시 일산동구 한류월드로 281
표지디자인 디자인싹 **내지디자인** ㈜글사랑 **내지조판** 다우 **인쇄** ㈜테라북스 **사진** ㈜아이엠스톡
인쇄 과정 중 잘못된 교재는 구입하신 곳에서 교환하여 드립니다. 신규 사업 및 교재 광고 문의 pub@ebs.co.kr

정답과 해설 PDF 파일은 EBS*i* 사이트(www.ebs*i*.co.kr)에서 내려받으실 수 있습니다.

교재 내용 문의	교재 및 강의 내용 문의는 EBS*i* 사이트 (www.ebs*i*.co.kr)의 학습 Q&A 서비스를 활용하시기 바랍니다.	교재 정오표 공지	발행 이후 발견된 정오 사항을 EBS*i* 사이트 정오표 코너에서 알려 드립니다. 교재 → 교재 자료실 → 교재 정오표	교재 정정 신청	공지된 정오 내용 외에 발견된 정오 사항이 있다면 EBS*i* 사이트를 통해 알려 주세요. 교재 → 교재 정정 신청

수능특강

과학탐구영역 | **화학 I**

이 책의 **차례**

Contents

학생

인공지능 DANCHOQ
푸리봇 문|제|검|색

EBS*i* 사이트와 **EBS*i* 고교강의 APP** 하단의 **AI 학습도우미 푸리봇**을 통해 문항코드를 검색하면 푸리봇이 해당 문제의 해설과 해설 강의를 찾아 줍니다. **사진 촬영으로도 검색**할 수 있습니다.

문제별 문항코드 확인

[25024-0001]

1. 아래 그래프를 이해한 내용으로 가장 적절한 것은?

문항코드 검색

25024-0001

사진 촬영 검색

선생님

EBS 교사지원센터
교재 관련 자|료|제|공

교재의 문항 한글(HWP) 파일과 교재이미지, 강의자료를 무료로 제공합니다.

한글다운로드 교재이미지 강의자료

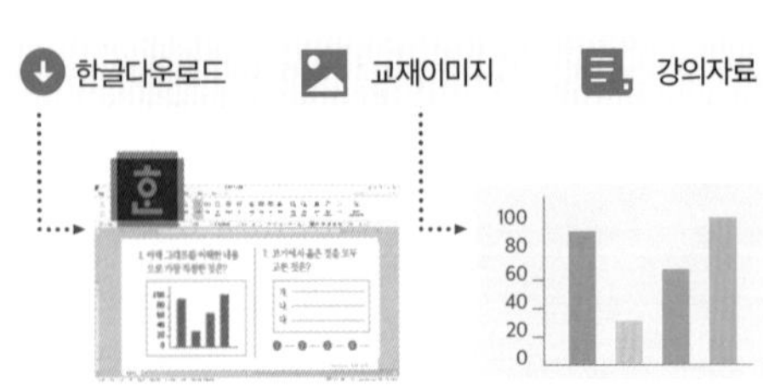

- 교사지원센터(teacher.ebsi.co.kr)에서 '교사인증' 이후 이용하실 수 있습니다.
- 교사지원센터에서 제공하는 자료는 교재별로 다를 수 있습니다.

이 책의 구성과 특징

Structure

교육과정의 핵심 개념 학습과 문제 해결 능력 신장

[EBS 수능특강]은 고등학교 교육과정과 교과서를 분석·종합하여 개발한 교재입니다.
본 교재를 활용하여 대학수학능력시험이 요구하는 교육과정의 핵심 개념과 다양한 난이도의 수능형 문항을 학습함으로써 문제 해결 능력을 기를 수 있습니다. EBS가 심혈을 기울여 개발한 [EBS 수능특강]을 통해 다양한 출제 유형을 연습함으로써, 대학수학능력시험 준비에 도움이 되기를 바랍니다.

충실한 개념 설명과 보충 자료 제공

1. 핵심 개념 정리

주요 개념을 요약·정리하고 탐구 상황에 적용하였으며, 보다 깊이 있는 이해를 돕기 위해 보충 설명과 관련 자료를 풍부하게 제공하였습니다.

과학 돋보기

개념의 통합적인 이해를 돕는 보충 설명 자료나 배경 지식, 과학사, 자료 해석 방법 등을 제시하였습니다.

탐구자료 살펴보기

주요 개념의 이해를 돕고 적용 능력을 기를 수 있도록 시험 문제에 자주 등장하는 탐구 상황을 소개하였습니다.

2. 개념 체크 및 날개 평가

본문에 소개된 주요 개념을 요약·정리하고 간단한 퀴즈를 제시하여 학습한 내용을 갈무리하고 점검할 수 있도록 구성하였습니다.

단계별 평가를 통한 실력 향상

[EBS 수능특강]은 문제를 수능 시험과 유사하게 **수능 2점 테스트, 수능 3점 테스트**로 구분하여 제시하였습니다. 수능 2점 테스트는 필수적인 개념을 간략한 문제 상황으로 다루고 있으며, 수능 3점 테스트는 다양한 개념을 복잡한 문제 상황이나 탐구 활동에 적용하였습니다.

01 우리 생활 속의 화학

개념 체크

➲ 암모니아의 합성과 식량 문제 해결
공기 중 질소를 수소와 반응시켜 대량으로 암모니아를 합성함으로써 식량 문제 해결에 기여하였다.

※ ○ 또는 ×

1. 암모니아를 원료로 하여 만든 질소 비료는 식량 문제 해결에 크게 기여하였다. ( )

2. 암모니아는 공기 중 질소와 산소를 반응시켜 합성한다. ( )

3. 대부분의 생명체는 공기 중의 질소를 직접 이용하지 못한다. ( )

정답
1. ○
2. ×
3. ○

1 화학의 유용성

(1) 화학의 발전 과정

① **불의 발견과 이용** : 금속의 제련이 가능해졌다.

② **중세와 근대 연금술의 발전** : 화학적 조작 및 새로운 화학 물질을 발견하는 계기가 되었다.

③ **18세기 말 라부아지에의 화학 혁명** : 물질이 산소와 반응하여 연소된다는 사실이 밝혀져 화학이 크게 발전하는 원동력이 되었다.

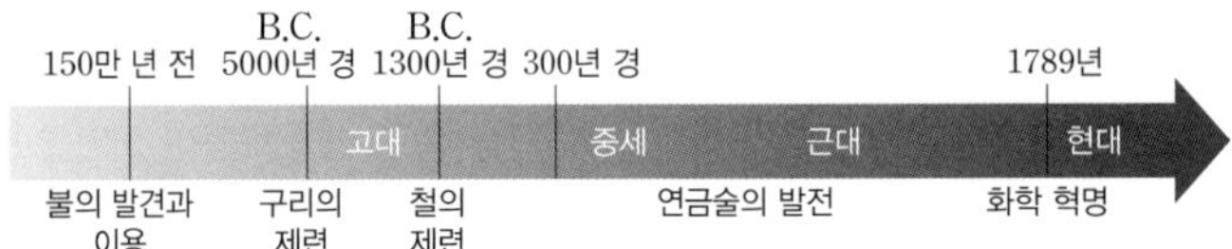

과학 돋보기 연금술

오늘날의 관점에서 연금술을 과학의 분야로 인정하기는 힘들지만, 연금술은 각종 실험 기구와 실험 기법을 발전시키고, 물질의 화학 변화를 일으키는 여러 가지 방법을 개발하여 화학의 발전에 기여하였다고 평가 받는다. 현대에는 연금술사의 방법으로 금을 만드는 것은 불가능하지만, 특정 원소에 특정한 에너지의 방사선을 조사하면 금을 만들 수 있다는 것을 알게 되었다. 그러나 이렇게 금을 만드는 방법은 많은 비용이 요구되어 일반적으로 사용되지는 않는다.

(2) 화학과 식량 문제의 해결

① **식량 문제** : 산업 혁명 이후 인구의 급격한 증가로 인해 식물의 퇴비나 동물의 분뇨와 같은 천연 비료에 의존하던 농업이 한계에 이르게 되었다.

② **질소 비료의 필요성** : 급격한 인구 증가에 따른 식량 부족으로 농업 생산량을 높이기 위해 질소 비료가 필요하였다.

③ **암모니아 합성과 식량 문제의 해결**

- 생명체와 질소 : 질소(N)는 생명체 내에서 단백질, 핵산 등을 구성하는 원소이지만 대부분의 생명체는 공기 중의 질소(N_2)를 직접 이용하지 못한다.
- 하버와 보슈는 공기 중의 질소(N_2)를 수소(H_2)와 반응시켜 암모니아(NH_3)를 대량으로 합성하는 방법을 개발하였다.
- 암모니아 대량 생산의 의의 : 암모니아를 원료로 하여 만든 질소 비료는 식량 문제 해결에 크게 기여하였다.

과학 돋보기 하버 · 보슈 법

19세기 말 인구의 폭발적인 증가로 인한 식량 부족 문제는 인류가 해결해야 할 시급한 과제 중 하나였다.
대기 중의 질소는 매우 안정한 물질이기 때문에 암모니아 합성 반응은 실온에서는 잘 일어나지 않고 고온, 고압 조건에서 일어난다.
하버와 보슈는 암모니아 합성에 필요한 최적의 온도와 압력, 촉매 등의 조건을 알아내기 위한 연구 끝에 공기 중의 질소를 수소와 반응시켜 암모니아를 대량 생산하는 공정을 만들었는데, 이를 하버 · 보슈 법이라고 한다.

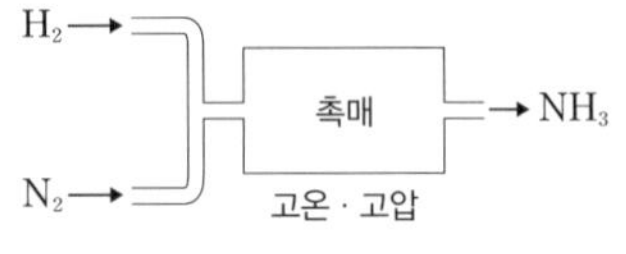

이렇게 생성된 암모니아를 질산, 황산과 반응시켜 질산 암모늄이나 황산 암모늄으로 만들어 비료로 사용한다. 하버 · 보슈 법에 의한 암모니아의 대량 생산은 식량 부족 문제를 해결하는 데 크게 기여하였고, 이 업적으로 하버는 1918년에 노벨 화학상을 수상하였다.

(3) 화학과 의류 문제의 해결

① **의류 문제 :** 식물에서 얻는 면이나 마, 동물에서 얻는 비단과 같은 천연 섬유는 강도가 약하며, 생산 과정에 많은 시간과 노력이 들어 합성 섬유보다 값이 비싸고 대량 생산이 어렵다.

② **합성 섬유의 개발과 의류 문제의 해결**

- 합성 섬유 : 간단한 분자를 이용하여 합성한 섬유로, 원료에 따라 다양한 특징을 갖는 섬유를 합성할 수 있다. 합성 섬유의 원료는 주로 석유로부터 얻는다.
- 천연 섬유와 합성 섬유의 특징

구분	천연 섬유	합성 섬유
종류	면, 마, 모, 견 등	나일론, 폴리에스터 등
특징	• 흡습성이 좋다. • 질기지 않아 쉽게 닳는다. • 생산량이 일정하지 않다. • 생산 과정에 많은 시간과 노력이 필요하다.	• 흡습성이 좋지 않다. • 질기고 쉽게 닳지 않는다. • 대량 생산이 가능하다. • 세탁이 간편하고 해충과 곰팡이의 피해가 없다. • 다양한 기능의 섬유를 제작할 수 있다.

- 합성 섬유 개발의 의의 : 화학의 발달과 함께 개발된 여러 가지 합성 섬유로 인해 값싸고 다양한 기능이 있는 의복을 제작하고 이용할 수 있게 되었다.

과학 돋보기 **최초의 합성 섬유인 나일론**

캐러더스(Carothers, W. H., 1896~1937)가 개발한 나일론은 최초의 합성 섬유로, '공기, 석탄, 그리고 물로부터 만들며, 강철보다 강하다.'라는 주목을 받았다. 나일론은 질기고 물을 흡수해도 팽창하지 않으며 오랫동안 변하지 않는 장점이 있어 여러 가지 의류뿐만 아니라 밧줄, 전선, 그물 등 산업용으로 다양하게 이용된다. 그러나 고온에 비교적 민감하여 쉽게 변형되며, 섬유가 누렇게 되는 황변 현상이 일어나기도 한다.

(4) 화학과 주거 문제의 해결

① **주거 문제 :** 산업 혁명 이후 인구의 급격한 증가로 인해 대규모 주거 공간이 필요해졌다.

② **건축 재료의 특징**

건축 재료	특징
철	단단하고 내구성이 뛰어나 건축물의 골조, 배관 및 가전제품이나 생활용품 등에 이용한다.
스타이로폼	건물 내부의 열이 밖으로 빠져나가지 않도록 하는 단열재로 사용되며, 가볍고 거의 부식되지 않지만 열에 약하다.
시멘트	석회석($CaCO_3$)을 가열하여 생석회(CaO)로 만든 후 점토와 섞은 건축 재료이다.
콘크리트	시멘트에 물, 모래, 자갈 등을 섞은 건축 재료이며, 압축에는 강하지만 잡아당기는 힘에는 약하다.
철근 콘크리트	콘크리트 속에 철근을 넣어 콘크리트의 강도를 높인 것으로 주택, 건물, 도로 등의 건설에 이용한다.
유리	모래에 포함된 이산화 규소(SiO_2)를 원료로 만들며, 건물의 외벽과 창 등에 이용한다.

③ **건축 재료 발달의 의의 :** 화학의 발달로 건축 재료가 바뀌면서 주택, 건물, 도로 등의 대규모 건설이 가능하게 되었다.

개념 체크

➲ 합성 섬유
간단한 분자를 이용하여 합성한 섬유로, 일반적으로 천연 섬유보다 질기고 쉽게 닳지 않으며 대량 생산이 가능하다.

➲ 건축 재료의 개발
시멘트, 철근 콘크리트, 스타이로폼 등의 건축 재료 개발로 안락한 주거 환경과 대규모 건설이 가능해졌다.

1. (   )은 최초의 합성 섬유로 질기고 쉽게 닳지 않아 여러 가지 의류뿐만 아니라 밧줄, 전선, 그물 등에 사용할 수 있다.

2. (   )는 시멘트에 물, 모래, 자갈 등을 섞은 건축 재료이다.

※ ○ 또는 ×

3. 합성 섬유는 대량 생산이 가능하다. (   )

정답
1. 나일론
2. 콘크리트
3. ○

2 탄소 화합물의 유용성

(1) 탄소 화합물 : 탄소(C)를 기본 골격으로 수소(H), 산소(O), 질소(N), 황(S), 인(P), 할로젠 등이 공유 결합하여 이루어진 화합물이다.

예 아미노산, DNA, 합성 섬유 등

(2) 탄소 화합물의 다양성

① 탄소 원자 1개는 최대로 다른 원자 4개와 결합할 수 있고, 탄소 원자들은 다양한 결합 방법(단일 결합, 2중 결합, 3중 결합)으로 여러 가지 구조의 탄소 화합물을 만든다.

② 구성 원소의 종류는 적더라도 탄소 사이의 다양한 결합이 가능해 화합물의 종류가 매우 많다.

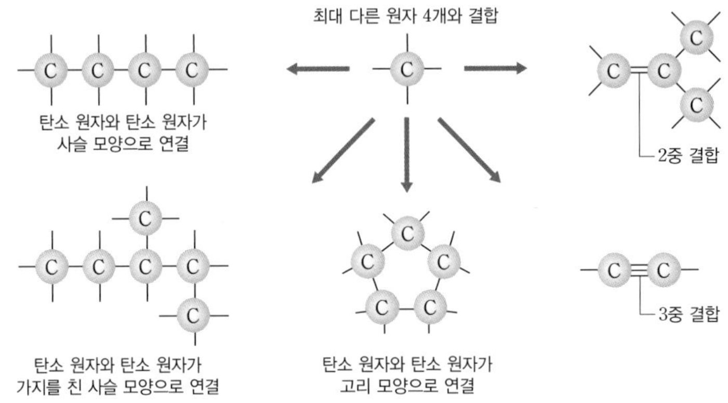

③ 탄소 원자는 C 원자뿐만 아니라 H, O, N 등의 원자와도 결합하므로 화합물의 종류가 매우 많다.

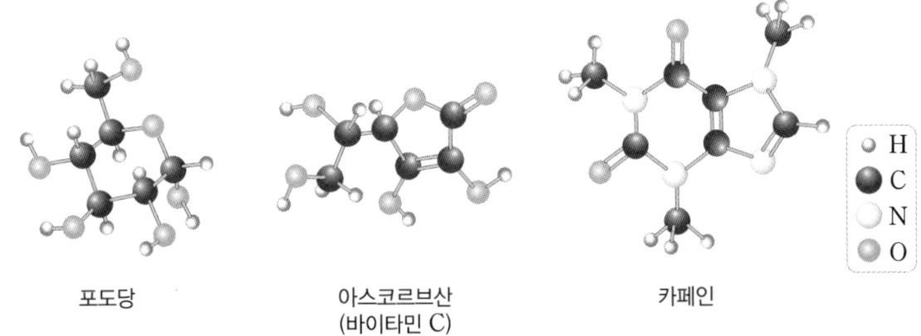

포도당 아스코르브산(바이타민 C) 카페인

(3) 여러 가지 탄소 화합물

① **탄화수소** : 탄소 화합물 중 탄소(C)와 수소(H)로만 이루어진 화합물이다.

- 물에 잘 녹지 않는다.
- 연소할 때 많은 열이 발생하여 연료로 많이 사용한다.
- 완전 연소되면 이산화 탄소(CO_2)와 물(H_2O)이 생성된다.

탄화수소	메테인(CH_4)	프로페인(C_3H_8)	뷰테인(C_4H_{10})
분자 모형 및 결합의 특징	C 원자 1개를 중심으로 4개의 H 원자가 정사면체 모양을 이룬다.	3개의 C 원자가 사슬 모양으로 결합되어 있다.	4개의 C 원자가 사슬 모양으로 결합되어 있다.

개념 체크

탄소 화합물
탄소(C)를 기본 골격으로 수소(H), 산소(O), 질소(N) 등이 결합하여 이루어진 화합물이다.

탄소 화합물의 다양성
탄소 원자 1개는 최대로 다른 원자 4개와 결합할 수 있고, 다양한 결합 방법으로 여러 가지 탄소 화합물을 만들기 때문에 화합물의 종류가 매우 많다.

1. 탄소 화합물은 (　　) 원자가 기본 골격을 이룬다.

2. 탄소 원자 1개는 최대로 다른 원자 (　　)개와 결합할 수 있다.

3. 어떤 물질을 완전 연소시켰을 때 물이 생성되었다면 (　　)는 그 물질의 성분 원소이다.

4. 탄소를 완전 연소시키면 (　　)가 생성된다.

정답
1. 탄소(C)
2. 4
3. 수소
4. 이산화 탄소

탄화수소	메테인(CH_4)	프로페인(C_3H_8)	뷰테인(C_4H_{10})
특징	• 가장 간단한 탄화수소 • 액화 천연 가스(LNG)의 주성분 • 실온에서 기체 • 냄새와 색깔이 없다.	• 액화 석유 가스(LPG)의 주성분 • 실온에서 기체 • 냄새와 색깔이 없다.	• 액화 석유 가스(LPG)의 주성분 • 실온에서 기체 • 냄새와 색깔이 없다.
이용	가정용 연료	차량용, 상업용 연료	차량용, 상업용, 휴대용 연료

과학 돋보기 LNG와 LPG의 저장 · 운반 및 이용

구분	LNG	LPG	
주성분	메테인(CH_4)	프로페인(C_3H_8)	뷰테인(C_4H_{10})
끓는점(°C)	−162.0	−42.1	−0.5
이용	도시 가스	차량용, 상업용 연료	

1. LNG(액화 천연 가스) : 끓는점이 매우 낮아 쉽게 기화되기 때문에 액화시키기 어려워 용기에 넣어 저장하거나 운반하지 않고 주로 가스관을 통해 공급한다.
2. LPG(액화 석유 가스) : 끓는점이 메테인보다 높아 비교적 쉽게 액화되므로 용기에 담아 저장하거나 운반한다.
3. 겨울철 LPG의 이용 : 겨울철에는 여름철보다 프로페인 비율을 높여 공급한다. 끓는점이 −0.5°C인 뷰테인은 온도가 낮아지면 기화되기 어려운 반면, 상대적으로 끓는점이 낮은 프로페인은 기화되기 쉬우므로 겨울철에는 프로페인의 비율을 여름철보다 약간 높이면 사용하기에 편리하다.

탐구자료 살펴보기 연료의 연소 생성물 확인

실험 과정

(가) 그림과 같이 연료를 연소시켜 발생하는 기체를 석회수에 통과시킨다.

(나) 그림과 같이 연료가 연소될 때 비커를 거꾸로 씌웠다가 비커 안쪽에 액체 방울이 생기면 푸른색 염화 코발트 종이를 대어 본다.

실험 결과

(가)에서 석회수가 뿌옇게 흐려졌고, (나)에서 푸른색 염화 코발트 종이가 붉게 변하였다.

분석 point

1. 석회수($Ca(OH)_2(aq)$)가 뿌옇게 흐려진 것은 석회수와 이산화 탄소가 반응하여 물에 녹지 않는 탄산 칼슘($CaCO_3$)이 생성되었기 때문이다.
$Ca(OH)_2(aq)+CO_2(g) \longrightarrow CaCO_3(s)+H_2O(l)$
2. 푸른색 염화 코발트 종이는 물에 의해 붉게 변하므로 생성된 액체는 물이다.

개념 체크

➲ 탄화수소의 연소
탄화수소에는 탄소(C)와 수소(H)가 포함되어 있으므로, 탄화수소를 완전 연소시키면 이산화 탄소와 물이 생성된다.

1. (　　)은 가장 간단한 탄화수소로 천연 가스의 주성분이다.

2. 푸른색 염화 코발트 종이에 (　　)을 묻히면 붉은색으로 변한다.

3. 탄화수소의 완전 연소 생성물 중 (　　)를 석회수에 통과시키면 석회수가 뿌옇게 흐려진다.

정답
1. 메테인(CH_4)
2. 물(H_2O)
3. 이산화 탄소(CO_2)

개념 체크

➲ 에탄올
탄화수소인 에테인(C_2H_6)에서 H 원자 1개 대신 $-OH$가 탄소 원자에 결합되어 있는 물질로, 물에 잘 녹는다.

➲ 아세트산
탄화수소인 메테인(CH_4)에서 H 원자 1개 대신 $-COOH$가 탄소 원자에 결합되어 있는 물질로, 수용액은 산성이다.

1. 에탄올을 완전 연소시키면 (   )와/과 (   ) 이/가 생성된다.

2. 식초는 (   ) 수용액이다.

※ ○ 또는 ×

3. 에탄올을 물에 녹인 수용액은 염기성이다. (   )

4. 분자당 탄소 원자 수는 아세트산이 에탄올보다 크다. (   )

정답
1. 이산화 탄소, 물
2. 아세트산
3. ×
4. ×

② 에탄올(C_2H_5OH) : 탄화수소인 에테인(C_2H_6)에서 H 원자 1개 대신 $-OH$가 탄소 원자에 결합되어 있다.

- 술의 주성분으로, 효모를 이용하여 과일이나 곡물 속에 포함된 당을 발효시켜 만든다.
- 물에 잘 녹는 부분과 잘 녹지 않는 부분을 모두 포함하므로 물과 기름에 모두 잘 녹는다.
- 25℃에서 무색 액체로 존재하며 수용액의 액성은 중성이다.
- 소독용 알코올, 약품의 원료, 용매, 연료 등으로 사용한다.

③ 아세트산(CH_3COOH) : 탄화수소인 메테인(CH_4)에서 H 원자 1개 대신 $-COOH$가 탄소 원자에 결합되어 있다.

- 아세트산이 포함된 식초는 오랜 옛날부터 인류가 이용해 온 대표적인 발효 식품으로, 자연 상태에서 에탄올이 발효되어 만들어진다.
- 25℃에서 무색 액체로 존재하며, 물에 녹아 약한 산성을 띤다.

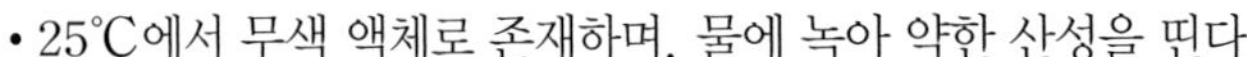

- 약 6% 아세트산 수용액인 식초는 음식을 조리하는 데 사용된다.
- 아스피린과 같은 의약품과 플라스틱, 염료 등의 원료로 사용된다.

④ 그 밖의 탄소 화합물

탄소 화합물	폼알데하이드(CH_2O)	아세톤(C_3H_6O)
분자 보형	• C 원자 1개에 H 원자 2개와 O 원자 1개가 결합한 분자이다. • 모든 원자가 동일 평면에 존재한다.	• 프로페인(C_3H_8)의 가운데 탄소 원자에 H 원자 2개 대신 O 원자 1개가 결합한 분자이다.
특징	• 25℃에서 무색 기체로 자극적인 냄새가 난다. • 물에 잘 용해된다. • 플라스틱, 가구용 접착제 등의 원료로 사용된다.	• 25℃에서 무색 액체로 특유의 냄새가 난다. • 물에 잘 용해된다. • 탄소 화합물을 녹이는 용매나 매니큐어 제거제로 사용된다.

과학 돋보기 C, H, O로 이루어진 탄소 화합물의 완전 연소

탄화수소나 C, H, O로 이루어진 탄소 화합물이 완전 연소할 때, C와 H 원자가 O 원자와 결합하므로 이산화 탄소(CO_2)와 물(H_2O)이 생성되며, 생성되는 CO_2와 H_2O의 분자 수는 각각 탄소 화합물의 분자당 C와 H의 원자 수에 비례한다.

탄소 화합물		메테인 (CH_4)	에탄올 (C_2H_5OH)	아세트산 (CH_3COOH)
분자당 구성 원자 수	C	1	2	2
	H	4	6	4
분자당 완전 연소 생성물의 분자 수	CO_2	1	2	2
	H_2O	2	3	2

(4) 탄소 화합물과 우리 생활

① 탄소 화합물의 생산과 활용

- 원유는 액체 상태로 산출되는 탄화수소의 혼합물이다. 원유를 분별 증류하여 석유 가스, 나프타, 등유, 경유, 중유, 아스팔트 등을 얻는다.
- 나프타를 고온에서 분해하여 생성된 물질을 원료로 플라스틱, 의약품, 화장품, 페인트, 합성 고무 등의 석유 화학 제품을 만들 수 있는데, 이러한 제품이 모두 탄소 화합물이다.

② 생활 속의 탄소 화합물

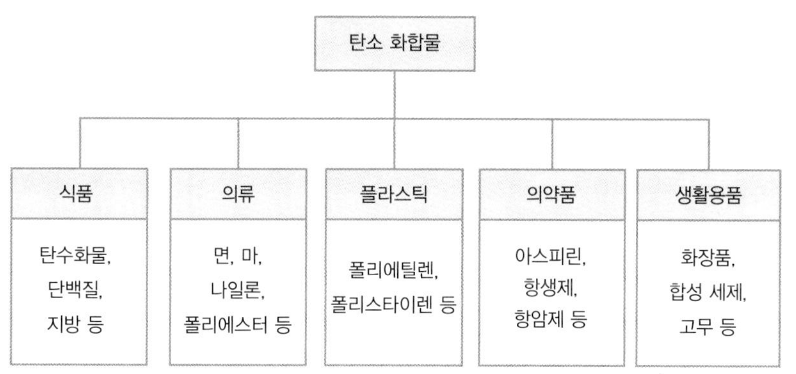

- 플라스틱 : 주로 원유에서 분리되는 나프타를 원료로 하여 합성하는 탄소 화합물로, 가볍고 외부의 힘과 충격에 강하며, 녹이 슬지 않고 대량 생산이 가능하여 값이 싸다.
- 아세틸살리실산(아스피린) : 살리실산과 아세트산을 반응시켜 합성한 탄소 화합물로 해열제나 진통제로 사용된다.

과학 돋보기 원유의 분별 증류

- 원유는 여러 가지 탄화수소가 혼합되어 있는 물질이며, 분별 증류를 이용하여 탄화수소를 분리할 수 있다.
- 분별 증류는 물질의 끓는점 차이를 이용하여 물질을 분리하는 방법으로, 끓는점이 낮은 물질은 먼저 기화하여 증류탑의 위쪽에서 액화되고, 끓는점이 높은 물질은 증류탑의 아래쪽에서 액화된다.
- 분자당 탄소 수가 클수록 끓는점이 높으므로 분별 증류탑의 아래쪽에서 분리되어 나온다.
- 원유에서 분리되어 나오는 탄화수소 중 나프타는 여러 가지 석유 화학 제품의 원료로 사용된다.

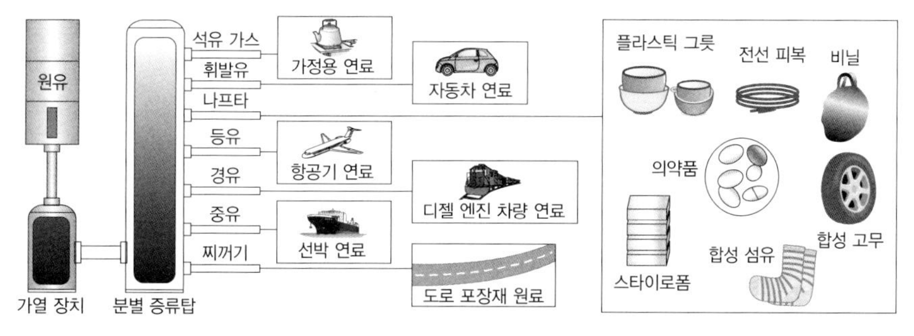

개념 체크

➲ **플라스틱**
나프타를 원료로 하여 합성한 탄소 화합물이다.

➲ **아스피린**
살리실산과 아세트산을 반응시켜 합성한 탄소 화합물이다.

※ ○ 또는 ×

1. 원유는 탄화수소의 혼합물이다. ( )

2. 탄수화물과 아스피린을 이루는 원소는 둘 다 ( ), ( ), 산소이다.

정답
1. ○
2. 탄소, 수소

수능 2점 테스트

[25024-0001]

01 다음은 물질 (가)에 대한 설명이다.

○ (가)는 화합물이다.
○ 하버와 보슈에 의해 (가)의 대량 생산이 가능해졌다.
○ (가)의 대량 생산은 인류의 식량 문제 해결에 기여하였다.

(가)의 화학식으로 옳은 것은?

① NO_2 ② NH_3 ③ CO_2
④ CH_4 ⑤ $C_6H_{12}O_6$

[25024-0002]

02 그림은 우산과 우산에 대한 정보의 일부를 나타낸 것이다.

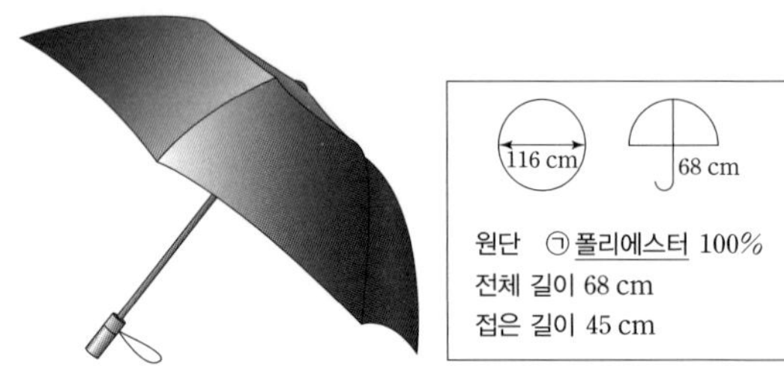

116 cm　68 cm

원단 ㉠ 폴리에스터 100%
전체 길이 68 cm
접은 길이 45 cm

㉠에 대한 설명으로 옳은 것만을 〈보기〉에서 있는 대로 고른 것은?

〈보기〉
ㄱ. 천연 섬유이다.
ㄴ. 탄소 화합물이다.
ㄷ. 물을 잘 흡수한다.

① ㄴ ② ㄷ ③ ㄱ, ㄴ
④ ㄱ, ㄷ ⑤ ㄴ, ㄷ

[25024-0003]

03 다음은 화학과 우리 생활에 대한 세 학생의 대화이다.

제시한 내용이 옳은 학생만을 있는 대로 고른 것은?

① A ② B ③ A, C
④ B, C ⑤ A, B, C

[25024-0004]

04 다음은 물질 X에 대한 설명이다.

○ X는 '원하는 모양으로 만들 수 있는'이라는 뜻의 고대 그리스어에서 유래한 말이다.
○ 탄소 화합물인 X는 주로 석유에서 얻은 물질을 이용하여 만든다.
○ 각종 용기나 제품의 외장재 등으로 이용된다.

X로 가장 적절한 것은?

① 유리 ② 시멘트 ③ 플라스틱
④ 천연 가스 ⑤ 철근 콘크리트

[25024-0005]

05 다음은 원소 X에 대한 설명이다.

- X 원자 1개는 최대로 다른 원자 4개와 결합할 수 있고, X 원자 사이에 다양한 결합이 가능하다.
- X를 기본 골격으로 수소(H), 산소(O), 질소(N) 등이 공유 결합하여 아미노산, 핵산, 합성 섬유 등 다양한 화합물을 이룬다.

X로 옳은 것은?

① 리튬　② 탄소　③ 나트륨
④ 규소　⑤ 염소

[25024-0006]

06 그림 (가)와 (나)는 각각 메테인(CH_4)과 프로페인(C_3H_8)을 모형으로 나타낸 것이다.

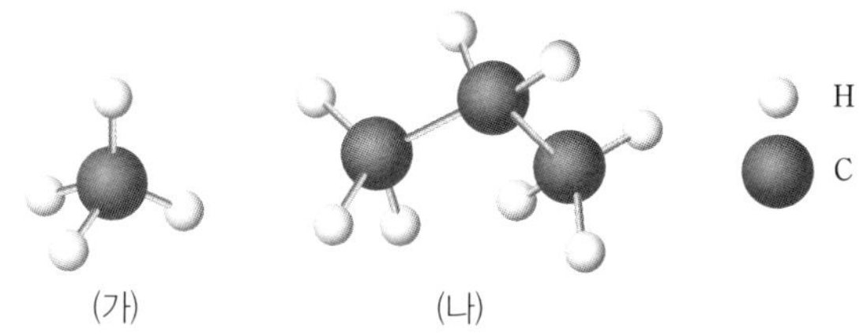

(가)와 (나)에 대한 설명으로 옳은 것만을 〈보기〉에서 있는 대로 고른 것은?

〈보기〉
ㄱ. (가)는 천연 가스의 주성분이다.
ㄴ. 구성 원소의 종류는 같다.
ㄷ. $\frac{\text{H 원자 수}}{\text{C 원자 수}}$는 (가)>(나)이다.

① ㄱ　② ㄴ　③ ㄱ, ㄷ
④ ㄴ, ㄷ　⑤ ㄱ, ㄴ, ㄷ

[25024-0007]

07 그림 (가)와 (나)는 각각 메테인(CH_4)과 메탄올(CH_3OH)을 모형으로 나타낸 것이다.

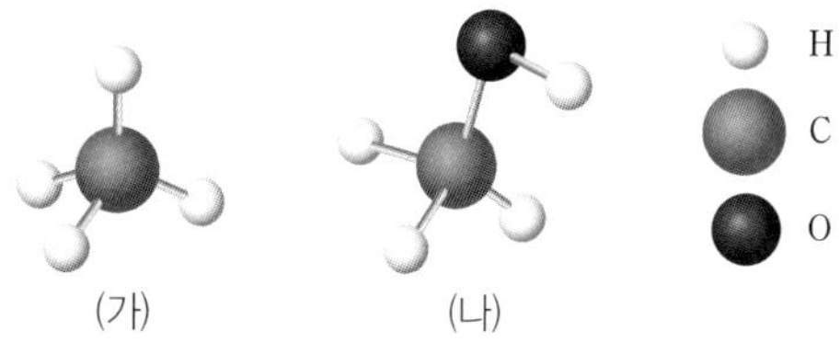

(가)와 (나)에 대한 설명으로 옳은 것만을 〈보기〉에서 있는 대로 고른 것은?

〈보기〉
ㄱ. 분자 1개를 이루는 원자 수가 같다.
ㄴ. C 원자에 결합한 원자 수가 같다.
ㄷ. 완전 연소할 때 생성물의 가짓수가 같다.

① ㄱ　② ㄴ　③ ㄱ, ㄷ
④ ㄴ, ㄷ　⑤ ㄱ, ㄴ, ㄷ

[25024-0008]

08 그림은 탄소 화합물 (가)와 (나)를 모형으로 나타낸 것이다.

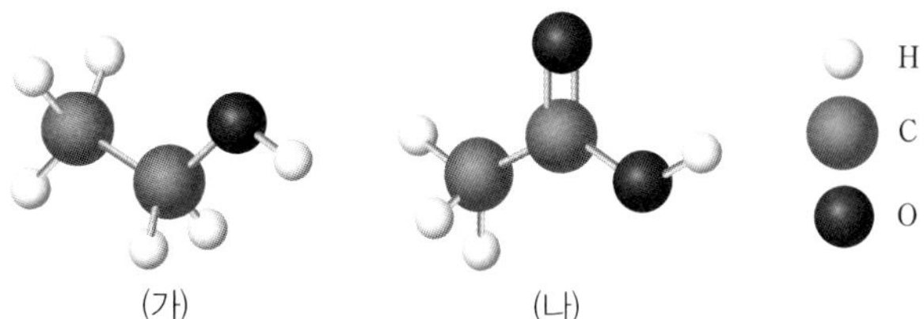

이에 대한 설명으로 옳은 것만을 〈보기〉에서 있는 대로 고른 것은?

〈보기〉
ㄱ. (가)는 소독제의 원료로 이용된다.
ㄴ. (나)의 수용액은 산성이다.
ㄷ. (가)와 (나)에서 모든 C 원자는 4개의 다른 원자와 결합한다.

① ㄱ　② ㄷ　③ ㄱ, ㄴ
④ ㄴ, ㄷ　⑤ ㄱ, ㄴ, ㄷ

수능 3점 테스트

암모니아의 대량 생산은 인류의 식량 문제 해결에 기여하였다.

[25024-0009]

01 다음은 학생 A가 작성한 보고서의 일부이다.

> **제목 : 화학의 발전과 질소 비료의 이용**
> ○ 질소 비료 : 질소를 포함하는 비료로 식물의 생장에 필수적인 비료 중 하나이다.
> ○ ㉠ 의 대량 생산 이전 질소 비료 : 질소 비료의 원료는 주로 질산 나트륨($NaNO_3$)을 포함하는 광석인 초석에서 얻었으며, 전 세계적으로 분포가 한정되어 있어서 질소 비료를 얻기가 어려웠다.
> ○ ㉠ 의 대량 생산 이후 질소 비료 : 하버와 보슈는 공기 중의 질소를 이용하여 ㉠ 을/를 대량 생산하는 공정을 개발하였고, 이를 이용하여 인류는 질소 비료를 합성하였다.

학생 A의 보고서가 타당할 때, 이에 대한 설명으로 옳은 것만을 〈보기〉에서 있는 대로 고른 것은?

〈 보 기 〉
ㄱ. '메테인'은 ㉠으로 적절하다.
ㄴ. ㉠은 탄소 화합물이다.
ㄷ. ㉠의 대량 생산은 인류의 식량 문제 해결에 기여하였다.

① ㄱ ② ㄷ ③ ㄱ, ㄴ ④ ㄴ, ㄷ ⑤ ㄱ, ㄴ, ㄷ

탄화수소의 완전 연소 생성물은 이산화 탄소(CO_2)와 물(H_2O)이다.

[25024-0010]

02 표는 3가지 물질의 쓰임새를 나타낸 것이다.

물질	메테인(CH_4)	뷰테인(C_4H_{10})	옥테인(C_8H_{18})
쓰임새	CNG 천연가스버스 천연 가스의 주성분으로 도시가스로 이용되거나 버스의 연료로 이용된다.	휴대용 가스레인지의 연료로 이용된다.	휘발유 휘발유의 주성분으로 자동차의 연료로 이용된다.

3가지 물질에 대한 설명으로 옳은 것만을 〈보기〉에서 있는 대로 고른 것은?

〈 보 기 〉
ㄱ. 탄화수소이다.
ㄴ. $\frac{\text{H 원자 수}}{\text{C 원자 수}}$는 옥테인이 뷰테인보다 크다.
ㄷ. 완전 연소할 때 생성물의 가짓수가 같다.

① ㄱ ② ㄷ ③ ㄱ, ㄴ ④ ㄱ, ㄷ ⑤ ㄴ, ㄷ

[25024-0011]

03 다음은 화학의 발전이 주거 문제 해결에 기여한 내용에 대한 세 학생의 대화이다.

화석 연료의 사용으로 철을 대량으로 제련하여 건축물에 이용하고 있어.

스타이로폼과 같은 단열재를 이용하여 난방비가 절감되는 건물을 지을 수 있어.

유리는 석유로부터 얻는 탄소 화합물로 건물의 외벽과 창 등에 이용하고 있어.

학생 A 학생 B 학생 C

제시한 내용이 옳은 학생만을 있는 대로 고른 것은?

① A ② C ③ A, B ④ B, C ⑤ A, B, C

철의 제련으로 얻은 철을 건축물에 이용하고, 스타이로폼은 단열재로 이용한다.

[25024-0012]

04 그림은 탄소 화합물 (가)~(다)를 모형으로 나타낸 것이다.

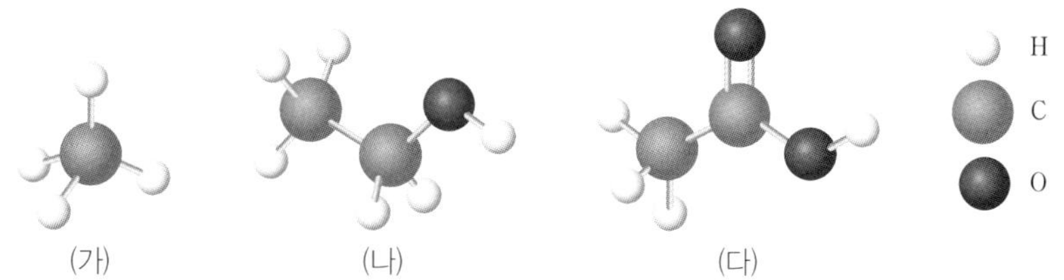

(가) (나) (다)

이에 대한 설명으로 옳은 것만을 〈보기〉에서 있는 대로 고른 것은?

〈 보기 〉

ㄱ. (가)와 (나)에서 모든 C 원자는 4개의 다른 원자와 결합한다.
ㄴ. 완전 연소할 때 생성물의 가짓수는 (가)와 (다)가 같다.
ㄷ. (나)의 수용액은 염기성이고 (다)의 수용액은 산성이다.

① ㄱ ② ㄷ ③ ㄱ, ㄴ ④ ㄴ, ㄷ ⑤ ㄱ, ㄴ, ㄷ

탄소와 수소로 이루어진 탄화수소와 탄소, 수소, 산소로 이루어진 탄소 화합물의 완전 연소 생성물은 이산화 탄소(CO_2)와 물(H_2O)로 같다.

탄소 원자는 최대 4개의 다른 원자와 결합할 수 있다.

[25024-0013]

05 **다음은 학생 A가 탄소에 대해 학습한 후 여러 가지 탄화수소의 화학식을 알아보는 활동이다.**

[학습한 내용]

○ 탄소 원자 1개는 최대로 다른 원자 4개와 결합할 수 있다.

[탐구 과정]

(가) 탄소 원자 2개를 결합시키고, 탄소 원자에 추가로 수소 원자를 결합시켜 모든 탄소 원자가 4개의 다른 원자와 결합한 물질(㉠)의 화학식을 구한다.

(나) ㉠에서 수소 원자 1개를 빼고 대신에 탄소 원자를 결합시키고, 탄소 원자에 추가로 수소 원자를 결합시켜 모든 탄소 원자가 4개의 다른 원자와 결합한 물질(㉡)의 화학식을 구한다.

학생 A의 활동이 타당할 때, ㉠과 ㉡에 대한 설명으로 옳은 것만을 ⟨보기⟩에서 있는 대로 고른 것은?

⟨보기⟩

ㄱ. ㉠의 화학식은 C_2H_8이다.

ㄴ. ㉠과 ㉡의 수소 원자 수의 차는 2이다.

ㄷ. $\frac{\text{C 원자 수}}{\text{H 원자 수}}$는 ㉠>㉡이다.

① ㄴ ② ㄷ ③ ㄱ, ㄴ ④ ㄱ, ㄷ ⑤ ㄴ, ㄷ

탄소와 수소로 이루어진 탄화수소와 탄소, 수소, 산소로 이루어진 탄소 화합물의 완전 연소 생성물은 이산화 탄소(CO_2)와 물(H_2O)로 같다.

[25024-0014]

06 **그림은 탄소 화합물 (가)~(라) 각각 1 mol을 완전 연소시켰을 때 생성물 전체의 양(mol)을 나타낸 것이다. (가)~(라)는 각각 CH_4, C_3H_8, C_2H_5OH, CH_3COOH 중 하나이다.**

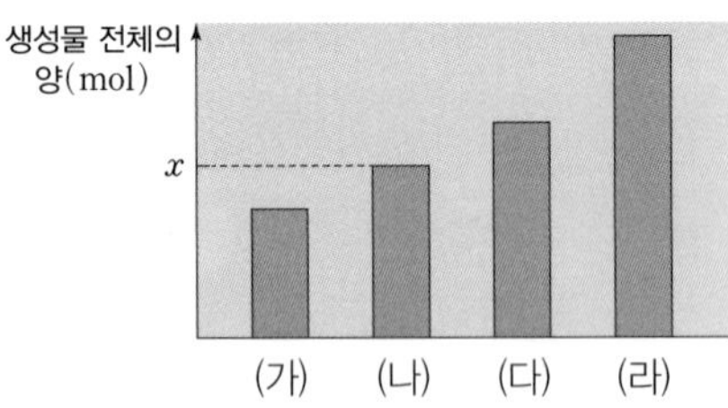

이에 대한 설명으로 옳은 것만을 ⟨보기⟩에서 있는 대로 고른 것은?

⟨보기⟩

ㄱ. $x=4$이다.

ㄴ. (가)와 (라)를 이루는 원소의 종류는 같다.

ㄷ. (다)는 손 소독제의 원료로 이용된다.

① ㄱ ② ㄷ ③ ㄱ, ㄴ ④ ㄴ, ㄷ ⑤ ㄱ, ㄴ, ㄷ

02 화학식량과 몰

1 화학식량

물질을 원소 기호를 이용하여 표현하는 것을 통틀어 화학식이라고 한다. 화학식량은 물질의 화학식을 이루는 원자의 원자량을 모두 더하여 구한다.

과학 돋보기 원자, 분자, 이온

- 원자는 물질을 구성하는 기본적인 입자로 원자핵과 전자로 구성되어 있다.
- 분자는 원자가 공유 결합하여 만들어지며 독립적으로 존재한다. 분자는 구성 원자 수에 따라 이원자 분자, 삼원자 분자, 사원자 분자 등으로 구분할 수 있다. 단, He, Ne, Ar 등의 18족 원소는 예외적으로 원자가 독립적으로 존재하는 일원자 분자이다.

분자(분자식)	산소(O_2)	물(H_2O)	암모니아(NH_3)
분자 모형	O O	O H H	N H H H
구성 원자 (분자당 원자 수)	O O (2)	O H H (3)	N H H H (4)

- 이온은 원자가 전자를 잃거나 얻어서 전하를 띤 입자이다. 화합물 중에는 분자로 이루어지지 않고 이온으로 이루어진 물질도 있다.

(1) 원자량

① 질량수가 12인 탄소(^{12}C) 원자의 원자량을 12로 정하고, 이것을 기준으로 하여 비교한 원자의 상대적인 질량이며, g, kg과 같은 단위를 붙이지 않는다.

- 질량수 : 양성자수와 중성자수를 합한 수이다.

  예 ^{12}C : 양성자수가 6, 중성자수가 6이므로 질량수가 12이다.

② 원자량을 사용하는 까닭 : 원자 1개의 실제 질량은 매우 작아서 원자 1개의 질량을 직접 측정하기 어렵고, 실제 질량을 그대로 사용하면 매우 불편하다. 그래서 특정 원자와 비교한 상대적 질량인 원자량을 사용한다.

과학 돋보기 원자량의 의미

수소(^1H)	산소(^{16}O)
C 원자 1개 / H 원자 12개	C 원자 4개 / O 원자 3개
• C의 원자량×C의 개수=H의 원자량×H의 개수 • C 원자 1개와 H 원자 12개의 질량이 같으므로 H 원자 1개의 질량은 C 원자 1개 질량의 $\frac{1}{12}$배이다. ➡ C의 원자량이 12이므로 H의 원자량은 1이다.	• C의 원자량×C의 개수=O의 원자량×O의 개수 • C 원자 4개와 O 원자 3개의 질량이 같으므로 O 원자 1개의 질량은 C 원자 1개 질량의 $\frac{4}{3}$배이다. ➡ C의 원자량이 12이므로 O의 원자량은 16이다.

개념 체크

원자량
질량수(양성자수+중성자수)가 12인 C 원자의 원자량을 12로 정하고, 이것을 기준으로 비교한 원자의 상대적인 질량이다.

1. 원자량은 질량수가 12인 탄소(C) 원자의 원자량을 (   )로 정하여 기준으로 삼는다.

※ ○ 또는 ×

2. 원자량의 단위는 g이다. (   )
3. 질량수 12인 탄소 원자 1개와 질량수가 1인 수소 원자 12개의 질량이 같을 때 질량수가 1인 수소 원자의 원자량은 1이다. (   )

정답
1. 12
2. ×
3. ○

개념 체크

분자량
분자를 구성하는 모든 원자들의 원자량을 합하여 구한다.

화학식량
분자가 아닌 물질의 경우에는 화학식에 표시된 구성 원자의 원자량을 합하여 구한다.

1. 다음 물질의 화학식량을 구하시오. (단, H, C, O, Ca의 원자량은 각각 1, 12, 16, 40이다.)
(1) CH_4
(2) CO_2
(3) H_2O
(4) $CaCO_3$

※ ○ 또는 ×

2. 흑연(C)과 다이아몬드(C)의 화학식량은 모두 12로 같다. ( )

3. 분자량은 물(H_2O)이 산소(O_2)보다 크다. (단, H, O의 원자량은 각각 1, 16이다.) ( )

정답
1. (1) 16 (2) 44 (3) 18 (4) 100
2. ○
3. ×

과학 돋보기 동위 원소와 평균 원자량

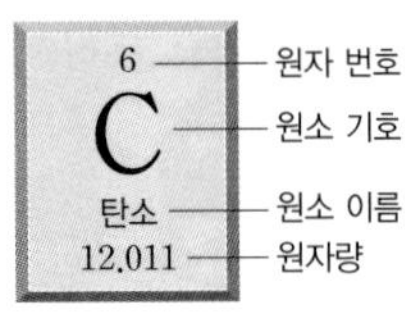

동위 원소는 원자 번호는 같지만 원자의 질량수가 다른 원소이다. 대부분의 원소들은 동위 원소가 있고, 자연 상태에서 그 존재 비율이 거의 일정하다. 예를 들면 자연 상태의 탄소는 질량수가 12인 ^{12}C가 대부분이지만 질량수가 13인 ^{13}C도 조금 섞여 있다. 평균 원자량은 동위 원소의 존재 비율을 고려하여 평균값으로 나타낸 것이고, 주기율표에 주어진 각 원소의 원자량은 평균 원자량이다.

$$\text{탄소의 평균 원자량} = \underset{^{12}C\text{의 원자량}}{12} \times \overset{^{12}C\text{의 존재 비율}}{\frac{98.93}{100}} + \underset{^{13}C\text{의 원자량}}{13} \times \overset{^{13}C\text{의 존재 비율}}{\frac{1.07}{100}} \fallingdotseq 12.011$$

(2) 분자량

분자의 상대적인 질량을 나타내는 값으로, 분자를 구성하는 모든 원자들의 원자량을 합한 값이다. 분자량도 상대적인 질량이므로 단위가 없다.

분자(분자식)	산소(O_2)	물(H_2O)	암모니아(NH_3)
분자 모형	O O	O H H	N H H H
구성 원자 (원자량)	O O (16) (16)	O H H (16) (1) (1)	N H H H (14) (1) (1) (1)
분자량	$16 \times 2 = 32$	$16 + (1 \times 2) = 18$	$14 + (1 \times 3) = 17$

(3) 분자가 아닌 물질의 화학식량

① 염화 나트륨(NaCl), 염화 칼슘($CaCl_2$) 등의 이온 결합 물질과 철(Fe), 구리(Cu) 등의 금속 결합 물질, 그리고 공유 결합 물질 중 이산화 규소(SiO_2), 다이아몬드(C) 등은 분자가 아니다.

② 분자가 아닌 물질의 화학식량은 화학식을 이루는 각 원자의 원자량을 합하여 구한다.

예 염화 나트륨은 Na^+과 Cl^-이 1 : 1의 개수 비로 연속적으로 결합하여 결정을 이루고 있어서 화학식을 NaCl로 표시하며 화학식량은 화학식을 구성하는 원자의 원자량을 합하여 구한다.

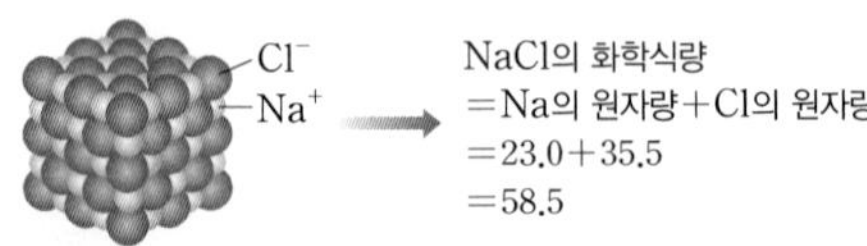

물질(화학식)	플루오린화 칼슘(CaF_2)	이산화 규소(SiO_2)	다이아몬드(C)
모형			
화학식량	$40 + (19 \times 2) = 78$	$28 + (16 \times 2) = 60$	12

2 몰

(1) **몰(mol)** : 원자, 분자, 이온 등과 같은 입자의 수를 나타낼 때 사용하는 묶음 단위이다.

- 묶음 단위를 사용하는 까닭 : 원자, 분자, 이온은 매우 작고 가벼워서 물질의 질량이 작아도 그 속에 들어 있는 원자, 분자, 이온 수가 매우 많기 때문에 묶음 단위를 사용하면 편리하다.

(2) **몰과 아보가드로수(N_A)** : 1 mol은 6.02×10^{23}개의 입자를 뜻하며, 6.02×10^{23}을 아보가드로수라고 한다.

$$1\text{ mol} = \text{입자 } 6.02 \times 10^{23}\text{개}$$

과학 돋보기 1 mol과 아보가드로수

원자, 분자, 이온과 같이 작은 입자들의 개수를 다룰 때 mol이라는 단위를 사용한다. 입자 수가 많을 때는 개수를 세는 것보다 질량을 재는 것이 편리하다. 1 mol은 탄소(^{12}C) 12 g 속에 들어 있는 원자의 개수로 정의되었다가 현재는 '1 mol은 $6.02214076 \times 10^{23}$개의 구성 요소를 포함한다.'로 정의가 바뀌었다. 구성 요소는 원자, 분자, 이온, 전자 등이 될 수 있다. 예를 들면 전자 1 mol에 포함된 전자는 $6.02214076 \times 10^{23}$개이다.

(3) **몰과 입자 수** : 원자, 분자, 이온 등 입자의 종류와 관계없이 입자 1 mol에는 그 입자가 6.02×10^{23}개 들어 있다.

원자		분자	
원자 1 mol	원자 1 mol $=$원자 6.02×10^{23}개	분자 1 mol	분자 1 mol $=$분자 6.02×10^{23}개
원자 2 mol	원자 2 mol $=$원자 $2 \times 6.02 \times 10^{23}$개	분자 2 mol	분자 2 mol $=$분자 $2 \times 6.02 \times 10^{23}$개

입자	1 mol의 의미	물질의 양(mol)과 입자 수
원자	6.02×10^{23}개의 원자	• 탄소 원자(C) 1 mol ➡ 탄소 원자 6.02×10^{23}개 • 수소 원자(H) 0.5 mol ➡ 수소 원자 $0.5 \times 6.02 \times 10^{23}$개
분자	6.02×10^{23}개의 분자	• 물 분자(H_2O) 1 mol ➡ 물 분자 6.02×10^{23}개 • 산소 분자(O_2) 0.1 mol ➡ 산소 분자 $0.1 \times 6.02 \times 10^{23}$개
이온	6.02×10^{23}개의 이온	• 칼륨 이온(K^+) 1 mol ➡ 칼륨 이온 6.02×10^{23}개 • 염화 이온(Cl^-) 2 mol ➡ 염화 이온 $2 \times 6.02 \times 10^{23}$개

① 분자로 이루어진 물질의 양(mol)을 알면 그 물질을 구성하는 원자의 양(mol)과 개수를 알 수 있다.

예 이산화 탄소(CO_2) 분자 1 mol에는 탄소(C) 원자 1 mol, 산소(O) 원자 2 mol이 들어 있다.

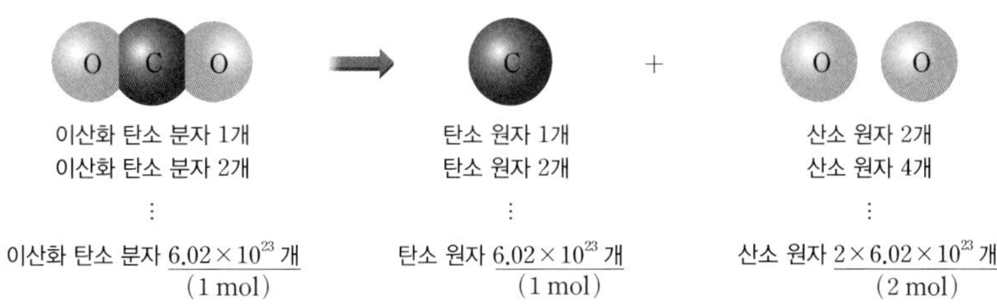

개념 체크

몰(mol)
원자, 분자, 이온 등 작은 입자의 개수를 묶음으로 나타내는 단위이다.

아보가드로수
입자 1 mol을 나타내는 수인 6.02×10^{23}이다.

1. 탄소(C) 원자 6.02×10^{23}개의 양은 (   ) mol이다.

2. 다음 입자의 양(mol)을 구하시오.
   (1) 물(H_2O) 분자 1 mol에 들어 있는 H 원자
   (2) 이산화 탄소(CO_2) 분자 1 mol에 들어 있는 전체 원자

3. 다음의 입자 수를 구하시오. (단, 아보가드로수는 6.02×10^{23}이다.)
   (1) 수소(H_2) 기체 1 mol의 H 원자 수
   (2) 메테인(CH_4) 2 mol의 전체 원자 수

정답
1. 1
2. (1) 2 mol (2) 3 mol
3. (1) $2 \times 6.02 \times 10^{23}$
   (2) $10 \times 6.02 \times 10^{23}$

개념 체크

➊ 1 mol의 질량
물질의 화학식량 뒤에 그램(g) 단위를 붙인 질량이다.

1. 다음 물질의 질량(g)을 구하시오.
(단, H, C, O의 원자량은 각각 1, 12, 16이다.)
(1) 물(H_2O) 1 mol의 질량
(2) 이산화 탄소(CO_2) 0.5 mol의 질량
(3) 메테인(CH_4) 분자 6.02×10^{23}개의 질량

※ ○ 또는 ×
※ C, N, O, Na, Cl의 원자량은 각각 12, 14, 16, 23, 35.5이다.

2. 1 mol의 질량은 CO_2와 N_2O가 같다. (　　)

3. 화학식량이 58.5인 NaCl 1 mol에 들어 있는 Na^+의 질량은 35.5 g이다. (　　)

정답
1. (1) 18 g (2) 22 g (3) 16 g
2. ○
3. ×

② 이온 결합 물질의 양(mol)을 알면 그 물질을 구성하는 이온의 양(mol)을 알 수 있다.

예 염화 나트륨(NaCl) 1 mol에는 Na^+ 1 mol과 Cl^- 1 mol이 들어 있으므로 총 2 mol의 이온이 들어 있다.

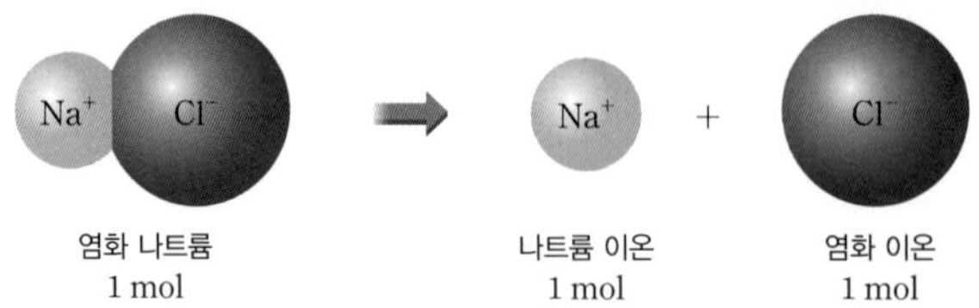

(4) 몰과 질량

① **1 mol의 질량** : 물질의 화학식량 뒤에 그램(g) 단위를 붙인 질량이다.

구분	1 mol의 질량	예
원자	원자량 g	탄소(C)의 원자량 : 12 ➡ 탄소(C) 원자 1 mol의 질량=12 g
분자	분자량 g	암모니아(NH_3)의 분자량 : 17 ➡ 암모니아(NH_3) 분자 1 mol의 질량=17 g
이온 결합 물질	화학식량 g	탄산 칼슘($CaCO_3$)의 화학식량 : 100 ➡ 탄산 칼슘($CaCO_3$) 1 mol의 질량=100 g

• 이산화 탄소(CO_2) 분자와 구성 원자의 몰과 질량 관계

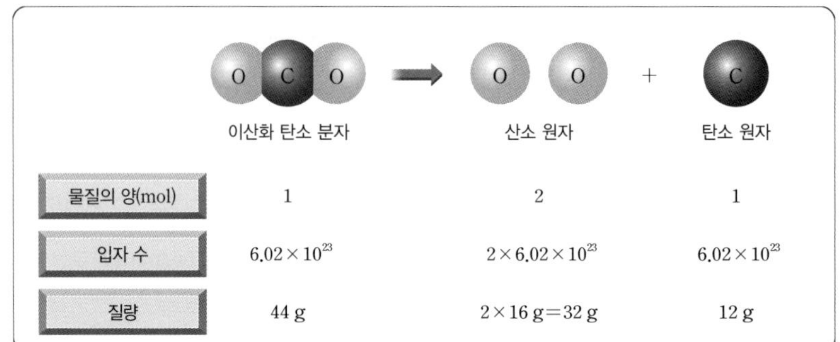

과학 돋보기 **물질 1 mol의 질량 비교**

1 mol의 물(H_2O)　1 mol의 구리(Cu)　1 mol의 염화 나트륨(NaCl)

물질	화학식	1 mol의 질량(g)
물	H_2O	18
구리	Cu	63.5
염화 나트륨	NaCl	58.5

• 분자량이 18인 H_2O 분자 1 mol의 질량은 18 g이다.
• 원자량이 63.5인 Cu 원자 1 mol의 질량은 63.5 g이다.
• 화학식량이 58.5인 NaCl 1 mol의 질량은 58.5 g이다.

과학 돋보기 물질의 질량과 아보가드로수의 관계

입자 1 mol의 질량을 아보가드로수(N_A)로 나누면 입자 1개의 질량이 되고, 입자 1개의 질량에 아보가드로수(N_A)를 곱하면 입자 1 mol의 질량이 된다.

원자, 분자, 이온 1 mol의 질량(g) $\xrightarrow[\times N_A]{\div N_A}$ 원자, 분자, 이온 1개의 질량(g)	예 • 산소 원자(O) 1 mol의 질량(g) =산소 원자(O) 1개의 질량(g)$\times N_A$ • 물 분자(H_2O) 1개의 질량(g) =물 분자(H_2O) 1 mol의 질량(g)$\div N_A$

예 • 탄소(C) 원자 1개의 질량 : $\frac{\text{탄소 원자 1 mol의 질량}}{N_A}$

$=\frac{12\text{ g}}{6.02\times10^{23}}\fallingdotseq1.99\times10^{-23}\text{ g}$

• 탄소(C) 원자 1 mol의 질량 : 탄소 원자 1개의 질량$\times N_A$

$=1.99\times10^{-23}\text{ g}\times6.02\times10^{23}\fallingdotseq12\text{ g}$

② **물질의 질량 구하기** : 물질의 질량은 1 mol의 질량에 물질의 양(mol)을 곱하여 구한다.

$$\text{질량(g)}=\text{1 mol의 질량(g/mol)}\times\text{물질의 양(mol)}$$

예 물(H_2O) 2 mol의 질량=18 g/mol×2 mol=36 g

③ **물질의 양(mol) 구하기** : 물질의 양(mol)은 물질의 질량을 그 물질 1 mol의 질량으로 나누어 구한다.

$$\text{물질의 양(mol)}=\frac{\text{질량(g)}}{\text{1 mol의 질량(g/mol)}}$$

예 물(H_2O) 54 g의 양(mol)$=\frac{54\text{ g}}{18\text{ g/mol}}=3\text{ mol}$

④ **물질 1 g에 포함된 양(mol)과 구성 원자의 개수 비, 질량비**

분자(분자식)	메테인(CH_4)	이산화 탄소(CO_2)
분자량	16	44
1 g에 포함된 분자의 양(mol)	$\frac{1}{16}$	$\frac{1}{44}$
1 g에 포함된 전체 원자의 양(mol)	$\frac{1}{16}\times5=\frac{5}{16}$	$\frac{1}{44}\times3=\frac{3}{44}$
구성 원자의 개수 비	C : H=1 : 4	C : O=1 : 2
구성 원자의 질량비	C : H=12 : (4×1)=3 : 1	C : O=12 : (2×16)=3 : 8

• 같은 질량의 물질에 포함된 분자 수는 분자량에 반비례한다.

예 1 g의 메테인(CH_4)과 1 g의 이산화 탄소(CO_2)에 포함된 분자 수 비

$CH_4 : CO_2=\frac{1}{16}:\frac{1}{44}=11:4$

개념 체크

➲ 물질의 질량(g)=1 mol의 질량(g/mol)×물질의 양(mol)

➲ 물질의 양(mol)=$\frac{\text{물질의 질량(g)}}{\text{1 mol의 질량(g/mol)}}$

※ H, C, N, O, Ca의 원자량은 각각 1, 12, 14, 16, 40이다.

1. 다음 물질의 질량(g)을 구하시오.
   (1) 물(H_2O) 2 mol의 질량
   (2) 탄산 칼슘($CaCO_3$) 1 mol의 질량

※ ○ 또는 ×

2. 1 mol의 질량은 질소(N_2) 기체가 산소(O_2) 기체보다 크다. ( )

3. 암모니아(NH_3) 2 mol에 들어 있는 N의 질량은 28 g이다. ( )

정답
1. (1) 36 g (2) 100 g
2. ×
3. ○

개념 체크

➲ **아보가드로 법칙**
모든 기체는 같은 온도와 압력에서 같은 부피 속에 같은 수의 분자가 들어 있다.

➲ **기체 1 mol의 부피**
0℃, 1 atm에서 모든 기체 1 mol의 부피는 22.4 L이다.

➲ 기체 분자의 양(mol) = $\frac{\text{기체의 부피(L)}}{\text{기체 1 mol의 부피(L/mol)}}$

1. 0℃, 1 atm에서 이산화 탄소(CO_2) 기체 22.4 L가 있다.
다음 값을 구하시오. (단, C, O의 원자량은 각각 12, 16이다.)
(1) CO_2 분자의 양(mol)
(2) CO_2의 질량(g)
(3) C의 질량(g)

※ ○ 또는 ×

2. 0℃, 1 atm에서 H_2 1 mol과 O_2 1 mol의 부피는 같다. ( )

3. 0℃, 1 atm에서 N_2 1 mol과 CO_2 1 mol의 질량은 같다. (단, C, N, O의 원자량은 각각 12, 14, 16이다.) ( )

정답
1. (1) 1 mol (2) 44 g (3) 12 g
2. ○
3. ×

(5) 몰과 기체의 부피

① **아보가드로 법칙** : 모든 기체는 같은 온도와 압력에서 같은 부피 속에 같은 수의 분자가 들어 있다.

② **기체 1 mol의 부피** : 0℃, 1 atm에서 모든 기체 1 mol의 부피는 22.4 L로 일정하며, 기체 22.4 L 속에는 6.02×10^{23}개의 기체 분자가 들어 있다.

기체 1 mol의 부피 = 22.4 L (0℃, 1 atm)

과학 돋보기 기체 1 mol의 비교 (0℃, 1 atm)

분자(분자식)	수소(H_2)	산소(O_2)	암모니아(NH_3)	이산화 탄소(CO_2)
모형 (0℃, 1 atm)				
물질의 양(mol)	1	1	1	1
분자 수	6.02×10^{23}	6.02×10^{23}	6.02×10^{23}	6.02×10^{23}
원자 수	$2\times(6.02\times10^{23})$	$2\times(6.02\times10^{23})$	$4\times(6.02\times10^{23})$	$3\times(6.02\times10^{23})$
질량(g)	2	32	17	44
부피(L)	22.4	22.4	22.4	22.4

• 기체 1 mol에 포함된 분자 수는 6.02×10^{23}으로 같다.
• 기체 1 mol의 부피는 22.4 L로 같지만, 질량은 분자량에 비례하여 달라진다.
• 기체 1 mol에 포함된 전체 원자 수는 분자당 원자 수에 아보가드로수를 곱해서 구한다.

③ **기체의 부피와 분자의 양(mol)** : 기체 분자의 양(mol)은 기체의 부피를 기체 1 mol의 부피로 나누어 구한다.

$$\text{기체 분자의 양(mol)} = \frac{\text{기체의 부피(L)}}{\text{기체 1 mol의 부피(L/mol)}}$$

예 20℃, 1 atm에서 기체 1 mol의 부피가 24 L일 때, 20℃, 1 atm에서 메테인(CH_4) 기체 12 L에 포함된 기체 분자의 양은 $\frac{12\text{ L}}{24\text{ L/mol}} = 0.5\text{ mol}$이다.

④ **기체의 밀도와 분자량** : 같은 온도와 압력에서 같은 부피의 기체에 포함된 분자 수가 같고, 밀도 $= \frac{\text{질량}}{\text{부피}}$이므로 기체의 밀도는 분자량에 비례한다.

예 산소(O_2)의 분자량이 32, 메테인(CH_4)의 분자량이 16이므로 20℃, 1 atm에서 산소(O_2) 기체의 밀도가 $\frac{4}{3}$ g/L이면 메테인(CH_4) 기체의 밀도는 $\frac{4}{3}\text{ g/L}\times\frac{1}{2} = \frac{2}{3}\text{ g/L}$이다.

(6) 물질의 양(mol)과 입자 수, 질량, 기체의 부피 사이의 관계

$$물질의\ 양(mol) = \frac{입자\ 수}{6.02 \times 10^{23}(mol^{-1})}$$
$$= \frac{질량(g)}{1\ mol의\ 질량(g/mol)} = \frac{기체의\ 부피(L)}{22.4(L/mol)}\ (0℃,\ 1\ atm)$$

예 C_2H_6(분자량 : 30) 기체 2 mol의 입자 수, 질량, 부피

- 분자 수 : $2 \times 6.02 \times 10^{23}$
- 질량 : 2×30 g
- 기체의 부피 : 2×22.4 L (0℃, 1 atm)

탐구자료 살펴보기 여러 가지 물질 1 mol의 질량과 부피

물질 1 mol의 양을 측정하는 실험을 계획하고 수행하여 1 mol의 양을 체험해 보자.

준비물 염화 나트륨, 구리, 물, 에탄올, 산소, 헬륨, 풍선, 비커, 약숟가락, 시약포지, 전자저울, 자

실험 과정

(가) 다음 각 물질 1 mol의 양을 측정하는 실험 방법을 계획해 보자.

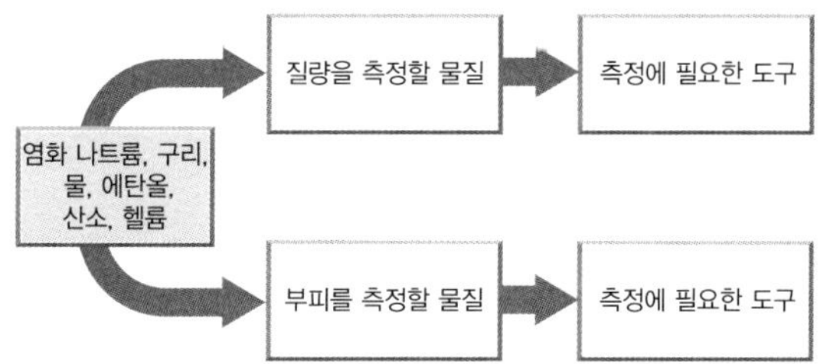

(나) 각 물질 1 mol의 질량 또는 부피를 어림해 본다.
(다) 실험 도구를 이용하여 각 물질 1 mol의 질량 또는 부피를 측정하고, 어림한 양과 비교해 본다.

실험 결과

1. 질량을 측정할 물질과 부피를 측정할 물질, 측정에 필요한 도구는 다음과 같다.

구분	질량 측정	부피 측정
물질	염화 나트륨, 구리, 물, 에탄올	산소, 헬륨
측정에 필요한 도구	전자저울, 시약포지, 약숟가락, 비커	풍선, 자

2. 측정한 각 물질 1 mol의 양은 다음과 같다.

물질	염화 나트륨	구리	물	에탄올	산소	헬륨
질량 또는 부피	질량 58.5 g	질량 64 g	질량 18 g	질량 46 g	0℃, 1 atm 에서 부피 22.4 L	0℃, 1 atm 에서 부피 22.4 L

분석 point

1. 구성 원자의 종류와 수가 다른 물질은 화학식량이 다르므로 1 mol의 질량이 서로 다르다.
2. 온도와 압력이 같을 때 기체 상태인 산소와 헬륨은 1 mol의 부피가 같다.

개념 체크

- 물질의 입자 수 = 물질의 양(mol) × $6.02 \times 10^{23}(mol^{-1})$
- 물질의 질량(g) = 물질의 양(mol) × 1 mol의 질량(g/mol)
- 0℃, 1 atm에서 기체의 부피(L) = 물질의 양(mol) × 1 mol의 부피(22.4 L/mol)

※ H, C, N, O, Ca의 원자량은 각각 1, 12, 14, 16, 40이다.

1. 다음 물질들의 값을 구하시오.
   (1) 0℃, 1 atm에서 메테인(CH_4) 16 g의 부피(L)
   (2) 물(H_2O) 9 g에서 H 원자의 양(mol)
   (3) 0℃, 1 atm에서 질소(N_2) 기체 2 mol의 부피(L)
   (4) 탄산 칼슘($CaCO_3$) 10 g의 양(mol)

※ ○ 또는 ×

2. 메테인(CH_4) 기체 16 g의 부피는 온도와 압력에 따라 달라질 수 있다. (　　)

3. 물(H_2O) 18 g과 얼음 18 g에 들어 있는 H_2O의 양(mol)은 같다. (　　)

정답
1. (1) 22.4 L (2) 1 mol (3) 44.8 L (4) 0.1 mol
2. ○
3. ○

개념 체크

➲ 0℃, 1 atm에서 기체의 분자량을 구하는 방법
기체의 부피가 22.4 L일 때 질량을 구하면 분자량을 구할 수 있다.

➲ 기체의 온도와 압력이 같을 때, 같은 부피의 기체의 질량비는 분자량비와 같다.

➲ 기체의 온도와 압력이 같을 때, 기체의 밀도비는 분자량비와 같다.

※ 0℃, 1 atm에서 기체 1 mol의 부피는 22.4 L이다.

1. 0℃, 1 atm에서 1 g의 부피가 11.2 L인 기체 A의 분자량은 (　　)이다.

2. 같은 온도와 압력에서 분자량이 44인 이산화 탄소(CO_2) 기체와 밀도가 같은 기체의 분자량은 (　　)이다.

※ ○ 또는 ×

3. 같은 온도와 압력에서 기체의 밀도비로 분자량비를 구할 수 있다. (　　)

정답
1. 2
2. 44
3. ○

과학 돋보기 물질의 양(mol) 구하기

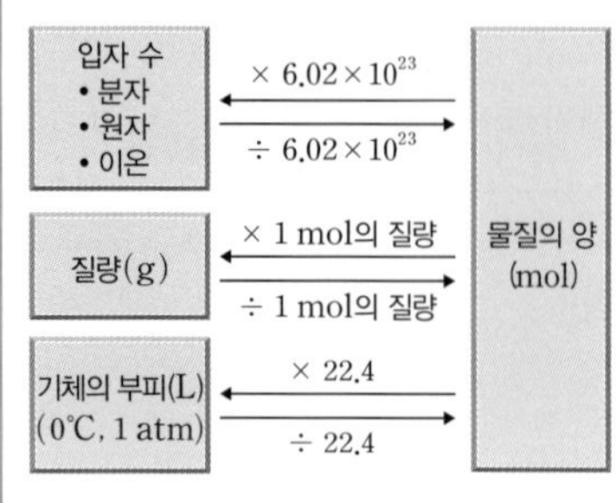

물질의 입자 수와 양(mol)

- 물질의 입자 수는 물질의 양(mol)에 아보가드로수(6.02×10^{23})를 곱하여 구한다.
- 물질의 양(mol)은 입자 수를 6.02×10^{23}으로 나누어 구한다.

물질의 질량과 양(mol)

- 물질의 질량(g)은 물질의 양(mol)에 1 mol의 질량을 곱하여 구한다.
- 물질의 양(mol)은 물질의 질량(g)을 1 mol의 질량으로 나누어 구한다.

기체의 부피와 양(mol)(0℃, 1 atm)

- 기체의 부피(L)는 물질의 양(mol)에 22.4를 곱하여 구한다.
- 기체의 양(mol)은 기체의 부피(L)를 22.4로 나누어 구한다.

과학 돋보기 기체의 분자량 구하기

(1) 0℃, 1 atm에서 기체 1 mol의 부피를 이용하여 분자량 구하기

0℃, 1 atm에서 기체 1 mol의 부피는 22.4 L이고, 1 mol의 질량은 분자량에 g(단위)을 붙인 질량에 해당하므로 기체 22.4 L의 질량을 계산하여 분자량을 구할 수 있다.

예 0℃, 1 atm에서 기체 X 5.6 L의 질량이 4 g이다. X의 분자량은?

➡ X 22.4 L의 질량을 구한다. 5.6 L : 4 g = 22.4 L : x g ∴ $x = 16$
따라서 X의 분자량은 16이다.

(2) 아보가드로 법칙을 이용하여 분자량 구하기

① 모든 기체는 같은 온도와 압력에서 같은 부피 속에 같은 수의 분자가 들어 있으므로 같은 부피의 기체의 질량비는 분자 1개의 질량비와 같고, 분자 1개의 질량비는 분자량비와 같다.

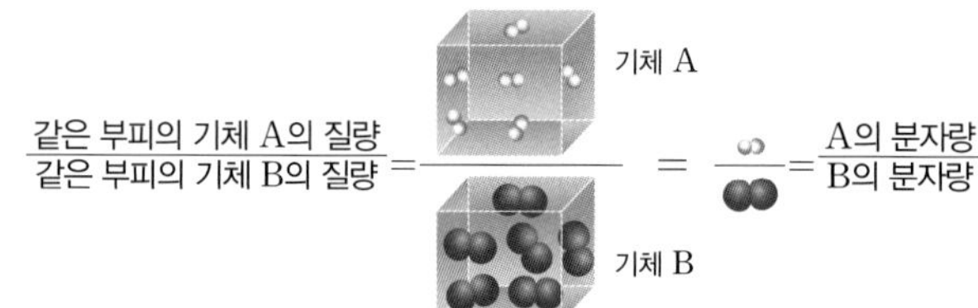

예 같은 온도와 압력에서 기체 X 12 L의 질량이 8 g이고, 산소(O_2) 기체 12 L의 질량이 16 g이다. X의 분자량은? (단, O의 원자량은 16이다.)

➡ $\frac{\text{X 12 L의 질량(8 g)}}{\text{O}_2\text{ 12 L의 질량(16 g)}} = \frac{\text{X의 분자량}}{\text{O}_2\text{의 분자량}} = \frac{\text{X의 분자량}}{32}$이므로 $\frac{\text{X의 분자량}}{32} = \frac{1}{2}$이다.
따라서 X의 분자량은 16이다.

② 모든 기체는 같은 온도와 압력에서 같은 부피 속에 같은 수의 분자가 들어 있으며, 밀도$=\frac{\text{질량}}{\text{부피}}$이므로 기체의 분자량비는 밀도비와 같다. 따라서 어느 한 기체의 분자량을 알고 있으면 두 기체의 밀도비를 이용하여 다른 기체의 분자량을 구할 수 있다.

$$\frac{\text{A의 분자량}}{\text{B의 분자량}} = \frac{\text{기체 A의 밀도}}{\text{기체 B의 밀도}}$$

예 t℃, 1 atm에서 기체 X 6 L의 질량이 8 g이고, 이산화 탄소(CO_2) 12 L의 질량이 22 g이다. X의 분자량은? (단, CO_2의 분자량은 44이다.)

➡ X의 밀도는 $\frac{4}{3}$ g/L, CO_2의 밀도는 $\frac{11}{6}$ g/L이므로 $\frac{\text{기체 X의 밀도}}{\text{기체 CO}_2\text{의 밀도}} = \frac{8}{11}$이며,
$\frac{\text{X의 분자량}}{\text{CO}_2\text{의 분자량}} = \frac{\text{기체 X의 밀도}}{\text{기체 CO}_2\text{의 밀도}}$이므로 $\frac{\text{X의 분자량}}{44} = \frac{8}{11}$이다. 따라서 X의 분자량은 32이다.

[25024-0015]

01 다음은 원자량에 대한 세 학생의 대화이다.

제시한 내용이 옳은 학생만을 있는 대로 고른 것은?

① A　② C　③ A, B　④ B, C　⑤ A, B, C

[25024-0016]

02 그림은 탄소(C)와 원자 X, Y의 질량 관계를 나타낸 것이다.

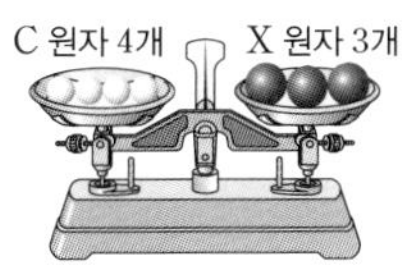

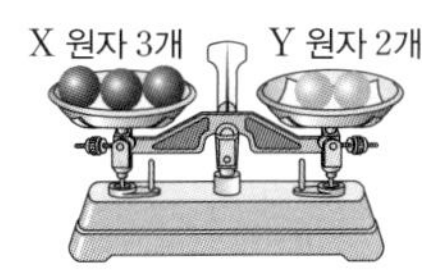

$\frac{CX_2\text{의 화학식량}}{YX\text{의 화학식량}}$은? (단, X와 Y는 임의의 원소 기호이다.)

① $\frac{5}{6}$　② 1　③ $\frac{21}{20}$　④ $\frac{11}{10}$　⑤ $\frac{3}{2}$

[25024-0017]

03 그림 (가)~(다)는 각각 일정량의 포도당($C_6H_{12}O_6$), 물(H_2O), 헬륨(He)을 나타낸 것이다. (나)에서 H_2O의 밀도는 1 g/mL이고, 0℃, 1 atm에서 기체 1 mol의 부피는 22.4 L이다.

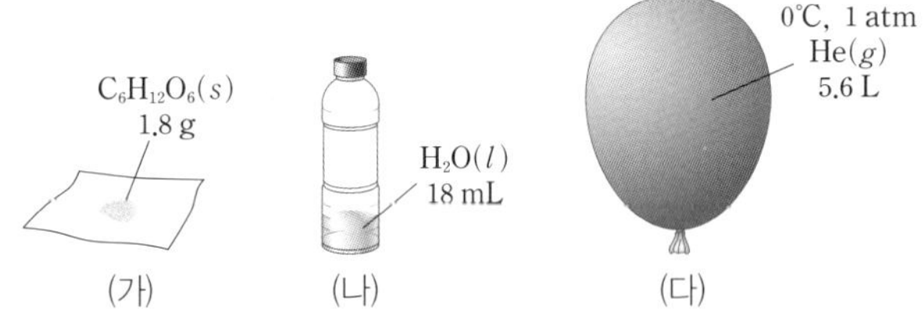

이에 대한 설명으로 옳은 것만을 〈보기〉에서 있는 대로 고른 것은? (단, H, He, C, O의 원자량은 각각 1, 4, 12, 16이고, 아보가드로수는 N_A이다.)

〈보기〉
ㄱ. (가)에서 $C_6H_{12}O_6$의 양은 0.01 mol이다.
ㄴ. (나)에서 H_2O 분자 수는 $3 \times N_A$이다.
ㄷ. (다)에서 He의 질량은 0.1 g이다.

① ㄱ　② ㄷ　③ ㄱ, ㄴ　④ ㄴ, ㄷ　⑤ ㄱ, ㄴ, ㄷ

[25024-0018]

04 표는 t℃, 1 atm에서 기체 (가)와 (나)에 대한 자료이다. 원자량비는 X : Y = 7 : 6이다.

기체	분자식	부피(L)	질량(g)
(가)	X_2	V	w
(나)	Y_2Z_4	$2V$	$2w$

이에 대한 설명으로 옳은 것만을 〈보기〉에서 있는 대로 고른 것은? (단, X~Z는 임의의 원소 기호이다.)

〈보기〉
ㄱ. 분자량은 (나)가 (가)보다 크다.
ㄴ. 1 g에 들어 있는 전체 원자 수는 (나)가 (가)의 3배이다.
ㄷ. $\frac{Z\text{의 원자량}}{X\text{의 원자량}} = \frac{1}{7}$이다.

① ㄱ　② ㄴ　③ ㄷ　④ ㄱ, ㄷ　⑤ ㄴ, ㄷ

[25024-0019]

05 표는 기체 (가)와 (나)에 대한 자료이다.

기체	(가)	(나)
분자식	XY	XY_2
1 g에 들어 있는 전체 원자 수	$46N$	$45N$

이에 대한 설명으로 옳은 것만을 〈보기〉에서 있는 대로 고른 것은? (단, X와 Y는 임의의 원소 기호이다.)

〈보기〉

ㄱ. 분자량비는 (가) : (나)=15 : 23이다.

ㄴ. $\frac{\text{Y의 원자량}}{\text{X의 원자량}}=\frac{8}{7}$이다.

ㄷ. 1 g에 들어 있는 Y 원자 수 비는 (가) : (나)=23 : 45이다.

① ㄱ ② ㄷ ③ ㄱ, ㄴ ④ ㄴ, ㄷ ⑤ ㄱ, ㄴ, ㄷ

[25024-0020]

06 그림 (가)는 실린더에 $XY_2(g)$ $8w$ g이 들어 있는 것을, (나)는 (가)의 실린더에 $XY_3(g)$ $5w$ g이 첨가된 것을 나타낸 것이다.

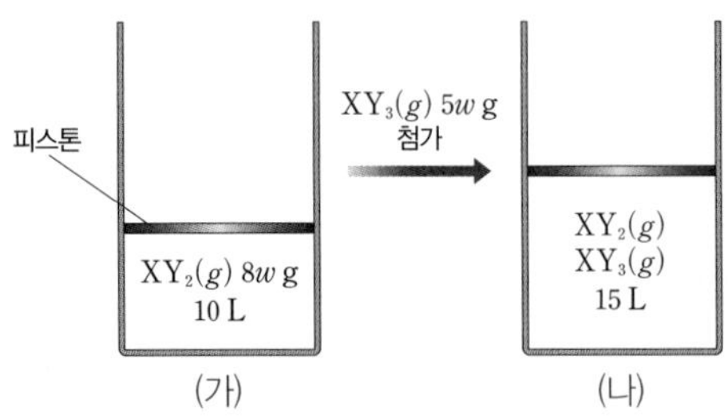

$\frac{\text{X의 원자량}}{\text{Y의 원자량}}$은? (단, X와 Y는 임의의 원소 기호이고, $XY_2(g)$와 $XY_3(g)$는 반응하지 않으며, 실린더 속 기체의 온도와 압력은 일정하다.)

① $\frac{5}{8}$ ② 1 ③ $\frac{5}{4}$ ④ 2 ⑤ 4

[25024-0021]

07 그림은 실린더 (가)와 (나)에 $X_2Y_2(g)$와 $X_2Y_4(g)$의 혼합 기체가 들어 있는 것을 나타낸 것이다.

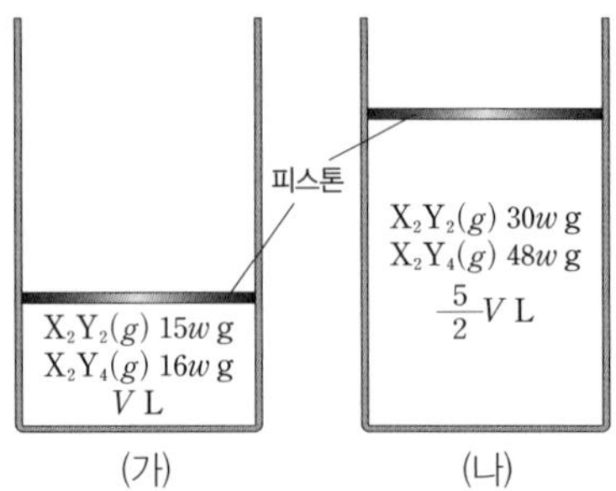

이에 대한 설명으로 옳은 것만을 〈보기〉에서 있는 대로 고른 것은? (단, X와 Y는 임의의 원소 기호이고, 실린더 속 기체의 온도와 압력은 일정하다.)

〈보기〉

ㄱ. 실린더 속 기체의 전체 원자 수 비는 (가) : (나)=5 : 13이다.

ㄴ. $\frac{\text{Y의 원자량}}{\text{X의 원자량}}=\frac{1}{14}$이다.

ㄷ. 실린더 속 기체 1 L에 들어 있는 X의 질량비는 (가) : (나)=1 : 2이다.

① ㄱ ② ㄷ ③ ㄱ, ㄴ ④ ㄴ, ㄷ ⑤ ㄱ, ㄴ, ㄷ

[25024-0022]

08 표는 용기 (가)와 (나)에 들어 있는 기체에 대한 자료이다. $\frac{\text{X의 원자량}}{\text{Y의 원자량}}=2$이다.

용기	(가)	(나)
분자식	XY_2	XY_3
기체의 질량(g)	$8w$	$15w$
전체 원자 수	$6N$	aN

a는? (단, X와 Y는 임의의 원소 기호이다.)

① 6 ② 12 ③ 15 ④ 24 ⑤ 30

정답과 해설 5쪽

[25024-0023]

01 그림 (가)는 실린더에 $C_2H_4(g)$과 $H_2O(g)$가 들어 있는 것을, (나)는 (가)의 기체가 모두 반응하여 $X(g)$가 생성된 것을 나타낸 것이다.

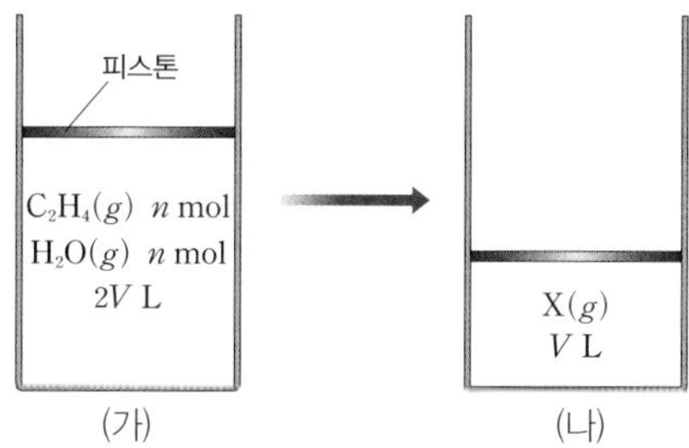

이에 대한 설명으로 옳은 것만을 〈보기〉에서 있는 대로 고른 것은? (단, 실린더 속 기체의 온도와 압력은 일정하다.)

〈보기〉

ㄱ. X의 분자식은 C_2H_6O이다.
ㄴ. 실린더 속 기체의 밀도는 (가)>(나)이다.
ㄷ. 실린더 속 기체 1 L에 들어 있는 전체 원자 수 비는 (가) : (나)=1 : 2이다.

① ㄱ　② ㄴ　③ ㄱ, ㄷ　④ ㄴ, ㄷ　⑤ ㄱ, ㄴ, ㄷ

$C_2H_4(g)$ n mol과 $H_2O(g)$ n mol이 반응하여 n mol의 $X(g)$가 생성되는 반응이다.

[25024-0024]

02 표는 t℃, 1 atm에서 실린더 (가)와 (나)에 들어 있는 $X_2Y(g)$와 $X_2Y_2(g)$에 대한 자료이다.

실린더	기체의 질량(g)		전체 원자 수	밀도 (상댓값)
	X_2Y	X_2Y_2		
(가)	a	$2b$	$5N$	35
(나)	$2a$	b	$4N$	29

$\frac{\text{X의 원자량}}{\text{Y의 원자량}}$은? (단, X와 Y는 임의의 원소 기호이다.)

① $\frac{1}{16}$　② $\frac{1}{12}$　③ $\frac{12}{19}$　④ $\frac{7}{8}$　⑤ $\frac{8}{7}$

전체 원자 수로부터 각 기체의 몰비를 구한 후, 각 기체의 분자량과 몰비를 곱하여 상대적 질량을 구하고 밀도를 비교한다.

기체의 온도와 압력이 같을 때, 1 g당 부피는 $\frac{1}{\text{분자량}}$에 비례한다.

[25024-0025]

03 표는 t℃, 1 atm에서 기체 (가)~(다)에 대한 자료이다. (가)~(다)의 분자당 구성 원자 수는 각각 3이다.

기체	(가)	(나)	(다)
구성 원소	X, Y	Y, Z	Y, Z
1 g당 부피	$23V$	$23V$	$22V$
1 g당 Y 원자 수(상댓값)	2	1	a

$a \times \frac{\text{Z의 원자량}}{\text{X의 원자량}}$은? (단, X~Z는 임의의 원소 기호이다.)

① $\frac{6}{7}$ ② 1 ③ $\frac{23}{22}$ ④ $\frac{154}{69}$ ⑤ $\frac{5}{2}$

(가)의 양은 0.25 mol, (나)의 양은 0.5 mol, (다)의 양은 0.2 mol이다.

[25024-0026]

04 표는 t℃, 1 atm에서 기체 (가)~(다)에 대한 자료이다. t℃, 1 atm에서 기체 1 mol의 부피는 28 L이고, N_A는 아보가드로수이다.

기체	분자식	질량(g)	부피(L)	분자 수	전체 원자 수(상댓값)
(가)	AB_4	22	7		25
(나)	A_2B_2	31		$0.5N_A$	
(다)	A_2B_x	y	5.6		24

$\frac{x}{y}$는? (단, A와 B는 임의의 원소 기호이다.)

① $\frac{1}{10}$ ② $\frac{1}{5}$ ③ $\frac{3}{10}$ ④ $\frac{1}{3}$ ⑤ $\frac{3}{5}$

[25024-0027]

05 표는 t°C, 1 atm에서 실린더 (가)~(다)에 들어 있는 기체에 대한 자료이다. 분자량비는 A : B= 2 : 3이고, $\frac{\text{(나)에 들어 있는 기체의 양(mol)}}{\text{(가)에 들어 있는 기체의 양(mol)}}=\frac{5}{4}$이다.

실린더	기체의 질량(g)		전체 기체의 밀도(g/L)	단위 부피당 전체 원자 수 (상댓값)
	A	B		
(가)	$2w$	$3w$	$25d$	25
(나)	w	aw	$28d$	18
(다)	w	xw	$24d$	y

$a\times\frac{x}{y}$는?

① $\frac{3}{82}$ ② $\frac{7}{45}$ ③ $\frac{1}{6}$ ④ $\frac{9}{41}$ ⑤ $\frac{1}{2}$

(가)에 들어 있는 A와 B의 양(mol)을 각각 n, n이라고 하면, (나)에 들어 있는 A와 B의 양(mol)은 각각 $0.5n$, $\frac{a}{3}n$이다.

[25024-0028]

06 그림은 t°C, 1 atm에서 $AB_2(g)$와 $AB_n(g)$의 질량과 부피를 나타낸 것이다. 1 g에 들어 있는 전체 원자 수 비는 AB_2 : AB_n=15 : 16이다.

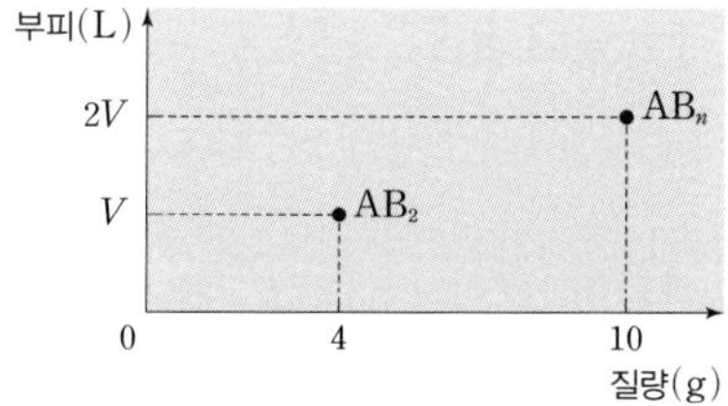

이에 대한 설명으로 옳은 것만을 <보기>에서 있는 대로 고른 것은? (단, A와 B는 임의의 원소 기호이다.)

<보기>

ㄱ. 분자량비는 AB_2 : AB_n=1 : 2이다.

ㄴ. n=3이다.

ㄷ. 1 g에 들어 있는 B 원자 수 비는 AB_2 : AB_n=2 : 3이다.

① ㄱ ② ㄴ ③ ㄷ ④ ㄱ, ㄷ ⑤ ㄴ, ㄷ

같은 온도와 압력에서 기체의 밀도비는 분자량비와 같다.

(가)와 (나)의 분자량을 각각 a, b라고 하면 1 g에 들어 있는 Y 원자 수 비는 (가) : (나)= $\frac{n}{a}$: $\frac{2n}{b}$이다.

[25024-0029]

07 표는 t℃, 1 atm에서 기체 (가)와 (나)에 대한 자료이다. $\frac{\text{Z의 원자량}}{\text{X의 원자량}+\text{Y의 원자량}}=\frac{4}{11}$이다.

기체	(가)	(나)
분자식	X_2Y_n	Z_nY_{2n}
1 g에 들어 있는 전체 원자 수(상댓값)	100	99
1 g에 들어 있는 Y 원자 수	$25N$	$33N$

이에 대한 설명으로 옳은 것만을 〈보기〉에서 있는 대로 고른 것은? (단, X~Z는 임의의 원소 기호이다.)

〈보기〉

ㄱ. t℃, 1 atm에서 기체의 밀도비는 (가) : (나)=33 : 50이다.

ㄴ. $n=2$이다.

ㄷ. $\frac{\text{Z의 원자량}}{\text{Y의 원자량}}=\frac{6}{7}$이다.

① ㄱ ② ㄷ ③ ㄱ, ㄴ ④ ㄴ, ㄷ ⑤ ㄱ, ㄴ, ㄷ

(가)에서 X와 Z 원자 수로부터 $XY_2(g)$와 $X_2Z_4(g)$의 몰비를 구하면 5 : 2이다.

[25024-0030]

08 그림 (가)는 실린더에 $XY_2(g)$와 $X_2Z_4(g)$가 들어 있는 것을, (나)는 (가)의 실린더에 $X_2Z_4(g)$ $20w$ g이 추가된 것을 나타낸 것이다. (가)에서 실린더 속 기체의 $\frac{\text{Z 원자 수}}{\text{X 원자 수}}=\frac{8}{9}$이고, $\frac{\text{Y의 원자량}}{\text{X의 원자량}}=\frac{4}{3}$이다.

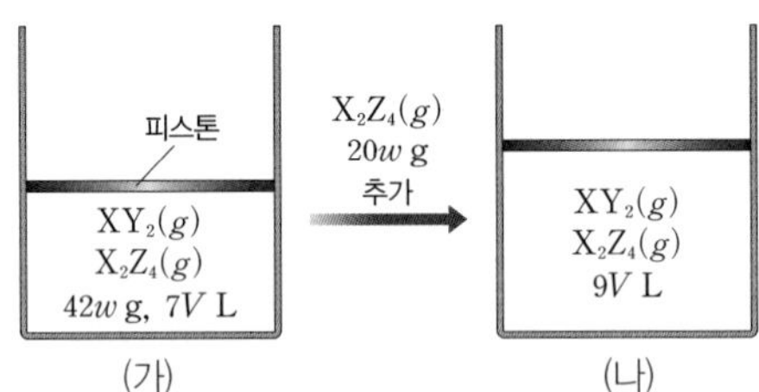

이에 대한 설명으로 옳은 것만을 〈보기〉에서 있는 대로 고른 것은? (단, X~Z는 임의의 원소 기호이고, 모든 기체는 반응하지 않으며, 실린더 속 기체의 온도와 압력은 일정하다.)

〈보기〉

ㄱ. (나)에서 실린더 속 기체의 $\frac{\text{Z 원자 수}}{\text{X 원자 수}}=\frac{16}{13}$이다.

ㄴ. $\frac{\text{Z의 원자량}}{\text{X의 원자량}}=\frac{7}{6}$이다.

ㄷ. 실린더 속 기체 1 g에 들어 있는 전체 원자 수 비는 (가) : (나)=93 : 91이다.

① ㄱ ② ㄴ ③ ㄱ, ㄷ ④ ㄴ, ㄷ ⑤ ㄱ, ㄴ, ㄷ

[25024-0031]

09 표는 t°C, 1 atm에서 실린더 (가)와 (나)에 들어 있는 기체에 대한 자료이다. $\frac{\text{B의 원자량}}{\text{A의 원자량}}=2$이다.

실린더	기체	기체의 질량(g)	$\frac{\text{A 원자 수}}{\text{B 원자 수}}$	전체 원자 수 (상댓값)	부피
(가)	A_2, BA_2	$13w$	x	23	V
(나)	BA_2, CA	$11w$	6	22	V

이에 대한 설명으로 옳은 것만을 <보기>에서 있는 대로 고른 것은? (단, A~C는 임의의 원소 기호이다.)

〈 보기 〉

ㄱ. $x=\frac{20}{3}$이다.

ㄴ. $\frac{\text{C의 원자량}}{\text{A의 원자량}}=\frac{3}{8}$이다.

ㄷ. $\frac{\text{(나)에서 CA}(g)\text{의 질량}}{\text{(가)에서 A}_2(g)\text{의 질량}}=2$이다.

① ㄱ ② ㄴ ③ ㄱ, ㄷ ④ ㄴ, ㄷ ⑤ ㄱ, ㄴ, ㄷ

(나)에서 $\frac{\text{A 원자 수}}{\text{B 원자 수}}=6$이므로 기체의 분자 수 비는 BA_2 : CA=1 : 4이다.

[25024-0032]

10 표는 t°C, 1 atm에서 실린더 (가)~(다)에 들어 있는 기체에 대한 자료이다.

실린더		(가)	(나)	(다)
기체의 질량(g)	X_aY_b	$11w$	$22w$	xw
	X_aY_c	$38w$	$19w$	yw
전체 원자 수(상댓값)		13	11	24
Y 원자 수(상댓값)		7	5	12
기체의 부피(L)		V	V	zV

$\frac{x+y}{z}$는? (단, X와 Y는 임의의 원소 기호이다.)

① 25 ② $\frac{71}{2}$ ③ 41 ④ 45 ⑤ 60

(가)에서 X_aY_b와 X_aY_c의 양(mol)을 각각 m, $2n$이라고 하면, (나)에서 X_aY_b와 X_aY_c의 양(mol)은 각각 $2m$, n이다.

03 화학 반응식과 용액의 농도

개념 체크

➲ 화학 반응식
화학식과 기호를 사용하여 화학 반응을 나타낸 식이다.

➲ 화학 반응식의 계수
반응물과 생성물에 있는 원자의 종류와 개수가 같도록 맞춘다.

1. 화학 반응식 A+B ⟶ C+D에서 생성물은 ( )이다.

※ ○ 또는 ×

2. 일반적으로 화학 반응식의 계수는 가장 간단한 자연수비로 나타낸다. ( )

3. 질소(N_2) 기체와 수소(H_2) 기체가 반응하여 암모니아(NH_3) 기체가 생성되는 반응의 화학 반응식을 쓰시오.

정답
1. C, D
2. ○
3. $N_2(g)+3H_2(g) \longrightarrow 2NH_3(g)$

1 화학 반응식

(1) 화학 반응식

화학식과 기호를 사용하여 화학 반응을 나타낸 식이다.

① 화살표(→)의 왼쪽에 반응물, 오른쪽에 생성물을 표기한다.

② 화학식 뒤에 물질의 상태를 ( ) 안에 써서 나타내기도 한다.

예 고체 : (s), 액체 : (l), 기체 : (g), 수용액 : (aq)

(2) 화학 반응식 만들기

반응물과 생성물에 있는 원자의 종류와 개수가 같도록 계수를 맞춘다. 이때 계수는 일반적으로 가장 간단한 자연수비로 나타내고, 1이면 생략한다.

예 수소와 산소가 반응하여 수증기를 생성하는 반응의 화학 반응식 만들기

1단계	반응물과 생성물을 화학식으로 나타낸다.	• 반응물 : 수소 H_2, 산소 O_2 • 생성물 : 수증기 H_2O
2단계	반응물은 왼쪽에, 생성물은 오른쪽에 쓰고, 그 사이를 '⟶'로 연결한다. 또 반응물이나 생성물이 2가지 이상이면 각 물질을 '+'로 연결한다.	수소+산소 ⟶ 수증기 $H_2 + O_2 \longrightarrow H_2O$
3단계	반응물과 생성물을 구성하는 원자의 종류와 개수가 같아지도록 화학 반응식의 계수를 맞춘다. 이때 계수는 가장 간단한 자연수비로 나타내고, 1이면 생략한다.	i) 산소 원자의 수를 같게 맞춘다. $H_2+O_2 \longrightarrow 2H_2O$ ii) 수소 원자의 수를 같게 맞춘다. $2H_2+O_2 \longrightarrow 2H_2O$
4단계	물질의 상태는 ( ) 안에 기호를 써서 화학식 뒤에 표시한다.	고체 : (s), 액체 : (l), 기체 : (g), 수용액 : (aq) $2H_2(g)+O_2(g) \longrightarrow 2H_2O(g)$

과학 돋보기 복잡한 화학 반응식에서 계수 구하기

화학 반응식이 복잡할 때에는 반응물과 생성물의 계수를 미지수로 두고 미정 계수법을 사용하여 화학 반응식의 계수를 구할 수 있다.

예 메탄올(CH_3OH)이 연소하여 이산화 탄소(CO_2)와 물(H_2O)이 생성되는 반응

단계	설명	예시
1단계	반응물과 생성물의 계수를 a, b, x, y 등을 이용하여 나타낸다.	$aCH_3OH+bO_2 \longrightarrow xCO_2+yH_2O$
2단계	반응 전과 후에 원자 수가 같도록 방정식을 세운다.	• C 원자 수 : $a=x$ • H 원자 수 : $4a=2y$ • O 원자 수 : $a+2b=2x+y$
3단계	반응 계수 중 하나를 1로 놓고, 다른 계수를 구한 다음, 구한 계수를 방정식에 대입하여 계수를 가장 간단한 자연수비가 되도록 조정한다.	$a=1$이라면, $b=\frac{3}{2}$, $x=1$, $y=2$이다. $CH_3OH+\frac{3}{2}O_2 \longrightarrow CO_2+2H_2O$ 화살표 양쪽에 2를 곱하여 계수를 가장 간단한 자연수비로 나타낸다. $2CH_3OH+3O_2 \longrightarrow 2CO_2+4H_2O$
4단계	각 물질의 상태를 표시하고, 화살표 양쪽의 원자들의 종류와 개수가 같은지 확인한다.	$2CH_3OH(l)+3O_2(g) \longrightarrow 2CO_2(g)+4H_2O(l)$

(3) 화학 반응식의 의미

화학 반응식을 통해 반응물과 생성물의 종류를 알 수 있고, 물질의 양(mol), 분자 수, 질량, 기체의 부피 등의 양적 관계를 파악할 수 있다.

① 화학 반응식의 계수비는 반응 몰비 및 반응 분자 수 비와 같다.

② 기체인 경우, 일정한 온도와 압력에서 화학 반응식의 계수비는 기체의 반응 부피비와 같다.

③ 반응물의 질량 총합과 생성물의 질량 총합은 같지만 반응 질량비는 화학 반응식의 계수비와 같지 않다.

계수비=반응 몰비=반응 분자 수 비=반응 부피비(온도와 압력이 같은 기체의 경우)≠반응 질량비

과학 돋보기 화학 반응식에서 알 수 있는 정보

화학 반응식을 통해서 반응물과 생성물의 종류와 상태를 알 수 있으며, 화학 반응식의 계수비로부터 반응물과 생성물의 양적 관계를 알 수 있다.

화학 반응식	$CH_4(g)$ + $2O_2(g)$ ⟶ $CO_2(g)$ + $2H_2O(l)$
분자 모형	
물질의 종류와 상태	메테인 + 산소 ⟶ 이산화 탄소 + 물 ➡ 기체인 메테인과 산소가 반응하여 기체인 이산화 탄소와 액체인 물이 생성된다.
물질의 양(mol)	1 2 1 2 ➡ CH_4 1 mol과 O_2 2 mol이 반응하여 CO_2 1 mol과 H_2O 2 mol이 생성된다.
분자 수	6.02×10^{23} $2\times6.02\times10^{23}$ 6.02×10^{23} $2\times6.02\times10^{23}$ ➡ CH_4 분자 1개와 O_2 분자 2개가 반응하여 CO_2 분자 1개와 H_2O 분자 2개가 생성된다.
기체의 부피(L) (0℃, 1 atm)	22.4 44.8 22.4 ➡ CH_4 22.4 L와 O_2 44.8 L가 반응하여 CO_2 22.4 L가 생성된다.
질량(g)	1×16 2×32 1×44 2×18 ➡ 반응한 물질의 양(mol)과 1 mol의 질량을 곱하여 반응한 질량과 생성된 질량을 구할 수 있으며, CH_4 16 g과 O_2 64 g이 반응하여 CO_2 44 g과 H_2O 36 g이 생성된다.

1. 반응 몰비와 반응 분자 수 비는 $CH_4 : O_2 : CO_2 : H_2O=1:2:1:2$이며, 화학 반응식의 계수비와 같다.
2. 반응물과 생성물이 기체인 경우 온도와 압력이 일정할 때 반응 부피비는 $CH_4 : O_2 : CO_2=1:2:1$이며, 화학 반응식의 계수비와 같다.
3. 반응물의 질량 총합과 생성물의 질량 총합은 80 g으로 같으며, 반응 전 질량 총합과 반응 후 질량 총합이 같다.
4. 반응 질량비는 $CH_4 : O_2 : CO_2 : H_2O=4:16:11:9$이며, 화학 반응식의 계수비와 같지 않다.

예 질소와 수소가 반응하여 암모니아가 생성되는 반응의 화학 반응식은 $N_2(g)+3H_2(g) \longrightarrow 2NH_3(g)$이다.

- 계수비는 $N_2 : H_2 : NH_3=1:3:2$이다.
- 반응 몰비와 반응 분자 수 비는 $N_2 : H_2 : NH_3=1:3:2$이다.
- 일정한 온도와 압력에서 기체의 반응 부피비는 $N_2 : H_2 : NH_3=1:3:2$이다.
- 반응 질량비는 $N_2 : H_2 : NH_3=14:3:17$이다.

개념 체크

➲ 화학 반응식의 계수비=반응 몰비=반응 분자 수 비=반응 부피비(온도와 압력이 같은 기체의 경우)≠반응 질량비

➲ 화학 반응식의 계수비로부터 반응물과 생성물의 양적 관계를 알 수 있다.

※ ○ 또는 ×

1. 화학 반응식에서 반응물의 계수의 합은 생성물의 계수의 합과 항상 같다. ( )

2. 화학 반응식의 계수비는 반응 몰비와 같다. ( )

3. 온도와 압력이 일정할 때 화학 반응식의 계수비는 기체의 반응 부피비와 같다. ( )

4. $2CO(g)+O_2(g) \longrightarrow 2CO_2(g)$에서 반응 질량비는 $CO : O_2 : CO_2=2:1:2$이다. ( )

정답
1. ×
2. ○
3. ○
4. ×

개념 체크

➲ 화학 반응식의 계수비는 반응 몰비와 같으며, 반응 몰비를 이용하여 반응물과 생성물의 질량이나 부피 등의 양적 관계를 알 수 있다.

1. $N_2(g)+2O_2(g) \longrightarrow 2NO_2(g)$에서 반응의 양적 관계가 $N_2 : O_2 : NO_2=1:2:2$인 것을 <보기>에서 있는 대로 고르시오. (단, 온도와 압력은 일정하다.)

보기
ㄱ. 반응 몰비
ㄴ. 반응 분자 수 비
ㄷ. 반응 질량비
ㄹ. 반응 부피비

※ ○ 또는 ×

2. 다음은 $N_2(g)$와 $H_2(g)$의 반응에 대한 화학 반응식이다. (단, H와 N의 원자량은 각각 1, 14이고, 온도와 압력은 일정하다.)

$aN_2(g)+bH_2(g) \longrightarrow cNH_3(g)$

(1) $a+b>c$이다. (　　)
(2) N_2 10 g과 H_2 30 g을 완전히 반응시킬 때 생성되는 NH_3의 질량은 20 g이다. (　　)
(3) N_2 28 g이 모두 반응하는 데 필요한 H_2의 최소 질량은 6 g이다. (　　)
(4) 충분한 양의 $N_2(g)$로 $NH_3(g)$ 10 L를 생성하는 데 필요한 $H_2(g)$의 부피는 15 L이다. (　　)

정답
1. ㄱ, ㄴ, ㄹ
2. (1) ○ (2) × (3) ○ (4) ○

2 화학 반응에서의 양적 관계

화학 반응에서 반응물과 생성물의 계수비가 반응 몰비와 같다는 것을 이용하여 반응물과 생성물의 질량이나 부피를 구할 수 있다.

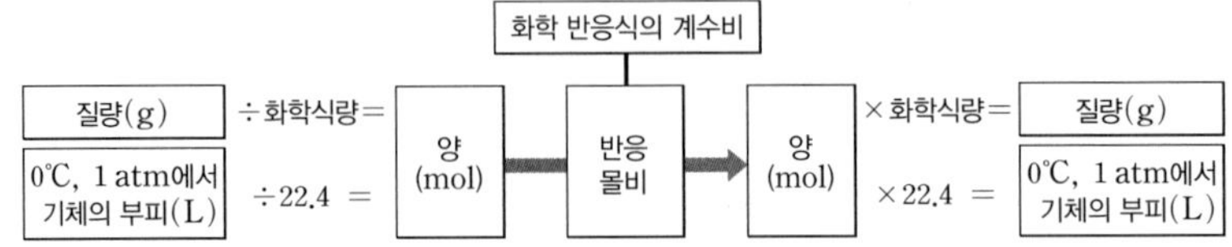

(1) 화학 반응에서의 질량 · 질량 관계

화학 반응식에서 각 물질의 계수비는 반응 몰비와 같다. 화학 반응에서 물질의 양(mol)과 질량의 관계를 이용하면 반응물과 생성물 중 어느 한 물질의 질량만 알아도 다른 물질의 질량을 구할 수 있다.

예 포도당($C_6H_{12}O_6$) 90 g이 생성되는 데 필요한 물(H_2O)의 질량 구하기

화학 반응식 : $6CO_2(g)+6H_2O(l) \longrightarrow C_6H_{12}O_6(s)+6O_2(g)$

1단계	포도당 90 g의 양(mol)을 구한다.	양(mol)$=\dfrac{\text{질량}}{\text{1 mol의 질량}}=\dfrac{90\text{ g}}{180\text{ g/mol}}=0.5\text{ mol}$
2단계	화학 반응식에서 포도당과 물의 반응 몰비를 구하고, 비례식을 이용하여 반응에 필요한 물의 양(mol) x를 구한다.	$6CO_2(g)+6H_2O(l) \longrightarrow C_6H_{12}O_6(s)+6O_2(g)$ 반응 몰비 6 : 1 물과 포도당의 반응 몰비는 $6:1=x:0.5$이므로 $x=3$이다.
3단계	물의 양(mol)으로부터 질량을 구한다.	H_2O의 질량=양(mol)×1 mol의 질량 $=3\text{ mol}\times18\text{ g/mol}=54\text{ g}$

(2) 화학 반응에서 기체의 부피 · 부피 관계

반응물과 생성물이 기체인 경우 화학 반응식에서 각 물질의 계수비는 기체의 반응 부피비와 같다. 이를 이용하면 일정한 온도와 압력에서 반응물과 생성물 중 어느 한 기체의 부피만 알아도 다른 기체의 부피를 구할 수 있다.

예 일정한 온도와 압력에서 암모니아(NH_3) 30 L가 생성되는 데 필요한 수소(H_2)의 부피 구하기

화학 반응식 : $N_2(g)+3H_2(g) \longrightarrow 2NH_3(g)$

1단계	화학 반응식의 계수비로부터 수소와 암모니아의 반응 부피비를 구한다.	$N_2(g)+3H_2(g) \longrightarrow 2NH_3(g)$ 반응 부피비 3 : 2
2단계	비례식을 이용하여 암모니아 30 L를 얻기 위해 필요한 수소 기체의 부피 x L를 구한다.	수소와 암모니아의 반응 부피비는 $3:2=x:30$에서 수소 기체의 부피 x L=45 L이다.

(3) 화학 반응에서의 질량 · 부피 관계

화학 반응식에서 각 물질의 계수비는 반응 몰비와 같다. 일정한 온도와 압력에서 기체 1 mol의 부피를 알 때 반응물과 생성물 중 어느 한 물질의 질량이나 부피만 알아도 다른 물질의 질량이나 부피를 구할 수 있다.

예 알루미늄(Al) 5.4 g과 충분한 양의 염산($HCl(aq)$)이 반응할 때 생성되는 수소(H_2)의 0°C, 1 atm에서의 부피 구하기
화학 반응식 : $2Al(s)+6HCl(aq) \longrightarrow 2AlCl_3(aq)+3H_2(g)$

1단계	알루미늄 5.4 g의 양(mol)을 구한다.	양(mol)$=\frac{질량}{1\ mol의\ 질량}=\frac{5.4\ g}{27\ g/mol}=0.2\ mol$
2단계	화학 반응식에서 알루미늄과 수소의 반응 몰비를 구하고, 비례식을 이용하여 생성되는 수소의 양(mol) x를 구한다.	$\underline{2Al(s)}+6HCl(aq) \rightarrow 2AlCl_3(aq)+\underline{3H_2(g)}$ 반응 몰비 2 : 3 알루미늄(Al)과 수소(H_2)의 반응 몰비는 2 : 3=0.2 : x이므로 x=0.3이다.
3단계	0°C, 1 atm에서 기체 1 mol의 부피가 22.4 L인 것을 이용하여 수소 기체의 양(mol)으로부터 부피를 구한다.	수소 기체의 부피=0.3 mol×22.4 L/mol=6.72 L이다.

탐구자료 살펴보기 화학 반응에서의 양적 관계

탄산 칼슘($CaCO_3$)과 염산($HCl(aq)$)이 반응하여 염화 칼슘($CaCl_2$), 물(H_2O), 이산화 탄소(CO_2)를 생성한다. 반응물인 탄산 칼슘($CaCO_3$)과 생성물인 이산화 탄소(CO_2) 사이의 양적 관계를 확인해 보자.

준비물 탄산 칼슘, 시약포지, 묽은 염산, 삼각 플라스크 3개, 전자저울, 유리 막대, 약숟가락

실험 과정

(가) 전자저울에 시약포지를 올려놓고 탄산 칼슘 1 g을 측정한다.
(나) 묽은 염산 70 mL가 담긴 삼각 플라스크를 저울 위에 올려놓고 질량을 측정한다.
(다) (가)의 탄산 칼슘을 (나)의 삼각 플라스크에 모두 넣어 반응시킨다.
(라) 묽은 염산과 탄산 칼슘의 반응이 완전히 끝나면 용액이 들어 있는 삼각 플라스크의 질량을 측정한다.
(마) 생성된 이산화 탄소의 질량은 (반응 전 묽은 염산이 들어 있는 삼각 플라스크의 질량+탄산 칼슘의 질량)−(반응 후 용액이 들어 있는 삼각 플라스크의 질량)이므로 이를 이용하여 생성된 이산화 탄소의 질량을 구한다.
(바) 반응한 탄산 칼슘과 생성된 이산화 탄소의 몰비를 구하여 화학 반응식의 계수비와 일치하는지 확인한다($CaCO_3$과 CO_2의 화학식량은 각각 100, 44이다).
(사) 탄산 칼슘 2 g과 3 g에 대하여 과정 (가)~(바)를 반복한다.

실험 결과

1. 화학 반응식 : $CaCO_3(s)+2HCl(aq) \longrightarrow CaCl_2(aq)+H_2O(l)+CO_2(g)$
2. 반응한 $CaCO_3$과 생성된 CO_2의 질량(g)과 양(mol)

반응한 $CaCO_3$의 질량(g)	1.00	2.00	3.00
생성된 CO_2의 질량(g)	0.44	0.88	1.32
반응한 $CaCO_3$의 양(mol)	0.01	0.02	0.03
생성된 CO_2의 양(mol)	0.01	0.02	0.03

분석 point

1. 화학 반응식에서 탄산 칼슘과 이산화 탄소의 반응 몰비를 구하면 $CaCO_3 : CO_2=1 : 1$이다.
2. 실험 결과에서 반응한 탄산 칼슘($CaCO_3$)과 생성된 이산화 탄소(CO_2)의 몰비는 1 : 1이며, 화학 반응식의 계수비와 같다.

개념 체크

➲ 반응물과 생성물의 $\frac{반응\ 질량}{화학식량}$의 비는 반응 몰비와 같고, 화학 반응식의 계수비와도 같다.

※ 다음은 탄산 칼슘($CaCO_3$)과 묽은 염산($HCl(aq)$)의 반응에 대한 화학 반응식이다. (단, $CaCO_3$, CO_2의 화학식량은 각각 100, 44이고, t°C, 1 atm에서 기체 1 mol의 부피는 24 L이다.)
$CaCO_3(s)+2HCl(aq) \longrightarrow CaCl_2(aq)+H_2O(l)+CO_2(g)$

1. 탄산 칼슘 1 g을 충분한 양의 묽은 염산($HCl(aq)$)과 반응시켰을 때 발생하는 이산화 탄소의 질량을 구하시오.

2. t°C, 1 atm에서 이산화 탄소 3.6 L를 얻기 위해 반응시켜야 할 탄산 칼슘의 질량을 구하시오.

정답
1. 0.44 g
2. 15 g

개념 체크

➲ 용액
두 종류 이상의 순물질이 균일하게 섞여 있는 혼합물이며, 녹이는 물질을 용매, 녹는 물질을 용질이라고 한다.

➲ 용액의 농도
용액이 얼마나 진하고 묽은지를 나타내는 값이다.

➲ 퍼센트 농도
용액 100 g에 녹아 있는 용질의 질량(g)을 나타낸다.

※ ○ 또는 ×

1. 설탕 수용액에서 설탕은 용질이고 물은 용매이다. ( )

2. 퍼센트 농도는 용액 속에 녹아 있는 용질의 양(mol)을 나타낸다. ( )

3. 10% 포도당 수용액 100 g에 녹아 있는 포도당의 질량은 10 g이다. ( )

정답
1. ○
2. ×
3. ○

3 용액의 농도

(1) 용해와 용액

① **용해** : 용질이 용매와 고르게 섞이는 현상이다.

② **용액** : 두 종류 이상의 순물질이 균일하게 섞여 있는 혼합물을 용액이라고 하며 용액에서 녹이는 물질을 용매, 녹는 물질을 용질이라고 한다.

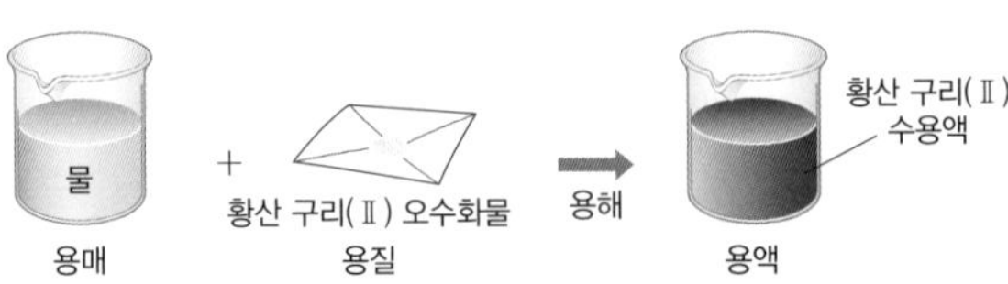

③ **용액의 농도** : 용액이 얼마나 진하고 묽은지를 나타내는 값이며, 퍼센트 농도(%), 몰 농도(M) 등이 있다.

(2) 퍼센트 농도

용액 100 g에 녹아 있는 용질의 질량(g)을 나타내며, 단위는 %를 사용한다.

$$\text{퍼센트 농도}(\%) = \frac{\text{용질의 질량(g)}}{\text{용액의 질량(g)}} \times 100 = \frac{\text{용질의 질량(g)}}{\text{(용매+용질)의 질량(g)}} \times 100$$

① 퍼센트 농도와 용액의 질량을 알면 용액에 녹아 있는 용질의 질량을 구할 수 있다.

$$\text{용질의 질량(g)} = \text{용액의 질량(g)} \times \frac{\text{퍼센트 농도}(\%)}{100}$$

예 15% 포도당 수용액 200 g에 들어 있는 물과 포도당의 질량

➡ 용질의 질량(g)=용액의 질량(g)$\times \frac{\text{퍼센트 농도}(\%)}{100}$이므로

포도당의 질량(g)=200 g$\times \frac{15}{100}$=30 g이다.

➡ 15% 포도당 수용액 200 g은 물 170 g과 포도당 30 g이 혼합된 수용액이다.

② 용액과 용질의 질량으로 나타내므로 온도나 압력의 영향을 받지 않는다.

과학 돋보기 **퍼센트 농도가 같은 수용액에서 입자 수 비교**

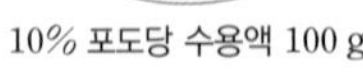

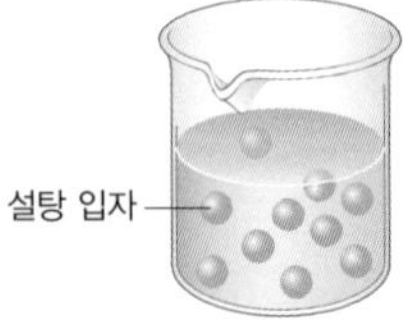

10% 설탕 수용액 100 g

- 10% 포도당 수용액 100 g에는 물 90 g과 포도당 10 g이 혼합되어 있다.
- 10% 설탕 수용액 100 g에는 물 90 g과 설탕 10 g이 혼합되어 있다.
  ➡ 수용액에 녹아 있는 포도당과 설탕의 질량은 10 g으로 같다.
  ➡ 포도당과 설탕은 1 mol의 질량이 각각 다르므로 10% 포도당 수용액과 10% 설탕 수용액에 녹아 있는 포도당과 설탕의 분자 수는 다르다.

4 몰 농도

(1) 몰 농도

용액 1 L 속에 녹아 있는 용질의 양(mol)으로 나타낸 농도이며, 단위는 M 또는 mol/L를 사용한다.

$$\text{몰 농도(M)} = \frac{\text{용질의 양(mol)}}{\text{용액의 부피(L)}}$$

① 용액의 부피를 기준으로 하기 때문에 사용하기에 편리하다.
② 온도에 따라 용질의 양(mol)은 변하지 않지만 용액의 부피가 변하므로 몰 농도는 온도에 따라 달라진다.
③ 용액의 몰 농도와 부피를 알면 녹아 있는 용질의 양(mol)을 구할 수 있다.

$$\text{용질의 양(mol)} = \text{몰 농도(mol/L)} \times \text{용액의 부피(L)}$$

(2) 용액 만들기

특정한 몰 농도의 용액을 만들 때 부피 플라스크, 전자저울, 비커, 씻기병 등이 필요하다.

부피 플라스크	전자저울	비커
표시선		
표시선까지 용매를 채워 일정 부피의 용액을 만들 때 사용한다.	용질의 질량을 측정한다.	용질을 소량의 용매에 용해시킨 후 용액을 부피 플라스크에 옮길 때 사용한다.

예 0.1 M 수산화 나트륨(NaOH) 수용액 1 L 만들기
❶ 화학식량이 40인 NaOH 4.0 g을 적당량의 물이 들어 있는 비커에 넣어 모두 녹인다.
❷ 1 L 부피 플라스크에 ❶의 용액을 넣는다.
❸ 물로 비커를 씻어 묻어 있는 용액까지 부피 플라스크에 넣는다.
❹ 부피 플라스크에 물을 $\frac{2}{3}$ 정도 넣고, 용액을 섞는다.
❺ 표시선까지 물을 가하고, 용액을 충분히 흔들어 준다.
❻ 실온으로 식힌 후 다시 표시선까지 물을 채운다.

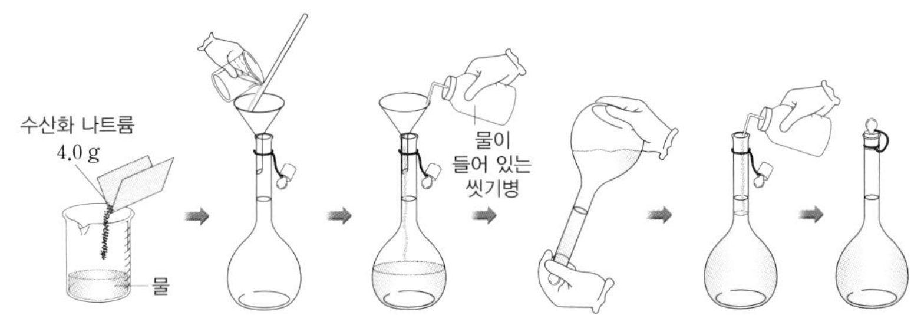

개념 체크

➲ 몰 농도
용액 1 L 속에 녹아 있는 용질의 양(mol)으로 나타낸 농도이며, 단위는 M 또는 mol/L를 사용한다.

➲ 용액에 녹아 있는 용질의 양(mol)
몰 농도(M)와 용액의 부피(L)를 곱해서 구한다.

1. 용액 1 L 속에 녹아 있는 용질의 양(mol)으로 나타낸 농도는 (　　)이다.

※ ○ 또는 ×

2. 몰 농도(M)와 용액의 부피(L)를 곱하면 용질의 양(mol)을 구할 수 있다. (　　)

3. 0.1 M 포도당 수용액 100 mL에 녹아 있는 포도당의 양은 (　　) mol이다.

4. 표시선까지 용매를 채워 일정한 부피의 용액을 만드는 데 사용하는 실험 기구는 (　　)이다.

정답
1. 몰 농도
2. ○
3. 0.01
4. 부피 플라스크

개념 체크

➲ 어떤 용액에 물을 가해서 희석할 때 용액의 부피와 몰 농도는 달라지지만 용질의 양(mol)은 변하지 않는다.

1. 어떤 용액에 물을 가하여 희석할 때 용액에 녹아 있는 (　　)의 양(mol)은 변하지 않는다.

2. 몰 농도가 M mol/L인 용액 V L에 물을 가해서 M' mol/L인 용액 V' L가 되었다면 MV=(　　)의 관계가 성립한다.

정답
1. 용질
2. $M'V'$

탐구자료 살펴보기 0.1 M 황산 구리(Ⅱ) 수용액 만들기

0.1 M 황산 구리(Ⅱ) 수용액을 제조해 보자. 황산 구리(Ⅱ) 오수화물의 화학식량은 249.7이다.

준비물 황산 구리(Ⅱ) 오수화물($CuSO_4 \cdot 5H_2O$), 물, 1000 mL 부피 플라스크, 비커, 깔때기, 씻기병, 스포이트, 유리 막대, 약숟가락, 전자저울

실험 과정

(가) 황산 구리(Ⅱ) 오수화물 24.97 g을 비커에 담아 측정하고, 적당량의 물을 부어 유리 막대로 저어 모두 녹인다.
(나) 황산 구리(Ⅱ) 수용액을 깔때기를 이용하여 1000 mL 부피 플라스크에 넣는다. 물로 비커를 씻어 묻어 있는 용액까지 넣는다.
(다) 부피 플라스크에 물을 채운다. 스포이트를 이용하여 표시선까지 맞춰 물을 넣는다.
(라) 부피 플라스크의 뚜껑을 닫고, 잘 흔들어 섞어 준다.

실험 결과

1. 황산 구리(Ⅱ) 오수화물의 화학식량이 249.7이므로 증류수에 녹인 황산 구리(Ⅱ) 오수화물 24.97 g의 양(mol)은 $\frac{24.97\text{ g}}{249.7\text{ g/mol}}=0.1$ mol이다.
2. 황산 구리(Ⅱ) 오수화물 0.1 mol이 녹아 있는 용액 전체의 부피가 1 L이므로 황산 구리(Ⅱ) 수용액의 몰 농도는 $\frac{0.1\text{ mol}}{1\text{ L}}=0.1$ M이다.

분석 point

1. 용질의 양(mol)=몰 농도(mol/L)×용액의 부피(L)이므로 0.1 M 황산 구리(Ⅱ) 수용액 1 L를 만드는 데 필요한 황산 구리(Ⅱ)의 양은 0.1 mol/L×1 L=0.1 mol이다.
2. 황산 구리(Ⅱ) 오수화물을 모두 녹인 후 물을 더 넣어 용액의 부피를 1 L로 맞춰 주어야 황산 구리(Ⅱ) 0.1 mol이 녹아 있는 용액 1 L를 만들 수 있다.

(3) 용액의 희석과 혼합

① **용액 희석하기** : 어떤 용액에 물을 가하여 용액을 희석했을 때 용액의 부피와 몰 농도는 달라지지만 그 속에 녹아 있는 용질의 양(mol)은 변하지 않는다.

- 용액의 몰 농도가 M mol/L인 용액 V L에 물을 가하여 몰 농도는 M' mol/L, 부피는 V' L가 되었다면 두 용액에서 용질의 양(mol)은 같으므로 다음 관계가 성립한다.

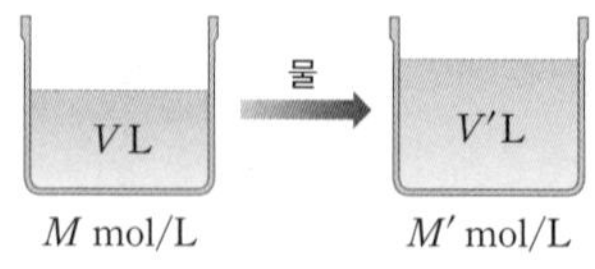

용질의 양(mol)=몰 농도(mol/L)×용액의 부피(L)

$$\Rightarrow MV=M'V' \Rightarrow M'=\frac{MV}{V'}\text{(mol/L)}$$

예 0.1 M 포도당 수용액을 희석하여 0.01 M 포도당 수용액 500 mL 만들기

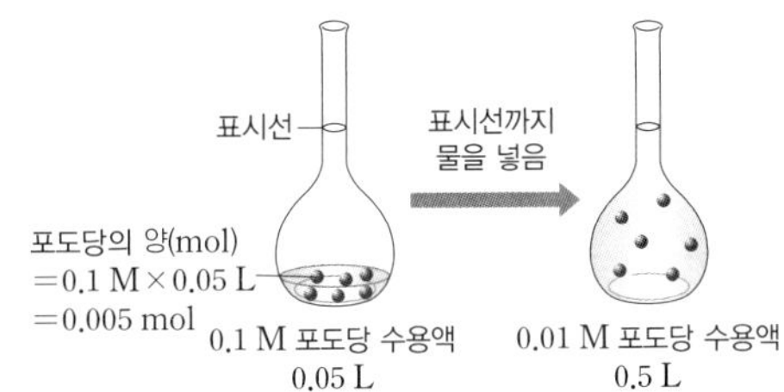

❶ 용액을 희석해도 그 속에 녹아 있는 용질의 양(mol)은 변하지 않으므로, 희석된 용액에 녹아 있는 포도당의 양(mol)을 계산한다.

➡ 0.01 M 포도당 수용액 0.5 L에 녹아 있는 포도당의 양(mol)은 몰 농도×부피 =0.01 M×0.5 L=0.005 mol이다.

❷ 진한 용액에서 같은 양(mol)의 포도당을 얻는 데 필요한 부피를 계산한다.

➡ 용액의 부피(L)$=\dfrac{\text{용질의 양(mol)}}{\text{몰 농도(mol/L)}}=\dfrac{0.005\ \text{mol}}{0.1\ \text{mol/L}}=0.05$ L이므로 0.1 M 포도당 수용액 0.05 L가 필요하다.

❸ 0.1 M 포도당 수용액 0.05 L를 500 mL 부피 플라스크에 넣고 표시선까지 물을 채워 용액의 부피를 500 mL로 맞춘다.

② **혼합 용액의 몰 농도** : 몰 농도가 서로 다른 두 용액을 혼합하면 용액의 부피와 몰 농도는 달라지지만 혼합 용액에 녹아 있는 용질의 양(mol)은 혼합 전 각 용액에 녹아 있는 용질의 양(mol)의 합과 같다.

• 용액의 몰 농도가 M mol/L인 용액 V L에 M' mol/L인 용액 V' L를 혼합하여 용액의 몰 농도가 M'' mol/L, 용액의 전체 부피가 V'' L가 되었다면 다음 관계가 성립한다.

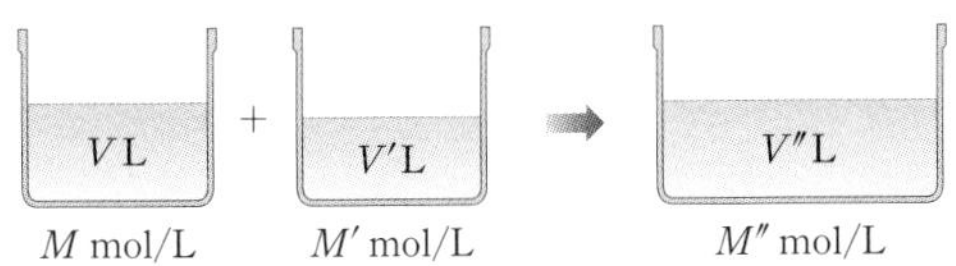

$$MV+M'V'=M''V'' \Rightarrow M''=\frac{MV+M'V'}{V''}\ (\text{mol/L})$$

과학 돋보기 **화학 반응의 양적 관계에서 몰 농도 이용하기**

질산 은($AgNO_3$) 수용액과 염화 나트륨(NaCl) 수용액이 반응하면 흰색 앙금인 염화 은(AgCl)이 생성된다. 이와 같이 반응물이나 생성물이 용액인 화학 반응에서 양적 관계를 다루려면 용액의 몰 농도로부터 용질의 양(mol)을 계산해야 한다.

예 0.1 M $AgNO_3$ 수용액 100 mL와 완전히 반응하는 데 필요한 NaCl의 질량 구하기

[화학 반응식] $AgNO_3(aq)+NaCl(aq) \longrightarrow AgCl(s)+NaNO_3(aq)$

❶ 0.1 M $AgNO_3$ 수용액 100 mL에 녹아 있는 $AgNO_3$의 양(mol)을 구한다.

➡ 용질의 양(mol)=몰 농도(mol/L)×용액의 부피(L)이므로 $AgNO_3$의 양(mol)=0.1 mol/L×0.1 L=0.01 mol이다.

❷ 화학 반응식의 계수비는 반응 몰비와 같고, $AgNO_3$과 NaCl의 계수비는 1 : 1이므로 $AgNO_3$ 0.01 mol은 NaCl 0.01 mol과 반응한다.

➡ NaCl의 화학식량이 58.5이므로 NaCl 0.01 mol의 질량은 0.585 g이며, 0.1 M $AgNO_3$ 수용액 100 mL와 완전히 반응하는 데 필요한 NaCl의 질량은 0.585 g이다.

개념 체크

➲ 몰 농도가 서로 다른 두 용액을 혼합할 때 혼합 용액에 녹아 있는 용질의 양(mol)은 혼합 전 각 용액에 녹아 있는 용질의 양(mol)의 합과 같다.

※ ○ 또는 ×

1. 0.2 M 포도당 수용액 500 mL에 물을 넣어 1 L 수용액을 만들었다. (단, 포도당의 분자량은 180이다.)

(1) 0.2 M 포도당 수용액 500 mL에 녹아 있는 포도당의 질량은 18 g이다. ( )

(2) 물을 넣어 희석한 용액의 몰 농도는 0.1 M이다. ( )

2. 1 M 포도당 수용액 100 mL와 2 M 포도당 수용액 100 mL를 혼합하고 물을 넣어 혼합 용액 300 mL를 만들었다. 이 혼합 용액의 몰 농도를 구하시오.

정답
1. (1) ○ (2) ○
2. 1 M

수능 2점 테스트

[25024-0033]

01 그림 (가)는 실린더에 $C_xH_{2x}O_y(g)$와 $O_2(g)$가 들어 있는 초기 상태를, (나)는 (가)의 두 기체가 반응하여 반응이 완결된 상태를 나타낸 것이다.

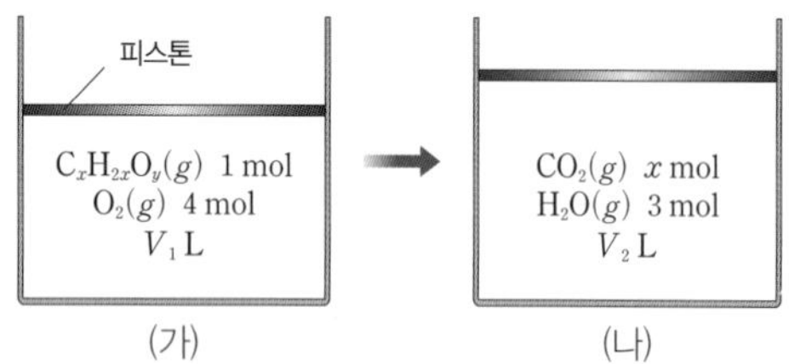

$\frac{y}{x} \times \frac{V_2}{V_1}$는? (단, 실린더 속 기체의 온도와 압력은 일정하다.)

① $\frac{1}{3}$ ② $\frac{2}{5}$ ③ $\frac{3}{5}$ ④ $\frac{2}{3}$ ⑤ $\frac{5}{6}$

[25024-0034]

02 다음은 메탄올(CH_3OH)이 연소하는 반응의 화학 반응식이다.

$$2CH_3OH + aO_2 \longrightarrow 2CO_2 + bH_2O \quad (a, b\text{는 반응 계수})$$

이에 대한 설명으로 옳은 것만을 〈보기〉에서 있는 대로 고른 것은? (단, H, C, O의 원자량은 각각 1, 12, 16이다.)

〈보기〉

ㄱ. $b > a$이다.
ㄴ. CH_3OH 3.2 g을 모두 반응시키기 위해 필요한 O_2의 최소 질량은 4.8 g이다.
ㄷ. 용기에 CH_3OH 1 mol과 O_2 1 mol을 넣고 반응을 완결시키면 CO_2 $\frac{2}{3}$ mol이 생성된다.

① ㄱ ② ㄷ ③ ㄱ, ㄴ
④ ㄴ, ㄷ ⑤ ㄱ, ㄴ, ㄷ

[25024-0035]

03 다음은 금속 $A(s)$가 염산($HCl(aq)$)과 반응하여 수소(H_2) 기체가 생성되는 반응의 화학 반응식이다.

$$2A(s) + 6HCl(aq) \longrightarrow 2ACl_3(aq) + 3H_2(g)$$

t°C, 1 atm에서 금속 $A(s)$ w g을 충분한 양의 $HCl(aq)$과 반응시켰을 때, 생성되는 $H_2(g)$의 부피를 계산하기 위해 반드시 필요한 자료만을 〈보기〉에서 있는 대로 고른 것은? (단, A는 임의의 원소 기호이고, 온도와 압력은 각각 t°C, 1 atm으로 일정하다.)

〈보기〉

ㄱ. A의 원자량
ㄴ. $HCl(aq)$의 몰 농도
ㄷ. t°C, 1 atm에서 기체 1 mol의 부피

① ㄱ ② ㄴ ③ ㄱ, ㄷ
④ ㄴ, ㄷ ⑤ ㄱ, ㄴ, ㄷ

[25024-0036]

04 다음은 $AB(g)$와 $B_2(g)$가 반응하여 $AB_2(g)$를 생성하는 반응의 화학 반응식이다. $\frac{\text{B의 원자량}}{\text{A의 원자량}} = \frac{4}{3}$이다.

$$2AB(g) + B_2(g) \longrightarrow 2AB_2(g)$$

이에 대한 설명으로 옳은 것만을 〈보기〉에서 있는 대로 고른 것은? (단, A와 B는 임의의 원소 기호이고, 온도와 압력은 일정하다.)

〈보기〉

ㄱ. 용기에 $AB(g)$와 $B_2(g)$를 각각 1 mol씩 넣어 반응을 완결시키면 $AB_2(g)$ 1 mol이 생성된다.
ㄴ. $B_2(g)$ 1 L가 충분한 양의 $AB(g)$와 완전히 반응하면 $AB_2(g)$ 2 L가 생성된다.
ㄷ. $AB(g)$ 7 g과 $B_2(g)$ 5 g을 반응시키면 $AB_2(g)$ 12 g이 생성된다.

① ㄱ ② ㄴ ③ ㄷ
④ ㄱ, ㄴ ⑤ ㄴ, ㄷ

[25024-0037]

05 다음은 2가지 반응의 화학 반응식이다.

(가) $a\text{Al}_2\text{O}_3+b\text{C} \longrightarrow c\text{Al}+d\text{CO}_2$ (a~d는 반응 계수)

(나) $\text{Fe}_2\text{O}_3+3\text{CO} \longrightarrow 2\text{Fe}+3\text{CO}_2$

이에 대한 설명으로 옳은 것만을 〈보기〉에서 있는 대로 고른 것은? (단, Al_2O_3과 Fe_2O_3의 화학식량은 각각 102, 160이다.)

〈보기〉

ㄱ. $c+d>a+b$이다.

ㄴ. (나)에서 Fe 1 mol이 생성되었을 때 반응한 Fe_2O_3의 질량은 80 g이다.

ㄷ. Fe_2O_3 1 g이 반응할 때 생성되는 CO_2의 양(mol)은 Al_2O_3 1 g이 반응할 때 생성되는 CO_2의 양(mol)의 $\frac{51}{20}$배이다.

① ㄱ ② ㄷ ③ ㄱ, ㄴ ④ ㄴ, ㄷ ⑤ ㄱ, ㄴ, ㄷ

[25024-0038]

06 다음은 메테인(CH_4) 연소 반응의 화학 반응식이다.

$$\text{CH}_4(g)+2\text{O}_2(g) \longrightarrow \text{CO}_2(g)+2\text{H}_2\text{O}(g)$$

그림은 실린더에 메테인(CH_4)과 산소(O_2)가 들어 있는 초기 상태를 나타낸 것이다.

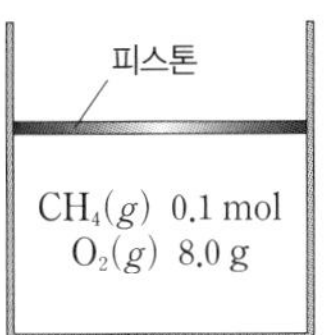

실린더 속 $\text{CH}_4(g)$이 모두 연소되었을 때, 이에 대한 설명으로 옳은 것만을 〈보기〉에서 있는 대로 고른 것은? (단, H, C, O의 원자량은 각각 1, 12, 16이고, 실린더 속 기체의 온도와 압력은 일정하다.)

〈보기〉

ㄱ. 생성된 $\text{CO}_2(g)$의 질량은 4.4 g이다.

ㄴ. 반응 후 $\dfrac{\text{생성된 H}_2\text{O}(g)\text{의 질량}}{\text{남은 O}_2(g)\text{의 질량}}<2$이다.

ㄷ. 실린더 속 전체 기체의 밀도는 반응 후가 반응 전보다 크다.

① ㄱ ② ㄴ ③ ㄱ, ㄷ ④ ㄴ, ㄷ ⑤ ㄱ, ㄴ, ㄷ

[25024-0039]

07 표는 물질 (가)~(다) 1 mol을 각각 충분한 양의 $\text{O}_2(g)$와 반응시켰을 때에 대한 자료이다. (가)~(다)는 C_2H_4, $\text{C}_2\text{H}_4\text{O}_2$, $\text{C}_2\text{H}_6\text{O}$를 순서 없이 나타낸 것이고, 반응 후 생성된 물질의 종류는 CO_2와 H_2O로 같다.

물질	(가)	(나)	(다)
반응한 물질의 총 양(mol)	a	b	b
생성된 물질의 총 양(mol)	b	b	c

이에 대한 설명으로 옳은 것만을 〈보기〉에서 있는 대로 고른 것은?

〈보기〉

ㄱ. (나)는 $\text{C}_2\text{H}_4\text{O}_2$이다.

ㄴ. $2a>c$이다.

ㄷ. 반응한 $\text{O}_2(g)$의 양(mol)은 (다)가 (가)의 2배이다.

① ㄱ ② ㄴ ③ ㄷ ④ ㄱ, ㄴ ⑤ ㄴ, ㄷ

[25024-0040]

08 다음은 $\text{A}(g)$와 $\text{B}(g)$가 반응하여 $\text{C}(g)$를 생성하는 반응의 화학 반응식이다.

$$a\text{A}(g)+b\text{B}(g) \longrightarrow c\text{C}(g) \quad (a\text{~}c\text{는 반응 계수})$$

표는 실린더에 $\text{A}(g)$와 $\text{B}(g)$의 양(mol)을 달리하여 넣고 반응을 완결시킨 실험 Ⅰ과 Ⅱ에 대한 자료이다.

실험	반응 전 양(mol)		반응 후 양(mol)	
	A(g)	B(g)	C(g)	A(g) 또는 B(g)
Ⅰ	2	0.5	1	x
Ⅱ	1.5	1.5	1	

이에 대한 설명으로 옳은 것만을 〈보기〉에서 있는 대로 고른 것은?

〈보기〉

ㄱ. $\dfrac{c}{a+b}=\dfrac{2}{3}$이다.

ㄴ. Ⅱ에서 반응 후 남은 반응물은 $\text{B}(g)$이다.

ㄷ. $x=1$이다.

① ㄱ ② ㄴ ③ ㄷ ④ ㄱ, ㄴ ⑤ ㄴ, ㄷ

[25024-0041]

09 표는 25℃에서 A(aq)과 B(aq)에 대한 자료이다. 화학식량은 A가 B의 3배이다.

수용액	A(aq)	B(aq)
용질의 질량(g)	w	w
몰 농도(M)	0.5	x
부피(mL)	V	y

V는?

① $\frac{2}{3}xy$ ② $\frac{3}{2}xy$ ③ $\frac{2y}{3x}$ ④ $\frac{3y}{2x}$ ⑤ $\frac{2x}{3y}$

[25024-0042]

10 그림은 25℃에서 A(aq) (가)와 B(aq) (나)를 나타낸 것이다. $\frac{\text{B의 화학식량}}{\text{A의 화학식량}}=\frac{2}{9}$이다.

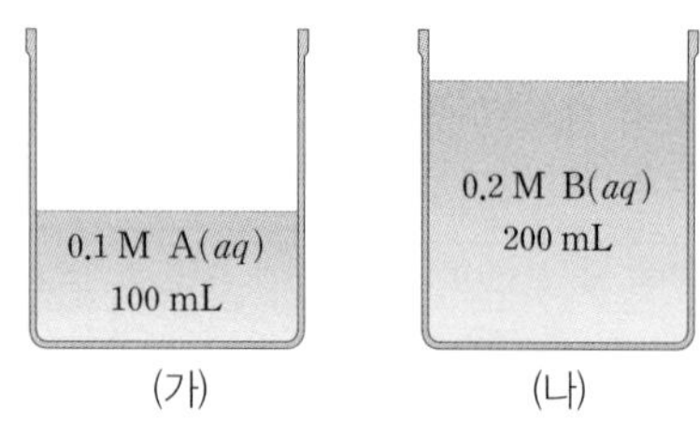

이에 대한 설명으로 옳은 것만을 <보기>에서 있는 대로 고른 것은?

<보기>

ㄱ. (가)에 녹아 있는 A의 양은 0.01 mol이다.

ㄴ. $\frac{\text{(나)에 녹아 있는 B의 질량}}{\text{(가)에 녹아 있는 A의 질량}}=\frac{8}{9}$이다.

ㄷ. (나) 50 mL에 물을 넣어 100 mL로 만든 수용액의 몰 농도는 (가)와 같다.

① ㄱ ② ㄷ ③ ㄱ, ㄴ ④ ㄴ, ㄷ ⑤ ㄱ, ㄴ, ㄷ

[25024-0043]

11 다음은 A(aq)을 만드는 실험이다. A의 화학식량은 a이다.

[실험 과정]

(가) A(s) w g을 소량의 물에 모두 녹인다.

(나) 500 mL의 부피 플라스크에 (가)의 A(aq)을 모두 넣고 표시선까지 물을 넣고 섞는다.

(다) (나)의 수용액 y mL를 피펫으로 취하여 250 mL 부피 플라스크에 넣고 표시선까지 물을 넣은 후 섞는다.

[실험 결과]

○ (다)에서 만든 A(aq)의 몰 농도는 x M이다.

$\frac{w \times y}{x}$는? (단, 수용액의 온도는 일정하다.)

① $25a$ ② $50a$ ③ $100a$ ④ $125a$ ⑤ $150a$

[25024-0044]

12 표는 25℃에서 3가지 수용액에 대한 자료이다.

수용액	A(aq)	B(aq)	C(aq)
용질의 질량(g)	w	w	w
몰 농도(상댓값)	2	3	3
부피(mL)	100	200	300

A의 화학식량이 a일 때, B와 C의 화학식량으로 옳은 것은?

	B	C
①	$\frac{1}{3}a$	$\frac{1}{9}a$
②	$\frac{1}{3}a$	$\frac{2}{9}a$
③	$\frac{2}{3}a$	$\frac{2}{9}a$
④	$\frac{2}{3}a$	$\frac{1}{3}a$
⑤	$\frac{2}{3}a$	$\frac{2}{3}a$

[25024-0045]

01 다음은 탄산 칼슘($CaCO_3$)과 염산($HCl(aq)$)의 반응에서 생성되는 이산화 탄소(CO_2)의 분자량을 구하기 위한 실험이다. $CaCO_3$의 화학식량은 a이다.

[화학 반응식]

○ $CaCO_3(s)+2HCl(aq) \longrightarrow CaCl_2(aq)+H_2O(l)+CO_2(g)$

[실험 과정 및 결과]

(가) 충분한 양의 묽은 염산을 삼각 플라스크에 넣은 후, 질량을 측정하였더니 w_1 g이었다.

(나) $CaCO_3(s)$ w_2 g을 (가)의 삼각 플라스크에 넣고 모두 반응시켰더니 $CO_2(g)$가 발생하였다.

(다) 반응이 끝난 후 용액이 들어 있는 삼각 플라스크의 질량을 측정하였더니 w_3 g이었다.

CO_2의 분자량은? (단, 물의 증발과 CO_2의 물에 대한 용해도는 무시한다.)

① $\frac{a(w_1+w_2+w_3)}{w_3}$ ② $\frac{a(w_1-w_2+w_3)}{w_3}$ ③ $\frac{a(w_1-w_2+w_3)}{w_2}$

④ $\frac{a(w_1+w_2-w_3)}{w_2}$ ⑤ $\frac{a(w_1+w_2-w_3)}{w_1}$

반응 몰비는 $CaCO_3(s):CO_2(g)=1:1$이다.

[25024-0046]

02 다음은 실린더에 $AB(g)$와 $B_2(g)$를 넣고 $AB_2(g)$를 생성하는 반응을 완결시켰을 때에 대한 자료이다. $\frac{\text{B의 원자량}}{\text{A의 원자량}}=\frac{8}{7}$이다.

○ 화학 반응식 : $2AB(g)+B_2(g) \longrightarrow 2AB_2(g)$

○ $\frac{\text{반응 후 전체 기체의 밀도}}{\text{반응 전 전체 기체의 밀도}}=\frac{5}{4}$이다.

○ 반응 후 $\frac{\text{생성물의 질량}}{\text{남은 반응물의 질량}}=\frac{23}{16}$이다.

실린더 속 기체에 대한 설명으로 옳은 것만을 〈보기〉에서 있는 대로 고른 것은? (단, A와 B는 임의의 원소 기호이고, 실린더 속 기체의 온도와 압력은 일정하다.)

〈보기〉

ㄱ. 반응 후 $\frac{\text{생성물의 양(mol)}}{\text{남은 반응물의 양(mol)}}=1$이다.

ㄴ. 반응 전 기체의 양(mol)은 $AB(g)>B_2(g)$이다.

ㄷ. 남은 반응물은 $B_2(g)$이다.

① ㄱ ② ㄴ ③ ㄱ, ㄷ ④ ㄴ, ㄷ ⑤ ㄱ, ㄴ, ㄷ

실린더 속 전체 기체의 질량은 변하지 않고, 온도와 압력이 일정할 때 전체 기체의 부피는 전체 기체의 양(mol)에 비례하므로 전체 기체의 밀도는 전체 기체의 양(mol)에 반비례한다.

실린더 속 $\frac{\text{생성물의 질량}}{\text{전체 기체의 질량}}=1$이면 실린더 속에는 생성물만 존재한다.

[25024-0047]

03 다음은 $A(g)$와 $B(g)$가 반응하여 $C(g)$를 생성하는 반응의 화학 반응식이다.

$$2A(g)+B(g) \longrightarrow 2C(g)$$

표는 실린더에 $A(g)$와 $B(g)$의 질량을 달리하여 넣고 반응을 완결시킨 실험 Ⅰ~Ⅲ에 대한 자료이다. $z<4y$이다.

실험	반응 전 질량(g)		반응 후 $\frac{C(g)\text{의 질량}}{\text{전체 기체의 질량}}$
	$A(g)$	$B(g)$	
Ⅰ	x	y	1
Ⅱ	x	z	$\frac{5}{9}$
Ⅲ	$2x$	$4y$	$\frac{5}{6}$

$\frac{\text{C의 분자량}}{\text{A의 분자량}}\times\frac{x}{z}$는?

① $\frac{1}{10}$ ② $\frac{5}{32}$ ③ 5 ④ $\frac{32}{5}$ ⑤ 10

온도와 압력이 일정할 때 $aA(g)+bB(g) \longrightarrow cC(g)$ 반응에서 일정량의 $A(g)$가 들어 있는 실린더에 $B(g)$를 넣어 $B(g)$를 모두 반응시켰을 때, 전체 기체의 부피가 변하지 않으면 반응한 $A(g)$의 양(mol)과 생성된 $C(g)$의 양(mol)이 같다.

[25024-0048]

04 다음은 $A(g)$와 $B(g)$의 반응에 대한 실험이다.

[화학 반응식]

○ $aA(g)+B(g) \longrightarrow 2C(g)$ (a는 반응 계수)

[실험 과정]

(가) 실린더에 $A(g)$ $12w$ g을 넣고 부피(V_1)를 측정한다.

(나) (가)의 실린더에 $B(g)$ w g을 넣고 반응을 완결시킨 후 전체 기체의 부피(V_2)를 측정한다.

(다) (나)의 실린더에 $B(g)$ $2w$ g을 추가하여 반응을 완결시킨 후 전체 기체의 부피(V_3)를 측정한다.

(라) (다)의 실린더에 $A(g)$ $4w$ g을 추가하여 반응을 완결시킨 후 전체 기체의 부피(V_4)를 측정한다.

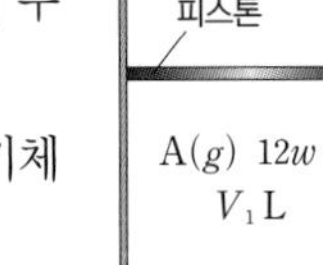

[실험 결과]

○ (나) 과정에서 넣어 준 $B(g)$는 모두 반응하였다.

○ $V_1=6$ L, $V_2=6$ L, $V_3=9$ L, $V_4=x$ L

$x\times\frac{\text{(다) 과정 후 실린더 속 A}(g)\text{ 또는 B}(g)\text{의 양(mol)}}{\text{(나) 과정 후 실린더 속 C}(g)\text{의 양(mol)}}$은? (단, 실린더 속 기체의 온도와 압력은 일정하다.)

① $\frac{15}{2}$ ② 8 ③ $\frac{25}{3}$ ④ 9 ⑤ $\frac{21}{2}$

[25024-0049]

05 다음은 $A(g)$와 $B(g)$가 반응하여 $C(g)$를 생성하는 반응의 화학 반응식이다.

$$A(g)+3B(g) \longrightarrow 2C(g)$$

표는 실린더에 $A(g)$와 $B(g)$의 질량을 달리하여 넣고 반응을 완결시킨 실험 Ⅰ과 Ⅱ에 대한 자료이다.

실험	반응 전 질량(g)		전체 기체의 부피(L)	
	$A(g)$	$B(g)$	반응 전	반응 후
Ⅰ	a	b	20	10
Ⅱ	a	$2b$		

$\frac{\text{C의 분자량}}{\text{A의 분자량}} \times \frac{\text{Ⅱ에서 반응 후 실린더 속 전체 기체의 밀도}}{\text{Ⅱ에서 반응 전 실린더 속 전체 기체의 밀도}}$는? (단, 실린더 속 기체의 온도와 압력은 일정하다.)

① $\frac{3(a+b)}{10a}$　② $\frac{4a+5b}{10a}$　③ $\frac{5a+6b}{10a}$　④ $\frac{7(a+b)}{10a}$　⑤ $\frac{7a+8b}{10a}$

기체 n mol의 부피를 10 L, $B(g)$ b g의 양을 x mol이라고 하면 Ⅰ에서 반응 전 $A(g)$ a g의 양은 $(2n-x)$ mol이다.

[25024-0050]

06 다음은 $A(g)$와 $B(g)$가 반응하여 $C(g)$를 생성하는 반응의 화학 반응식이다.

$$A(g)+bB(g) \longrightarrow 2C(g) \quad (b\text{는 반응 계수})$$

표는 $A(g)$ w g이 들어 있는 실린더에 $B(g)$를 넣어 반응을 완결시켰을 때 넣어 준 $B(g)$의 총 질량에 따른 전체 기체의 부피와 밀도를 나타낸 것이다. 넣어 준 $B(g)$의 총 질량이 8 g일 때 반응 후 실린더에 남은 반응물의 질량은 2 g이다.

넣어 준 $B(g)$의 총 질량(g)	0	4	6	8
전체 기체의 부피(L)	V		$2V$	$3V$
전체 기체의 밀도(g/L)	$7d$	㉠		$3d$

이에 대한 설명으로 옳은 것만을 〈보기〉에서 있는 대로 고른 것은? (단, 실린더 속 기체의 온도와 압력은 일정하다.)

〈 보기 〉

ㄱ. $\frac{w}{b}>10$이다.

ㄴ. 넣어 준 $B(g)$의 총 질량이 3 g일 때 생성된 $C(g)$의 질량은 17 g이다.

ㄷ. ㉠은 $5d$이다.

① ㄱ　② ㄴ　③ ㄷ　④ ㄱ, ㄴ　⑤ ㄴ, ㄷ

넣어 준 $B(g)$의 총 질량이 0일 때와 8 g일 때 전체 기체의 밀도는 각각 $\frac{w}{V}$ g/L, $\frac{w+8}{3V}$ g/L이다.

반응한 반응물의 양(mol)이 n배가 되면 생성물의 양(mol)도 n배가 되어야 한다.

[25024-0051]

07 다음은 B(g)와 관련된 2가지 반응의 화학 반응식이다.

$$a\mathrm{A}(g)+\mathrm{B}(g) \longrightarrow 2\mathrm{C}(g),\ \mathrm{B}(g)+\mathrm{D}(g) \longrightarrow e\mathrm{E}(g) \quad (a, e\text{는 반응 계수})$$

표는 t℃, 1 atm에서 실린더에 A(g), B(g), D(g)의 양(mol)을 달리하여 넣고 반응을 완결시킨 실험 Ⅰ~Ⅲ에 대한 자료이다.

실험	반응 전 기체의 양(mol)			반응 후 $\frac{\text{남은 반응물의 양(mol)}}{\text{생성물의 양(mol)}}$
	A(g)	B(g)	D(g)	
Ⅰ	1	$2x$	0	$\frac{3}{2}$
Ⅱ	5	$2x$	0	$\frac{1}{4}$
Ⅲ	0	$2x$	3	$\frac{1}{4}$

이에 대한 설명으로 옳은 것만을 〈보기〉에서 있는 대로 고른 것은? (단, 실린더 속 기체의 온도와 압력은 각각 t℃, 1 atm으로 일정하다.)

〈보기〉

ㄱ. $\frac{e}{a}\times x=1$이다.

ㄴ. 반응 후 전체 기체의 부피는 Ⅱ에서가 Ⅲ에서보다 크다.

ㄷ. Ⅰ~Ⅲ 중 반응 후 남은 반응물의 양(mol)은 Ⅰ에서가 가장 크다.

① ㄱ ② ㄴ ③ ㄱ, ㄷ ④ ㄴ, ㄷ ⑤ ㄱ, ㄴ, ㄷ

전체 기체의 부피 변화량=생성된 기체의 부피−반응한 기체의 부피이다.

[25024-0052]

08 다음은 A(g)와 B(g)가 반응하여 C(g)를 생성하는 반응의 화학 반응식과 실험이다.

[화학 반응식]

○ $\mathrm{A}(g)+b\mathrm{B}(g) \longrightarrow c\mathrm{C}(g)$ (b, c는 반응 계수)

[실험 과정]

(가) 실린더에 A(g)와 B(g)를 그림과 같이 넣는다.

(나) (가)의 실린더에서 반응이 완결된 후 전체 기체의 부피(V_1)를 측정한다.

(다) (나)의 실린더에 A(g) w g을 추가한 후 반응이 완결되었을 때 전체 기체의 부피(V_2)를 측정한다.

피스톤

A(g) w g
B(g) 2w g
10 L

[실험 결과]

○ (나) 과정 후 남은 반응물은 B(g)이고, V_1=8 L이었다.

○ (다) 과정 후 C(g)만 존재하고, V_2=8 L이었다.

$\frac{\text{(나) 과정 후 실린더 속 B}(g)\text{의 양(mol)}}{\text{(나) 과정 후 실린더 속 C}(g)\text{의 양(mol)}}\times\frac{\text{A의 분자량}}{\text{B의 분자량}}$은? (단, 기체의 온도와 압력은 일정하다.)

① $\frac{3}{2}$ ② 2 ③ $\frac{5}{2}$ ④ 3 ⑤ $\frac{7}{2}$

[25024-0053]

09 그림은 $CH_4(g)$과 $C_3H_8(g)$이 $O_2(g)$와 반응할 때, 반응 전과 후 실린더에 들어 있는 물질을 모두 나타낸 것이다. 반응 전 $CH_4(g)$과 $C_3H_8(g)$의 질량 합은 12.4 g이다.

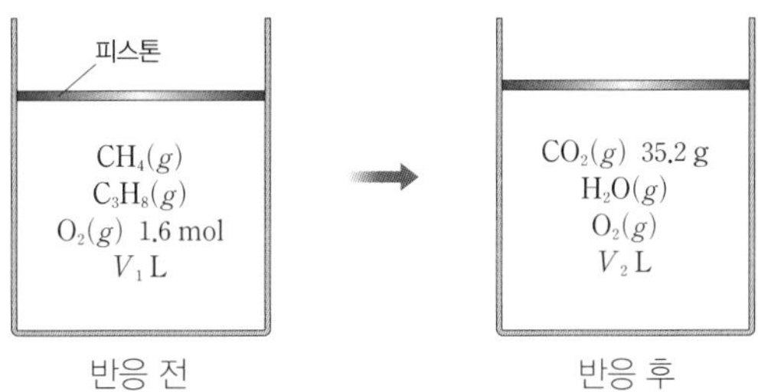

이에 대한 설명으로 옳은 것만을 〈보기〉에서 있는 대로 고른 것은? (단, H, C, O의 원자량은 각각 1, 12, 16이고, 실린더 속 기체의 온도와 압력은 일정하다.)

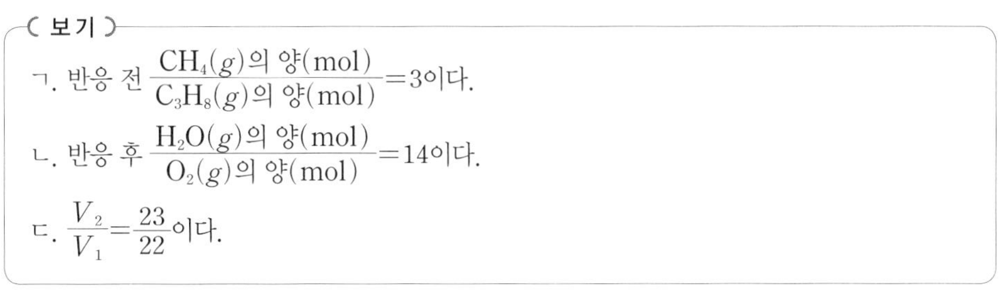
보기

ㄱ. 반응 전 $\dfrac{CH_4(g)\text{의 양(mol)}}{C_3H_8(g)\text{의 양(mol)}}=3$이다.

ㄴ. 반응 후 $\dfrac{H_2O(g)\text{의 양(mol)}}{O_2(g)\text{의 양(mol)}}=14$이다.

ㄷ. $\dfrac{V_2}{V_1}=\dfrac{23}{22}$이다.

① ㄱ ② ㄴ ③ ㄷ ④ ㄱ, ㄷ ⑤ ㄴ, ㄷ

$CH_4(g)$의 양을 a mol, $C_3H_8(g)$의 양을 b mol이라고 하면, $CH_4(g)$과 $C_3H_8(g)$이 $O_2(g)$와 모두 반응할 때 $(a+3b)$ mol의 $CO_2(g)$가 생성된다.

[25024-0054]

10 다음은 $A(g)$와 $B(g)$가 반응하여 $C(g)$를 생성하는 반응의 화학 반응식이다.

$$A(g)+2B(g) \longrightarrow cC(g) \quad (c\text{는 반응 계수})$$

표는 실린더에 $A(g)$와 $B(g)$의 질량을 달리하여 넣고 반응을 완결시킨 실험 Ⅰ과 Ⅱ에 대한 자료이다.

Ⅰ에서 $\dfrac{\text{반응 후 전체 기체의 밀도}}{\text{반응 전 전체 기체의 밀도}}=\dfrac{7}{5}$이다.

실험	반응 전 질량(g)		반응 후 $\dfrac{\text{남은 반응물의 질량}}{C(g)\text{의 질량}}$
	$A(g)$	$B(g)$	
Ⅰ	7	3	$\dfrac{1}{4}$
Ⅱ	21	4	$\dfrac{1}{24}$

Ⅱ에서 $\dfrac{\text{반응 후 전체 기체의 밀도}}{\text{반응 전 전체 기체의 밀도}}\times c$는? (단, 실린더 속 기체의 온도와 압력은 일정하다.)

① $\dfrac{11}{5}$ ② $\dfrac{11}{4}$ ③ $\dfrac{11}{3}$ ④ $\dfrac{22}{5}$ ⑤ $\dfrac{22}{3}$

반응 전과 후 질량은 보존되므로 생성된 $C(g)$의 질량은 실험 Ⅰ에서 8 g, Ⅱ에서 24 g이다.

분자량비가 C_3H_x : $C_3H_yO_z$ =2 : 3이므로 반응 전 용기에 들어 있는 기체의 몰비는 (가)에서 C_3H_x : $C_3H_yO_z$=1 : 1, (나)에서 C_3H_x : $C_3H_yO_z$= 3 : 2이다.

[25024-0055]

11 그림은 강철 용기 (가)와 (나)에서 $C_3H_x(g)$와 $C_3H_yO_z(g)$이 $O_2(g)$와 각각 반응할 때, 반응 전과 후 용기에 들어 있는 물질을 모두 나타낸 것이다. $\frac{C_3H_yO_z\text{의 분자량}}{C_3H_x\text{의 분자량}}=\frac{3}{2}$이다.

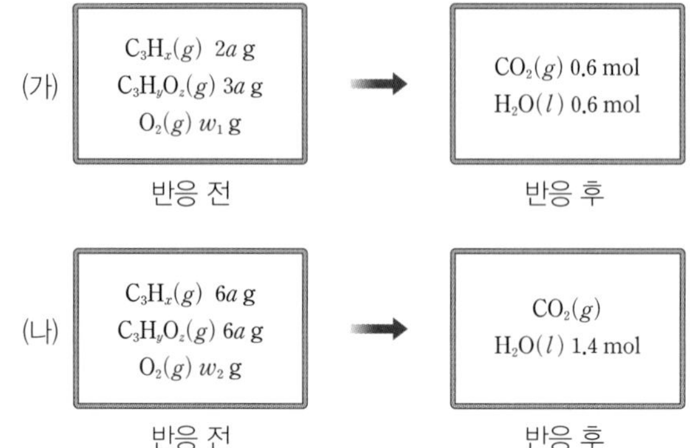

$\left(\frac{x+y}{z}\right)\times\frac{w_1}{w_2}$은? (단, H, C, O의 원자량은 각각 1, 12, 16이다.)

① $\frac{16}{9}$ ② $\frac{42}{17}$ ③ $\frac{17}{6}$ ④ $\frac{14}{3}$ ⑤ $\frac{34}{7}$

(가)에서 전체 기체의 양이 $4n$ mol이므로 기체 n mol의 부피는 1 L이고, A(g)의 양을 m mol이라고 하면, C(g)의 양은 $(4n-m)$ mol이다.

[25024-0056]

12 다음은 A(g)와 B(g)가 반응하여 C(g)를 생성하는 반응의 화학 반응식이다.

$$2A(g)+B(g) \longrightarrow cC(g) \quad (c\text{는 반응 계수})$$

그림 (가)는 실린더에 A(g)와 C(g)가 들어 있는 초기 상태를, (나)는 (가)의 실린더에 B(g) $2n$ mol을 첨가한 후 반응이 완결된 상태를, (다)는 (나)의 실린더에 X(g) $4n$ mol을 추가하여 반응이 완결된 상태를 나타낸 것이다. (가)에서 전체 기체의 양은 $4n$ mol이고, (나)에서 반응 후 $\frac{\text{남은 반응물의 양(mol)}}{\text{전체 기체의 양(mol)}}=\frac{3}{10}$이다. X(g)는 A(g)와 B(g) 중 하나이며, (나)와 (다)에서 실린더에 들어 있는 기체는 나타내지 않았다.

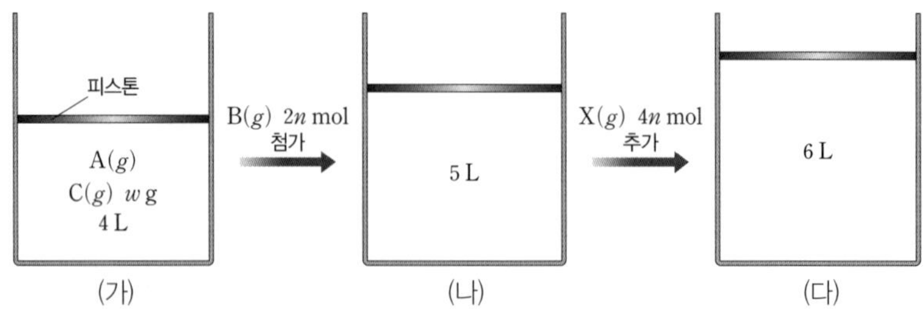

$\frac{\text{(다)에서 실린더에 들어 있는 C(g)의 질량(g)}}{c}$은? (단, 기체의 온도와 압력은 일정하다.)

① $\frac{1}{2}w$ ② w ③ $\frac{5}{4}w$ ④ $\frac{5}{3}w$ ⑤ $2w$

[25024-0057]

13 그림은 25℃ A(aq) (가)~(다)를 나타낸 것이다. (다)는 (가)와 (나)를 모두 250 mL 부피 플라스크에 넣어 혼합한 후 부피 플라스크의 표시선까지 물을 추가하여 만든 것이다. A의 화학식량은 a이고, (나)의 밀도는 1 g/mL보다 크다.

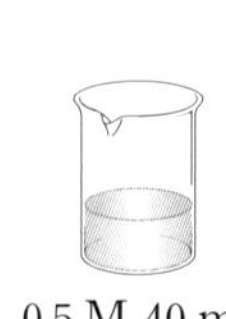

0.5 M 40 mL
(가)

3.2% 100 g
(나)

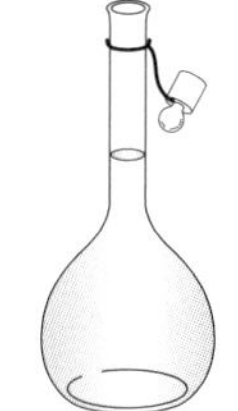

0.4 M 250 mL
(다)

이에 대한 설명으로 옳은 것만을 〈보기〉에서 있는 대로 고른 것은?

〈보기〉

ㄱ. (가)에 녹아 있는 A의 양은 0.02 mol이다.
ㄴ. $a=40$이다.
ㄷ. 몰 농도는 (나)가 (다)의 2배보다 작다.

① ㄱ ② ㄷ ③ ㄱ, ㄴ ④ ㄴ, ㄷ ⑤ ㄱ, ㄴ, ㄷ

몰 농도(M)$=\dfrac{\text{용질의 양(mol)}}{\text{용액의 부피(L)}}$이다.

[25024-0058]

14 다음은 25℃의 A(aq)에 관한 실험이다.

[실험 과정]
(가) 25℃에서 밀도가 d g/mL인 a% A(aq) 50 mL를 준비한다.
(나) (가)의 A(aq) 20 mL를 피펫으로 취하여 비커에 넣은 후 A(s) b g을 추가로 녹인다.
(다) (나)의 수용액을 250 mL 부피 플라스크에 모두 넣고 표시선까지 물을 채운다.

[실험 결과]
○ 몰 농도는 a% A(aq)이 (다)에서 만든 수용액의 4배이다.

$\dfrac{b}{a}$는? (단, 수용액의 온도는 25℃로 일정하다.)

① $\dfrac{4}{25}d$ ② $\dfrac{17}{50}d$ ③ $\dfrac{17}{40}d$ ④ $\dfrac{13}{25}d$ ⑤ $\dfrac{4}{5}d$

(가)에서 A(aq) 50 mL에 녹아 있는 A의 질량은 $\dfrac{a}{100}\times 50d\text{ g}=\dfrac{ad}{2}\text{ g}$이다.

용질의 질량과 용액의 부피가 같으면 용액의 몰 농도는 $\frac{1}{\text{화학식량}}$에 비례한다.

[25024-0059]

15 그림 (가)는 w_1 g의 A(s)~C(s)를 각각 녹인 100 mL의 A(aq)~C(aq)을, (나)는 w_2 g의 B(s)와 C(s)를 각각 녹인 0.2 M의 B(aq)과 C(aq)을 나타낸 것이다.

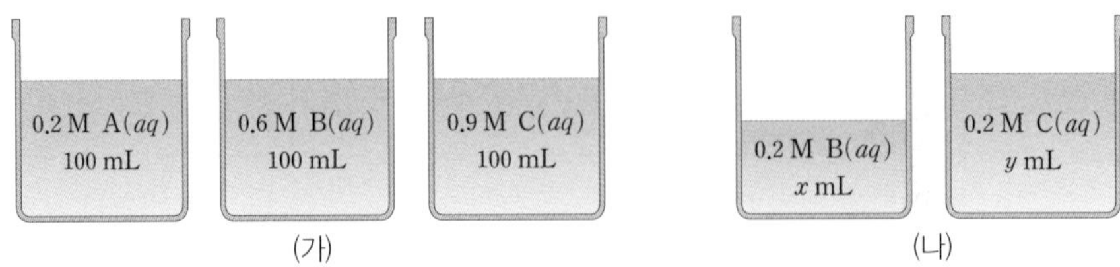

$\frac{\text{B의 화학식량}}{\text{A의 화학식량}} \times \frac{y}{x}$는?

① $\frac{5}{6}$　② $\frac{3}{4}$　③ $\frac{2}{3}$　④ $\frac{1}{2}$　⑤ $\frac{1}{4}$

몰 농도가 M_1인 용액 V_1 L와 몰 농도가 M_2인 용액 V_2 L를 혼합한 후 물을 V L 추가한 용액의 몰 농도(M)는 $\frac{M_1 \times V_1 + M_2 \times V_2}{V_1 + V_2 + V}$이다.

[25024-0060]

16 다음은 A(aq)에 대한 실험이다.

[실험 과정]
(가) 0.2 M A(aq) 50 mL와 0.3 M A(aq) 100 mL를 준비한다.
(나) 0.2 M A(aq) 20 mL와 0.3 M A(aq) 40 mL를 혼합한 후 물 V mL를 추가하여 혼합 용액 Ⅰ을 만든다.
(다) 0.2 M A(aq) 30 mL와 0.3 M A(aq) 60 mL를 혼합한 후 물 V mL를 추가하여 혼합 용액 Ⅱ를 만든다.

[실험 결과]
○ Ⅰ의 몰 농도는 0.1 M이다.
○ Ⅱ의 몰 농도는 x M이다.

이에 대한 설명으로 옳은 것만을 〈보기〉에서 있는 대로 고른 것은? (단, 혼합 용액의 부피는 혼합 전 물 또는 용액의 부피의 합과 같다.)

〈보기〉
ㄱ. $\frac{\text{Ⅱ의 부피}}{\text{Ⅰ의 부피}} > \frac{5}{4}$이다.
ㄴ. $x = \frac{12}{95}$이다.
ㄷ. Ⅰ과 Ⅱ를 모두 혼합한 수용액의 몰 농도는 $\frac{4}{35}$ M이다.

① ㄱ　② ㄴ　③ ㄷ　④ ㄱ, ㄴ　⑤ ㄴ, ㄷ

04 원자의 구조

1 원자의 구성 입자

(1) 전자의 발견

① **음극선** : 진공관 안에 전극을 연결하여 높은 전압을 걸어 주면 (−)극에서 (+)극으로 빛의 흐름이 나타나는데, 이를 음극선이라고 한다.

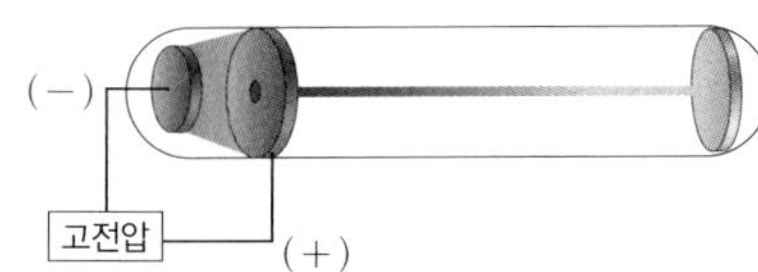

② **음극선 실험** : 1897년 톰슨은 음극선에 대한 몇 가지 실험 결과를 통해 음극선이 질량을 가지며 (−)전하를 띤 입자의 흐름임을 알아내었다. (−)극으로 사용한 금속의 종류에 관계없이 음극선이 같은 특성을 보이므로 음극선의 구성 입자가 모든 물질의 공통적인 입자라고 생각하였고, 이를 전자라고 하였다.

개념 체크

➲ 톰슨은 음극선이 전자의 흐름이라는 것을 발견하였다.

1. 음극선의 진로에 장애물을 설치하면 그림자가 생기는 것은 음극선이 (　　)하기 때문이다.

2. 전기장에서 음극선의 진로가 (+)극 쪽으로 휘는 것은 음극선이 (　　)를 띠기 때문이다.

정답
1. 직진
2. (−)전하

탐구자료 살펴보기 / 음극선의 성질

탐구 자료 및 자료 해석

(가) 음극선의 진로에 장애물을 설치하면 그림자가 생긴다.
➡ 음극선이 직진함을 알 수 있다.

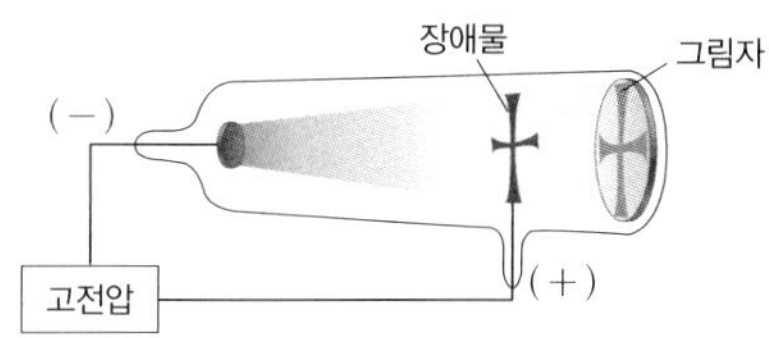

(나) 음극선의 진로에 바람개비를 설치하면 바람개비가 회전한다.
➡ 음극선이 질량을 가진 입자의 흐름임을 알 수 있다.

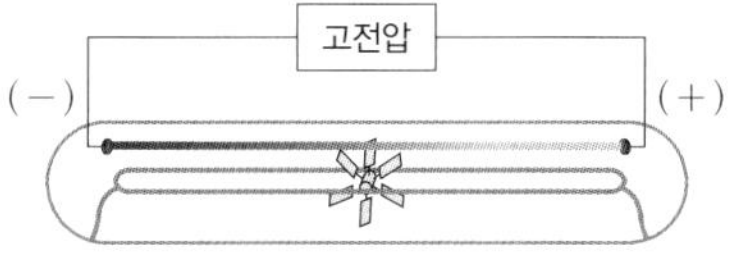

(다) 전기장에서 음극선의 진로가 (+)극 쪽으로 휜다.
➡ 음극선이 (−)전하를 띤다는 것을 알 수 있다.

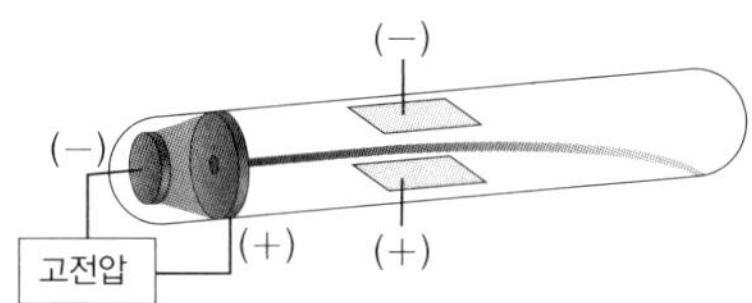

분석 point

음극선은 직진하면서 질량을 갖는 (−)전하를 띠는 입자의 흐름이다.

③ **톰슨의 원자 모형** : 톰슨은 음극선 실험을 통해 원자가 (−)전하를 띠는 입자인 전자를 포함하고 있음을 확인하였고, (+)전하가 고르게 분포된 공 속에 (−)전하를 띤 전자가 박혀 있는 원자 모형을 제안하였다.

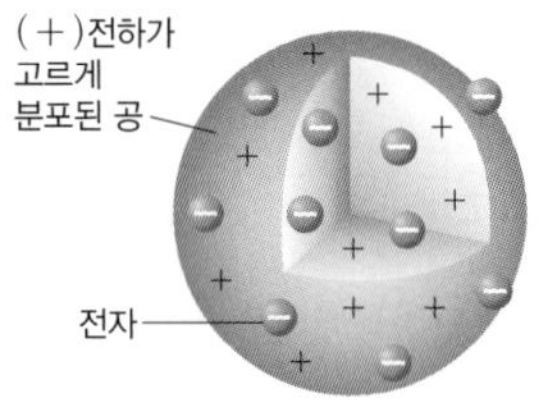

톰슨의 원자 모형

(2) 원자핵의 발견

① **α 입자 산란 실험** : 1911년 러더퍼드는 금박에 (+)전하를 띤 α 입자를 충돌시키는 실험을 한 결과, 대부분의 α 입자는 금박을 그대로 통과하지만 극히 일부의 α 입자가 크게 휘어지거나 튕겨 나오는 현상을 관찰하게 되었다. 이를 바탕으로 원자의 대부분이 빈 공간이며 원자의 중심에 원자 질량의 대부분을 차지하면서 크기가 매우 작고 (+)전하를 띤 입자가 있음을 발견하였고, 이를 원자핵이라고 하였다.

탐구자료 살펴보기 | **α 입자 산란 실험과 원자핵의 발견**

실험 과정

금박 주위에 원형 형광 스크린을 장치하고 α 입자를 금박에 충돌시킨다.

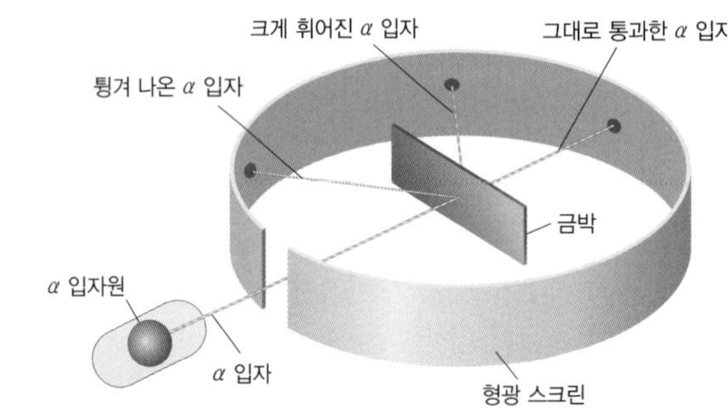

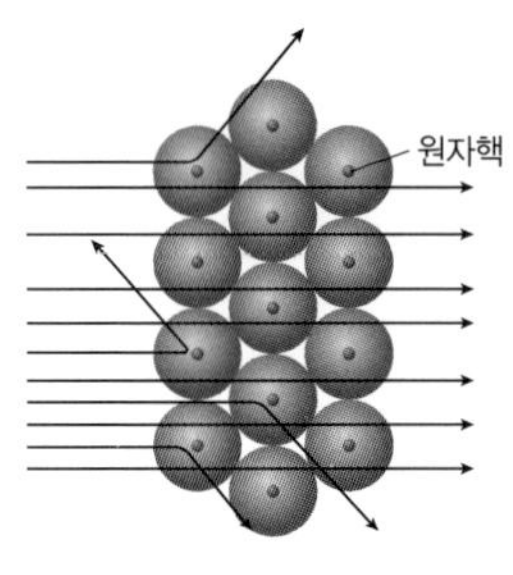

실험 결과

1. 대부분의 α 입자는 금박을 그대로 통과하여 직진한다.
2. 극히 일부의 α 입자는 경로가 크게 휘어지거나 튕겨 나온다.

분석 point

1. 대부분의 α 입자가 금박을 그대로 통과하므로 금박을 구성하고 있는 원자의 대부분은 빈 공간이다.
2. 극히 일부의 α 입자가 금박에서 크게 휘어지거나 튕겨 나오므로 α 입자를 크게 휘어지게 하거나 튕겨 내는 입자는 크기가 매우 작고, (+)전하를 띠며, 원자 질량의 대부분을 차지한다.
3. 러더퍼드는 이 결과를 해석하여 원자의 중심에 원자 질량의 대부분을 차지하면서 (+)전하를 띤 입자가 모여 있을 것으로 생각하고, 이를 원자핵이라고 하였다.

② **러더퍼드의 원자 모형** : 원자핵을 발견한 러더퍼드는 (+)전하를 띠는 매우 작은 크기의 원자핵이 원자의 중심에 있고, (−)전하를 띠는 전자가 원자핵 주위를 돌고 있는 원자 모형을 제안하였다.

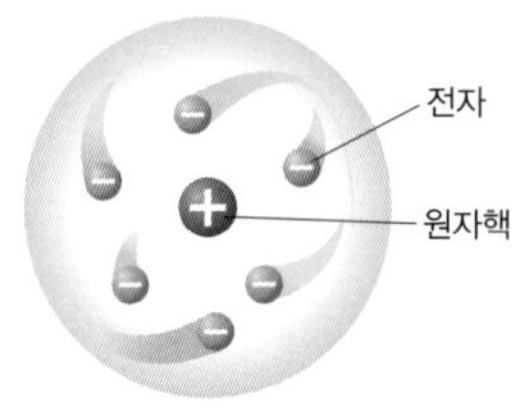

러더퍼드의 원자 모형

개념 체크

➲ α 입자 산란 실험에서 대부분의 α 입자는 금박을 그대로 통과하여 직진한다.

➲ α 입자를 금박에 충돌시켰을 때 극히 일부의 α 입자가 크게 휘어지거나 튕겨 나오는 이유는 원자 중심에 (+)전하를 띤, 크기가 매우 작고 원자 질량의 대부분을 차지하는 원자핵이 있기 때문이다.

1. 톰슨은 (+)전하가 고르게 분포된 공 속에 (−)전하를 띤 (　　)가 박혀 있는 원자 모형을 제안하였다.

2. 러더퍼드는 α 입자 산란 실험을 통해 (　　)을 발견하였다.

정답
1. 전자
2. 원자핵

(3) 원자를 구성하는 입자

① **원자의 구조** : 원자는 물질을 구성하는 기본 입자로, 원자의 중심에 (+)전하를 띠는 원자핵이 있고, 원자핵 주위에 (−)전하를 띠는 전자가 위치한다. 원자핵은 양성자와 중성자로 이루어져 있다.

② **원자를 구성하는 입자의 성질**

구성 입자		질량(g)	상대적 질량	전하량(C)	상대적 전하
원자핵	양성자(p)	1.673×10^{-24}	1	$+1.6 \times 10^{-19}$	+1
	중성자(n)	1.675×10^{-24}	1	0	0
전자(e^-)		9.109×10^{-28}	$\frac{1}{1836}$	-1.6×10^{-19}	−1

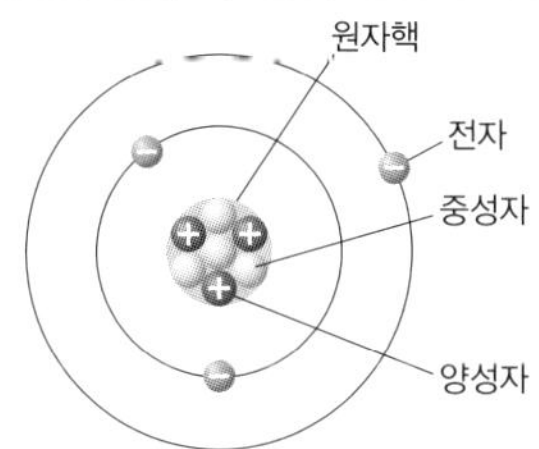

- **양성자(p)** : 중성자와 함께 원자핵을 구성하는 입자로, (+)전하를 띠고 있으며 원소에 따라 그 수가 다르다. 같은 원소의 원자는 양성자수가 같으며, 원자를 구성하는 양성자수가 그 원소의 원자 번호이다.
- **중성자(n)** : 양성자와 질량이 거의 같으며 전하를 띠지 않는 입자로 양성자와 함께 원자핵을 구성한다. 같은 원소의 원자라도 중성자수는 다를 수 있다.
- **전자(e^-)** : 양성자와 전하량의 크기는 같고 부호는 반대인 (−)전하를 띠는 입자로, 질량은 양성자 질량의 $\frac{1}{1836}$배 정도이다.
- 양성자와 전자는 전하량의 크기는 같지만 전하의 부호가 서로 반대이며, 원자에서 양성자수와 전자 수는 같으므로 원자는 전기적으로 중성이다.

(4) 원자의 표시

① **원자 번호** : 원자의 종류는 원자핵 속 양성자수에 따라 달라지므로 원자 번호는 양성자수로 정하며, 원소 기호의 왼쪽 아래에 표시한다. 전기적으로 중성인 원자는 양성자수와 전자 수가 같다.

> 원자 번호=양성자수=원자의 전자 수

② **질량수** : 원자핵을 구성하는 양성자수와 중성자수를 합한 수를 질량수라고 한다. 질량수는 원소 기호의 왼쪽 위에 표시한다.

> 질량수=양성자수+중성자수

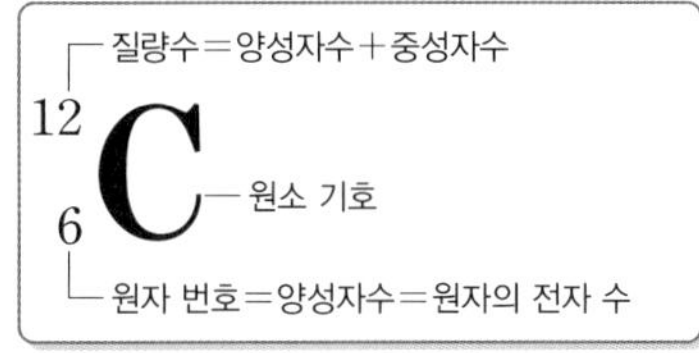

개념 체크

- 양성자와 중성자는 원자핵을 구성한다.
- 전자의 질량은 양성자와 중성자의 질량에 비해 매우 작다.
- 원자 번호=양성자수=원자의 전자 수
- 질량수=양성자수+중성자수

1. (　　)는 양성자와 질량이 거의 같으며 전하를 띠지 않는 입자이다.
2. 양성자와 (　　)는 전하량의 크기가 같고, 부호가 반대이다.
3. $^{13}_{6}C$에서 중성자수는 (　　)이다.

정답
1. 중성자
2. 전자
3. 7

개념 체크

➲ 동위 원소는 양성자수가 같아 원자 번호는 같으나 중성자수가 달라 질량수가 다른 원소이다.

➲ 동위 원소는 화학적 성질은 거의 같으나 물리적 성질은 다르다.

1. ${}^{3}_{1}$H 원자는 양성자수가 ( ), 중성자수가 ( ), 전자 수가 ( )이다.

2. 동위 원소는 ( )가 같으므로 ( ) 성질이 같다.

정답
1. 1, 2, 1
2. 양성자수(원자 번호), 화학적

2 동위 원소

(1) 동위 원소

양성자수가 같아 원자 번호는 같으나 중성자수가 달라 질량수가 다른 원소로, 질량수가 클수록 더 무겁다. 동위 원소는 화학적 성질은 거의 같으나, 질량이 다르므로 물리적 성질은 다르다.

예 수소(H)의 동위 원소

동위 원소	수소(${}^{1}_{1}$H)	중수소(${}^{2}_{1}$H)	삼중수소(${}^{3}_{1}$H)
양성자수	1	1	1
중성자수	0	1	2
전자 수	1	1	1
질량수	1	2	3
원자 모형	전자, 양성자	중성자	

과학 돋보기 수소와 산소의 동위 원소로 이루어진 다양한 물 분자

수소의 동위 원소가 ^{1}H, ^{2}H, ^{3}H의 3가지, 산소의 동위 원소가 ^{16}O, ^{17}O, ^{18}O의 3가지로 존재할 경우, 이로부터 생성되는 물(H_2O) 분자의 종류는 모두 18가지이다. 또한 물 분자에서 원자들의 질량수의 합은 18, 19, 20, 21, 22, 23, 24로 질량수의 합이 다른 물(H_2O) 분자의 종류는 모두 7가지이다. 질량수의 합이 18인 보통의 얼음(${}^{1}H_2{}^{16}O(s)$)은 물(${}^{1}H_2{}^{16}O(l)$)에 뜨지만 질량수의 합이 20인 중수소(^{2}H)로 이루어진 얼음(${}^{2}H_2{}^{16}O(s)$)은 물(${}^{1}H_2{}^{16}O(l)$)보다 밀도가 커서 가라앉는다.

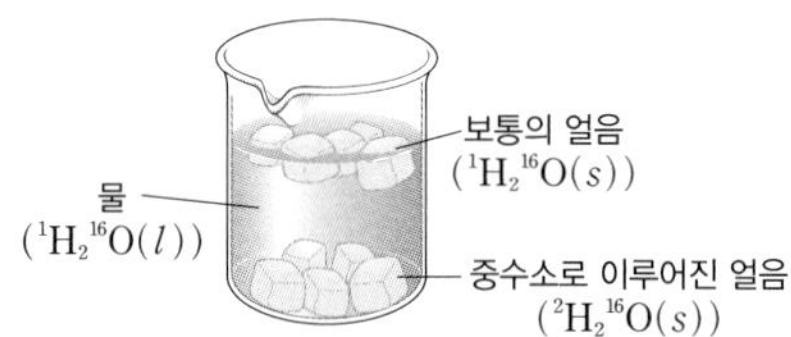

H_2O을 구성하는 원자들의 질량수의 합

H_2O	^{16}O	^{17}O	^{18}O
^{1}H, ^{1}H	18	19	20
^{1}H, ^{2}H	19	20	21
^{1}H, ^{3}H	20	21	22
^{2}H, ^{2}H	20	21	22
^{2}H, ^{3}H	21	22	23
^{3}H, ^{3}H	22	23	24

과학 돋보기 원자의 표시

원자 번호는 원소마다 고유하므로 원자 번호는 생략하고 원소 기호에 질량수만 써서 원자를 표시하기도 하는데, 예를 들어 탄소의 동위 원소 중 ${}^{12}_{6}$C는 ^{12}C로, ${}^{13}_{6}$C는 ^{13}C로 나타낼 수 있다. 원자를 표시하는 또 다른 방법에는 ^{12}C를 탄소−12로 나타내는 것과 같이 '원소 이름−질량수'로 표시하는 방법도 있다.

(2) 평균 원자량

① **평균 원자량** : 자연계에 존재하는 동위 원소의 존재 비율을 고려하여 평균값으로 나타낸 원자량이다.

② **평균 원자량을 구하는 방법** : 자연계에 존재하는 모든 동위 원소의 (동위 원소의 원자량×동위 원소의 존재 비율)의 합으로 계산한다.

예 탄소(C)의 평균 원자량 구하기 : 원자량이 12인 ^{12}C의 존재 비율은 98.93%이고, 원자량이 13.003인 ^{13}C의 존재 비율은 1.07%이다.

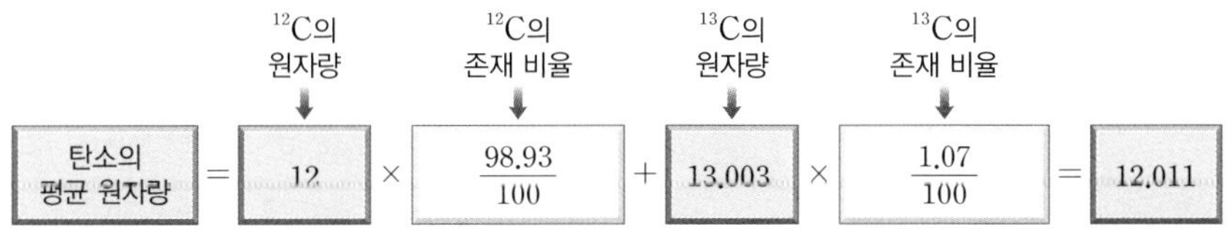

과학 돋보기 **질량수와 원자량**

질량수는 원자핵을 구성하는 양성자수와 중성자수를 합한 수이고, 동위 원소를 구별하기 위해 사용한다. 원자의 질량은 대부분 원자핵이 차지하므로 원자의 질량수는 원자의 상대적 질량을 대략적으로 알려준다. ^{12}C와 ^{13}C는 양성자수가 같으나 중성자수가 달라 질량수가 다른 동위 원소로 질량수가 큰 ^{13}C가 질량수가 작은 ^{12}C보다 원자의 질량이 크다. 그러나 질량수와 원자량이 반드시 같은 것은 아니다. 양성자와 중성자 등과 같은 입자가 결합하여 원자를 형성할 때 에너지가 방출되면서 질량이 감소하므로 단순히 질량수만으로 각 동위 원소의 원자량을 알 수가 없다.

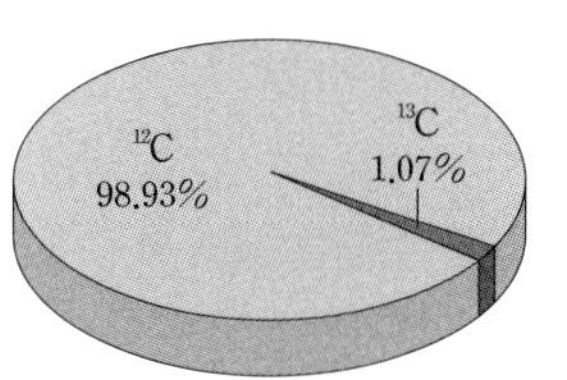

탄소의 동위 원소 존재 비율(%)

• ^{13}C의 원자량 : 질량수와 원자량은 유사한 값을 갖지만 같은 것은 아니다. ^{13}C의 원자량은 13.003이다.

탐구자료 살펴보기 **붕소의 평균 원자량 구하기**

탐구 자료

표는 자연계에 존재하는 붕소(B)의 원자량과 존재 비율을 나타낸 것이다.

동위 원소	원자량	존재 비율(%)
^{10}B	10.0	19.9
^{11}B	11.0	80.1

자료 해석

1. ^{10}B의 존재 비율인 19.9%와 ^{11}B의 존재 비율인 80.1%의 합이 100%이므로 자연계에 존재하는 B의 동위 원소는 ^{10}B와 ^{11}B 2가지이다.
2. B의 평균 원자량은 다음과 같이 구할 수 있다.
   B의 평균 원자량=(^{10}B의 원자량)×(^{10}B의 존재 비율)+(^{11}B의 원자량)×(^{11}B의 존재 비율)
   $$=10.0\times\frac{19.9}{100}+11.0\times\frac{80.1}{100}\fallingdotseq 10.8$$
3. B의 평균 원자량은 존재 비율이 작은 ^{10}B의 원자량인 10.0보다 존재 비율이 큰 ^{11}B의 원자량인 11.0에 더 가까운 값이다.

분석 point

자연계에 존재하는 동위 원소의 원자량과 존재 비율을 이용하여 평균 원자량을 구할 수 있다.

개념 체크

➲ **평균 원자량**
자연계에 존재하는 동위 원소의 존재 비율을 고려하여 평균값으로 나타낸 원자량이다.

1. (   )은 자연계에 존재하는 동위 원소의 존재 비율을 고려하여 평균값으로 나타낸 원자량이다.

2. 자연계에 존재하는 염소(Cl)는 ^{35}Cl, ^{37}Cl 2가지이며, 각각의 원자량은 35.0, 37.0이다. Cl의 평균 원자량이 35.5인 것으로 보아 자연계 존재 비율은 (   )가 (   )보다 크다.

정답
1. 평균 원자량
2. ^{35}Cl, ^{37}Cl

수능 2점 테스트

[25024-0061]

01 다음은 원자를 구성하는 양성자, 중성자, 전자에 대한 세 학생의 대화이다.

제시한 내용이 옳은 학생만을 있는 대로 고른 것은?

① B ② C ③ A, B ④ A, C ⑤ B, C

[25024-0062]

02 그림은 원자 또는 이온 (가)~(다)를 모형으로 나타낸 것이다. (가)~(다) 중 원자는 1가지이고, ○과 ●은 각각 양성자와 중성자 중 하나이다.

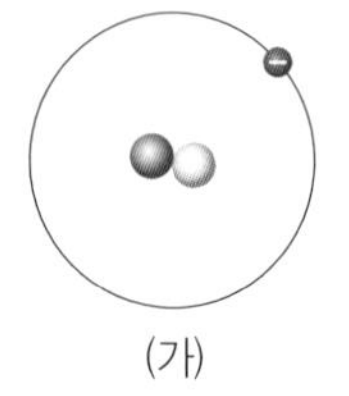
(가)

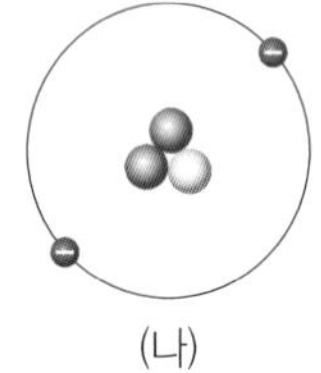
(나)

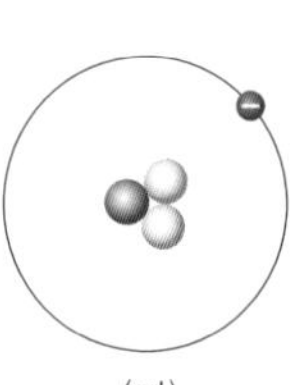
(다)

이에 대한 설명으로 옳은 것만을 <보기>에서 있는 대로 고른 것은?

< 보기 >
ㄱ. (가)는 원자이다.
ㄴ. ●은 중성자이다.
ㄷ. 질량수는 (나)와 (다)가 같다.

① ㄴ ② ㄷ ③ ㄱ, ㄴ ④ ㄱ, ㄷ ⑤ ㄱ, ㄴ, ㄷ

[25024-0063]

03 다음은 러더퍼드의 알파(α) 입자 산란 실험에 대한 자료이다.

○ 러더퍼드는 금박에 α 입자를 쏘았을 때 α 입자가 금박을 모두 뚫고 지나갈 것으로 예측했으나 일부 α 입자가 크게 휘거나 튕겨 나왔다.

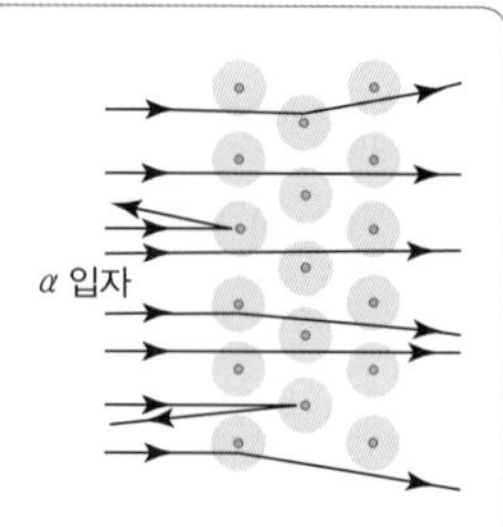

○ 러더퍼드는 당시 실험 결과에 매우 놀랐으며, 마치 종이에 쏜 대포알이 튕겨 나온 것 같다고 표현하였다.

러더퍼드가 α 입자 산란 실험을 통해 발견한 입자에 대한 설명으로 옳은 것만을 <보기>에서 있는 대로 고른 것은?

< 보기 >
ㄱ. 전자와 같은 종류의 전하를 띤다.
ㄴ. 원자 질량의 대부분을 차지한다.
ㄷ. (+)전하를 띤 입자를 밀어낸다.

① ㄴ ② ㄷ ③ ㄱ, ㄴ ④ ㄱ, ㄷ ⑤ ㄴ, ㄷ

[25024-0064]

04 표는 2가지 이온에 대한 자료이다. ㉠과 ㉡은 각각 양성자수, 중성자수, 전자 수 중 하나이다.

이온	㉠	㉠+㉡
$^{7}Li^{+}$		6
$^{23}Na^{+}$	12	22

이에 대한 설명으로 옳은 것만을 <보기>에서 있는 대로 고른 것은? (단, Li, Na의 원자 번호는 각각 3, 11이다.)

< 보기 >
ㄱ. ㉠은 중성자수이다.
ㄴ. Li^{+}의 ㉡=3이다.
ㄷ. $\frac{질량수}{㉡}$는 $^{7}Li > {}^{23}Na$이다.

① ㄱ ② ㄴ ③ ㄱ, ㄷ ④ ㄴ, ㄷ ⑤ ㄱ, ㄴ, ㄷ

[25024-0065]

05 표는 원자 (가)~(다)의 중성자수와 질량수를 나타낸 것이다.

원자	중성자수	질량수
(가)	5	9
(나)	5	10
(다)	6	11

이에 대한 설명으로 옳은 것만을 <보기>에서 있는 대로 고른 것은?

< 보기 >
ㄱ. 원자 번호는 (나) > (가)이다.
ㄴ. (나)는 (다)의 동위 원소이다.
ㄷ. 전자 수는 (다) > (가)이다.

① ㄴ ② ㄷ ③ ㄱ, ㄴ
④ ㄱ, ㄷ ⑤ ㄱ, ㄴ, ㄷ

[25024-0066]

06 표는 2가지 이온에 대한 자료이다. a~c는 양성자수, 중성자수, 전자 수를 순서 없이 나타낸 것이다.

이온	$a-b$	$b-c$
$^{19}F^{-}$	1	-1
$^{24}Mg^{2+}$		2

a~c로 옳은 것은? (단, F, Mg의 원자 번호는 각각 9, 12이다.)

	a	b	c
①	양성자수	중성자수	전자 수
②	양성자수	전자 수	중성자수
③	중성자수	양성자수	전자 수
④	중성자수	전자 수	양성자수
⑤	전자 수	양성자수	중성자수

[25024-0067]

07 다음은 사염화 탄소(CCl_4)의 분자량과 관련된 자료이다.

- CCl_4의 분자량은 154이다.
- C의 평균 원자량은 12.0이다.
- 자연계에 존재하는 Cl의 동위 원소의 원자량과 존재 비율

동위 원소	원자량	존재 비율(%)
^{35}Cl	35	x
^{37}Cl	37	$100-x$

이에 대한 설명으로 옳은 것만을 <보기>에서 있는 대로 고른 것은?

< 보기 >
ㄱ. $x=75$이다.
ㄴ. Cl_2의 분자량은 72이다.
ㄷ. 1 mol에 들어 있는 중성자의 양은 $^{37}Cl_2$가 $^{35}Cl_2$보다 2 mol만큼 많다.

① ㄱ ② ㄷ ③ ㄱ, ㄴ
④ ㄴ, ㄷ ⑤ ㄱ, ㄴ, ㄷ

[25024-0068]

08 표는 자연계에 존재하는 원소 X와 Y의 동위 원소에 대한 자료이다.

원소	동위 원소	원자량	존재 비율(%)
X	^{a}X	a	70
	^{a+2}X	$a+2$	30
Y	^{b}Y	b	75
	^{b+2}Y	$b+2$	25

XY_2의 화학식량은? (단, X와 Y는 임의의 원소 기호이다.)

① $a+b+0.9$ ② $a+b+1.4$ ③ $a+2b+1.1$
④ $a+2b+1.6$ ⑤ $a+2b+2.2$

음극선은 전자의 흐름이다.

[25024-0069]

01 다음은 톰슨의 음극선 실험과 관련된 자료이다.

(가) 음극선의 진로에 바람개비를 설치하면 바람개비가 회전한다.

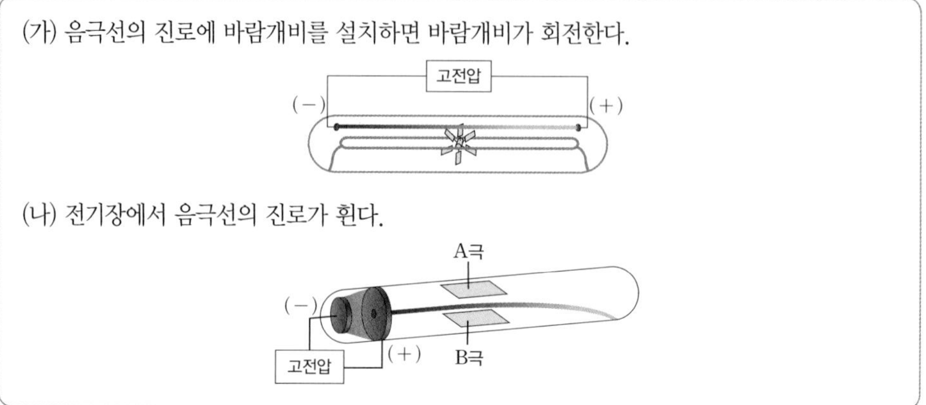

(나) 전기장에서 음극선의 진로가 휜다.

이에 대한 설명으로 옳은 것만을 〈보기〉에서 있는 대로 고른 것은?

〈 보기 〉

ㄱ. (가)의 결과로 음극선은 질량을 지닌 입자의 흐름임을 알 수 있다.
ㄴ. (나)에서 B극은 (+)극이다.
ㄷ. 톰슨은 이 실험 결과로부터 원자핵 주위를 전자가 움직이는 원자 모형을 제안하였다.

① ㄱ ② ㄷ ③ ㄱ, ㄴ ④ ㄴ, ㄷ ⑤ ㄱ, ㄴ, ㄷ

원자 번호는 원자핵 속 양성자수이다. 수소의 원자핵은 양성자이다.

[25024-0070]

02 다음은 원자를 구성하는 양성자, 중성자, 전자에 대한 세 학생의 대화이다.

제시한 내용이 옳은 학생만을 있는 대로 고른 것은?

① B ② C ③ A, B ④ A, C ⑤ A, B, C

[25024-0071]

03 그림은 3가지 이온 (가)~(다)를 모형으로 나타낸 것이다. ○과 ●은 각각 양성자, 중성자 중 하나이다.

수소(^1H)의 원자핵은 양성자이다.

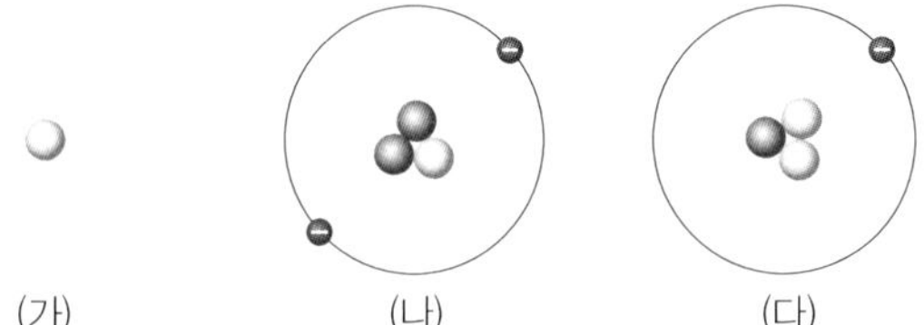

이에 대한 설명으로 옳은 것만을 〈보기〉에서 있는 대로 고른 것은?

〈보기〉

ㄱ. ●은 중성자이다.
ㄴ. (가)와 (다)가 띠는 전하의 종류는 다르다.
ㄷ. 질량수는 (나)와 (다)가 같다.

① ㄴ ② ㄷ ③ ㄱ, ㄴ ④ ㄱ, ㄷ ⑤ ㄴ, ㄷ

[25024-0072]

04 표는 3가지 원자 또는 이온에 대한 자료이다. ㉠과 ㉡은 각각 양성자수, 중성자수 중 하나이다.

원자가 전자를 잃거나 얻으면 이온이 되므로 이온에서 전자 수와 양성자수는 같지 않다.

원자 또는 이온	전자 수	㉠	㉡
X^+	a	$2a$	3
Y	b	5	4
Z^-	10	10	c

$a+b+c$는? (단, X~Z는 임의의 원소 기호이다.)

① 14 ② 15 ③ 16 ④ 17 ⑤ 18

2주기 원소의 원자 번호는 3~10이다.

[25024-0073]

05 표는 원자 X~Z에 대한 자료이다. X와 Y는 모두 2주기 원소이다.

원자	X	Y	Z
원자 번호	a		$a+2b$
중성자수		b	$4b$
질량수	$a+2b$	a	39

이에 대한 설명으로 옳은 것만을 〈보기〉에서 있는 대로 고른 것은? (단, X~Z는 임의의 원소 기호이다.)

〈보기〉

ㄱ. $a>b+2$이다.

ㄴ. Z는 3주기 원소이다.

ㄷ. $\frac{질량수}{양성자수}$는 X>Z이다.

① ㄱ ② ㄴ ③ ㄱ, ㄷ ④ ㄴ, ㄷ ⑤ ㄱ, ㄴ, ㄷ

질량수는 양성자수와 중성자수의 합이다.

[25024-0074]

06 그림은 용기 (가)와 (나)에 들어 있는 N_2와 O_2를 나타낸 것이다. (가)에 들어 있는 $\frac{\text{양성자의 양(mol)}}{\text{중성자의 양(mol)}}=\frac{19}{22}$이다.

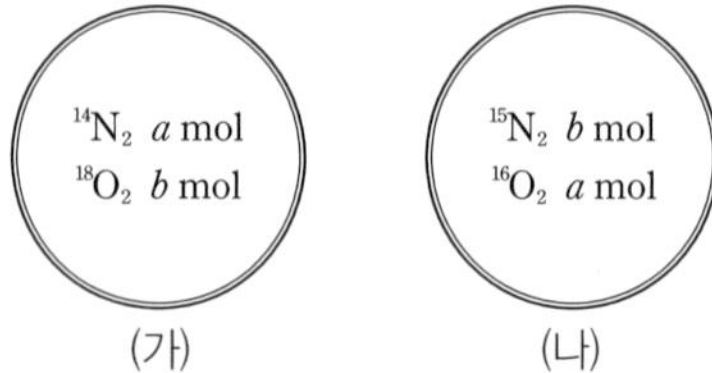

(나)에 들어 있는 $\frac{\text{양성자의 양(mol)}}{\text{중성자의 양(mol)}}$은? (단, N와 O의 원자 번호는 각각 7, 8이다.)

① $\frac{32}{35}$ ② $\frac{34}{37}$ ③ $\frac{35}{38}$ ④ $\frac{37}{40}$ ⑤ $\frac{39}{42}$

[25024-0075]

07 그림은 용기 (가)와 (나)에 들어 있는 기체를 나타낸 것이다.

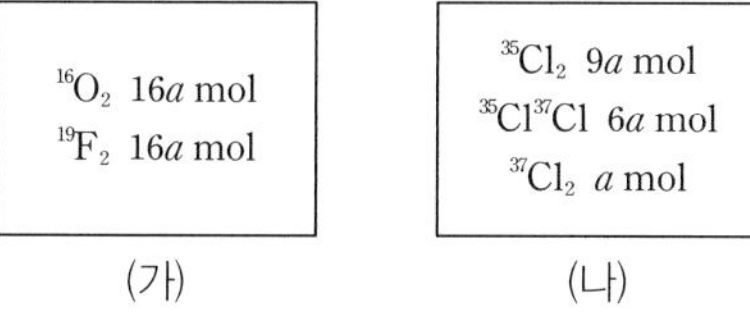

용기 속 기체에 대한 설명으로 옳은 것만을 〈보기〉에서 있는 대로 고른 것은? (단, O, F, Cl의 원자 번호는 각각 8, 9, 17이고, ^{16}O, ^{19}F, ^{35}Cl, ^{37}Cl의 원자량은 각각 16, 19, 35, 37이다.)

〈보기〉

ㄱ. 양성자의 양(mol)은 (가)에서와 (나)에서가 같다.
ㄴ. 중성자의 양(mol)은 (나)>(가)이다.
ㄷ. 질량비는 (가) : (나)=70 : 71이다.

① ㄱ ② ㄷ ③ ㄱ, ㄴ ④ ㄴ, ㄷ ⑤ ㄱ, ㄴ, ㄷ

질량수는 양성자수와 중성자수의 합이다.

[25024-0076]

08 그림은 t℃, 1 atm에서 실린더 (가)와 (나)에 같은 질량의 $CH_2Cl_2(g)$이 들어 있는 것을 나타낸 것이다.

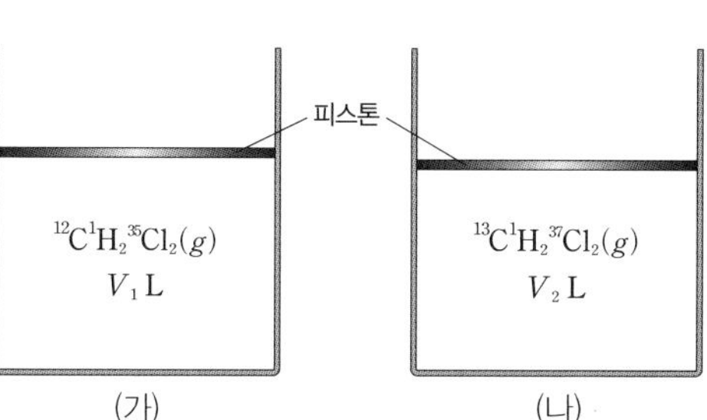

이에 대한 설명으로 옳은 것만을 〈보기〉에서 있는 대로 고른 것은? (단, 피스톤의 질량과 마찰은 무시한다. H, C, Cl의 원자 번호는 각각 1, 6, 17이고, ^1H, ^{12}C, ^{13}C, ^{35}Cl, ^{37}Cl의 원자량은 각각 1, 12, 13, 35, 37이다.)

〈보기〉

ㄱ. $V_1>V_2$이다.
ㄴ. 실린더 속 기체에 들어 있는 양성자의 양(mol)은 (가)>(나)이다.
ㄷ. 실린더 속 기체에 들어 있는 중성자의 양(mol)은 (나)>(가)이다.

① ㄱ ② ㄷ ③ ㄱ, ㄴ ④ ㄴ, ㄷ ⑤ ㄱ, ㄴ, ㄷ

질량수는 양성자수와 중성자수의 합이다.

평균 원자량은 각 동위 원소의 원자량과 존재 비율을 고려한 평균값이다.

[25024-0077]

09 다음은 X와 Y_2의 반응과 자연계에 존재하는 원소 X와 Y의 동위 원소에 대한 자료이다.

○ X와 Y_2의 화학 반응식 : $2X + Y_2 \longrightarrow 2XY$

○ X와 Y의 동위 원소

원소	원자량	존재 비율(%)
^{a}X	a	50
^{3b+2}X	$3b+2$	50
^{b}Y	b	75
^{b+2}Y	$b+2$	25

충분한 양의 X가 1 mol의 Y_2와 반응하여 $(8b+7)$g의 XY가 생성되었을 때, a는? (단, X와 Y는 임의의 원소 기호이다.)

① $3b$ ② $3b+3$ ③ $3b+4$ ④ $3b+5$ ⑤ $3b+6$

질량수는 양성자수와 중성자수의 합이다.

[25024-0078]

10 그림은 t℃, 1 atm에서 2개의 실린더에 들어 있는 $CH_4(g)$과 $H_2O(g)$의 혼합 기체 (가)와 (나)를 나타낸 것이다.

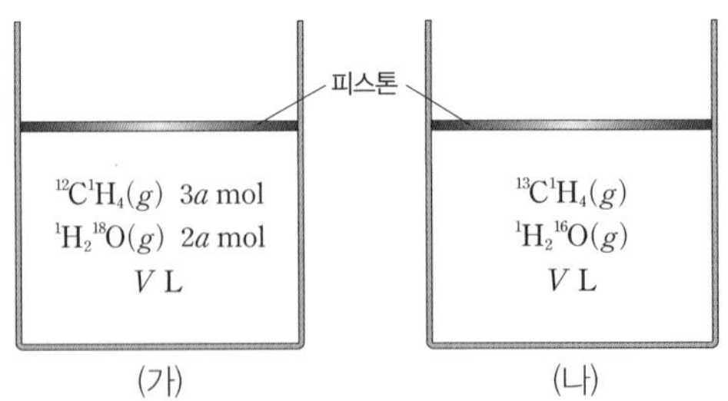

(가)와 (나)의 밀도가 같을 때, $\frac{\text{(나)에 들어 있는 중성자의 양(mol)}}{\text{(가)에 들어 있는 중성자의 양(mol)}}$은? (단, 피스톤의 질량과 마찰은 무시한다. H, C, O의 원자 번호는 각각 1, 6, 8이고, ^{1}H, ^{12}C, ^{13}C, ^{16}O, ^{18}O의 원자량은 각각 1, 12, 13, 16, 18이다.)

① $\frac{26}{25}$ ② 1 ③ $\frac{70}{71}$ ④ $\frac{37}{38}$ ⑤ $\frac{19}{20}$

05 현대적 원자 모형과 전자 배치

1 보어의 원자 모형

(1) 수소 원자의 선 스펙트럼

수소 기체를 방전관에 넣고 고전압으로 방전시키면 수소 방전관에서 빛이 방출되는데, 이 빛을 프리즘에 통과시키면 불연속적인 선 스펙트럼이 생긴다. 이는 전자가 에너지를 흡수하여 에너지가 높은 상태로 되었다가 다시 에너지를 방출하면서 에너지가 낮은 상태로 되기 때문이다. 이때 그 차이만큼의 에너지를 빛의 형태로 방출한다.

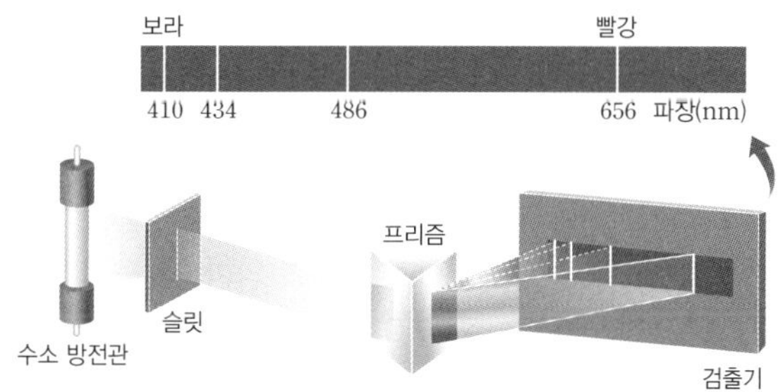

(2) 보어의 원자 모형

① 수소 원자의 불연속적인 선 스펙트럼을 설명하기 위하여 제안된 모형으로, 전자는 원자핵 주위의 일정한 궤도를 따라 원운동하며, 불연속적인 전자의 궤도를 전자 껍질이라고 한다. 전자 껍질의 에너지 준위는 불연속적이며, 핵에 가까운 쪽에서부터 K(n=1), L(n=2), M(n=3), N(n=4)··· 등의 기호를 사용하여 나타낸다. 이때 n은 주 양자수라고 하며, 양의 정수이다.

② 수소 원자에서 전자 껍질의 에너지 준위는 주 양자수 n에 의해서만 결정된다.

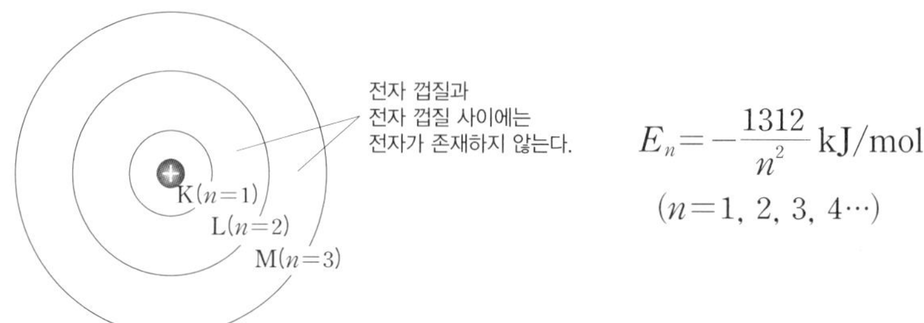

$$E_n = -\frac{1312}{n^2}\ \text{kJ/mol}$$
$$(n=1,\ 2,\ 3,\ 4\cdots)$$

③ 원자핵에서 멀어질수록 전자 껍질의 에너지 준위는 높아지며, 인접한 두 전자 껍질 사이의 에너지 간격은 좁아진다. 전자가 원자핵에 가장 가까운 전자 껍질에 존재하는 상태, 즉 에너지 준위가 가장 낮아서 안정한 상태를 바닥상태라고 하고, 전자가 에너지 준위가 높은 전자 껍질로 전이되어 불안정한 상태를 들뜬상태라고 한다.

④ 전자는 같은 전자 껍질에서 원운동할 때 에너지를 흡수하거나 방출하지 않는다. 전자가 다른 전자 껍질로 전이될 때 두 전자 껍질의 에너지 차만큼의 에너지를 흡수하거나 방출한다.

⑤ 빛에너지와 파장은 반비례하므로 전자가 전이할 때 방출하는 에너지가 클수록 빛의 파장은 짧고, 에너지가 작을수록 빛의 파장은 길다.

⑥ 전자가 n=3, 4, 5, 6인 전자 껍질에서 n=2인 전자 껍질로 전이할 때 가시광선의 빛이 방출된다.

개념 체크

➲ 보어의 원자 모형은 수소 원자의 불연속적인 선 스펙트럼을 설명하기 위하여 제안된 모형이다.

➲ 전자의 에너지 준위가 가장 낮은 안정한 상태를 바닥상태라고 하고, 전자가 에너지 준위가 높은 전자 껍질로 전이되어 불안정한 상태를 들뜬상태라고 한다.

1. 보어의 원자 모형에서 전자의 궤도를 (　　)이라고 한다.

2. 전자의 에너지 준위가 가장 낮아서 안정한 상태를 (　　)라고 한다.

3. 전자가 다른 전자 껍질로 전이될 때 두 전자 껍질의 (　　) 차만큼의 에너지를 흡수하거나 방출한다.

정답
1. 전자 껍질
2. 바닥상태
3. 에너지

개념 체크

➊ s 오비탈은 핵으로부터 거리가 같으면 방향에 관계없이 전자가 발견될 확률이 같다.

➊ p 오비탈은 핵으로부터의 거리와 방향에 따라 전자가 발견될 확률이 다르다.

1. 주 양자수가 2인 L 전자 껍질에는 ( ), ( ) 오비탈이 있다.

2. 주 양자수가 3인 M 전자 껍질에는 ( ), ( ), ( ) 오비탈이 있다.

3. s 오비탈의 모양은 ( )이다.

정답
1. $2s$, $2p$
2. $3s$, $3p$, $3d$
3. 공 모양(구형)

2 현대적 원자 모형

(1) 현대적 원자 모형 등장의 배경

① **보어 모형의 한계** : 보어 모형은 전자가 1개인 수소 원자의 선 스펙트럼을 잘 설명할 수 있었으나, 전자가 2개 이상인 다전자 원자의 선 스펙트럼을 설명할 수 없었다.

② 전자는 질량이 매우 작아 정확한 위치와 운동량(속도)을 동시에 측정할 수 없지만, 파동의 성질을 지니므로 전자가 발견될 확률을 파동 함수로 나타낼 수 있다.

(2) 현대적 원자 모형

① **오비탈(궤도 함수)** : 일정한 에너지를 가진 전자가 원자핵 주위에서 발견될 확률을 나타내는 함수이며, 궤도 함수의 모양, 전자의 에너지 상태를 의미하기도 한다.

- 주 양자수(n)와 오비탈의 모양을 의미하는 s, p, d, f 등의 기호를 사용하여 나타낸다.
- 주 양자수에 따른 오비탈의 종류

전자 껍질	K	L		M		
주 양자수(n)	1	2		3		
오비탈의 종류	$1s$	$2s$	$2p$	$3s$	$3p$	$3d$

② **s 오비탈** : 공 모양(구형)으로 모든 전자 껍질에 존재하며, 전자가 발견될 확률이 90%인 공간을 경계면으로 나타내면 다음과 같다.

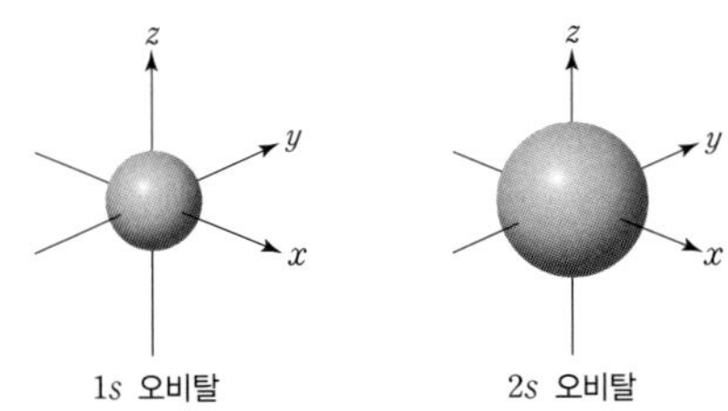

$1s$ 오비탈　　$2s$ 오비탈

- 핵으로부터 거리가 같으면 방향에 관계없이 전자가 발견될 확률이 같다.
- $1s$ 오비탈과 $2s$ 오비탈의 모양은 같지만, 같은 원자에서 $2s$ 오비탈이 $1s$ 오비탈보다 크기가 크다.

③ **p 오비탈** : 아령 모양으로 L 전자 껍질($n=2$)부터 존재한다.

- 방향성이 있어서 핵으로부터의 거리와 방향에 따라 전자가 발견될 확률이 다르다.
- p 오비탈은 3차원 공간의 각 축 방향으로 분포하며, 한 전자 껍질에 에너지 준위가 같은 p_x, p_y, p_z 오비탈이 존재한다.

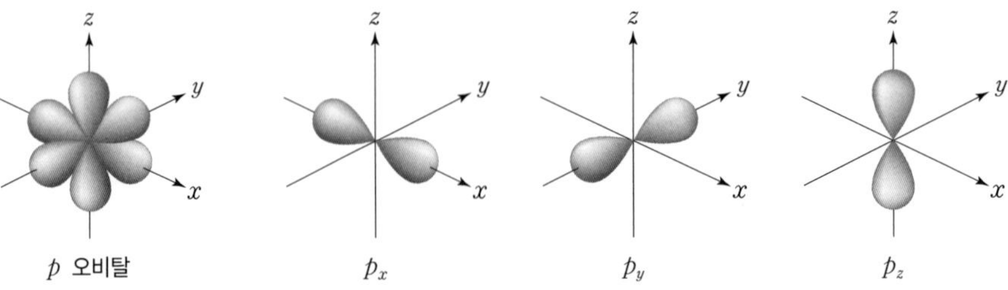

p 오비탈　　p_x　　p_y　　p_z

④ 오비탈의 표시

예
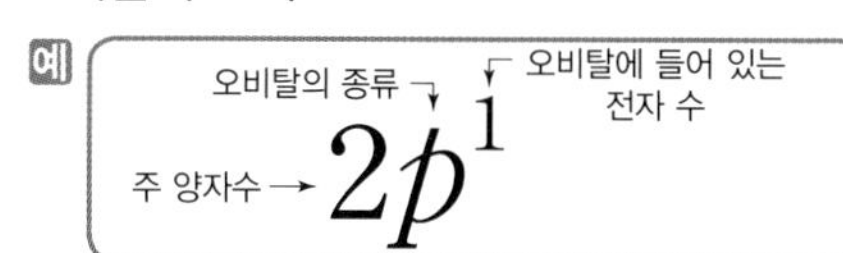

주 양자수는 2이고 오비탈의 종류는 p이며, 이 오비탈에 전자가 1개 존재한다.

⑤ 각 전자 껍질의 오비탈 수

전자 껍질	K	L		M			N			
주 양자수(n)	1	2		3			4			
오비탈의 종류	$1s$	$2s$	$2p$	$3s$	$3p$	$3d$	$4s$	$4p$	$4d$	$4f$
오비탈 수	1	1	3	1	3	5	1	3	5	7
오비탈 총수(n^2)	1	4		9			16			

3 양자수

현대의 원자 모형은 오비탈의 에너지와 크기, 모양 등을 나타내기 위해 양자수라는 개념을 도입하였으며, 주 양자수, 방위(부) 양자수, 자기 양자수, 스핀 자기 양자수가 있다.

(1) 주 양자수(n)

① 오비탈의 에너지와 크기를 결정하는 양자수이다.

② 보어 원자 모형에서 전자 껍질을 나타낸다.

③ $n=1, 2, 3, 4\cdots$ 등의 양의 정숫값을 갖는다.

④ 수소 원자에서 주 양자수가 증가할수록 오비탈의 크기는 커지고 에너지 준위는 높아진다.

주 양자수(n)	1	2	3	4
전자 껍질	K	L	M	N
에너지 준위	$K<L<M<N$			

(2) 방위(부) 양자수(l)

① 오비탈의 모양을 결정하는 양자수이다.

② 주 양자수가 n일 때 방위(부) 양자수는 $0 \leq l \leq n-1$의 정숫값을 갖는다.

예 주 양자수가 1일 때 방위(부) 양자수는 0이다.
주 양자수가 2일 때 방위(부) 양자수는 0, 1이다.
주 양자수가 3일 때 방위(부) 양자수는 0, 1, 2이다.

③ 주 양자수에 따른 방위(부) 양자수와 오비탈의 종류

주 양자수(n)	1	2		3		
방위(부) 양자수(l)	0	0	1	0	1	2
오비탈의 종류	$1s$	$2s$	$2p$	$3s$	$3p$	$3d$

④ 다전자 원자에서는 주 양자수가 같을 때 방위(부) 양자수가 클수록 오비탈의 에너지 준위가 높다.

(3) 자기 양자수(m_l)

① 오비탈의 공간적인 방향을 결정하는 양자수이다.

② 방위(부) 양자수가 l일 때 자기 양자수는 $-l \leq m_l \leq l$의 정숫값을 갖는다.

개념 체크

➲ 오비탈을 구분하기 위한 오비탈의 에너지, 크기, 모양 등을 나타내는 요소들을 양자수라고 한다.

➲ 주 양자수는 오비탈의 에너지와 크기를 결정한다.

➲ 방위(부) 양자수는 오비탈의 모양을 결정한다.

1. 주 양자수가 2인 전자 껍질에는 (　　)개의 오비탈이 존재한다.

2. 주 양자수가 2일 때, 방위(부) 양자수는 (　), (　)이다.

3. s 오비탈은 방위(부) 양자수가 (　　)이고, p 오비탈은 방위(부) 양자수가 (　　)이다.

정답
1. 4
2. 0, 1
3. 0, 1

개념 체크

➲ 자기 양자수는 오비탈의 공간적인 방향을 결정하는 양자수이다.

➲ 스핀 자기 양자수는 외부에서 자기장을 걸어 주었을 때, 전자의 자기 상태가 서로 반대 방향으로 나누어지는 것과 관련된 양자수이다.

➲ 전자가 1개인 수소 원자의 경우 오비탈의 에너지 준위는 오비탈의 종류에 관계없이 주 양자수에 의해서만 결정된다.

1. 스핀 자기 양자수는 ( ), ( )의 2가지가 가능하다.

※ ○ 또는 ×

2. 수소 원자에서 $2s$ 오비탈의 에너지 준위는 $1s$ 오비탈의 에너지 준위보다 높다. ( )

3. 다전자 원자에서 $3s$ 오비탈의 에너지 준위는 $3p$ 오비탈의 에너지 준위보다 높다. ( )

4. 다전자 원자에서 $4s$ 오비탈의 에너지 준위는 $3d$ 오비탈의 에너지 준위보다 높다. ( )

정답
1. $+\frac{1}{2}$, $-\frac{1}{2}$
2. ○
3. ×
4. ×

예 방위(부) 양자수(l)가 1일 때 자기 양자수(m_l)는 -1, 0, 1이고, 이는 방위(부) 양자수가 1인 오비탈이 3개임을 의미한다.

③ 방위(부) 양자수가 l인 오비탈 수는 $(2l+1)$이고, 각각 방향은 다르지만 에너지 준위는 같다.

④ 양자수에 따른 오비탈의 종류와 수

주 양자수(n)	1	2		3		
방위(부) 양자수(l)	0	0	1	0	1	2
자기 양자수(m_l)	0	0	-1, 0, 1	0	-1, 0, 1	-2, -1, 0, 1, 2
오비탈의 종류	$1s$	$2s$	$2p$	$3s$	$3p$	$3d$
오비탈 수	1	1	3	1	3	5
주 양자수에 따른 오비탈의 총수(n^2)	1	4		9		

(4) 스핀 자기 양자수(m_s)

① 외부에서 자기장을 걸어 주었을 때, 전자의 자기 상태가 서로 반대 방향으로 나누어지는 것과 관련된 양자수이다.

② 스핀 자기 양자수는 $+\frac{1}{2}$, $-\frac{1}{2}$의 2가지가 가능하며 스핀 자기 양자수가 다른 전자는 ↑, ↓와 같이 서로 반대 방향의 화살표를 사용하여 표시한다.

4 오비탈의 에너지 준위

오비탈의 에너지 준위는 전자가 1개인 수소 원자와 전자가 2개 이상인 다전자 원자에서 서로 다르다.

(1) 수소 원자

① 전자가 1개인 수소 원자의 경우 오비탈의 에너지 준위는 오비탈의 종류에 관계없이 주 양자수에 의해서만 결정된다.

② 주 양자수가 커질수록 원자핵에서 전자가 멀어지므로 원자핵과의 인력이 약해져 에너지 준위가 높아진다.

수소 원자에서 오비탈의 에너지 준위 : $1s < 2s = 2p < 3s = 3p = 3d < \cdots$

(2) 다전자 원자

전자가 2개 이상인 원자의 경우 오비탈의 에너지 준위는 주 양자수뿐만 아니라 오비탈의 종류에 따라서도 달라진다. 즉, 주 양자수가 같아도 s, p, d, f 순으로 에너지 준위가 높아진다.

다전자 원자에서 오비탈의 에너지 준위 : $1s < 2s < 2p < 3s < 3p < 4s < 3d < \cdots$

5 현대적 원자 모형에 따른 전자 배치

(1) 쌓음 원리

전자는 에너지 준위가 낮은 오비탈부터 순서대로 채워진다.

① 전자가 1개인 수소 원자의 경우 오비탈의 에너지 준위는 오비탈의 종류에 관계없이 주 양자수에 의해서만 결정된다. $1s<2s=2p<3s=3p=3d<\cdots$

② 전자가 2개 이상인 다전자 원자의 경우에는 주 양자수뿐만 아니라 오비탈의 종류에 따라서도 에너지 준위가 달라진다. $1s<2s<2p<3s<3p<4s<3d<\cdots$

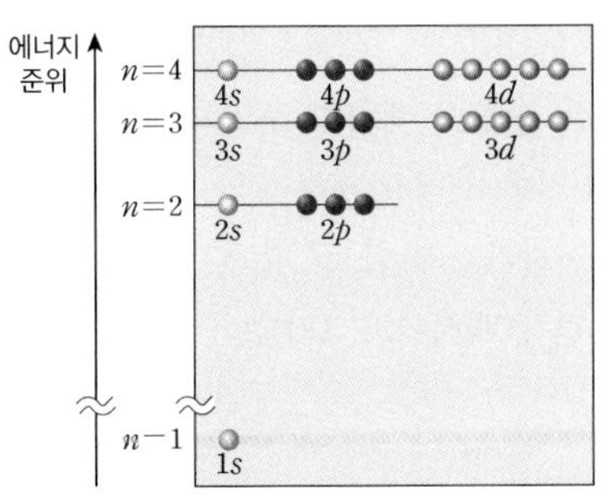

수소 원자에서 오비탈의 에너지 준위

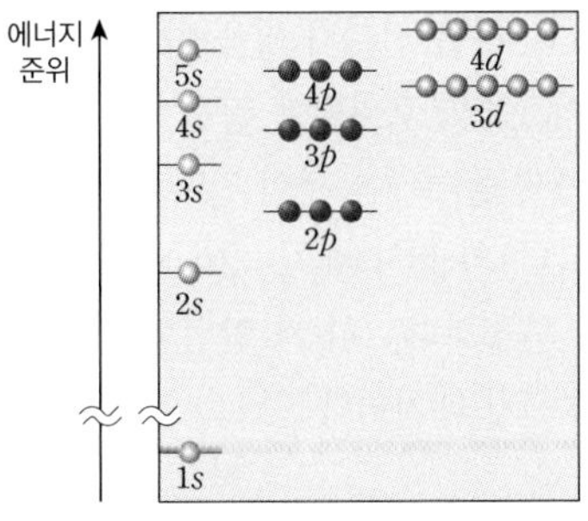

다전자 원자에서 오비탈의 에너지 준위

③ 다전자 원자의 전자 배치 순서

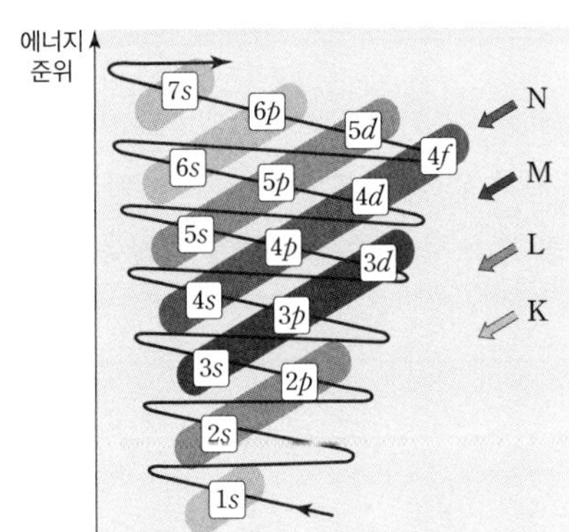

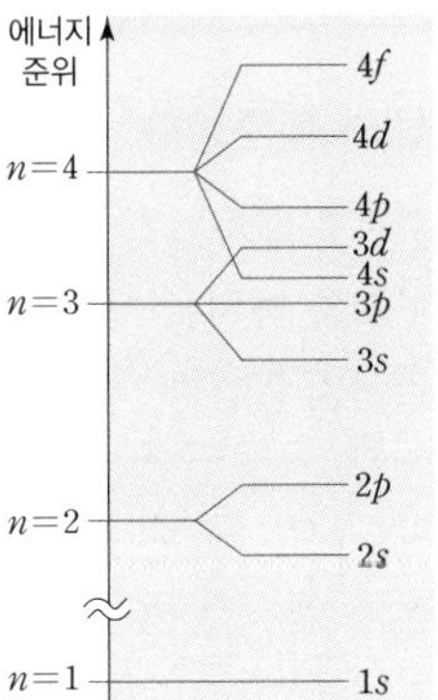

(2) 파울리 배타 원리

1개의 오비탈에는 전자가 최대 2개까지 채워지며, 이 두 전자는 서로 다른 스핀 자기 양자수를 갖는다.

① 1개의 오비탈에는 스핀 자기 양자수가 같은 전자가 존재할 수 없으며, 스핀 자기 양자수가 다른 2개의 전자가 쌍을 이루면서 함께 존재할 수 있다.

② 1개의 오비탈에 3개 이상의 전자가 들어가거나 스핀 자기 양자수가 같은 2개의 전자가 들어가는 것은 파울리 배타 원리에 어긋나는 전자 배치로, 불가능한 전자 배치이다.

예 베릴륨(Be)의 전자 배치

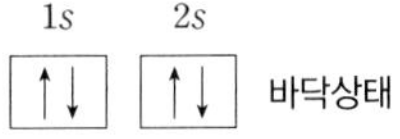

Be의 $2s$ 오비탈에 배치된 전자 2개는 주 양자수가 각각 2, 방위(부) 양자수는 각각 0, 자기 양자수는 각각 0으로 같지만, 스핀 자기 양자수는 각각 $+\frac{1}{2}$, $-\frac{1}{2}$로 다르다. 따라서 두 전자의 (주 양자수, 방위(부) 양자수, 자기 양자수, 스핀 자기 양자수)를 나타내면 각각 $(2, 0, 0, +\frac{1}{2})$, $(2, 0, 0, -\frac{1}{2})$이다.

개념 체크

➲ 쌓음 원리에 의하면 전자는 에너지 준위가 낮은 오비탈부터 순서대로 채워진다.

➲ 파울리 배타 원리에 의하면 1개의 오비탈에는 전자가 최대 2개까지 채워지며, 이 두 전자는 서로 다른 스핀 자기 양자수를 갖는다.

1. 1개의 오비탈에는 전자가 최대 (   )개까지 채워지며, 이 두 전자는 서로 다른 스핀 방향을 갖는다.

정답
1. 2

(3) 훈트 규칙

에너지 준위가 같은 오비탈이 여러 개 있을 때 쌍을 이루지 않는 전자(홀전자) 수가 최대가 되도록 전자가 배치된다.

① p 오비탈처럼 에너지 준위가 같은 오비탈이 여러 개 있을 때 각 오비탈에 전자가 먼저 1개씩 배치된 후, 다음 전자가 쌍을 이루면서 배치된다.

② 전자들이 1개의 오비탈에 쌍을 이루어 들어가는 것보다 에너지 준위가 같은 여러 개의 오비탈에 1개씩 들어가는 것이 전자 간의 반발력이 작아서 더 안정하다.

예 탄소(C)의 전자 배치 : $2p$ 오비탈에 있는 전자가 2개이므로 홀전자 수가 2인 (나)가 (가)보다 안정하다. (나)가 안정한 바닥상태의 전자 배치이고, (가)는 (나)보다 불안정한 들뜬상태 전자 배치이다.

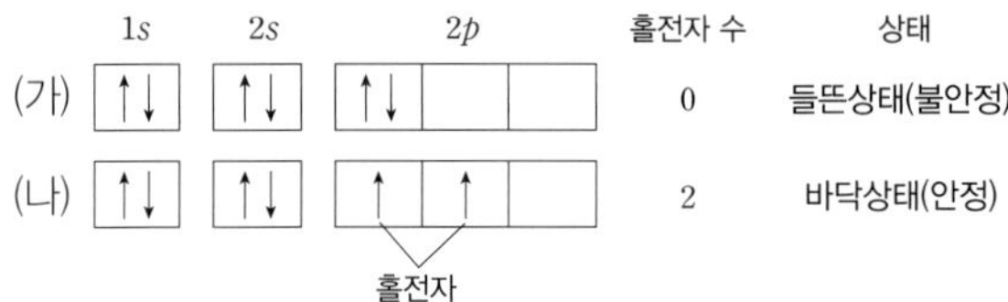

(4) 바닥상태와 들뜬상태

① 바닥상태 전자 배치는 쌓음 원리, 파울리 배타 원리, 훈트 규칙을 모두 만족한다.

② 들뜬상태 전자 배치는 파울리 배타 원리를 반드시 만족해야 하지만 쌓음 원리 또는 훈트 규칙을 만족하지 않는다.

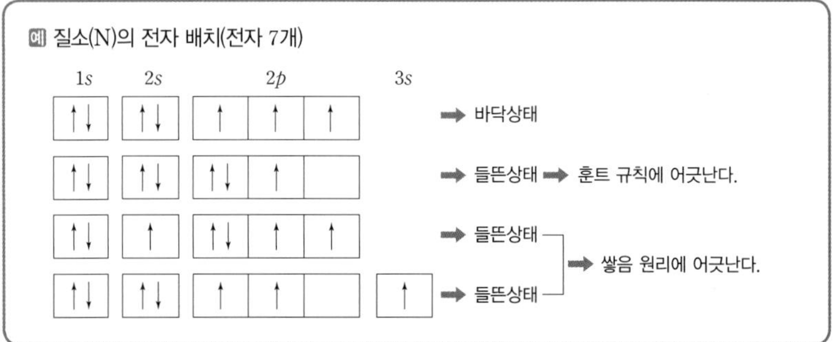

6 전자 껍질에 따른 전자 배치

(1) 전자 껍질과 전자 배치

① 수소 원자에서 전자 껍질의 에너지 준위는 주 양자수(n)가 커질수록 높아진다.
K<L<M<N<…

② 각 전자 껍질에는 최대 $2n^2$개의 전자가 채워질 수 있다. 각 전자 껍질에는 n^2개의 오비탈이 존재하며, 1개의 오비탈에는 최대 2개의 전자가 채워지기 때문이다.

전자 껍질	K(n=1)	L(n=2)	M(n=3)
최대 수용 전자 수($2n^2$)	2	8	18

③ 원자 번호가 1~20인 원자의 바닥상태 전자 배치에서 가장 바깥 전자 껍질의 전자 수는 8을 넘지 못한다. $3p$ 오비탈에 전자가 채워지고 나면, $3d$ 오비탈에 전자가 배치되기 전에 바깥 전자 껍질의 $4s$ 오비탈에 전자가 먼저 배치되기 때문이다.

개념 체크

➲ 바닥상태의 전자 배치는 쌓음 원리, 파울리 배타 원리, 훈트 규칙을 모두 만족한다.

➲ 훈트 규칙에 의하면 p 오비탈처럼 에너지 준위가 같은 오비탈이 여러 개 있을 때는 각 오비탈에 전자가 먼저 1개씩 배치된 후, 다음 전자가 쌍을 이루며 배치된다.

1. 훈트 규칙에 의하면 에너지 준위가 같은 오비탈이 여러 개 있을 때는 (   ) 수가 최대가 되도록 전자가 배치된다.

2. 1s [↑↓] 2s [↑↓] 2p [↑][↑][ ]의 바닥상태 전자 배치를 갖는 원자의 홀전자 수는 (   )이다.

3. 1s [↑↓] 2s [↑↓] 2p [↑↓][↑][ ]의 전자 배치는 (   ) 규칙에 어긋나므로 들뜬상태이다.

4. 주 양자수가 n인 전자 껍질에는 최대 (   )개의 전자가 채워질 수 있다.

정답
1. 홀전자
2. 2
3. 훈트
4. $2n^2$

원소	전자 배치	가장 바깥 전자 껍질에 있는 전자 수
Ar	$1s^22s^22p^63s^23p^6$	8
K	$1s^22s^22p^63s^23p^64s^1$	1
Ca	$1s^22s^22p^63s^23p^64s^2$	2

(2) 원자가 전자

① 바닥상태의 전자 배치에서 화학 결합에 관여하는 가장 바깥 전자 껍질에 있는 전자로 원소의 화학적 성질을 결정한다.

② 원자가 전자 수가 같은 원소는 화학적 성질이 비슷하다.

원소	전자 배치	원자가 전자 수	원소	전자 배치	원자가 전자 수
Li	K(2)L(1)	1	F	K(2)L(7)	7
Na	K(2)L(8)M(1)	1	Cl	K(2)L(8)M(7)	7

7 이온의 전자 배치

(1) 양이온의 전자 배치

원자가 가장 바깥 전자 껍질의 전자를 모두 잃고 양이온이 되면 전자 배치가 비활성 기체의 전자 배치와 같아진다.

예 나트륨 원자가 전자를 1개 잃어 양이온이 되면 전자 배치가 네온의 전자 배치와 같아진다.

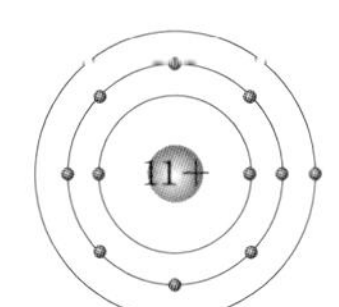

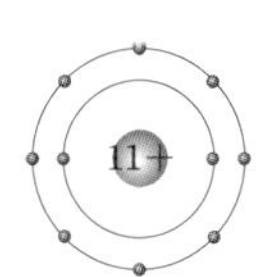

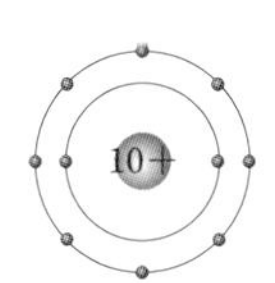

Na : $1s^22s^22p^63s^1$ Na^+ : $1s^22s^22p^6$ Ne : $1s^22s^22p^6$

	$1s$	$2s$	$2p$			$3s$
• 나트륨(Na) 원자의 전자 배치 :	↑↓	↑↓	↑↓	↑↓	↑↓	↑
• 나트륨 이온(Na^+)의 전자 배치 :	↑↓	↑↓	↑↓	↑↓	↑↓	

(2) 음이온의 전자 배치

원자가 전자를 얻어 가장 바깥 전자 껍질의 전자가 8개인 음이온이 되면 전자 배치가 비활성 기체의 전자 배치와 같아진다.

예 플루오린 원자가 전자를 1개 얻어 음이온이 되면 전자 배치가 네온의 전자 배치와 같아진다.

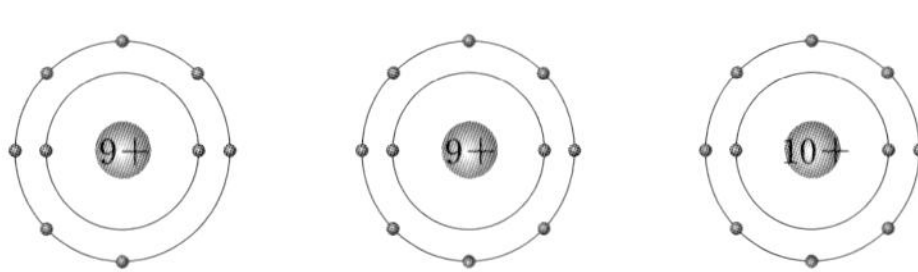

F : $1s^22s^22p^5$ F^- : $1s^22s^22p^6$ Ne : $1s^22s^22p^6$

	$1s$	$2s$	$2p$		
• 플루오린(F) 원자의 전자 배치 :	↑↓	↑↓	↑↓	↑↓	↑
• 플루오린화 이온(F^-)의 전자 배치 :	↑↓	↑↓	↑↓	↑↓	↑↓

개념 체크

➲ 바닥상태의 전자 배치에서 화학 결합에 관여하는 가장 바깥 전자 껍질에 있는 전자를 원자가 전자라고 한다.

➲ 원자가 양이온이 될 때 가장 바깥 전자 껍질에 있는 전자를 잃는다.

➲ 원자가 음이온이 될 때 가장 바깥 전자 껍질에 전자가 채워진다.

1. 원자 번호가 1~20인 원자의 바닥상태 전자 배치에서 가장 바깥 전자 껍질의 전자 수는 ( )을 넘지 못한다.

2. 원자가 ( )를 잃으면 양이온이 된다.

3. 플루오린(F) 원자가 안정한 음이온이 되면 가장 바깥 전자 껍질의 전자 수가 ( )인 네온(Ne)과 전자 배치가 같아진다.

정답
1. 8
2. 전자
3. 8

개념 체크

➲ 바닥상태는 전자 배치 원리와 규칙을 모두 만족하는 가장 안정한 상태이다.

➲ 들뜬상태는 쌓음 원리 또는 훈트 규칙을 만족하지 않는 불안정한 상태이다.

1. 나트륨(Na) 원자의 바닥상태 전자 배치는 (　　　　　　)이다.

2. 황(S) 원자는 바닥상태에서 홀전자 수가 (　　) 이다.

3. 바닥상태의 탄소(C), 질소(N), 산소(O) 원자 중 홀전자 수가 가장 큰 것은 (　　)이다.

정답
1. $1s^2 2s^2 2p^6 3s^1$
2. 2
3. 질소(N)

탐구자료 살펴보기 원자의 바닥상태 전자 배치

원자 번호	전자 껍질	K	L		M			N	전자 배치	홀전자 수
	오비탈	$1s$	$2s$	$2p$	$3s$	$3p$	$3d$	$4s$		
1	H	[↑]							$1s^1$	1
2	He	[↑↓]							$1s^2$	0
3	Li	[↑↓]	[↑]	[ ][ ][ ]					$1s^2 2s^1$	1
4	Be	[↑↓]	[↑↓]	[ ][ ][ ]					$1s^2 2s^2$	0
5	B	[↑↓]	[↑↓]	[↑][ ][ ]					$1s^2 2s^2 2p^1$	1
6	C	[↑↓]	[↑↓]	[↑][↑][ ]					$1s^2 2s^2 2p^2$	2
7	N	[↑↓]	[↑↓]	[↑][↑][↑]					$1s^2 2s^2 2p^3$	3
8	O	[↑↓]	[↑↓]	[↑↓][↑][↑]					$1s^2 2s^2 2p^4$	2
9	F	[↑↓]	[↑↓]	[↑↓][↑↓][↑]					$1s^2 2s^2 2p^5$	1
10	Ne	[↑↓]	[↑↓]	[↑↓][↑↓][↑↓]					$1s^2 2s^2 2p^6$	0
11	Na	[↑↓]	[↑↓]	[↑↓][↑↓][↑↓]	[↑]				$1s^2 2s^2 2p^6 3s^1$	1
12	Mg	[↑↓]	[↑↓]	[↑↓][↑↓][↑↓]	[↑↓]				$1s^2 2s^2 2p^6 3s^2$	0
13	Al	[↑↓]	[↑↓]	[↑↓][↑↓][↑↓]	[↑↓]	[↑][ ][ ]			$1s^2 2s^2 2p^6 3s^2 3p^1$	1
14	Si	[↑↓]	[↑↓]	[↑↓][↑↓][↑↓]	[↑↓]	[↑][↑][ ]			$1s^2 2s^2 2p^6 3s^2 3p^2$	2
15	P	[↑↓]	[↑↓]	[↑↓][↑↓][↑↓]	[↑↓]	[↑][↑][↑]			$1s^2 2s^2 2p^6 3s^2 3p^3$	3
16	S	[↑↓]	[↑↓]	[↑↓][↑↓][↑↓]	[↑↓]	[↑↓][↑][↑]			$1s^2 2s^2 2p^6 3s^2 3p^4$	2
17	Cl	[↑↓]	[↑↓]	[↑↓][↑↓][↑↓]	[↑↓]	[↑↓][↑↓][↑]			$1s^2 2s^2 2p^6 3s^2 3p^5$	1
18	Ar	[↑↓]	[↑↓]	[↑↓][↑↓][↑↓]	[↑↓]	[↑↓][↑↓][↑↓]			$1s^2 2s^2 2p^6 3s^2 3p^6$	0
19	K	[↑↓]	[↑↓]	[↑↓][↑↓][↑↓]	[↑↓]	[↑↓][↑↓][↑↓]		[↑]	$1s^2 2s^2 2p^6 3s^2 3p^6 4s^1$	1
20	Ca	[↑↓]	[↑↓]	[↑↓][↑↓][↑↓]	[↑↓]	[↑↓][↑↓][↑↓]		[↑↓]	$1s^2 2s^2 2p^6 3s^2 3p^6 4s^2$	0

- 쌓음 원리 : 전자는 에너지 준위가 낮은 오비탈부터 차례대로 채워진다.
- 파울리 배타 원리 : 각 오비탈에 스핀 자기 양자수가 다른 2개의 전자가 쌍을 이루며 채워질 수 있다.
- 훈트 규칙 : 에너지 준위가 같은 오비탈에 전자가 채워질 때 홀전자 수가 최대가 되도록 전자가 배치된다.
- 바닥상태는 전자 배치 원리와 규칙을 모두 만족하도록 전자가 채워진, 에너지가 가장 낮은 안정한 상태이다.
- 들뜬상태는 쌓음 원리 또는 훈트 규칙을 만족하지 않는 상태로 바닥상태보다 불안정한 상태이다.
- 파울리 배타 원리를 만족하지 않는 전자 배치는 불가능한 전자 배치이다.

[25024-0079]

01 다음은 오비탈에 대한 세 학생의 대화이다.

제시한 내용이 옳은 학생만을 있는 대로 고른 것은?

① B ② C ③ A, B
④ A, C ⑤ B, C

[25024-0080]

02 그림은 보어의 수소 원자 모형의 일부를 나타낸 것이다.

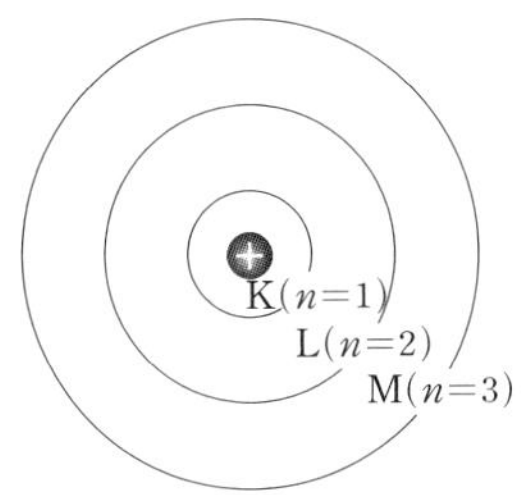

이에 대한 설명으로 옳은 것만을 〈보기〉에서 있는 대로 고른 것은?

〈 보기 〉
ㄱ. 전자 껍질의 에너지 준위는 n(주 양자수)에 의해서만 결정된다.
ㄴ. 원자핵에서 멀어질수록 전자 껍질의 에너지 준위는 낮아진다.
ㄷ. 전자 전이가 일어날 때 전자 껍질의 에너지 준위의 차에 해당하는 에너지를 흡수하거나 방출한다.

① ㄴ ② ㄷ ③ ㄱ, ㄴ
④ ㄱ, ㄷ ⑤ ㄱ, ㄴ, ㄷ

[25024-0081]

03 그림은 수소 원자의 오비탈 (가)~(다)를 나타낸 것이다. (가)~(다)는 각각 $1s$, $2s$, $2p$ 중 하나이고, 에너지 준위는 (다) > (가)이다.

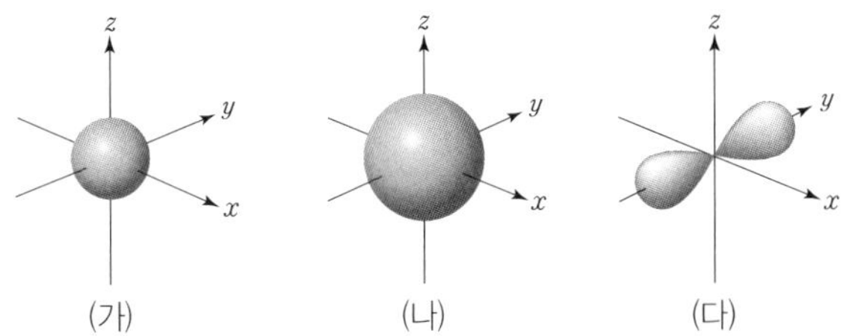

(가)~(다)에 대한 설명으로 옳은 것만을 〈보기〉에서 있는 대로 고른 것은?

〈 보기 〉
ㄱ. (가)에 전자가 들어 있는 수소 원자는 바닥상태이다.
ㄴ. 에너지 준위는 (나)=(다)이다.
ㄷ. (다)에 전자가 존재할 때 원자핵으로부터 거리가 같으면 전자가 발견될 확률이 같다.

① ㄱ ② ㄷ ③ ㄱ, ㄴ
④ ㄴ, ㄷ ⑤ ㄱ, ㄴ, ㄷ

[25024-0082]

04 그림은 학생 A가 그린 탄소(C) 원자의 전자 배치 (가)~(다)를 나타낸 것이다.

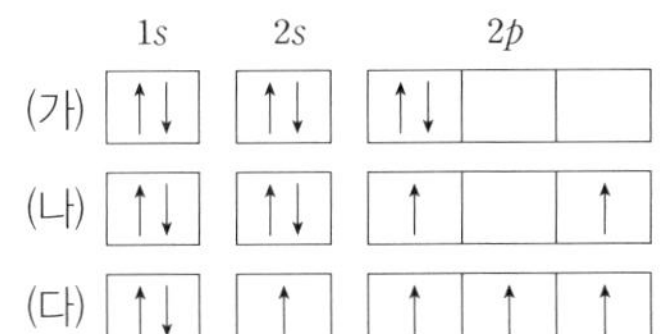

이에 대한 설명으로 옳은 것만을 〈보기〉에서 있는 대로 고른 것은?

〈 보기 〉
ㄱ. (가)에서 모든 전자의 스핀 자기 양자수(m_s)의 합은 0이다.
ㄴ. (나)는 바닥상태의 전자 배치이다.
ㄷ. (다)는 쌓음 원리를 만족한다.

① ㄱ ② ㄷ ③ ㄱ, ㄴ
④ ㄴ, ㄷ ⑤ ㄱ, ㄴ, ㄷ

[25024-0083]

05 다음은 선생님이 제시한 전자 배치에 대한 세 학생의 답변이다.

선생님

그림은 원자 X와 Y의 전자 배치입니다. 이에 관해 이야기해 봅시다.

	$1s$	$2s$	$2p$		
X	↑↓	↑	↑		
Y	↑↓	↑↓	↑↓	↑	

학생 A: X의 전자 배치는 쌓음 원리를 만족해요.

학생 B: Y의 전자 배치는 파울리 배타 원리를 만족합니다.

학생 C: X와 Y의 전자 배치 중 바닥상태는 1가지입니다.

제시한 내용이 옳은 학생만을 있는 대로 고른 것은? (단, X와 Y는 임의의 원소 기호이다.)

① A ② B ③ A, C
④ B, C ⑤ A, B, C

[25024-0084]

06 다음은 바닥상태 원자 X, Y와 이온 X^{m-}, Y^{n+}에 대한 자료이다.

- X^{m-}과 Y^{n+}의 전자 배치는 모두 $1s^2 2s^2 2p^6$이다.
- 홀전자 수는 X와 Y가 같다.
- 전자가 들어 있는 오비탈 수는 Y가 X보다 2만큼 크다.

이에 대한 설명으로 옳은 것만을 <보기>에서 있는 대로 고른 것은? (단, X와 Y는 임의의 원소 기호이고, m과 n은 각각 3 이하의 자연수이다.)

<보기>

ㄱ. $m+n=3$이다.
ㄴ. X와 Y는 같은 주기 원소이다.
ㄷ. 원자가 전자 수는 X > Y이다.

① ㄱ ② ㄷ ③ ㄱ, ㄴ
④ ㄴ, ㄷ ⑤ ㄱ, ㄴ, ㄷ

[25024-0085]

07 표는 수소(H) 원자와 네온(Ne) 원자의 전자 배치와 전자의 양자수(n, l, m_l, m_s)를 나타낸 것이다. n은 주 양자수, l은 방위(부) 양자수, m_l은 자기 양자수, m_s는 스핀 자기 양자수이다.

원자	전자 배치	전자의 양자수 (n, l, m_l, m_s)
H	$1s$: ↑	$\left(1, 0, 0, +\frac{1}{2}\right)$
Ne	$1s$: ↑↓ $2s$: ↑↓ $2p$: ↑↓ ↑↓ ↑↓	(가)

(가)에 해당하는 전자의 양자수(n, l, m_l, m_s)로 옳은 것만을 <보기>에서 있는 대로 고른 것은?

<보기>

ㄱ. $\left(1, 0, -1, +\frac{1}{2}\right)$
ㄴ. $\left(2, 0, 0, +\frac{1}{2}\right)$
ㄷ. $\left(2, 1, -1, -\frac{1}{2}\right)$

① ㄱ ② ㄷ ③ ㄱ, ㄴ
④ ㄴ, ㄷ ⑤ ㄱ, ㄴ, ㄷ

[25024-0086]

08 표는 원자 번호가 연속인 2주기 바닥상태 원자 X~Z의 $\frac{\text{전자가 들어 있는 오비탈 수}}{\text{전자가 2개 들어 있는 오비탈 수}}$를 나타낸 것이다.

원자	X	Y	Z
$\frac{\text{전자가 들어 있는 오비탈 수}}{\text{전자가 2개 들어 있는 오비탈 수}}$(상댓값)	3	4	5

이에 대한 설명으로 옳은 것만을 <보기>에서 있는 대로 고른 것은? (단, X~Z는 임의의 원소 기호이다.)

<보기>

ㄱ. X의 홀전자 수는 1이다.
ㄴ. Y에서 전자가 들어 있는 오비탈 수는 4이다.
ㄷ. Z에서 전자가 2개 들어 있는 오비탈 수는 3이다.

① ㄱ ② ㄷ ③ ㄱ, ㄴ
④ ㄴ, ㄷ ⑤ ㄱ, ㄴ, ㄷ

[25024-0087]

09 표는 원자 X에서 원자가 전자가 들어 있는 오비탈 (가)와 (나)에 대한 자료이다. n은 주 양자수, l은 방위(부) 양자수, m_l은 자기 양자수이다.

오비탈	$n+l$	$n+m_l$
(가)	a	3
(나)	2	b

이에 대한 설명으로 옳은 것만을 〈보기〉에서 있는 대로 고른 것은? (단, X는 임의의 원소 기호이다.)

〈보기〉
ㄱ. X는 2주기 원소이다.
ㄴ. $a>b$이다.
ㄷ. 에너지 준위는 (가)>(나)이다.

① ㄱ ② ㄷ ③ ㄱ, ㄴ
④ ㄴ, ㄷ ⑤ ㄱ, ㄴ, ㄷ

[25024-0088]

10 다음은 바닥상태 원자 X와 Y에 대한 자료이다. n은 주 양자수, l은 방위(부) 양자수이다.

○ X : $n+l=3$인 오비탈에 들어 있는 전자 수는 7이다.
○ Y : $n+l=4$인 오비탈에 들어 있는 전자 수는 4이다.

$\frac{\text{Y의 홀전자 수}}{\text{X의 홀전자 수}}$는? (단, X와 Y는 임의의 원소 기호이다.)

① 0 ② $\frac{1}{2}$ ③ $\frac{2}{3}$ ④ 2 ⑤ 3

[25024-0089]

11 다음은 3주기 바닥상태 원자 A와 B에 대한 자료이다. n은 주 양자수, l은 방위(부) 양자수이다.

○ A^{a+}의 전자 배치는 Ne과 같다.
○ $n+l>2$인 오비탈에 들어 있는 전자 수의 비는 A : B=2 : 3이다.

$\frac{\text{B의 홀전자 수}}{a}$는? (단, A와 B는 임의의 원소 기호이다.)

① 0 ② $\frac{1}{2}$ ③ 1 ④ $\frac{3}{2}$ ⑤ 2

[25024-0090]

12 표는 바닥상태 원자 X와 Y에 대한 자료이다. n은 주 양자수, l은 방위(부) 양자수, m_l은 자기 양자수이다.

원자	X	Y
$n+l=3$인 오비탈에 들어 있는 전자 수	3	7
$l+m_l=2$인 오비탈에 들어 있는 전자 수		a

이에 대한 설명으로 옳은 것만을 〈보기〉에서 있는 대로 고른 것은? (단, X와 Y는 임의의 원소 기호이다.)

〈보기〉
ㄱ. 홀전자 수는 X>Y이다.
ㄴ. X에서 전자가 들어 있는 오비탈 수는 4이다.
ㄷ. $a=2$이다.

① ㄱ ② ㄴ ③ ㄱ, ㄷ
④ ㄴ, ㄷ ⑤ ㄱ, ㄴ, ㄷ

다전자 원자에서 오비탈의 에너지 준위는 오비탈의 모양과도 관련이 있다.

[25024-0091]

01 **다음은 다전자 원자의 오비탈에 대한 세 학생의 대화이다.**

제시한 내용이 옳은 학생만을 있는 대로 고른 것은?

① B ② C ③ A, B ④ A, C ⑤ B, C

$n+l=1$에 해당하는 오비탈은 $1s$ 오비탈이다.

[25024-0092]

02 **다음은 오비탈을 분류하는 몇 가지 기준과 바닥상태 탄소(C) 원자에서 전자가 들어 있는 3가지 오비탈을 기준 Ⅰ과 Ⅱ로 분류하는 것을 나타낸 것이다. n은 주 양자수, l은 방위(부) 양자수이고, ㉠~㉢은 $1s$, $2s$, $2p$ 오비탈을 순서 없이 나타낸 것이다.**

[오비탈의 분류 기준]
(가) 원자가 전자가 들어 있는 오비탈인가?
(나) 홀전자가 들어 있는 오비탈인가?
(다) $n+l=1$인 오비탈인가?

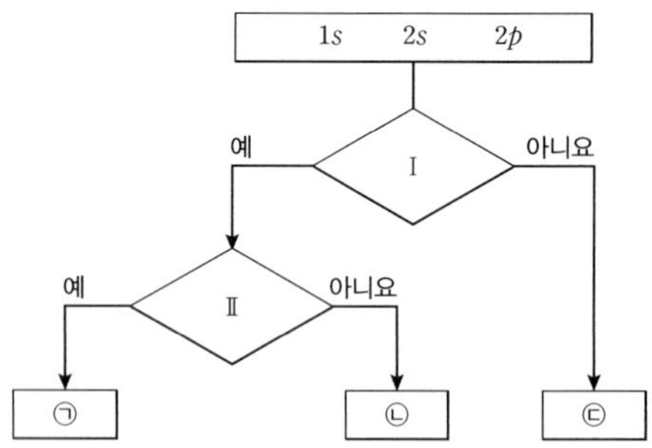

분류 결과 3가지 오비탈이 ㉠~㉢으로 분류되었을 때, Ⅰ과 Ⅱ로 적절한 것은?

	Ⅰ	Ⅱ
①	(가)	(나)
②	(가)	(다)
③	(나)	(가)
④	(나)	(다)
⑤	(다)	(가)

[25024-0093]

03 다음은 2, 3주기 바닥상태 원자 X~Z에 대한 자료이다.

- X~Z의 홀전자 수는 서로 다르다.
- X~Z의 홀전자 수의 합은 4이다.
- 전자가 들어 있는 오비탈 수의 비는 X : Y : Z=1 : 2 : 3이다.

이에 대한 설명으로 옳은 것만을 〈보기〉에서 있는 대로 고른 것은? (단, X~Z는 임의의 원소 기호이다.)

〈보기〉

ㄱ. X와 Y는 모두 2주기 원소이다.
ㄴ. 원자가 전자 수는 X＞Y이다.
ㄷ. 전자가 2개 들어 있는 오비탈 수는 Z가 Y보다 크다.

① ㄱ ② ㄴ ③ ㄱ, ㄷ ④ ㄴ, ㄷ ⑤ ㄱ, ㄴ, ㄷ

홀전자 수가 서로 다른 세 원자의 홀전자 수의 합이 4가 되는 조합은 0, 1, 3이다.

[25024-0094]

04 그림은 산소(O) 원자의 전자 배치 (가)와 (나)를 나타낸 것이다.

	1s	2s	2p		
(가)	↑↓	↑↓	↑	↑↓	↑
(나)	↑↓	↑↓	↑↓	↑↓	

이에 대한 설명으로 옳은 것만을 〈보기〉에서 있는 대로 고른 것은? (단, n은 주 양자수, l은 방위(부) 양자수, m_l은 자기 양자수이다.)

〈보기〉

ㄱ. 원자의 에너지는 (나)＞(가)이다.
ㄴ. $n-l=1$인 전자 수는 (가)=(나)이다.
ㄷ. $l=1$인 오비탈의 전자가 가지는 m_l의 가짓수는 (가)＞(나)이다.

① ㄱ ② ㄷ ③ ㄱ, ㄴ ④ ㄴ, ㄷ ⑤ ㄱ, ㄴ, ㄷ

2번째 전자 껍질까지 고려할 때, $n-l=1$에 해당하는 오비탈은 $1s$, $2p$ 오비탈이다.

3주기 바닥상태 원자에서 전자가 들어 있는 오비탈 수는 6~9이다.

[25024-0095]

05 다음은 2주기 바닥상태 원자 X와 3주기 바닥상태 원자 Y에 대한 자료이다.

- X와 Y의 홀전자 수의 합은 2이다.
- Y의 모든 전자의 스핀 자기 양자수(m_s)의 합은 0이 아니다.
- 전자가 들어 있는 오비탈 수는 Y가 X보다 2만큼 크다.

이에 대한 설명으로 옳은 것만을 <보기>에서 있는 대로 고른 것은? (단, X와 Y는 임의의 원소 기호이다.)

<보기>

ㄱ. X에서 전자가 들어 있는 오비탈 수는 4이다.
ㄴ. Y의 홀전자 수는 1이다.
ㄷ. X와 Y^{2+}에서 전자가 들어 있는 오비탈 수는 같다.

① ㄱ ② ㄴ ③ ㄱ, ㄷ ④ ㄴ, ㄷ ⑤ ㄱ, ㄴ, ㄷ

전자가 2개 들어 있는 오비탈의 수가 같으면서 전자가 들어 있는 오비탈의 수 비가 1 : 2가 되는 조합을 찾는다.

[25024-0096]

06 그림 (가)는 같은 주기의 바닥상태 원자 X와 Y에서 전자가 들어 있는 오비탈 수의 비를, (나)는 전자가 2개 들어 있는 오비탈 수의 비를 나타낸 것이다.

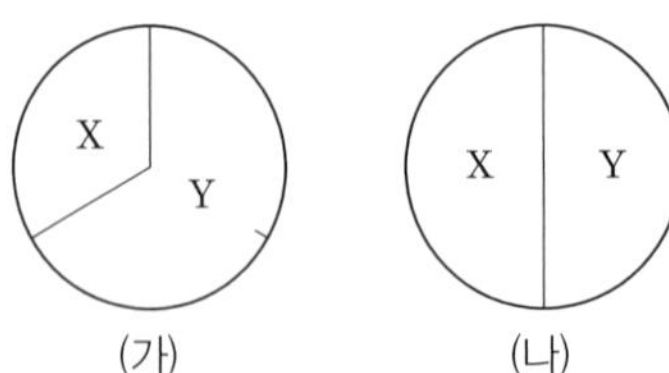

$\frac{\text{Y의 홀전자 수}}{\text{X의 원자가 전자 수}}$는? (단, X와 Y는 임의의 원소 기호이다.)

① 0 ② $\frac{1}{2}$ ③ $\frac{2}{3}$ ④ 1 ⑤ 2

[25024-0097]

07 **표는 바닥상태 원자 X~Z에 대한 자료이다.**

원자	X	Y	Z
홀전자 수	a	b	c
원자가 전자가 들어 있는 오비탈 수	1	2	4
전자가 2개 들어 있는 오비탈 수	2	6	3

a~c로 옳은 것은? (단, X~Z는 임의의 원소 기호이다.)

	a	b	c
①	0	1	1
②	0	1	2
③	0	1	3
④	1	0	1
⑤	1	1	2

전자가 2개 들어 있는 오비탈의 수를 이용하여 가능한 전자 배치를 찾는다.

[25024-0098]

08 **표는 바닥상태 원자 X에서 원자가 전자가 들어 있는 서로 다른 오비탈 (가)~(다)에 대한 자료이다. n은 주 양자수, l은 방위(부) 양자수, m_l은 자기 양자수이다.**

오비탈	$n+l$	$n+m_l$
(가)	a	4
(나)	3	b
(다)	c	

이에 대한 설명으로 옳은 것만을 〈보기〉에서 있는 대로 고른 것은? (단, X는 임의의 원소 기호이다.)

〈 보기 〉

ㄱ. X는 3주기 원소이다.

ㄴ. $a>b$이다.

ㄷ. $c=4$이다.

① ㄱ ② ㄷ ③ ㄱ, ㄴ ④ ㄴ, ㄷ ⑤ ㄱ, ㄴ, ㄷ

$n+l=3$에 해당하는 오비탈은 $3s$ 또는 $2p$ 오비탈이다.

$l=0$은 s 오비탈, $l=1$은 p 오비탈에 해당한다.

[25024-0099]

09 그림은 바닥상태 원자 X~Z에서 방위(부) 양자수(l)에 따라 전자가 들어 있는 오비탈 수의 비를 나타낸 것이다. X~Z의 홀전자 수는 서로 다르며, 원자 번호는 Z > Y이다.

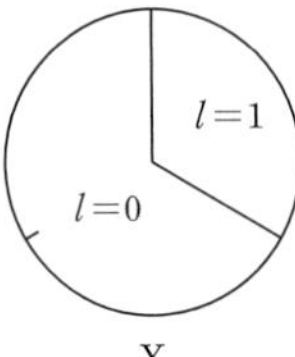

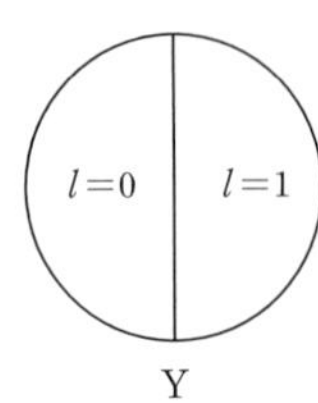

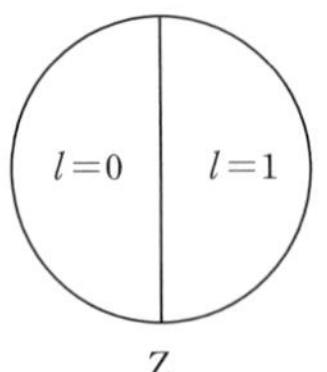

이에 대한 설명으로 옳은 것만을 〈보기〉에서 있는 대로 고른 것은? (단, X~Z는 임의의 원소 기호이다.)

〈보기〉

ㄱ. X의 홀전자 수는 1이다.
ㄴ. 전자가 2개 들어 있는 오비탈 수는 Y가 X보다 크다.
ㄷ. 전자가 들어 있는 오비탈 수는 Z가 Y의 2배이다.

① ㄱ ② ㄴ ③ ㄱ, ㄷ ④ ㄴ, ㄷ ⑤ ㄱ, ㄴ, ㄷ

바닥상태에서 전자가 2개 들어 있는 오비탈 수가 같은 서로 다른 원자는 홀전자 수가 다르다.

[25024-0100]

10 다음은 2주기 바닥상태 원자 X, Y와 이온 X^-에 대한 자료이다.

- X와 Y는 모두 홀전자를 갖는다.
- 전자의 수는 $Y > X^-$이다.
- 전자가 2개 들어 있는 오비탈 수는 X, Y, X^-이 같다.

$\frac{X^-\text{의 홀전자 수}}{Y\text{의 홀전자 수}}$는? (단, X와 Y는 임의의 원소 기호이다.)

① 0 ② $\frac{1}{3}$ ③ $\frac{2}{3}$ ④ 1 ⑤ $\frac{3}{2}$

[25024-0101]

11 그림은 바닥상태 원자 X~Z에서 전자가 들어 있는 오비탈 수를 방위(부) 양자수(l)에 따라 나타낸 것이다. X~Z의 홀전자 수는 모두 다르며, 각각 1, 2, 3 중 하나이다.

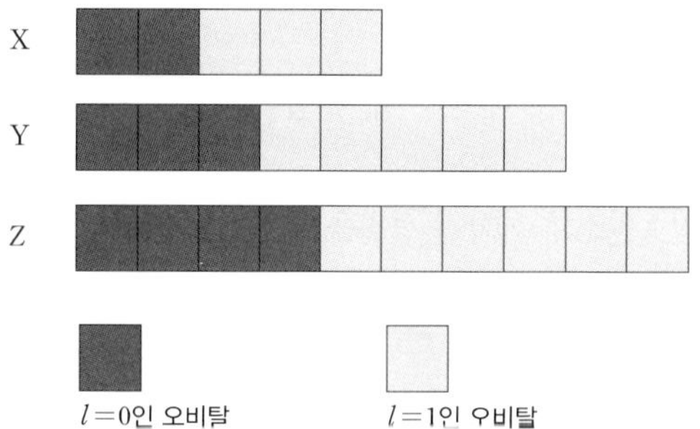

이에 대한 설명으로 옳은 것만을 〈보기〉에서 있는 대로 고른 것은? (단, X~Z는 임의의 원소 기호이다.)

〈보기〉

ㄱ. X는 2주기 원소이다.
ㄴ. Y의 홀전자 수는 2이다.
ㄷ. 원자가 전자 수는 Z>X이다.

① ㄱ ② ㄷ ③ ㄱ, ㄴ ④ ㄴ, ㄷ ⑤ ㄱ, ㄴ, ㄷ

Y의 전자 배치에서 5개의 p 오비탈에 전자가 들어 있으므로 Y의 전자 배치를 알 수 있다.

[25024-0102]

12 표는 바닥상태 원자 X~Z에 대한 자료이다. n은 주 양자수, l은 방위(부) 양자수이다.

원자	X	Y	Z
$n+l=3$인 오비탈에 들어 있는 전자 수	4	㉠	7
$n-l=2$인 오비탈에 들어 있는 전자 수	㉡	6	㉢

이에 대한 설명으로 옳은 것만을 〈보기〉에서 있는 대로 고른 것은? (단, X~Z는 임의의 원소 기호이다.)

〈보기〉

ㄱ. X와 Y는 같은 족 원소이다.
ㄴ. Y와 Z는 같은 주기 원소이다.
ㄷ. $\frac{㉠}{㉡+㉢}<3$이다.

① ㄱ ② ㄷ ③ ㄱ, ㄴ ④ ㄴ, ㄷ ⑤ ㄱ, ㄴ, ㄷ

$n+l=3$에 해당하는 오비탈은 $3s$ 또는 $2p$ 오비탈이고, $n-l=2$에 해당하는 오비탈은 $2s$, $3p$ 오비탈 등이다.

06 원소의 주기적 성질

개념 체크

➲ 주기율
원소를 원자 번호 순서대로 배열할 때 성질이 비슷한 원소가 주기적으로 나타나는 것이다.

※ ○ 또는 ×

1. 주기율은 원자 번호에 따라 원자가 전자 수가 주기적으로 변하기 때문에 나타난다. ( )

2. 멘델레예프는 원소를 원자 번호 순서대로 배열하여 주기율표를 만들었다. ( )

3. 모즐리는 X선 연구를 통해 원자의 양성자수 순서대로 원소를 배열하여 주기율표를 완성하였다. ( )

정답
1. ○
2. ×
3. ○

1 원소의 분류와 주기율

(1) 주기율

① **주기율** : 원소를 원자 번호 순으로 배열할 때, 성질이 비슷한 원소가 주기적으로 나타나는 것을 주기율이라고 한다.

② **주기율이 나타나는 원인** : 원소의 화학적 성질을 결정하는 원자가 전자 수가 주기적으로 변하기 때문에 주기율이 나타난다.

주기 \ 족	1	2	13	14	15	16	17	18
1	H (1+)							He (2+)
2	Li (3+)	Be (4+)	B (5+)	C (6+)	N (7+)	O (8+)	F (9+)	Ne (10+)
3	Na (11+)	Mg (12+)	Al (13+)	Si (14+)	P (15+)	S (16+)	Cl (17+)	Ar (18+)
원자가 전자 수	1	2	3	4	5	6	7	0

(2) 주기율의 발견 과정

① **라부아지에**(1789년) : 당시에 더 이상 분해할 수 없는 33종의 물질을 기체, 비금속, 금속, 화합물의 네 그룹으로 분류하였다.

② **되베라이너**(1829년) : 화학적 성질이 비슷하고 물리적 성질은 규칙적으로 변하는 세 원소가 있다는 것을 알고, 성질이 비슷한 원소를 3개씩 묶어 세 쌍 원소라고 하였다.

③ **뉴랜즈**(1865년) : 원소를 원자량 순으로 나열하면 8번째마다 화학적 성질이 비슷한 원소가 나타나는 규칙성을 발견하고, 옥타브설을 발표하였다.

④ **멘델레예프**(1869년)
- 당시까지 발견된 63종의 원소를 화학적 성질에 기준을 두어 원자량 순서로 배열하여 주기율표를 만들었는데, 이것이 최초의 주기율표이다.
- 당시까지 발견되지 않은 원소의 자리는 빈칸으로 두고, 주기율표 상의 위치로부터 새로운 원소의 존재 가능성과 성질을 예측하였다.
- 원자량 순서로 배열하였을 때 주기성이 맞지 않는 부분이 있다.

⑤ **모즐리**(1913년)
- X선 연구를 통해 원소에서 원자핵의 양성자수를 결정하는 방법을 알아내어 원자의 양성자수를 원자 번호로 정하였다.
- 원소의 주기적 성질이 양성자수(원자 번호)와 관련이 있다는 것을 발견하였고, 원소들을 원자 번호 순서대로 배열하여 현재 사용하고 있는 것과 비슷한 주기율표를 완성하였다.

2 주기율표

(1) 주기율표

원소들을 원자 번호 순으로 배열하여 화학적 성질이 비슷한 원소가 같은 세로줄에 오도록 배열한 표이다.

① 주기

- 주기율표의 가로줄로, 1~7주기가 있다.
- 같은 주기 원소는 바닥상태에서 전자가 들어 있는 전자 껍질 수가 같다. 이때 주기는 전자가 들어 있는 전자 껍질 수와 같다.

주기	원소	원소의 가짓수	전자 껍질	전자 껍질 수
1	H ~ He	2	K	1
2	Li ~ Ne	8	K L	2
3	Na ~ Ar	8	K L M	3
4	K ~ Kr	18	K L M N	4
5	Rb ~ Xe	18	K L M N O	5
6	Cs ~ Rn	32	K L M N O P	6
7	Fr ~ Og	32	K L M N O P Q	7

② 족

- 주기율표의 세로줄로, 1~18족이 있다.
- 같은 족 원소는 원자가 전자 수가 같아 화학적 성질이 비슷하다(단, 수소는 1족에 위치하고 있지만 비금속 원소로, 1족에 속해 있는 나머지 금속 원소들과는 화학적 성질이 다르다).
- 1~2족, 13~17족의 경우 원자가 전자 수는 족의 끝자리 수와 같다.

족	1	2		13	14	15	16	17	18
원자가 전자 수	1	2		3	4	5	6	7	0

(2) 주기율표에서 원소의 분류

주기＼족	1	2	3~12	13	14	15	16	17	18
1	H								He
2	Li	Be		B	C	N	O	F	Ne
3	Na	Mg		Al	Si	P	S	Cl	Ar
4	K	Ca		Ga	Ge	As	Se	Br	Kr
5	Rb	Sr		In	Sn	Sb	Te	I	Xe
6	Cs	Ba		Tl	Pb	Bi	Po	At	Rn
7	Fr	Ra		Nh	Fl	Mc	Lv	Ts	Og

금속 / 준금속 / 비금속

※ 1 atm, 25℃에서의 상태 : H, N, O, F, Cl 및 18족 원소는 기체이며, Br, Hg은 액체이고, 나머지는 고체로 존재한다.

① 금속 원소

- 전자를 잃고 양이온이 되기 쉽다. $M \longrightarrow M^{n+} + ne^-$
- 열전도성, 전기 전도성이 크다.

개념 체크

주기
주기율표의 가로줄로 1~7주기가 있고, 전자가 들어 있는 전자 껍질 수를 뜻한다.

족
주기율표의 세로줄로 1~18족이 있고, 같은 족 원소는 원자가 전자 수가 같아 화학적 성질이 비슷하다.

1. 주기율표에서 원소들은 원자 번호 순으로 배열되어 있고, 화학적 성질이 비슷한 원소가 같은 (가로줄 / 세로줄)에 오도록 되어 있다.

2. 주기는 주기율표의 가로줄로 (　　)~(　　)주기가 있고, 같은 주기 원소는 바닥상태에서 전자가 들어 있는 전자 껍질 수가 같다.

※ ○ 또는 ×

3. 같은 주기 원소는 원자가 전자 수가 같아 화학적 성질이 비슷하다. (　　)

정답
1. 세로줄
2. 1, 7
3. ×

개념 체크

➲ 주기율표에서 원소는 금속 원소, 비금속 원소, 준금속 원소로 분류할 수 있다.

➲ 유효 핵전하
전자에 작용하는 실질적인 핵전하이다.

※ ○ 또는 ×

1. 금속 원소는 주기율표에서 왼쪽에 주로 위치하고, 비금속 원소는 주기율표에서 오른쪽에 주로 위치한다. ( )

2. 금속 원소는 양이온이 되기 쉽다. ( )

3. 18족 원소를 제외한 비금속 원소는 음이온이 되기 쉽다. ( )

정답
1. ○
2. ○
3. ○

② 비금속 원소

- 전자를 얻어 음이온이 되기 쉽다(18족 원소 제외). $X + ne^- \longrightarrow X^{n-}$
- 열전도성, 전기 전도성이 매우 작다(탄소(흑연)는 예외).

	금속 원소	비금속 원소
열 및 전기 전도성	크다	매우 작다 (흑연은 예외)
이온의 형성	양이온이 되기 쉽다	음이온이 되기 쉽다 (18족 원소 제외)
실온(25°C)에서의 상태	대부분 고체 (수은(Hg)은 액체)	대부분 기체, 고체 (브로민(Br_2)은 액체)

③ 준금속 원소

- 금속보다는 전기 전도성이 작고, 비금속보다는 전기 전도성이 커서 금속과 비금속의 구분이 명확하지 않은 원소이다.
  예 붕소(B), 규소(Si), 저마늄(Ge), 비소(As) 등
- 규소와 저마늄은 반도체 칩과 태양 전지를 만드는 데 이용된다.

과학 돋보기 원자가 전자의 전자 배치와 주기율

주기 \ 족	1	2	13	14	15	16	17	18
1	$1s^1$							$1s^2$
2	$2s^1$	$2s^2$	$2s^22p^1$	$2s^22p^2$	$2s^22p^3$	$2s^22p^4$	$2s^22p^5$	$2s^22p^6$
3	$3s^1$	$3s^2$	$3s^23p^1$	$3s^23p^2$	$3s^23p^3$	$3s^23p^4$	$3s^23p^5$	$3s^23p^6$
4	$4s^1$	$4s^2$	$4s^24p^1$	$4s^24p^2$	$4s^24p^3$	$4s^24p^4$	$4s^24p^5$	$4s^24p^6$
가장 바깥 전자 껍질의 전자 배치	ns^1	ns^2	ns^2np^1	ns^2np^2	ns^2np^3	ns^2np^4	ns^2np^5	ns^2np^6
원자가 전자 수	1	2	3	4	5	6	7	0

- 원자가 전자 수가 주기적으로 반복되어 나타나기 때문에 원소의 화학적 성질이 주기적으로 반복된다.
- 주기를 통해 전자가 들어 있는 가장 바깥 전자 껍질의 주 양자수를 알 수 있다.
- 원자가 전자 수는 족의 끝자리 수와 같다(단, 18족은 제외).
  ➡ 주기율표에서 위치를 통해 전자 배치를 알 수 있다.
  예 3주기 17족 원소인 Cl는 3주기이므로 가장 바깥 전자 껍질의 주 양자수가 3이고, 17족이므로 원자가 전자 수가 7이다. 따라서 가장 바깥 전자 껍질의 전자 배치가 $3s^23p^5$이므로 Cl의 바닥상태 전자 배치는 $1s^22s^22p^63s^23p^5$ 이다.

3 원소의 주기적 성질

(1) 유효 핵전하

① 유효 핵전하 : 전자에 작용하는 실질적인 핵전하

- 수소 원자는 전자가 1개밖에 없으므로 전자 사이의 반발력은 없고, 원자핵과 전자 사이의 인력만 존재한다. 따라서 수소 원자에서 전자에 작용하는 유효 핵전하는 양성자수에 의한 핵전하와 같은 1+이다.

- 전자가 2개 이상인 다전자 원자에서 전자에 작용하는 실질적인 핵전하를 따지려면 원자핵과 전자 사이의 인력뿐만 아니라 전자 사이의 반발력도 고려해야 한다. 한 전자에 작용하는 유효 핵전하는 다른 전자와의 반발력 때문에 양성자수에 의한 핵전하보다 작아진다.
  예 원자 번호가 6인 탄소(C) 원자의 경우 원자가 전자에 작용하는 유효 핵전하는 양성자수에 의한 핵전하인 6+보다 작다.

② 가려막기 효과(가림 효과)

- 다전자 원자에서 전자에 작용하는 유효 핵전하가 양성자수에 의한 핵전하보다 작아지는 것은 다른 전자에 의해 핵이 가려지기 때문이다. 이러한 현상은 자신보다 안쪽 전자 껍질에 있는 전자뿐만 아니라 자신과 같은 전자 껍질에 있는 다른 전자에 의해서도 나타나며, 이를 가려막기 효과라고 한다.
- 가려막기 효과는 전자 사이의 반발력 때문에 원자핵과 전자 사이의 실질적인 인력이 약해지는 현상을 의미한다.
- 같은 전자 껍질에 있는 전자에 의한 가려막기 효과는 안쪽 전자 껍질에 있는 전자에 의한 가려막기 효과보다 작다.

탐구자료 살펴보기 / 가려막기 효과

탐구 자료

그림은 수소(H), 탄소(C), 산소(O)의 전자 배치를 나타낸 것이다.

자료 해석

1. 수소 원자는 전자가 1개이므로 수소의 원자가 전자에 작용하는 유효 핵전하는 1+ 그대로이다.
2. 탄소의 원자가 전자에 작용하는 유효 핵전하는 K 전자 껍질의 전자와 L 전자 껍질의 다른 전자의 가려막기 효과 때문에 6+보다 작다. 마찬가지로 산소의 원자가 전자에 작용하는 유효 핵전하도 8+보다 작다.

분석 point

전자가 1개뿐인 수소에서는 원자가 전자의 유효 핵전하가 양성자수에 의한 핵전하와 같지만, 전자가 2개 이상인 탄소나 산소에서는 원자가 전자의 유효 핵전하가 양성자수에 의한 핵전하보다 작다.

③ 같은 주기에서 원자 번호에 따른 원자가 전자가 느끼는 유효 핵전하

- 다전자 원자에서 전자에 작용하는 핵전하는 전자 사이의 반발력에 의해 감소하기 때문에 전자에는 양성자수에 의한 핵전하만큼의 인력이 작용하지 못한다.

개념 체크

➲ **가려막기 효과**
다전자 원자에서 전자에 작용하는 유효 핵전하는 다른 전자에 의하여 핵전하가 가려지므로 양성자수에 의한 핵전하보다 작다.

※ ○ 또는 ×

1. 가려막기 효과는 자신보다 안쪽 전자 껍질의 전자뿐만 아니라 자신과 같은 전자 껍질에 있는 다른 전자에 의해서도 나타난다. ( )

2. 원자 번호가 6인 탄소(C)의 원자가 전자가 느끼는 유효 핵전하는 6+이다. ( )

3. 산소(O) 원자에서 안쪽 전자 껍질에 있는 전자와 바깥쪽 전자 껍질에 있는 전자의 유효 핵전하는 같다. ( )

정답
1. ○
2. ×
3. ×

개념 체크

➲ 유효 핵전하는 같은 주기에서 원자 번호가 증가할수록 커진다.

➲ 원자가 음이온이 되면 가장 바깥 전자 껍질의 전자가 느끼는 유효 핵전하가 감소한다.

1. 원자가 전자가 느끼는 유효 핵전하는 질소(N)가 탄소(C)보다 (크 / 작)다.

2. 원자가 전자가 느끼는 유효 핵전하는 네온(Ne)이 나트륨(Na)보다 (크 / 작)다.

3. 같은 주기에서 양성자수 증가에 따른 핵전하의 증가가 전자 수 증가에 따른 가려막기 효과의 증가보다 유효 핵전하에 미치는 영향이 (크 / 작)다.

정답
1. 크
2. 크
3. 크

• 2주기에서 원자 번호가 1 증가할 때 핵전하(양성자수에 의한 핵전하, 유효 핵전하)의 변화

양성자가 1개 많아지므로 양성자수에 의한 핵전하는 1 증가함 ➡ 전자도 1개 많아지므로 가려막기 효과도 증가함 ➡		하지만 양성자수 증가에 따른 핵전하의 증가가 전자 수 증가에 따른 가려막기 효과의 증가보다 큼	➡	원자가 전자가 느끼는 유효 핵전하는 증가함

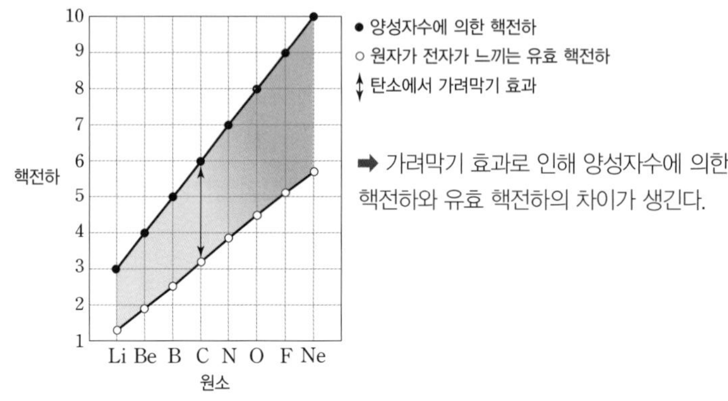

• 2주기에서는 원자 번호가 클수록 원자가 전자가 느끼는 유효 핵전하가 크다.
• 3주기 이상에서도 2주기와 같은 경향을 보인다.
• 18족 원소에서 다음 주기의 1족 원소로 원자 번호가 증가할 때에는 원자가 전자의 전자 껍질이 바뀌므로 안쪽 전자 껍질 수가 증가한다. 그러므로 안쪽 전자 껍질의 전자 수 증가로 인한 가려막기 효과가 크게 증가하므로 원자가 전자가 느끼는 유효 핵전하가 감소한다.

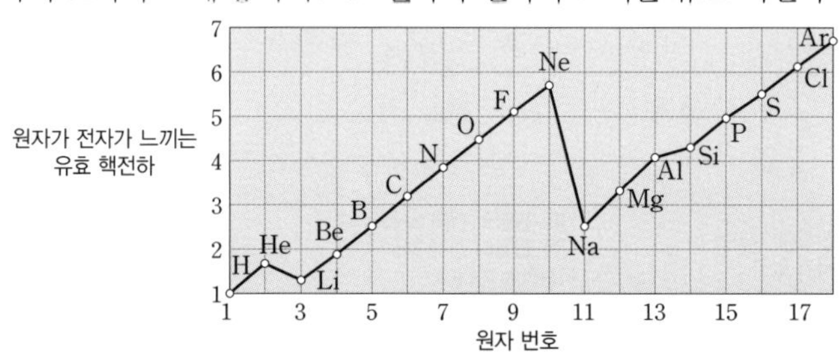

④ 전자 수 증가와 감소에 따른 원자가 전자가 느끼는 유효 핵전하

전자 수 증가	전자 수 감소
전자들 사이의 반발력이 커짐 ⇨ 유효 핵전하 감소 예 F이 F^-이 되면 전자 수가 증가하여 전자 사이의 반발력이 커지므로 가장 바깥 전자 껍질의 전자가 느끼는 유효 핵전하가 감소한다.	전자들 사이의 반발력이 작아짐 ⇨ 유효 핵전하 증가 예 Na이 Na^+이 되면 전자 수가 감소하여 전자들 사이의 반발력이 작아지므로 가장 바깥 전자 껍질의 전자가 느끼는 유효 핵전하가 증가한다.
9+ 9+ F > F^-	11+ 11+ Na < Na^+

(2) 원자 반지름

① 원자 반지름의 측정

- 현대적 원자 모형인 오비탈 모형에서는 핵으로부터 거리가 아무리 멀어지더라도 전자가 발견될 확률이 0이 되지 않기 때문에 원자의 크기를 정확하게 정의하기 어렵다. 따라서 같은 종류의 두 원자가 결합했을 때 그 두 원자의 원자핵 사이의 거리를 측정하고, 그 거리의 절반을 원자 반지름으로 정의한다.
- 나트륨(Na)과 같은 금속의 경우, 원자 반지름은 나트륨 결정에서 가장 가까운 원자핵 사이 거리의 절반으로 정의한다. 수소(H_2), 염소(Cl_2)와 같이 동일한 원자로 구성된 이원자 분자의 형태로 존재하는 비금속 원소의 원자 반지름은 원자핵 사이 거리의 절반으로 정의한다.

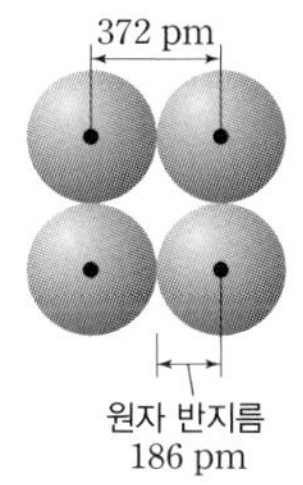

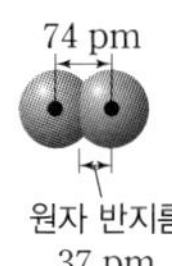

나트륨(금속 원소)　　수소 분자(비금속 원소)

② 원자 반지름에 영향을 주는 요인

전자 껍질 수	유효 핵전하
같은 족에서는 원자 번호가 증가할수록 전자 껍질 수가 증가하며, 전자 껍질 수가 많아질수록 원자가 전자와 핵 사이의 거리가 멀어지므로 원자 반지름이 커진다. 예 $Li < Na$	같은 주기에서는 원자 번호가 증가할수록 원자가 전자가 느끼는 유효 핵전하가 증가하며, 유효 핵전하가 커질수록 핵과 원자가 전자 사이의 전기적 인력이 증가하므로 원자 반지름이 작아진다. 예 $Li > Be$

③ 원자 반지름의 주기적 변화(18족 원소 제외)

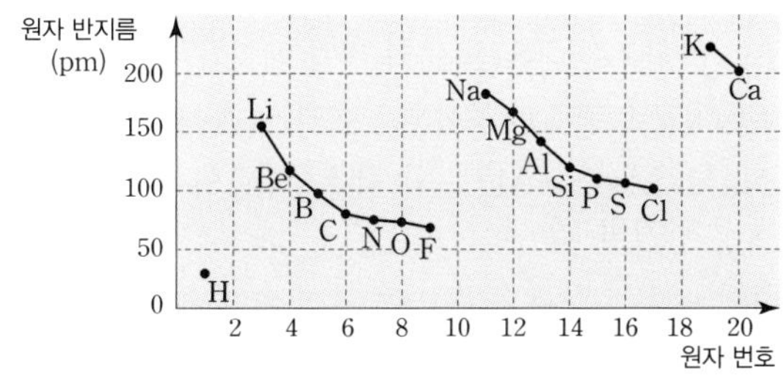

같은 족	같은 주기
원자 번호가 증가할수록 전자 껍질 수가 증가하므로 원자 반지름이 커진다. 예 3+　11+　19+ Li < Na < K	원자 번호가 증가할수록 원자가 전자가 느끼는 유효 핵전하가 증가하므로 원자 반지름이 작아진다. 예 11+　12+　13+ Na > Mg > Al

개념 체크

➲ 원자 반지름
같은 종류의 원자가 결합하였을 때 두 원자의 원자핵 사이의 거리를 측정하고, 그 거리의 절반을 원자 반지름으로 정의한다.

➲ 원자 반지름의 주기성
같은 주기에서는 원자 번호가 증가할수록 유효 핵전하가 증가하여 원자 반지름이 작아지고, 같은 족에서는 원자 번호가 증가할수록 전자 껍질 수가 증가하여 원자 반지름이 증가한다.

1. 같은 주기에서는 원자 번호가 증가할수록 원자가 전자가 느끼는 (　　)가 증가하여 원자 반지름이 감소한다.

2. 같은 족에서는 원자 번호가 증가할수록 (　　) 수가 증가하여 원자 반지름이 증가한다.

※ ○ 또는 ×

3. 원자 반지름은 B>C이다.　(　　)

4. 원자 반지름은 K>Mg이다.　(　　)

정답
1. 유효 핵전하
2. 전자 껍질
3. ○
4. ○

개념 체크

➲ 양이온의 반지름
금속 원소의 원자가 전자를 잃으면 전자 껍질 수가 감소하므로 반지름이 감소한다.

➲ 음이온의 반지름
비금속 원소의 원자가 전자를 얻으면 가려막기 효과가 증가하여 유효 핵전하가 감소하므로 반지름이 증가한다.

➲ 전자 수가 같은 이온의 이온 반지름
원자 번호가 클수록 유효 핵전하가 크므로 이온 반지름이 작아진다.

※ ○ 또는 ×

1. 반지름은 $Na > Na^+$이다. ( )

2. 반지름은 $Cl > Cl^-$이다. ( )

3. 반지름은 $O^{2-} > Mg^{2+}$이다. ( )

4. 반지름은 $O^{2-} > S^{2-}$이다. ( )

정답
1. ○
2. ×
3. ○
4. ×

(3) 이온 반지름

양이온 반지름	음이온 반지름
금속 원소의 원자가 비활성 기체와 같은 전자 배치를 갖는 양이온이 되면 전자 껍질 수가 감소하므로 이온 반지름은 원자 반지름보다 작아진다. 예 $Na \longrightarrow Na^+$일 때, M 전자 껍질의 원자가 전자 1개를 잃으며 전자 껍질 수가 감소한다.	비금속 원소의 원자가 비활성 기체와 같은 전자 배치를 갖는 음이온이 되면 전자 수가 증가하여 전자 사이의 반발력이 증가하고, 가려막기 효과가 커져서 유효 핵전하가 감소하므로 이온 반지름이 원자 반지름보다 커진다. 예 $Cl \longrightarrow Cl^-$일 때, M 전자 껍질의 전자 수가 7에서 8로 증가하여 전자 사이의 반발력이 증가하고, 가려막기 효과가 커져서 유효 핵전하가 감소한다.

① 이온 반지름의 비교

같은 족 원소의 이온 반지름	같은 주기 원소의 양이온과 음이온 반지름
원자 번호가 증가할수록 전자 껍질 수가 증가하므로 이온 반지름이 커진다. 예 $Li^+ < Na^+$, $F^- < Cl^-$	양이온은 같은 주기 원소의 음이온보다 전자 껍질이 1개 적기 때문에 반지름이 작다. 예 $Na^+ < Cl^-$

● 원자 ○ 양이온 ◌ 음이온 (단위 : pm)

주기 \ 족	1	2	13	16	17
2	Li 152 Li^+ 60	Be 112 Be^{2+} 31	B 87 B^{3+} 20	O 73 O^{2-} 140	F 71 F^- 136
3	Na 186 Na^+ 95	Mg 160 Mg^{2+} 65	Al 143 Al^{3+} 50	S 103 S^{2-} 184	Cl 99 Cl^- 181

② 전자 수가 같은 이온(등전자 이온)의 이온 반지름

- 전자 수가 같은 이온의 경우 원자 번호가 클수록 유효 핵전하가 크므로 이온 반지름이 작아진다.
- 전자 수가 같은 양이온과 음이온은 원소의 주기가 다르다. 2주기 비금속 원소의 음이온과 3주기 금속 원소의 양이온은 네온(Ne)과 전자 배치가 같은 이온들이고, 3주기 비금속 원소의 음이온과 4주기 금속 원소의 양이온은 아르곤(Ar)과 전자 배치가 같은 이온들이다.

예 $\underbrace{O^{2-} > F^-}_{\text{2주기 음이온}} > \underbrace{Na^+ > Mg^{2+} > Al^{3+}}_{\text{3주기 양이온}}$ ➡ 네온(Ne)의 전자 배치($1s^22s^22p^6$)와 같다.

$\underbrace{S^{2-} > Cl^-}_{\text{3주기 음이온}} > \underbrace{K^+ > Ca^{2+}}_{\text{4주기 양이온}}$ ➡ 아르곤(Ar)의 전자 배치($1s^22s^22p^63s^23p^6$)와 같다.

(4) 이온화 에너지

(4) 이온화 에너지 : 기체 상태의 원자 1 mol에서 전자 1 mol을 떼어 내어 기체 상태의 +1가 양이온 1 mol로 만드는 데 필요한 에너지이다.

$$M(g) + E \longrightarrow M^+(g) + e^- \quad (E : \text{이온화 에너지})$$

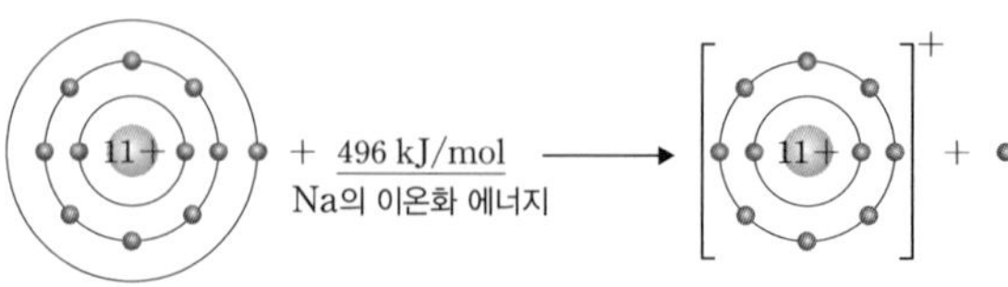

- 이온화 에너지가 작을수록 전자를 떼어 내기가 쉬워지므로 양이온이 되기 쉽다.

① 이온화 에너지의 주기적 변화

같은 족	같은 주기
원자 번호가 증가할수록 전자 껍질 수가 증가하여 핵과 원자가 전자 사이의 거리가 멀어 전기적 인력이 작아지므로 이온화 에너지가 감소한다.	원자 번호가 증가할수록 원자가 전자가 느끼는 유효 핵전하가 증가하여, 핵과 원자가 전자 사이의 전기적 인력이 커지므로 이온화 에너지가 대체로 증가한다. 1족 원소의 이온화 에너지가 가장 작고, 18족 원소의 이온화 에너지가 가장 크다.

- 2, 3주기에서 2족에서 13족으로 될 때, 15족에서 16족으로 될 때는 이온화 에너지가 감소한다.
- 2주기 원소의 이온화 에너지는 Li < B < Be < C < O < N < F < Ne이다.
- 3주기 원소의 이온화 에너지는 Na < Al < Mg < Si < S < P < Cl < Ar이다.

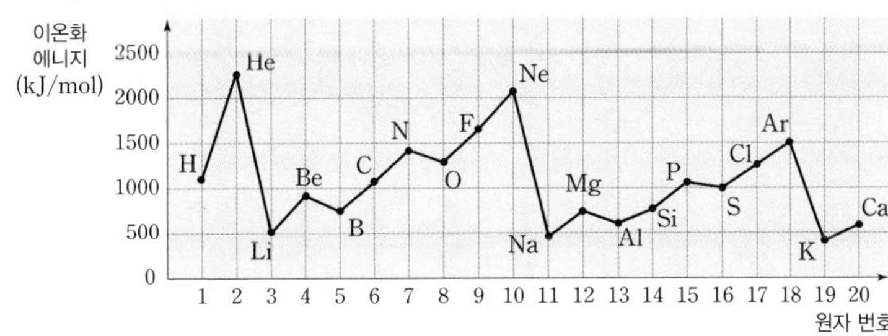

② 순차 이온화 에너지 : 기체 상태의 원자 1 mol에서 전자를 1 mol씩 차례대로 떼어 내는 데 필요한 단계별 에너지이다.

$M(g)+E_1 \longrightarrow M^+(g)+e^-$ (E_1 : 제1 이온화 에너지)

$M^+(g)+E_2 \longrightarrow M^{2+}(g)+e^-$ (E_2 : 제2 이온화 에너지)

$M^{2+}(g)+E_3 \longrightarrow M^{3+}(g)+e^-$ (E_3 : 제3 이온화 에너지)

⋮

- 전자를 떼어 낼수록 이온의 전자 수가 감소한다. 전자 수가 감소할수록 전자 사이의 반발력이 감소하고 가려막기 효과가 감소하므로 유효 핵전하가 증가하여 다음 전자를 떼어 내기 어려워지므로 순차 이온화 에너지는 차수가 커질수록 증가한다.
  ➡ $E_1 < E_2 < E_3 < E_4 < \cdots$
- 순차 이온화 에너지 변화와 원자가 전자 수 결정 : 원자가 전자를 모두 떼어 낸 후, 그 다음 전자를 떼어 낼 때는 안쪽 전자 껍질에서 전자가 떨어지게 되어 순차 이온화 에너지가 급격히 증가하게 된다. 따라서 순차 이온화 에너지가 급격히 증가하기 직전까지 떼어 낸 전자 수는 원자가 전자 수와 같다.

원자	전자 배치			순차 이온화 에너지(kJ/mol)				원자가 전자 수
	K	L	M	E_1	E_2	E_3	E_4	
Na	2	8	1	496	4562	6912	9543	1
Mg	2	8	2	738	1451	7733	10540	2
Al	2	8	3	578	1817	2745	11577	3

- Na의 경우 순차 이온화 에너지가 $E_1 \ll E_2 < E_3$이므로 원자가 전자 수가 1이며, Mg의 경우 순차 이온화 에너지가 $E_1 < E_2 \ll E_3$이므로 원자가 전자 수가 2이다.
- Al의 비활성 기체와 같은 전자 배치를 갖는 이온은 Al^{3+}이며, Al으로부터 Al^{3+}을 생성하기 위해 필요한 최소 에너지는 Al의 원자가 전자를 모두 떼어 내는 데 필요한 순차 이온화 에너지의 합($E_1+E_2+E_3$)이다.

개념 체크

➡ 이온화 에너지
기체 상태의 원자 1 mol에서 전자 1 mol을 떼어 내어 기체 상태의 +1가 양이온 1 mol로 만드는 데 필요한 에너지이다.

➡ 이온화 에너지가 작을수록 전자를 떼어 내기가 쉬워 양이온이 되기 쉽다.

➡ 순차 이온화 에너지
기체 상태의 원자 1 mol에서 전자를 차례로 떼어 내는 데 필요한 단계별 에너지이다.

1. 3주기 원소 중 제1 이온화 에너지가 가장 작은 원소는 (   )이다.

2. 제1 이온화 에너지는 Be (>/<) B이다.

3. 제1 이온화 에너지는 N (>/<) O이다.

※ ○ 또는 ×

4. 2주기 원자 X의 제2 이온화 에너지가 제1 이온화 에너지에 비해 매우 큰 경우 X는 2족 원소이다. (   )

정답
1. Na
2. >
3. >
4. ×

수능 2점 테스트

[25024-0103]

01 그림은 주기율표의 일부를 나타낸 것이다.

주기 \ 족	1	17	18
2	W	X	Y
3		Z	

$W\sim Z$에 대한 설명으로 옳은 것만을 <보기>에서 있는 대로 고른 것은? (단, $W\sim Z$는 임의의 원소 기호이다.)

< 보기 >

ㄱ. 원자 반지름은 W > X이다.

ㄴ. 제1 이온화 에너지는 X가 가장 크다.

ㄷ. 이온 반지름은 Z^- > X^-이다.

① ㄱ ② ㄴ ③ ㄱ, ㄷ ④ ㄴ, ㄷ ⑤ ㄱ, ㄴ, ㄷ

[25024-0104]

02 다음은 2주기 바닥상태 원자 X~Z에 대한 자료이다.

○ X~Z의 홀전자 수는 같다.

○ 원자가 전자 수는 X > Y이다.

○ X~Z 중 제1 이온화 에너지는 Z가 가장 작다.

이에 대한 설명으로 옳은 것만을 <보기>에서 있는 대로 고른 것은? (단, X~Z는 임의의 원소 기호이다.)

< 보기 >

ㄱ. 원자가 전자가 느끼는 유효 핵전하는 Y > Z이다.

ㄴ. 원자 반지름은 Y > X이다.

ㄷ. 제2 이온화 에너지는 Z > X이다.

① ㄱ ② ㄴ ③ ㄱ, ㄷ ④ ㄴ, ㄷ ⑤ ㄱ, ㄴ, ㄷ

[25024-0105]

03 그림은 원자 A~C의 $\frac{\text{이온 반지름}}{\text{원자 반지름}}$을 나타낸 것이다.

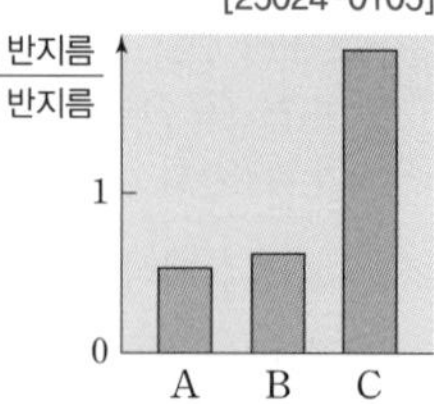

원자가 전자 수는 A > B이고, A~C는 F, Na, Mg을 순서 없이 나타낸 것이며, 이온은 모두 Ne의 전자 배치를 갖는다.

이에 대한 설명으로 옳은 것만을 <보기>에서 있는 대로 고른 것은?

< 보기 >

ㄱ. C는 F이다.

ㄴ. 원자가 전자가 느끼는 유효 핵전하는 B > A이다.

ㄷ. A~C 중 원자 반지름은 A가 가장 크다.

① ㄱ ② ㄴ ③ ㄷ ④ ㄱ, ㄷ ⑤ ㄴ, ㄷ

[25024-0106]

04 다음은 학생 A가 수행한 탐구 활동이다.

[가설]

○ 홀전자 수가 1인 바닥상태 2, 3주기 원자들은 같은 주기에서 원자 번호가 증가할수록 제1 이온화 에너지가 ㉠ .

[탐구 과정]

○ 홀전자 수가 1인 바닥상태 2, 3주기 원자들의 제1 이온화 에너지를 조사하여, 족에 따라 나타낸다.

[탐구 결과]

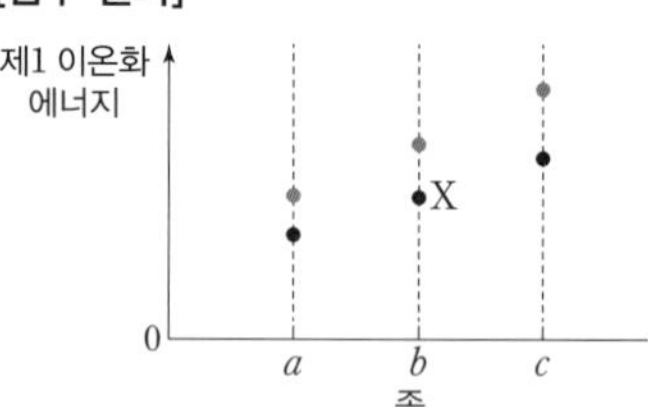

[결론]

○ 가설은 옳다.

학생 A의 결론이 타당할 때, ㉠과 X의 원자 번호로 옳은 것은? (단, X는 임의의 원소 기호이다.)

	㉠	X의 원자 번호		㉠	X의 원자 번호
①	증가한다	11	②	증가한다	13
③	증가한다	17	④	감소한다	11
⑤	감소한다	13			

[25024-0107]

05 다음은 원자 A~D에 대한 자료이다. A~D의 원자 번호는 각각 8, 9, 12, 13 중 하나이고, A~D의 이온은 모두 Ne의 전자 배치를 갖는다.

- 원자 반지름은 A가 가장 작다.
- 이온 반지름은 B가 가장 크다.
- 제3 이온화 에너지는 C가 가장 크다.

A~D에 대한 설명으로 옳은 것만을 〈보기〉에서 있는 대로 고른 것은? (단, A~D는 임의의 원소 기호이다.)

〈 보기 〉

ㄱ. 원자 반지름은 C가 가장 크다.
ㄴ. 제1 이온화 에너지는 B > A이다.
ㄷ. 원자가 전자가 느끼는 유효 핵전하는 D > C이다.

① ㄱ　② ㄴ　③ ㄱ, ㄷ　④ ㄴ, ㄷ　⑤ ㄱ, ㄴ, ㄷ

[25024-0108]

06 다음은 2, 3주기 원자 W~Z에 대한 자료이다.

- W~Z의 원자가 전자 수

원자	W	X	Y	Z
원자가 전자 수	2	3	6	7

- 전기 음성도는 Y가 가장 크다.
- 제1 이온화 에너지는 X > W이다.

이에 대한 설명으로 옳은 것만을 〈보기〉에서 있는 대로 고른 것은? (단, W~Z는 임의의 원소 기호이다.)

〈 보기 〉

ㄱ. W의 원자 번호는 12이다.
ㄴ. X와 Y는 같은 주기 원소이다.
ㄷ. 제2 이온화 에너지는 W > Z이다.

① ㄱ　② ㄴ　③ ㄷ　④ ㄱ, ㄴ　⑤ ㄴ, ㄷ

[25024-0109]

07 표는 바닥상태 원자 W~Z의 전자 배치에 대한 자료이다. W~Z는 O, Mg, P, S을 순서 없이 나타낸 것이다.

원자	W	X	Y	Z
$\frac{p \text{ 오비탈에 들어 있는 전자 수}}{s \text{ 오비탈에 들어 있는 전자 수}}$(상댓값)	6	6	9	10
제1 이온화 에너지(kJ/mol)	738	1314	y	1000

이에 대한 설명으로 옳은 것만을 〈보기〉에서 있는 대로 고른 것은?

〈 보기 〉

ㄱ. W는 Mg이다.
ㄴ. 원자가 전자가 느끼는 유효 핵전하는 Y > Z이다.
ㄷ. y < 1000이다.

① ㄱ　② ㄴ　③ ㄱ, ㄷ　④ ㄴ, ㄷ　⑤ ㄱ, ㄴ, ㄷ

[25024-0110]

08 표는 원자 W~Z의 이온화 에너지에 대한 자료이다. W~Z는 O, F, Mg, Al을 순서 없이 나타낸 것이다.

원자	W	X	Y	Z
제1 이온화 에너지 (kJ/mol)	578	738	1314	1681
제2 이온화 에너지 (kJ/mol)	1817	1451	y	z

이에 대한 설명으로 옳은 것만을 〈보기〉에서 있는 대로 고른 것은?

〈 보기 〉

ㄱ. W는 O이다.
ㄴ. y > z이다.
ㄷ. 원자가 전자가 느끼는 유효 핵전하는 Z > Y이다.

① ㄴ　② ㄷ　③ ㄱ, ㄴ　④ ㄱ, ㄷ　⑤ ㄴ, ㄷ

정답과 해설 20쪽

[25024-0111]

09 그림은 원자 W~Z의 $\dfrac{\text{제2 이온화 에너지}(E_2)}{\text{제1 이온화 에너지}(E_1)}$를 나타낸 것이다. W~Z는 Li, Na, Mg, Al을 순서 없이 나타낸 것이고, 원자 번호는 W > Z이다.

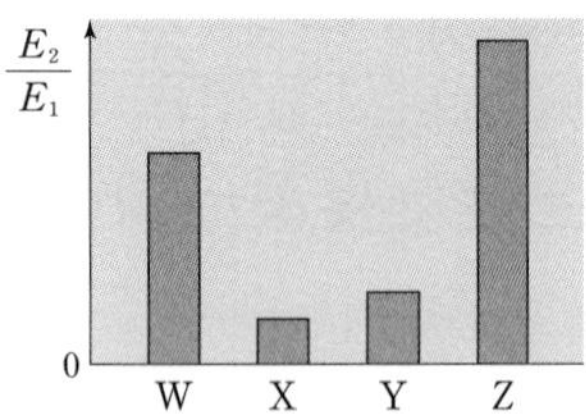

이에 대한 설명으로 옳은 것만을 〈보기〉에서 있는 대로 고른 것은?

〈보기〉

ㄱ. Z는 Na이다.
ㄴ. 원자가 전자가 느끼는 유효 핵전하는 Y > X이다.
ㄷ. 원자 반지름은 X > W이다.

① ㄴ ② ㄷ ③ ㄱ, ㄴ ④ ㄱ, ㄷ ⑤ ㄴ, ㄷ

[25024-0112]

10 다음은 18족 원소를 제외한 2주기 바닥상태 원자 X~Z에 대한 자료이다.

○ 홀전자 수

원자	X	Y	Z
홀전자 수	a	$a+1$	$a+2$

○ 원자가 전자 수는 X > Y > Z이다.

X~Z에 대한 설명으로 옳은 것만을 〈보기〉에서 있는 대로 고른 것은? (단, X~Z는 임의의 원소 기호이다.)

〈보기〉

ㄱ. Z의 원자가 전자 수는 4이다.
ㄴ. 원자 반지름은 Y > X이다.
ㄷ. 제2 이온화 에너지는 Y가 가장 크다.

① ㄱ ② ㄷ ③ ㄱ, ㄴ ④ ㄱ, ㄷ ⑤ ㄴ, ㄷ

[25024-0113]

11 다음은 바닥상태 원자 A~E에 대한 자료이다. A~E의 이온은 모두 Ne의 전자 배치를 갖는다.

○ A~E는 O, F, Na, Mg, Al을 순서 없이 나타낸 것이다.
○ 홀전자 수는 A > B이다.
○ 제1 이온화 에너지는 E > D > C이다.
○ ㉠과 ㉡은 각각 원자 반지름과 이온 반지름 중 하나이다.

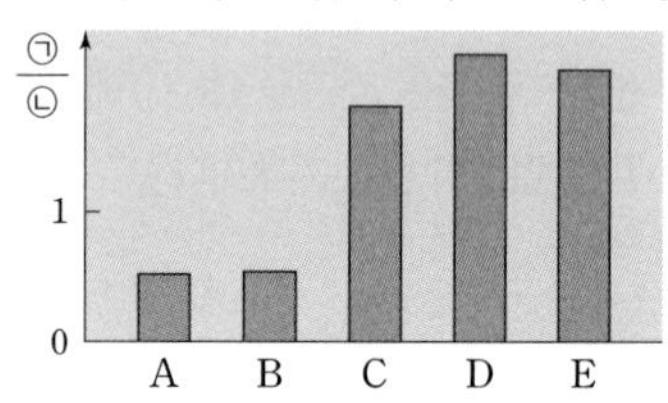

이에 대한 설명으로 옳은 것만을 〈보기〉에서 있는 대로 고른 것은?

〈보기〉

ㄱ. A는 O이다.
ㄴ. 원자가 전자가 느끼는 유효 핵전하는 E > D이다.
ㄷ. A~E 중 원자 반지름은 E가 가장 크다.

① ㄱ ② ㄴ ③ ㄷ ④ ㄱ, ㄷ ⑤ ㄴ, ㄷ

[25024-0114]

12 그림은 원자 a~e와 플루오린(F)의 이온화 에너지를 나타낸 것이다. a~e의 원자 번호는 각각 8, 10, 11, 12, 13 중 하나이고, ㉠은 제1 이온화 에너지와 제2 이온화 에너지 중 하나이다.

㉠ (상댓값)
0
a b F c d e

이에 대한 설명으로 옳은 것만을 〈보기〉에서 있는 대로 고른 것은? (단, a~e는 임의의 원소 기호이다.)

〈보기〉

ㄱ. ㉠은 제1 이온화 에너지이다.
ㄴ. 원자가 전자가 느끼는 유효 핵전하는 b > a이다.
ㄷ. 원자 반지름은 c > e이다.

① ㄱ ② ㄴ ③ ㄷ ④ ㄱ, ㄴ ⑤ ㄴ, ㄷ

수능 3점 테스트

정답과 해설 22쪽

[25024-0115]

01 그림은 이온 X^{2+}, Y^-, Z^+의 전자 배치를 모형으로 나타낸 것이다.

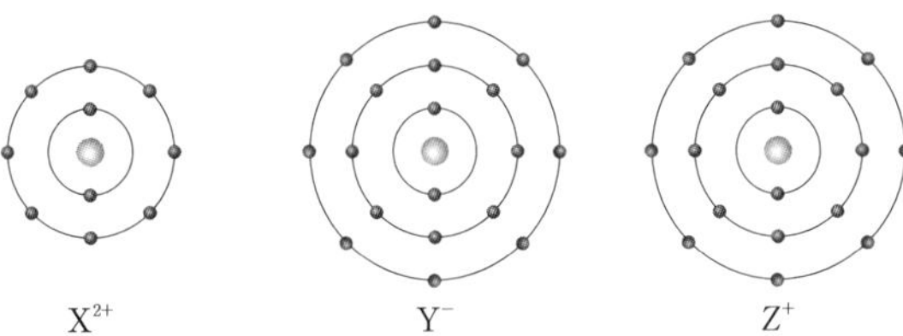

X～Z에 대한 설명으로 옳은 것만을 〈보기〉에서 있는 대로 고른 것은? (단, X～Z는 임의의 원소 기호이다.)

〈 보기 〉

ㄱ. X～Z의 원자가 전자 수 합은 10이다.
ㄴ. 원자가 전자가 느끼는 유효 핵전하는 Y > X이다.
ㄷ. 원자 반지름은 Z가 가장 작다.

① ㄱ　② ㄷ　③ ㄱ, ㄴ　④ ㄴ, ㄷ　⑤ ㄱ, ㄴ, ㄷ

X～Z는 각각 3주기 2족, 3주기 17족, 4주기 1족 원소이다.

[25024-0116]

02 다음은 원자 W～Z에 대한 자료이다. n은 주 양자수, l은 방위(부) 양자수이다.

○ 바닥상태에서 $n+l=3$인 오비탈에 들어 있는 전자 수는 W～Z가 각각 2, 4, 5, 7 중 하나이다.
○ W～Z의 제1 이온화 에너지(E_1)

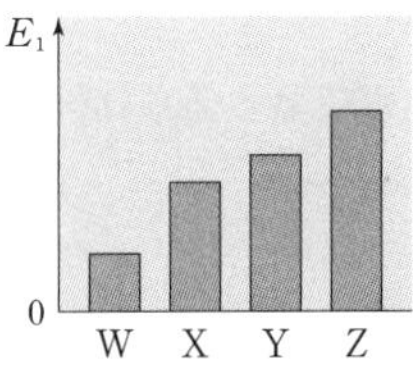

W～Z에 대한 설명으로 옳은 것만을 〈보기〉에서 있는 대로 고른 것은? (단, W～Z는 임의의 원소 기호이다.)

〈 보기 〉

ㄱ. Y의 원자가 전자 수는 7이다.
ㄴ. 원자 반지름은 W가 가장 크다.
ㄷ. 제2 이온화 에너지는 Y > Z이다.

① ㄱ　② ㄴ　③ ㄷ　④ ㄱ, ㄴ　⑤ ㄴ, ㄷ

$n+l=3$인 오비탈은 $2p$, $3s$ 오비탈이다.

같은 주기에서 E_1는 1족 원소가 가장 작고, E_2는 2족 원소가 가장 작다.

[25024-0117]

03 그림은 바닥상태 원자 A~D의 $\frac{\text{제1 이온화 에너지}(E_1)}{\text{제2 이온화 에너지}(E_2)}$를 나타낸 것이다. A~D는 각각 O, F, Na, Mg 중 하나이고, 홀전자 수는 A와 C가 같다.

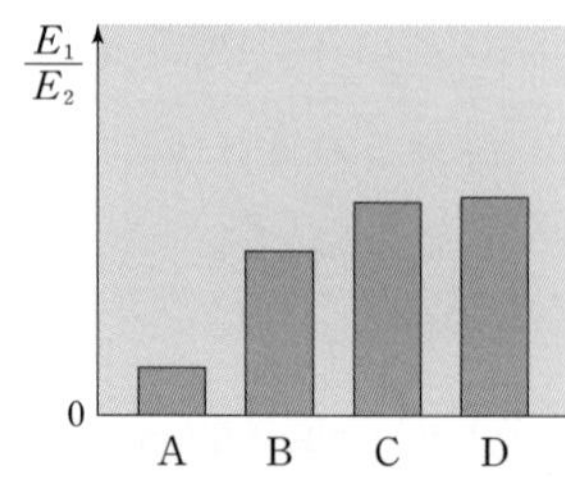

A~D에 대한 설명으로 옳은 것만을 〈보기〉에서 있는 대로 고른 것은?

〈보기〉

ㄱ. 전기 음성도는 C가 가장 크다.
ㄴ. Ne의 전자 배치를 갖는 이온의 반지름은 A가 가장 작다.
ㄷ. E_2는 B>C>D이다.

① ㄱ ② ㄴ ③ ㄱ, ㄷ ④ ㄴ, ㄷ ⑤ ㄱ, ㄴ, ㄷ

전자가 들어 있는 오비탈 수가 7인 W는 3주기 13족 원자인 Al이다.

[25024-0118]

04 표는 2, 3주기 13~16족 바닥상태 원자 W~Z에 대한 자료이다.

원자	W	X	Y	Z
전자가 들어 있는 오비탈 수	7	a	b	c
$\frac{p\text{ 오비탈에 들어 있는 전자 수}}{\text{원자가 전자 수}}$(상댓값)	d	1	2	5

이에 대한 설명으로 옳은 것만을 〈보기〉에서 있는 대로 고른 것은? (단, W~Z는 임의의 원소 기호이다.)

〈보기〉

ㄱ. $\frac{a+b+c}{d}=\frac{17}{7}$이다.
ㄴ. 원자 반지름은 Y>Z이다.
ㄷ. 원자가 전자가 느끼는 유효 핵전하는 W>Z이다.

① ㄱ ② ㄴ ③ ㄱ, ㄷ ④ ㄴ, ㄷ ⑤ ㄱ, ㄴ, ㄷ

[25024-0119]

05 그림 (가)와 (나)는 바닥상태 원자 W~Z의 이온 반지름과 ㉠을 나타낸 것이다. W~Z는 O, F, Mg, Al을 순서 없이 나타낸 것이고, ㉠은 제1 이온화 에너지(E_1)와 제2 이온화 에너지(E_2) 중 하나이며, W~Z의 이온은 모두 Ne의 전자 배치를 갖는다.

이온 반지름은 $O^{2-} > F^- > Mg^{2+} > Al^{3+}$이다.

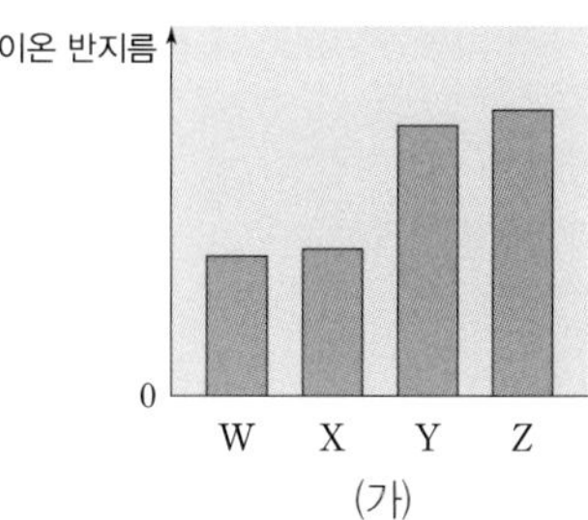

(가)

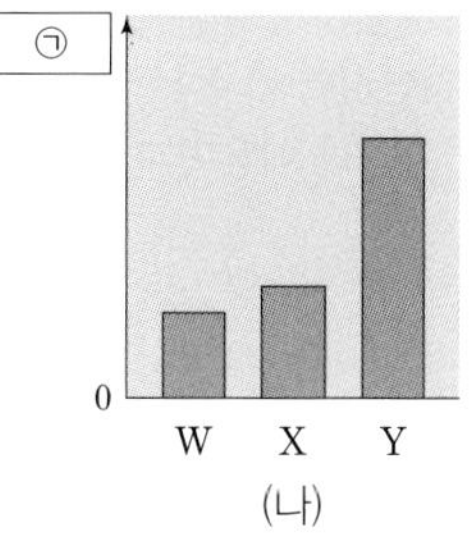

(나)

이에 대한 설명으로 옳은 것만을 <보기>에서 있는 대로 고른 것은?

<보기>

ㄱ. ㉠은 E_2이다.

ㄴ. 원자 반지름은 X > W이다.

ㄷ. E_2는 Y > Z이다.

① ㄴ ② ㄷ ③ ㄱ, ㄴ ④ ㄱ, ㄷ ⑤ ㄴ, ㄷ

[25024-0120]

06 다음은 2, 3주기 14~16족 바닥상태 원자 W~Z에 대한 자료이다.

$\frac{\text{홀전자 수}}{\text{전자가 들어 있는 } s \text{ 오비탈 수}}$가 1인 원자는 C, O, P이고, $\frac{3}{2}$인 원자는 N이다.

○ 원자가 전자 수는 W > X > Y이다.

○ W~Z의 전자 배치에 대한 자료

원자	W	X	Y	Z
$\frac{\text{홀전자 수}}{\text{전자가 들어 있는 } s \text{ 오비탈 수}}$	1	1	1	$\frac{3}{2}$

W~Z에 대한 설명으로 옳은 것만을 <보기>에서 있는 대로 고른 것은? (단, W~Z는 임의의 원소 기호이다.)

<보기>

ㄱ. 전기 음성도는 W가 가장 크다.

ㄴ. 원자가 전자가 느끼는 유효 핵전하는 Y > Z이다.

ㄷ. $\frac{\text{제2 이온화 에너지}}{\text{제1 이온화 에너지}}$는 Z > W이다.

① ㄱ ② ㄷ ③ ㄱ, ㄴ ④ ㄴ, ㄷ ⑤ ㄱ, ㄴ, ㄷ

바닥상태 원자 O, F, Mg, Al의 홀전자 수는 각각 2, 1, 0, 1이므로 B와 C는 각각 F과 Al 중 하나이다.

[25024-0121]

07 다음은 바닥상태 원자 A~D에 대한 자료이다. A~D의 이온은 모두 Ne의 전자 배치를 갖는다.

- A~D는 O, F, Mg, Al을 순서 없이 나타낸 것이다.
- 홀전자 수는 B와 C가 같다.
- 제1 이온화 에너지는 A>D이다.
- ㉠은 원자 반지름과 이온 반지름 중 하나이다.

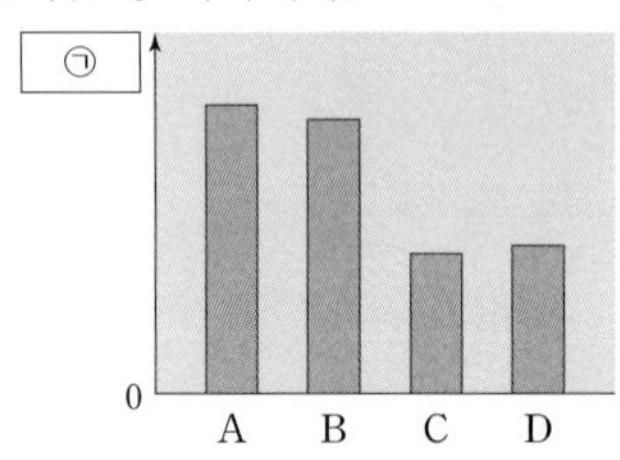

이에 대한 설명으로 옳은 것만을 〈보기〉에서 있는 대로 고른 것은?

〈보기〉

ㄱ. ㉠은 원자 반지름이다.
ㄴ. 원자가 전자가 느끼는 유효 핵전하는 C>D이다.
ㄷ. A~D 중 전기 음성도는 C가 가장 크다.

① ㄱ　② ㄴ　③ ㄷ　④ ㄱ, ㄴ　⑤ ㄴ, ㄷ

홀전자 수가 0이고 제2 이온화 에너지가 가장 큰 W는 Ne이다.

[25024-0122]

08 그림은 2주기 바닥상태 원자 W~Z의 홀전자 수와 제2 이온화 에너지를 나타낸 것이다.

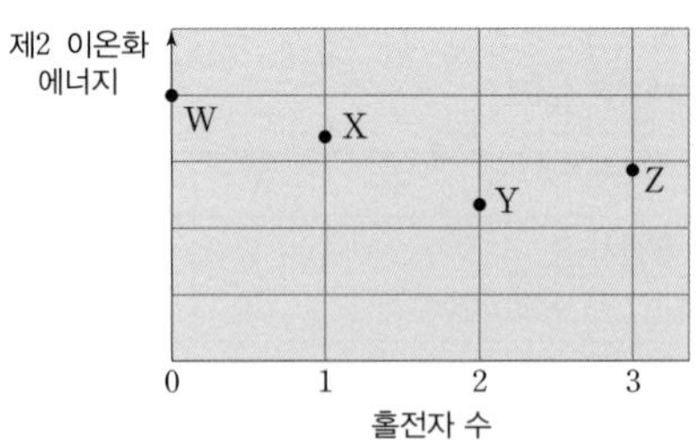

W~Z에 대한 설명으로 옳은 것만을 〈보기〉에서 있는 대로 고른 것은? (단, W~Z는 임의의 원소 기호이다.)

〈보기〉

ㄱ. W는 18족 원소이다.
ㄴ. 원자 반지름은 Y>Z이다.
ㄷ. 제1 이온화 에너지는 Z>X이다.

① ㄱ　② ㄷ　③ ㄱ, ㄴ　④ ㄴ, ㄷ　⑤ ㄱ, ㄴ, ㄷ

[25024-0123]

09 표는 2, 3주기 바닥상태 원자 W~Z에 대한 자료이다. $z>y>x>0$이다.

원자	W	X	Y	Z
원자 번호	m	$m+x$	$m+y$	$m+z$
$\frac{\text{홀전자 수}}{\text{원자가 전자 수}}$(상댓값)	2	2	2	3

이에 대한 설명으로 옳은 것만을 〈보기〉에서 있는 대로 고른 것은? (단, W~Z는 임의의 원소 기호이다.)

〈 보기 〉

ㄱ. $x+y+z=14$이다.
ㄴ. 홀전자 수는 X > W이다.
ㄷ. 제2 이온화 에너지는 Z > Y이다.

① ㄴ ② ㄷ ③ ㄱ, ㄴ ④ ㄱ, ㄷ ⑤ ㄴ, ㄷ

2, 3주기 원자의 $\frac{\text{홀전자 수}}{\text{원자가 전자 수}}$가 3개의 원자에서 같을 수 있는 값은 $\frac{1}{3}$이고, 해당하는 원자는 B, O, Al, S이다.

[25024-0124]

10 다음은 18족 원소를 제외한 바닥상태 원자 X~Z에 대한 자료이다. X~Z의 원자 번호는 각각 7~13 중 하나이다.

○ X~Z의 홀전자 수

원자	X	Y	Z
홀전자 수	1	a	$1+a$

○ Ne의 전자 배치를 갖는 이온의 반지름은 Z > X > Y이다.
○ 제2 이온화 에너지는 Z > X > Y이다.

이에 대한 설명으로 옳은 것만을 〈보기〉에서 있는 대로 고른 것은? (단, X~Z는 임의의 원소 기호이다.)

〈 보기 〉

ㄱ. X는 F이다.
ㄴ. $a=2$이다.
ㄷ. 원자가 전자가 느끼는 유효 핵전하는 Z > X이다.

① ㄱ ② ㄷ ③ ㄱ, ㄴ ④ ㄴ, ㄷ ⑤ ㄱ, ㄴ, ㄷ

X~Z의 홀전자 수로 가능한 조합은 (1, 0, 1), (1, 1, 2), (1, 2, 3)이다.

제1 이온화 에너지(E_1)는 F > O > Mg > Al > Na이다. 따라서 A~E는 각각 Na, Al, Mg, O, F이다.

[25024-0125]

11 그림은 원자 A~E의 제1 이온화 에너지(E_1)와 ㉠을 나타낸 것이다. ㉠은 원자 반지름과 이온 반지름 중 하나이고, A~E는 O, F, Na, Mg, Al을 순서 없이 나타낸 것이며, A~E의 이온은 모두 Ne의 전자 배치를 갖는다.

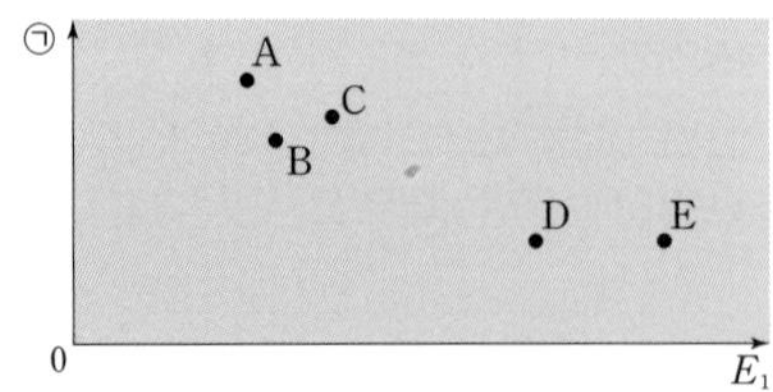

이에 대한 설명으로 옳은 것만을 〈보기〉에서 있는 대로 고른 것은?

〈 보기 〉

ㄱ. ㉠은 원자 반지름이다.

ㄴ. 원자가 전자가 느끼는 유효 핵전하는 D > E이다.

ㄷ. A~E 중 $\frac{\text{제2 이온화 에너지}}{\text{제1 이온화 에너지}}$는 A가 가장 크다.

① ㄱ ② ㄴ ③ ㄱ, ㄷ ④ ㄴ, ㄷ ⑤ ㄱ, ㄴ, ㄷ

V~X는 각각 B, C, N 중 하나이고, Y는 O, Z는 Al이다.

[25024-0126]

12 표는 바닥상태 원자 V~Z의 $\frac{n+l=3\text{인 오비탈에 들어 있는 전자 수}}{\text{홀전자 수}}$를 나타낸 것이다. V~Z의 원자 번호는 각각 5~13 중 하나이고, 전기 음성도는 V > W > X이다. n은 주 양자수, l은 방위(부) 양자수이다.

원자	V	W	X	Y	Z
$\frac{n+l=3\text{인 오비탈에 들어 있는 전자 수}}{\text{홀전자 수}}$	1	1	1	2	8

이에 대한 설명으로 옳은 것만을 〈보기〉에서 있는 대로 고른 것은? (단, V~Z는 임의의 원소 기호이다.)

〈 보기 〉

ㄱ. 제2 이온화 에너지는 V > X이다.

ㄴ. 원자가 전자가 느끼는 유효 핵전하는 Y > W이다.

ㄷ. V~Z 중 원자 반지름은 Z가 가장 크다.

① ㄱ ② ㄷ ③ ㄱ, ㄴ ④ ㄴ, ㄷ ⑤ ㄱ, ㄴ, ㄷ

07 이온 결합

1 화학 결합의 전기적 성질

(1) 이온 결합의 전기적 성질

① **이온 결합 물질** : 염화 나트륨($NaCl$), 플루오린화 칼륨(KF)과 같이 이온으로 구성된 물질은 서로 다른 전하를 띤 이온들이 정전기적 인력에 의해 단단히 결합을 하고 있어 상온에서 대부분 고체 상태이다.

② **전기 전도성** : 이온 결합 물질은 고체 상태에서 이온들이 단단히 결합하고 있어서 자유롭게 이동하지 못하므로 전류가 흐르지 않지만, 액체 상태나 수용액 상태에서는 이온들이 자유롭게 움직일 수 있으므로 전압을 걸어 주면 양이온은 (−)극으로, 음이온은 (+)극으로 이동하여 전류가 흐른다.

예 염화 나트륨($NaCl$)

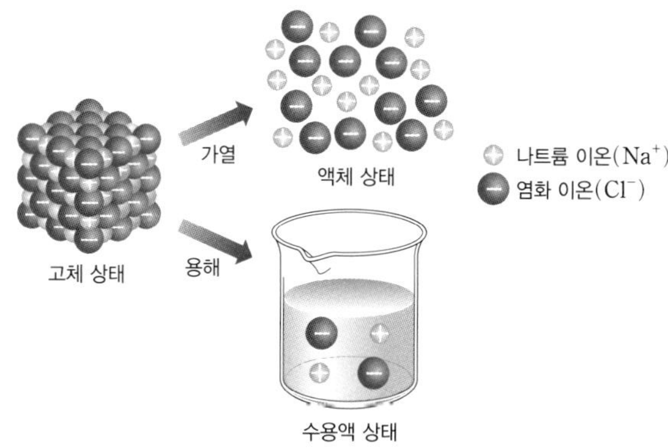

③ **이온 결합과 전자** : 이온 결합 물질의 용융액에 전류를 흘려주었을 때 성분 원소로 분해되는 것으로 보아 이온 결합이 형성될 때 전자가 관여한다는 것을 알 수 있다.

과학 돋보기 염화 나트륨($NaCl$) 용융액의 전기 분해

- 1 atm에서 고체 염화 나트륨을 가열하면 801℃에서 녹아 용융액이 얻어진다.
- 염화 나트륨 용융액에 전류를 흘려주면 전기 분해가 일어나서 (+)극에서는 염소 기체, (−)극에서는 금속 나트륨이 생성된다.
- (+)극 : 음이온인 Cl^-이 (+)극으로 이동하여 염소 기체(Cl_2)가 생성된다.
- (−)극 : 양이온인 Na^+이 (−)극으로 이동하여 금속 나트륨(Na)이 생성된다.

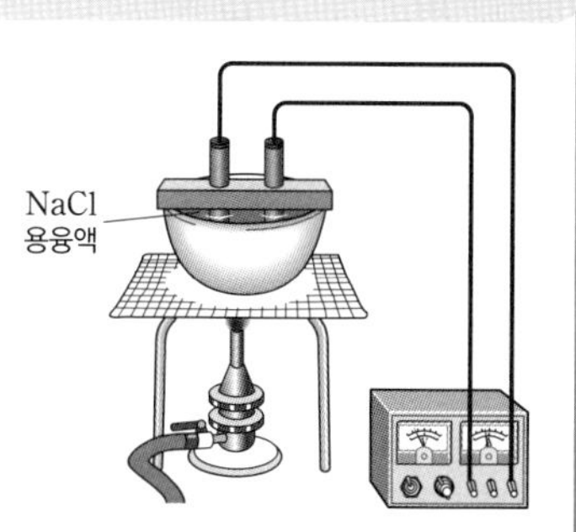

(2) 공유 결합의 전기적 성질

① **공유 결합 물질** : 물(H_2O), 이산화 탄소(CO_2), 설탕($C_{12}H_{22}O_{11}$)과 같이 2가지 이상의 비금속 원소로 구성된 화합물이나 흑연(C), 다이아몬드(C)와 같이 1가지 비금속 원소로 이루어진 순물질은 원자 사이에 전자쌍을 공유하는 공유 결합으로 형성된다.

개념 체크

이온 결합 물질
서로 다른 전하를 띤 이온들이 정전기적 인력에 의해 결합하여 생성된다.

이온 결합과 전자
이온 결합에는 전자가 관여한다.

1. 염화 나트륨($NaCl$) 용융액에 전류를 흘려주면 (   )은 (+)극 쪽으로 이동하고, (   )은 (−)극 쪽으로 이동한다.

※ ○ 또는 ×

2. 이온 결합 물질은 수용액 상태와 액체(용융액) 상태에서 전기 전도성이 있다. (   )

3. 용융 상태의 이온 결합 물질이 전기 분해되는 것으로 보아 이온 결합의 형성 과정에서는 전자가 관여한다. (   )

정답
1. Cl^-, Na^+
2. ○
3. ○

개념 체크

➲ 공유 결합
비금속 원소들이 전자를 공유하면서 생성된다.

➲ 공유 결합과 전자
공유 결합이 형성될 때 전자가 관여한다.

1. 공유 결합 물질인 물을 전기 분해하면 ( )극에서는 수소 기체가, ( )극에서는 산소 기체가 발생한다.

※ ○ 또는 ×

2. 공유 결합 물질을 전기 분해할 수 있으므로 공유 결합에는 전자가 관여한다. ( )

3. 설탕은 고체 상태에서는 전류가 흐르지 않지만, 수용액 상태에서는 전류가 흐른다. ( )

정답
1. (−), (+)
2. ○
3. ×

② **전기 전도성** : 공유 결합 물질에는 자유롭게 이동할 수 있는 이온이나 전자가 없으므로 고체 상태나 액체 상태에서 전기 전도성이 없다(단, 흑연(C)은 예외).

③ **물의 전기 분해** : 물에 황산 나트륨(Na_2SO_4)과 같은 전해질을 소량 넣고 전기 분해하면 (−)극에서는 수소 기체, (+)극에서는 산소 기체가 발생한다.

④ **공유 결합과 전자** : 공유 결합 물질인 물에 전류를 흘려주면 성분 원소로 분해되는 것으로 보아 공유 결합이 형성될 때 전자가 관여한다는 것을 알 수 있다.

탐구자료 살펴보기 물(H_2O)의 전기 분해

실험 과정

(가) 비커에 물을 넣고, 황산 나트륨(Na_2SO_4)을 소량 녹인다.

(나) 그림과 같이 과정 (가)의 수용액으로 가득 채운 2개의 시험관을 전극이 고정된 비커 속에 거꾸로 세우고, 전류를 흘려주어 발생하는 기체를 모은다.

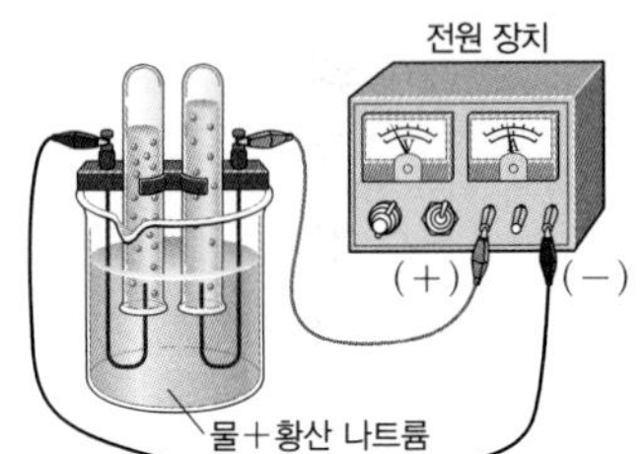

실험 결과

(−)극에서는 수소 기체, (+)극에서는 산소 기체가 2 : 1의 부피비로 생성된다.

- (−)극 : 물이 전자를 얻어 수소(H_2) 기체가 발생한다.
- (+)극 : 물이 전자를 잃어 산소(O_2) 기체가 발생한다.
- 전체 반응 : $2H_2O(l) \longrightarrow 2H_2(g)+O_2(g)$

분석 point

1. 순수한 물은 전류가 거의 흐르지 않기 때문에 황산 나트륨과 같은 전해질을 소량 넣어 전류가 잘 흐르게 한다.
2. 물을 전기 분해하면 (−)극에서는 수소 기체가 발생하고, (+)극에서는 산소 기체가 발생한다.
3. 물에 전류를 흘려주면 수소와 산소의 2가지 성분 물질로 분해되는 것으로 보아 공유 결합에 의해 물이 생성될 때 전자가 관여함을 알 수 있다.

탐구자료 살펴보기 염화 나트륨(NaCl)과 설탕($C_{12}H_{22}O_{11}$)의 전기 전도성

실험 과정

(가) 고체 상태와 액체 상태의 염화 나트륨에 각각 전극을 연결하여 전류가 흐르는지 확인한다.

(나) 설탕에 대해서도 과정 (가)를 반복한다.

실험 결과

물질	고체 상태	액체 상태
염화 나트륨(NaCl)	×	○
설탕($C_{12}H_{22}O_{11}$)	×	×

(○ : 전류가 흐름, × : 전류가 흐르지 않음)

분석 point

1. 염화 나트륨은 고체 상태에서는 전류가 흐르지 않지만 액체 상태에서는 전류가 흐른다. 고체 상태에서는 양이온과 음이온이 강하게 결합하고 있어서 이동할 수 없지만, 액체 상태에서는 양이온과 음이온이 자유롭게 이동하여 전하를 운반할 수 있기 때문이다.
2. 설탕에는 자유롭게 이동할 수 있는 이온이나 전자가 없기 때문에 고체 상태와 액체 상태에서 모두 전류가 흐르지 않는다.

(3) 화학 결합과 옥텟 규칙

① **비활성 기체의 전자 배치** : 18족 원소인 비활성 기체는 바닥상태에서 가장 바깥 전자 껍질에 8개의 전자가 배치되어 있다(단, He은 2개).

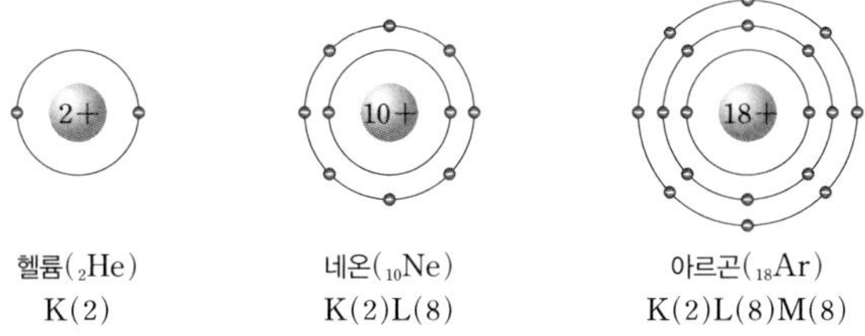

② **옥텟 규칙** : 18족 원소 이외의 원자들이 전자를 잃거나 얻어서 또는 전자를 공유함으로써 비활성 기체와 같이 가장 바깥 전자 껍질에 8개의 전자를 채워 안정한 전자 배치를 가지려는 경향을 뜻한다.

③ 18족 원소 이외의 원자들은 화학 결합을 통해 18족 원소와 같은 전자 배치를 이루려고 한다. 따라서 옥텟 규칙은 이온의 형성이나 공유 결합의 형성을 이해하는 데 매우 유용하다.

2 이온 결합

(1) 양이온의 형성 : 원자가 전자를 잃어 양이온이 된다.

예 나트륨 이온(Na^+) : 11개의 전자를 갖는 나트륨 원자가 가장 바깥 전자 껍질의 전자 1개를 잃어서 형성되므로 10개의 전자를 가지며, 비활성 기체인 네온(Ne)과 같은 전자 배치를 갖는다.

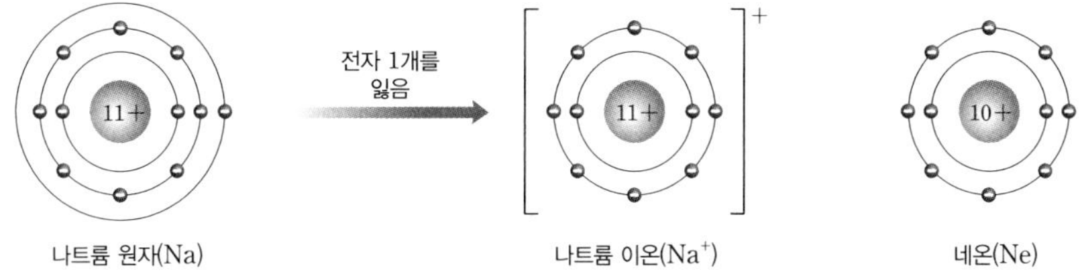

나트륨 이온(Na^+)의 형성과 전자 배치

(2) 음이온의 형성 : 원자가 전자를 얻어 음이온이 된다.

예 염화 이온(Cl^-) : 17개의 전자를 갖는 염소 원자가 가장 바깥 전자 껍질에 전자 1개를 얻어서 형성되므로 18개의 전자를 가지며, 비활성 기체인 아르곤(Ar)과 같은 전자 배치를 갖는다.

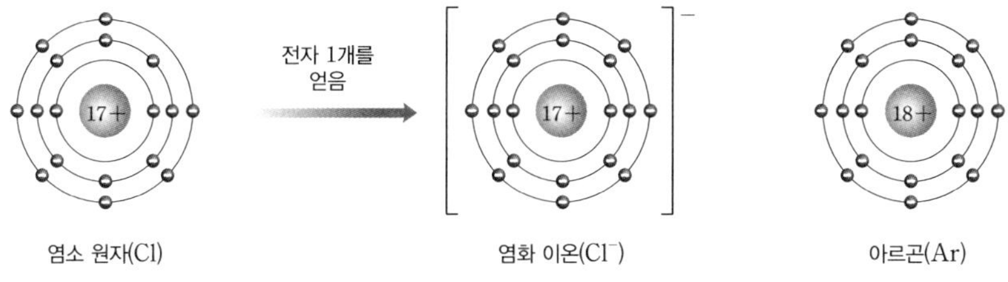

염화 이온(Cl^-)의 형성과 전자 배치

개념 체크

비활성 기체
주기율표의 18족에 위치한 원소로 반응성이 작아 다른 원소들과 거의 반응하지 않는다.

옥텟 규칙
원자들이 화학 결합을 통해 18족 원소와 같은 전자 배치를 하여 안정한 전자 배치를 가지려는 경향이다.

이온의 형성
원자가 전자를 잃으면 양이온이 되고, 원자가 전자를 얻으면 음이온이 된다.

1. 원자들이 화학 결합을 통해 (   )족 원소와 같은 전자 배치를 하여 안정한 전자 배치를 가지려는 경향을 옥텟 규칙이라고 한다.

2. 나트륨(Na) 원자는 전자 (   )개를 잃으면 나트륨 이온(Na^+)이 된다.

3. 염소(Cl) 원자가 전자 1개를 얻으면 (   )이 된다.

정답
1. 18
2. 1
3. 염화 이온(Cl^-)

개념 체크

➲ 이온 결합
양이온과 음이온의 정전기적 인력에 의해 형성되는 결합이다.

➲ 이온 결합의 형성과 에너지
이온 결합이 형성되면 양이온과 음이온 사이의 인력과 반발력이 균형을 이루어 에너지가 가장 낮은 거리에서 이온 결합이 형성된다.

1. 양이온과 음이온 사이에 정전기적 인력에 의해 형성되는 결합을 (　　)이라고 한다.

2. (금속 / 비금속) 원소는 전자를 잃어 양이온이 되고, (금속 / 비금속) 원소는 전자를 얻어 음이온이 되어 이온 결합을 형성한다.

3. 염화 나트륨($NaCl$)은 (　　)과 염화 이온(Cl^-)이 정전기적 인력으로 결합되어 있다.

정답
1. 이온 결합
2. 금속, 비금속
3. 나트륨 이온(Na^+)

(3) 이온 결합의 형성

① **이온 결합** : 양이온과 음이온 사이의 정전기적 인력에 의해 형성되는 결합이다.

② **이온 결합의 형성** : 이온 결합은 주로 양이온이 되기 쉬운 금속 원소와 음이온이 되기 쉬운 비금속 원소 사이에 형성된다.

예 염화 나트륨의 생성 : 나트륨과 염소가 반응할 때 형성되는 나트륨 이온과 염화 이온이 정전기적 인력에 의해 결합하여 생성된다.

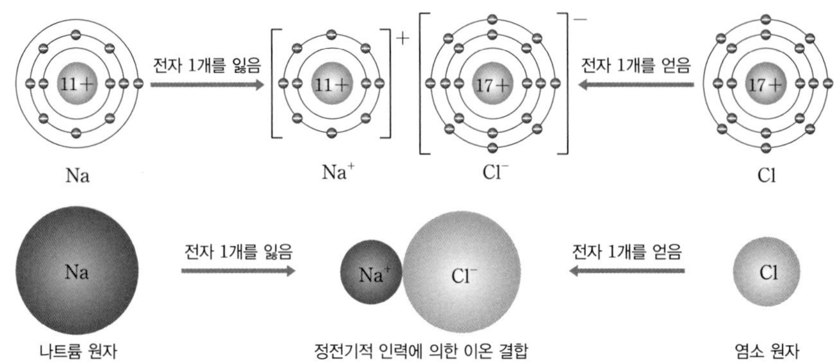

(4) 이온 사이의 거리에 따른 에너지 : 양이온과 음이온 사이의 거리가 가까워질수록 두 이온 사이에 작용하는 정전기적 인력은 증가하고 에너지가 낮아져 안정한 상태가 되지만, 두 이온이 계속 접근하여 거리가 너무 가까워지면 이온 사이의 반발력이 커지므로 에너지가 높아져 불안정한 상태가 된다. 따라서 양이온과 음이온은 인력과 반발력이 균형을 이루어 에너지가 가장 낮은 거리에서 이온 결합을 형성한다.

탐구자료 살펴보기 이온 사이의 거리에 따른 에너지

탐구 자료

에너지
0
반발력에 의한 에너지의 변화
이온 사이의 거리에 따른 에너지 변화
(c) (b) (a)
인력에 의한 에너지의 변화
r_0
이온 사이의 거리(r)

(r_0 : 이온 사이의 인력과 반발력이 균형을 이루어 에너지가 가장 낮은 거리)

(a) 이온 사이의 거리(r) > r_0
인력이 우세

(b) 이온 사이의 거리(r) = r_0
안정한 상태

(c) 이온 사이의 거리(r) < r_0
반발력이 우세

양이온
음이온

분석 point

1. (a) : 멀리 떨어져 있던 양이온과 음이온이 서로 가까워지면 두 이온 사이에 작용하는 정전기적 인력에 의해 에너지가 낮아지고, 안정해진다.
2. (b) : 양이온과 음이온 사이의 인력과 반발력이 균형을 이루어 에너지가 가장 낮은 거리(r_0)에서 이온 결합이 형성된다.
3. (c) : 양이온과 음이온 사이가 너무 가까워지면 전자와 전자 사이, 원자핵과 원자핵 사이의 반발력이 너무 커져 에너지가 높아지므로 불안정해진다.

(5) 이온 결합 물질의 화학식과 이름

① 이온의 이름과 이온식

- 간단한 양이온은 원소 이름 뒤에 '~ 이온'을 붙여서 부른다. 구리처럼 두 종류 이상의 이온이 존재하면 로마 숫자를 이용하여 구별한다.

  예 Na^+ : 나트륨 이온, Cu^+ : 구리(Ⅰ) 이온, Cu^{2+} : 구리(Ⅱ) 이온

- 간단한 음이온은 원소 이름 뒤에 '~화 이온'을 붙여서 부른다. 원래 원소 이름에 '~소'가 있는 경우 '소'를 생략한다.

  예 I^- : 아이오딘화 이온, Cl^- : 염화 이온

② **이온 결합 물질의 화학식** : 양이온의 총 전하량의 크기와 음이온의 총 전하량의 크기가 같아서 화합물이 전기적으로 중성이 되는 이온 수 비로 양이온과 음이온이 결합한다.

> 양이온의 총 전하 + 음이온의 총 전하 = 0

A^{n+}과 B^{m-}에 의해 형성되는 화합물의 화학식은 A_xB_y($x : y = m : n$)이다. 일반적으로 양이온의 원소 기호를 앞에 쓰고, 음이온의 원소 기호를 뒤에 쓴다.

예
- 나트륨 이온(Na^+)과 염화 이온(Cl^-)이 결합하여 생성되는 염화 나트륨은 양이온과 음이온이 1 : 1의 개수비로 결합하므로 화학식은 NaCl이다.
- 칼슘 이온(Ca^{2+})과 염화 이온(Cl^-)이 결합하여 생성되는 염화 칼슘은 양이온과 음이온이 1 : 2의 개수비로 결합하므로 화학식은 $CaCl_2$이다.

③ **이온 결합 물질의 명명법** : 음이온의 이름을 먼저 읽고, 양이온의 이름을 나중에 읽되 '이온'은 생략한다.

화학식	화합물의 이름	화학식	화합물의 이름
NaCl	염화 나트륨	NaF	플루오린화 나트륨
$MgCl_2$	염화 마그네슘	KI	아이오딘화 칼륨
Na_2CO_3	탄산 나트륨	$AgNO_3$	질산 은
$CaCO_3$	탄산 칼슘	CaO	산화 칼슘
$CuSO_4$	황산 구리(Ⅱ)	$Mg(OH)_2$	수산화 마그네슘
$Al_2(SO_4)_3$	황산 알루미늄	$BaSO_4$	황산 바륨

④ **이온 결합 물질의 구조** : 이온 결합 물질은 단지 1쌍의 양이온과 음이온만 결합하여 존재하는 것이 아니고, 많은 양이온과 음이온들이 정전기적 인력에 의해 이온 결합을 형성하여 삼차원적으로 서로를 둘러싸며 규칙적으로 배열된 이온 결정으로 존재한다.

(6) 이온 결합 물질의 성질

① **물에 대한 용해성** : 대부분의 이온 결합 물질은 물에 잘 녹는다. 고체 염화 나트륨이 물에 녹으면 나트륨 이온(Na^+)과 염화 이온(Cl^-)이 각각 물 분자에 의해 둘러싸여 안정한 상태로 존재하게 된다.

개념 체크

이온 결합의 화학식
화합물이 전기적으로 중성이 되는 이온 수 비로 양이온과 음이온을 나타낸다.

1. 이온 결합 물질은 양이온과 음이온이 전기적으로 ( )이 되는 이온 수 비로 결합되어 있다.

2. 나트륨 이온(Na^+)과 황산 이온(SO_4^{2-})이 결합한 화합물의 화학식은 ( )이다.

3. 칼슘 이온(Ca^{2+})과 염화 이온(Cl^-)이 결합한 화합물의 화학식은 ( )이다.

정답
1. 중성
2. Na_2SO_4
3. $CaCl_2$

H_2O
Na^+
Cl^-

② **결정의 부서짐** : 이온 결합 물질에 힘을 가하면 이온의 층이 밀리면서 두 층의 경계면에서 같은 전하를 띤 이온들 사이의 반발력이 작용하여 쉽게 부서진다.

③ **전기 전도성** : 이온 결합 물질은 고체 상태에서는 이온들이 자유롭게 이동할 수 없으므로 전류가 흐르지 않는다. 그러나 액체 상태나 수용액 상태에서는 양이온과 음이온이 자유롭게 이동하여 전하를 운반할 수 있기 때문에 전류가 흐른다.

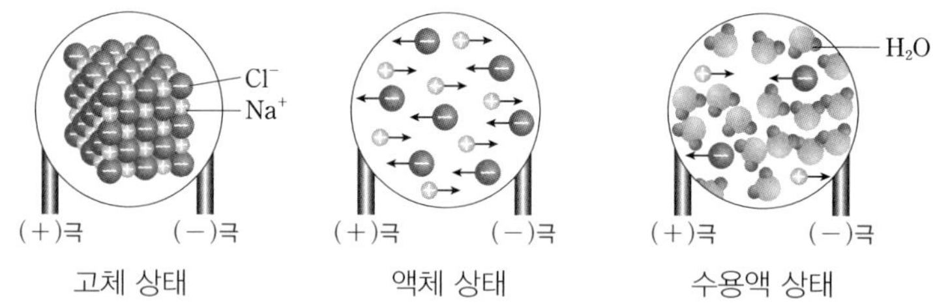

④ **녹는점과 끓는점** : 이온 결합 물질은 양이온과 음이온 사이에 강한 정전기적 인력이 작용하기 때문에 녹는점과 끓는점이 높은 편이다. 이온 사이의 거리가 가까울수록, 이온의 전하량이 클수록 녹는점과 끓는점은 높아진다.

탐구자료 살펴보기 **이온 결합 물질에서 이온 사이의 거리, 이온의 전하량과 녹는점**

이온 결합은 양이온과 음이온 사이의 정전기적 인력에 의해 형성되는 결합이고, 정전기적 인력(F)은 다음과 같다.

$$F=k\frac{q_1q_2}{r^2}$$ (k : 비례 상수, q_1, q_2 : 이온의 전하량, r : 이온 사이의 거리)

따라서 이온의 전하량이 클수록, 이온 사이의 거리가 가까울수록 이온 사이에 작용하는 정전기적 인력이 증가하여 이온 사이의 결합이 강해진다. 이온 사이의 정전기적 인력이 강할수록 이온 결합 물질의 녹는점이 높다.

탐구 자료

물질	이온 사이의 거리(pm)	녹는점(℃)	물질	이온 사이의 거리(pm)	녹는점(℃)
NaF	231	996	MgO	210	2825
NaCl	276	801	CaO	240	2572
NaBr	291	747	SrO	253	2531
NaI	311	661	BaO	275	1972

분석 point

1. 양이온과 음이온의 전하량의 크기가 같은 경우 이온 사이의 거리가 가까울수록 녹는점은 높아진다.
   예 녹는점 : NaF > NaCl > NaBr > NaI
2. 이온 사이의 거리가 비슷한 경우 이온의 전하량이 클수록 녹는점은 높아진다. 예 녹는점 : BaO > NaCl

개념 체크

➲ 이온 결합 물질의 부서짐
이온 결합 물질에 힘을 가하면 쉽게 부서진다.

➲ 이온 결합 물질의 전기 전도성
고체 상태에서는 전류가 흐르지 않지만, 액체 상태나 수용액 상태에서는 전류가 흐른다.

➲ 이온 결합 물질의 녹는점과 끓는점
이온 사이의 거리가 가깝고, 이온의 전하량이 클수록 녹는점과 끓는점이 높다.

1. 이온 결합 물질에 힘을 가하면 이온의 층이 밀리면서 같은 전하를 띠는 이온들 사이에 (인력 / 반발력)이 작용하게 되어 쉽게 부서진다.

※ ○ 또는 ×

2. 이온 결합 물질은 수용액 상태에서 전기 전도성이 있다. (   )

3. 녹는점은 NaF이 MgO보다 (높다 / 낮다).

4. 녹는점은 NaCl이 NaI보다 (높다 / 낮다).

정답
1. 반발력
2. ○
3. 낮다
4. 높다

[25024-0127]

01 다음은 학생 S가 수행한 탐구 활동이다. 전기 음성도는 Y > X이다.

[가설] ○ ㉠

[탐구 과정]

○ 수산화 나트륨(NaOH)을 소량 녹인 $X_aY(l)$를 가득 채운 시험관 A와 B를 거꾸로 세운 후 전류를 흘려준다.

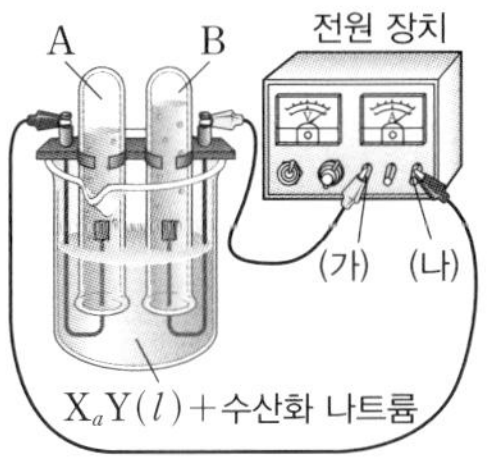

[탐구 결과]

○ A와 B에서 생성된 기체는 각각 $X_2(g)$와 $Y_2(g)$이고, 부피비는 $X_2 : Y_2 = 2 : 1$이다.

[결론] ○ 가설은 옳다.

학생 S의 결론이 타당할 때, 이에 대한 설명으로 옳은 것만을 〈보기〉에서 있는 대로 고른 것은? (단, X와 Y는 임의의 원소 기호이다.)

〈보기〉

ㄱ. 'X_aY에서 X와 Y 사이의 화학 결합에 전자가 관여한다.'는 ㉠으로 적절하다.

ㄴ. $a=2$이다.

ㄷ. (나)는 (+)극이다.

① ㄱ ② ㄷ ③ ㄱ, ㄴ ④ ㄴ, ㄷ ⑤ ㄱ, ㄴ, ㄷ

[25024-0128]

02 그림은 1 atm에서 3가지 화합물 (가)~(다)의 녹는점을 나타낸 것이다. (가)~(다)는 NaCl, NaBr, NaI을 순서 없이 나타낸 것이다.

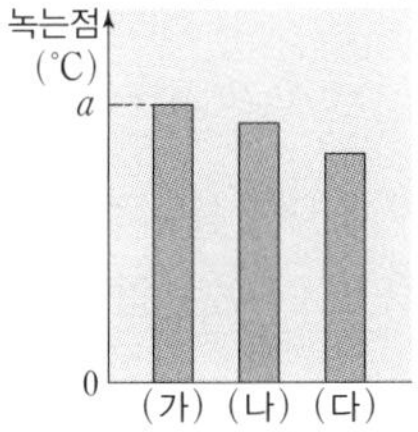

이에 대한 설명으로 옳은 것만을 〈보기〉에서 있는 대로 고른 것은? (단, 원자 번호는 Cl < Br < I이다.)

〈보기〉

ㄱ. (가)는 NaI이다.

ㄴ. 1 atm에서 NaF의 녹는점은 a°C보다 높다.

ㄷ. 음이온의 반지름은 (다) > (나)이다.

① ㄱ ② ㄴ ③ ㄷ ④ ㄱ, ㄷ ⑤ ㄴ, ㄷ

[25024-0129]

03 그림은 화합물 AB와 CD를 화학 결합 모형으로 나타낸 것이다.

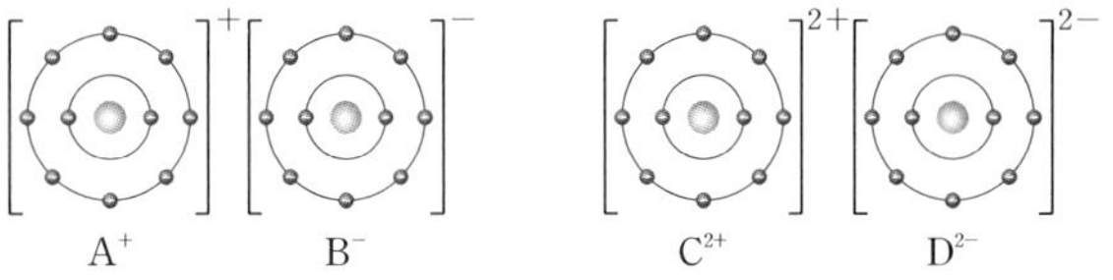

이에 대한 설명으로 옳은 것만을 〈보기〉에서 있는 대로 고른 것은? (단, A~D는 임의의 원소 기호이다.)

〈보기〉

ㄱ. 원자가 전자 수는 A > C이다.

ㄴ. 전기 전도성은 $A(l) > B_2(l)$이다.

ㄷ. B와 C는 1 : 2로 결합하여 안정한 화합물을 형성한다.

① ㄱ ② ㄴ ③ ㄷ ④ ㄱ, ㄷ ⑤ ㄴ, ㄷ

[25024-0130]

04 표는 이온 결합 화합물 $X(s)$에 대한 자료이다.

화합물	양이온	음이온
X	Cu^{2+}	O^{2-}

이에 대한 설명으로 옳은 것만을 〈보기〉에서 있는 대로 고른 것은?

〈보기〉

ㄱ. X의 화학식은 Cu_2O이다.

ㄴ. $X(l)$는 전기 전도성이 있다.

ㄷ. $X(l)$를 전기 분해하면 Cu와 O_2를 얻을 수 있다.

① ㄱ ② ㄴ ③ ㄷ ④ ㄱ, ㄷ ⑤ ㄴ, ㄷ

[25024-0131]

05 그림은 화합물 AB와 CD를 화학 결합 모형으로 나타낸 것이다.

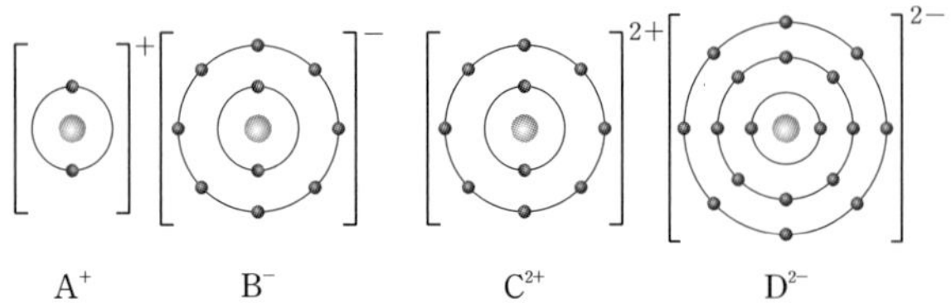

이에 대한 설명으로 옳은 것만을 〈보기〉에서 있는 대로 고른 것은? (단, A~D는 임의의 원소 기호이다.)

〈보기〉

ㄱ. B와 C는 같은 주기 원소이다.
ㄴ. A와 D는 2 : 1로 결합하여 안정한 화합물을 형성한다.
ㄷ. 전기 전도성은 $C(l) > D_2B_2(l)$이다.

① ㄴ ② ㄷ ③ ㄱ, ㄴ ④ ㄱ, ㄷ ⑤ ㄴ, ㄷ

[25024-0132]

06 표는 원소 A~D로 이루어진 4가지 화합물에 대한 자료이다. A~D는 O, Na, Mg, Cl를 순서 없이 나타낸 것이다.

화합물	AB	CD	A_2D	CB_2
액체 상태에서의 전기 전도성	있음	㉠	있음	㉡

이에 대한 설명으로 옳은 것만을 〈보기〉에서 있는 대로 고른 것은?

〈보기〉

ㄱ. B는 O이다.
ㄴ. ㉠과 ㉡은 모두 '있음'이다.
ㄷ. 1 atm에서 녹는점은 CD > AB이다.

① ㄱ ② ㄴ ③ ㄱ, ㄷ ④ ㄴ, ㄷ ⑤ ㄱ, ㄴ, ㄷ

[25024-0133]

07 그림은 이온 A^{2+}, B^-, C^+의 전자 배치를 모형으로 나타낸 것이다.

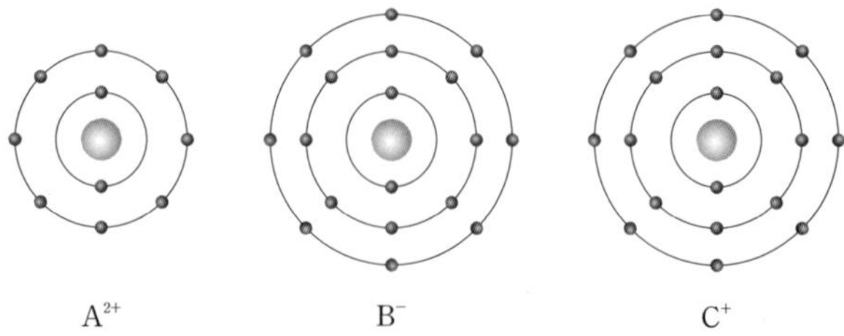

이에 대한 설명으로 옳은 것만을 〈보기〉에서 있는 대로 고른 것은? (단, A~C는 임의의 원소 기호이다.)

〈보기〉

ㄱ. A와 B는 같은 주기 원소이다.
ㄴ. AB_2는 고체 상태에서 전기 전도성이 있다.
ㄷ. B와 C는 1 : 1로 결합하여 안정한 화합물을 형성한다.

① ㄱ ② ㄴ ③ ㄱ, ㄷ ④ ㄴ, ㄷ ⑤ ㄱ, ㄴ, ㄷ

[25024-0134]

08 그림은 원자 X~Z의 이온 X^{a+}, Y^{b+}, Z^{c-}의 전자 배치를 모형으로 나타낸 것이고, 표는 화합물 (가)와 (나)에 대한 자료이다. ㉠은 고체 또는 액체 중 하나이다.

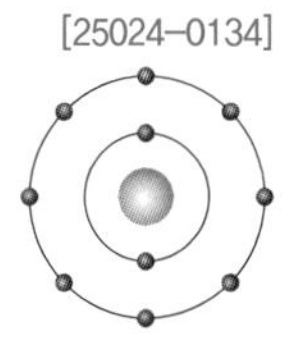

화합물	(가)	(나)
화학식	XZ	Y_2Z_3
㉠ 상태에서의 전기 전도성	없음	없음

이에 대한 설명으로 옳은 것만을 〈보기〉에서 있는 대로 고른 것은? (단, X~Z는 임의의 원소 기호이고, a~c는 3 이하의 자연수이다.)

〈보기〉

ㄱ. ㉠은 고체이다.
ㄴ. $a+b+c=6$이다.
ㄷ. X~Z의 원자가 전자 수의 합은 12이다.

① ㄱ ② ㄷ ③ ㄱ, ㄴ ④ ㄴ, ㄷ ⑤ ㄱ, ㄴ, ㄷ

[25024-0135]

01 다음은 물(H_2O)의 전기 분해 실험이다.

[실험 과정]

(가) 비커에 물을 넣고, 황산 나트륨을 소량 녹인다.

(나) 그림과 같이 (가)의 수용액으로 가득 채운 시험관에 전극 A와 B를 설치하고, 전류를 흘려주어 생성되는 기체를 각각의 시험관에 모은다.

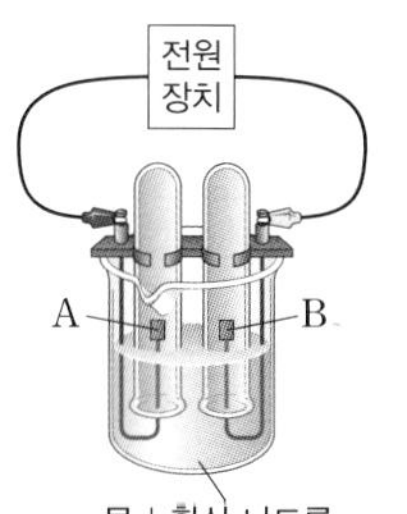

[실험 결과]

○ (나)에서 생성된 기체는 수소(H_2)와 산소(O_2)이다.

○ 각 전극에서 생성된 기체에 대한 자료 ($0 < t_1 < t_2$)

전류를 흘려준 시간		t_1	t_2
기체의 질량(g)	전극 A	$8w$	x
	전극 B	y	$2w$

이에 대한 설명으로 옳은 것만을 〈보기〉에서 있는 대로 고른 것은? (단, H와 O의 원자량은 각각 1, 16이다.)

〈 보기 〉

ㄱ. 전극 A는 전원 장치의 (+)극에 연결되어 있다.

ㄴ. 전기 전도성은 물이 황산 나트륨 수용액보다 크다.

ㄴ. $\frac{x}{y}$=16이나.

① ㄱ ② ㄴ ③ ㄱ, ㄷ ④ ㄴ, ㄷ ⑤ ㄱ, ㄴ, ㄷ

생성된 기체의 몰비는 전극 A : 전극 B=1 : 2이고, 분자량비는 O_2 : H_2=16 : 1이므로 같은 시간 동안 생성된 기체의 질량비는 전극 A : 전극 B=8 : 1이다.

[25024-0136]

02 그림 (가)~(다)는 각각 염화 나트륨(NaCl)의 고체, 액체, 수용액 상태에서의 입자 모형을 나타낸 것이다.

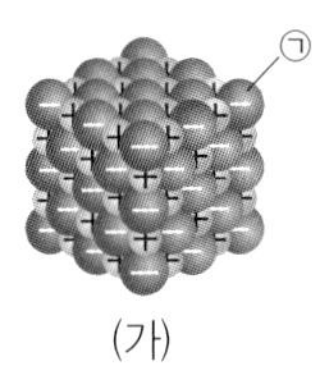

(가)

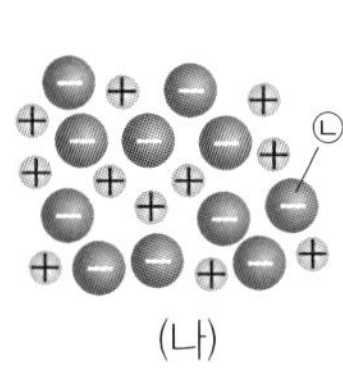

(나)

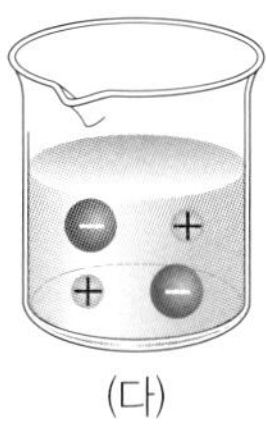

(다)

이에 대한 설명으로 옳은 것만을 〈보기〉에서 있는 대로 고른 것은?

〈 보기 〉

ㄱ. ㉠과 ㉡은 모두 Cl^-이다.

ㄴ. (나)에서 전류를 흘려주면 ㉡은 (+)극 쪽으로 이동한다.

ㄷ. NaCl의 전기 전도성은 (다)에서가 (가)에서보다 크다.

① ㄱ ② ㄴ ③ ㄱ, ㄷ ④ ㄴ, ㄷ ⑤ ㄱ, ㄴ, ㄷ

염화 나트륨은 수용액 상태와 액체 상태에서 전기 전도성이 있고, 고체 상태에서는 전기 전도성이 없다.

A와 B는 각각 O, H이다.

[25024-0137]

03 그림은 화합물 $C(AB)_2$를 화학 결합 모형으로 나타낸 것이다. C^{x+}의 모형은 나타내지 않았고, C는 4주기 원소이다.

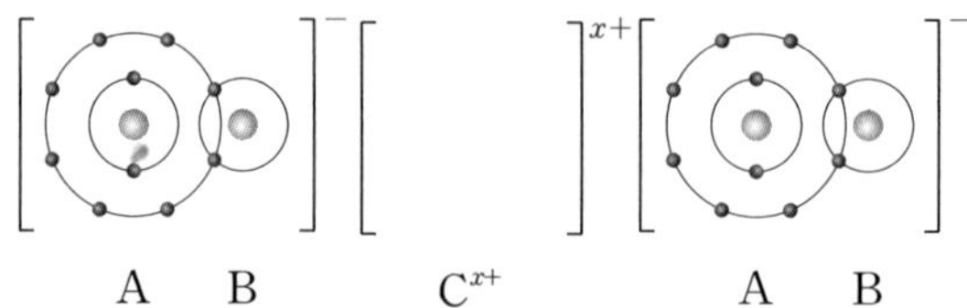

이에 대한 설명으로 옳은 것만을 〈보기〉에서 있는 대로 고른 것은? (단, A~C는 임의의 원소 기호이다.)

〈보기〉

ㄱ. $x=2$이다.

ㄴ. 원자가 전자 수는 A가 C의 3.5배이다.

ㄷ. $\frac{\text{C 1 mol의 전자 수}}{\text{AB}^- \text{ 1 mol의 전자 수}}=\frac{9}{5}$이다.

① ㄱ ② ㄴ ③ ㄷ ④ ㄱ, ㄴ ⑤ ㄴ, ㄷ

C^+과 D^-은 각각 +1, −1의 전하량을 갖는 이온이므로 C와 D는 각각 Na과 F이다.

[25024-0138]

04 그림은 화합물 AB와 CD를 화학 결합 모형으로 나타낸 것이다. A~D의 원자 번호는 각각 8~13 중 하나이다.

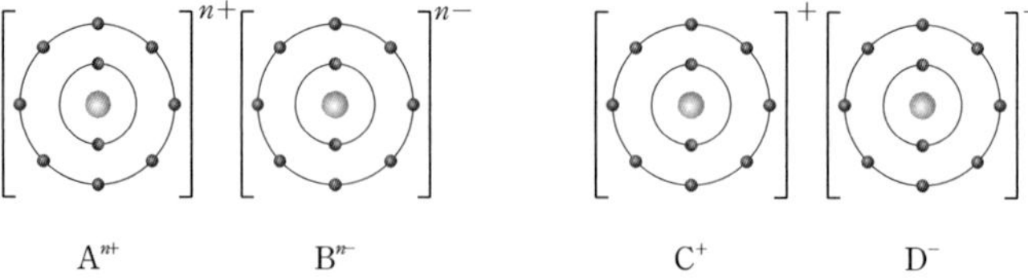

이에 대한 설명으로 옳은 것만을 〈보기〉에서 있는 대로 고른 것은? (단, A~D는 임의의 원소 기호이다.)

〈보기〉

ㄱ. $n=2$이다.

ㄴ. 원자 반지름은 C>A이다.

ㄷ. A와 D는 1 : 2로 결합하여 안정한 화합물을 형성한다.

① ㄱ ② ㄷ ③ ㄱ, ㄴ ④ ㄴ, ㄷ ⑤ ㄱ, ㄴ, ㄷ

[25024-0139]

05 그림은 원자 X~Z의 전자 배치 모형을, 표는 X~Z를 구성 원소로 하는 화합물 (가)~(다)의 화학식을 나타낸 것이다.

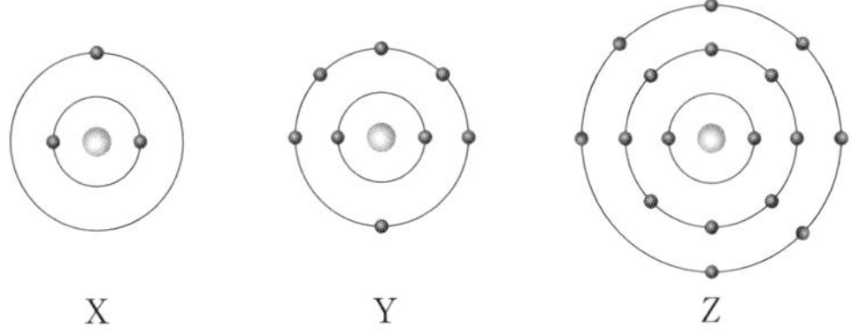

화합물	(가)	(나)	(다)
화학식	X_aY	X_bZ	Z_cY

이에 대한 설명으로 옳은 것만을 〈보기〉에서 있는 대로 고른 것은? (단, X~Z는 임의의 원소 기호이다.)

〈 보기 〉

ㄱ. $\frac{c}{a+b}=\frac{1}{2}$이다.

ㄴ. (가)~(다) 중 이온 결합 물질은 2가지이다.

ㄷ. $XYZ(l)$는 전기 전도성이 있다.

① ㄱ ② ㄴ ③ ㄷ ④ ㄱ, ㄴ ⑤ ㄴ, ㄷ

전자 배치 모형을 통해 X~Z는 각각 Li, O, Cl임을 알 수 있다.

[25024-0140]

06 그림은 이온 결합 물질 ㉠과 ㉡의 이온 사이의 거리에 따른 에너지 변화를, 표는 각 물질에서 이온 사이의 거리를 나타낸 것이다. ㉠과 ㉡은 각각 NaX, NaY 중 하나이고, $b>a$이다.

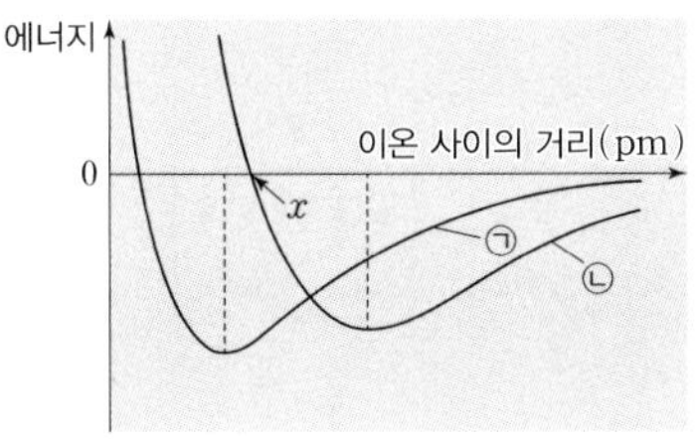

물질	이온 사이의 거리(pm)
NaX	a
NaY	b

이에 대한 설명으로 옳은 것만을 〈보기〉에서 있는 대로 고른 것은? (단, X와 Y는 임의의 원소 기호이다.)

〈 보기 〉

ㄱ. 이온 반지름은 $Y^->X^-$이다.

ㄴ. 녹는점은 ㉠이 ㉡보다 높다.

ㄷ. Na^+과 Y^- 사이의 거리가 x pm일 때, NaY는 이온 결합을 형성한다.

① ㄱ ② ㄷ ③ ㄱ, ㄴ ④ ㄴ, ㄷ ⑤ ㄱ, ㄴ, ㄷ

이온 사이의 거리에 따른 에너지 변화에서 에너지가 가장 낮은 지점에서 이온 결합이 형성된다.

A~C는 각각 Na, Cl, O이다.

[25024-0141]

07 그림은 화합물 AB와 ACB를 화학 결합 모형으로 나타낸 것이다.

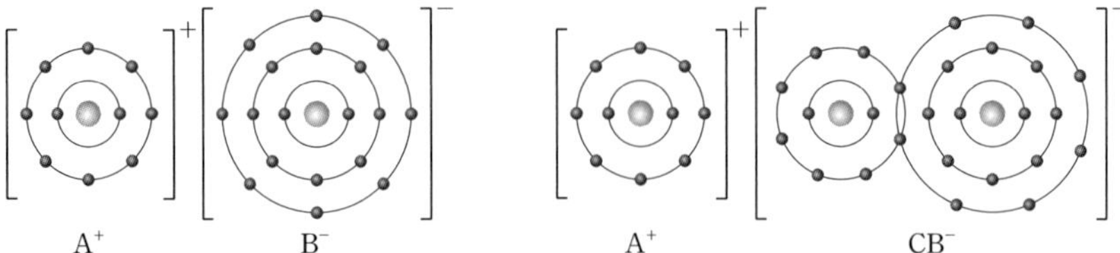

이에 대한 설명으로 옳은 것만을 〈보기〉에서 있는 대로 고른 것은? (단, A~C는 임의의 원소 기호이다.)

〈보기〉

ㄱ. 원자가 전자 수는 B>C이다.

ㄴ. AB(l)와 ACB(l)는 모두 전기 전도성이 있다.

ㄷ. A^+과 C^{2-}의 전자 배치는 같다.

① ㄴ　② ㄷ　③ ㄱ, ㄴ　④ ㄱ, ㄷ　⑤ ㄱ, ㄴ, ㄷ

A_2B_2는 공유 결합 물질, CB는 이온 결합 물질이고, A~C는 각각 F, O, Mg이다.

[25024-0142]

08 그림은 화합물 A_2B_2와 CB를 화학 결합 모형으로 나타낸 것이다.

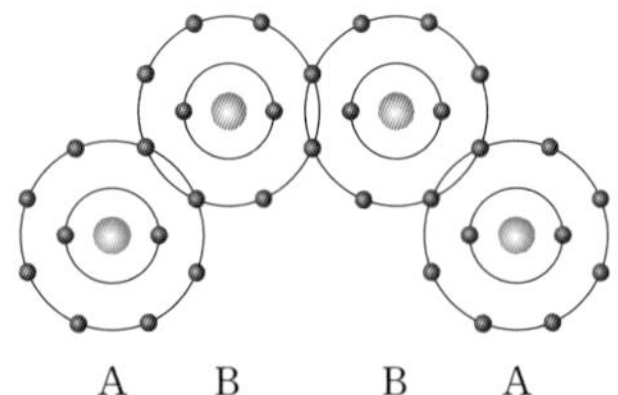

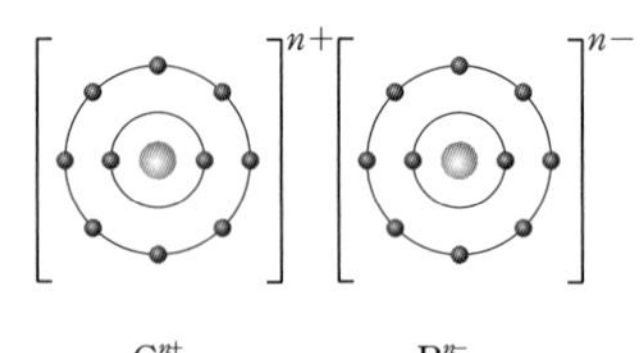

이에 대한 설명으로 옳은 것만을 〈보기〉에서 있는 대로 고른 것은? (단, A~C는 임의의 원소 기호이다.)

〈보기〉

ㄱ. $n=1$이다.

ㄴ. 전기 전도성은 CB(l)>A_2B_2(l)이다.

ㄷ. A와 C는 2 : 1로 결합하여 안정한 화합물을 형성한다.

① ㄱ　② ㄷ　③ ㄱ, ㄴ　④ ㄴ, ㄷ　⑤ ㄱ, ㄴ, ㄷ

08 공유 결합과 결합의 극성

1 공유 결합

(1) 공유 결합

비금속 원소의 원자들이 전자쌍을 서로 공유하면서 형성되는 결합이다.

(2) 공유 결합의 형성

① **수소 분자의 형성** : 수소 원자 2개가 각각 전자를 1개씩 내놓고 이 전자쌍을 두 수소 원자가 서로 공유함으로써 형성된다. 이때 각각의 수소 원자는 헬륨과 같은 전자 배치를 갖는다.

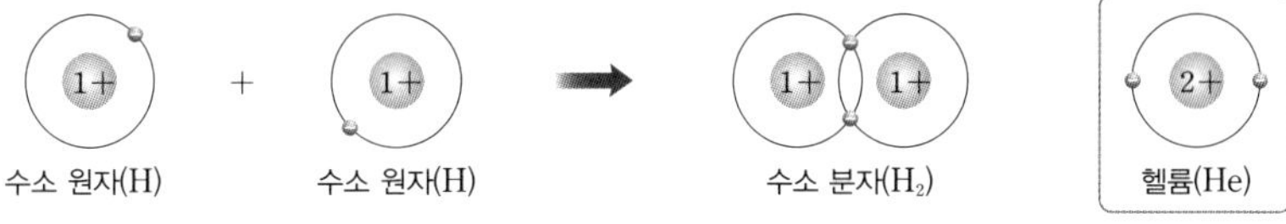

② **물 분자의 형성** : 산소 원자 1개가 수소 원자 2개와 각각 전자쌍을 1개씩 공유하여 형성되며, 산소 원자는 네온과 같은 전자 배치를, 수소 원자는 헬륨과 같은 전자 배치를 갖는다.

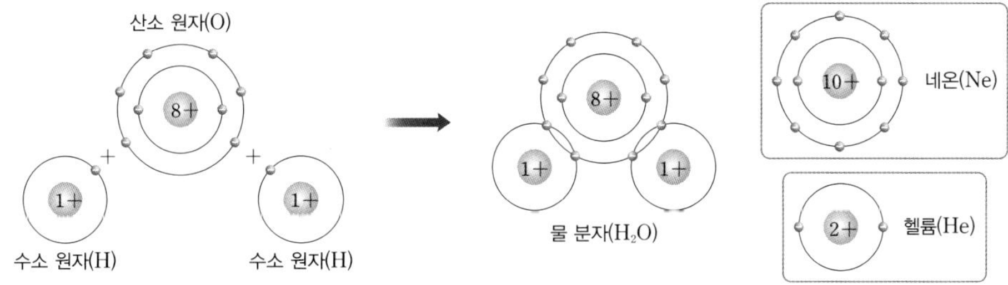

(3) 공유 결합의 형성과 에너지 변화

두 원자 사이의 인력과 반발력이 균형을 이루어 에너지가 가장 낮은 거리에서 공유 결합이 형성된다.

① **공유 결합 길이** : 공유 결합을 하는 두 원자의 핵 사이의 거리이다.

② **공유 결합 반지름** : 동일한 원자가 공유 결합을 할 때 공유 결합 길이의 $\frac{1}{2}$이다.

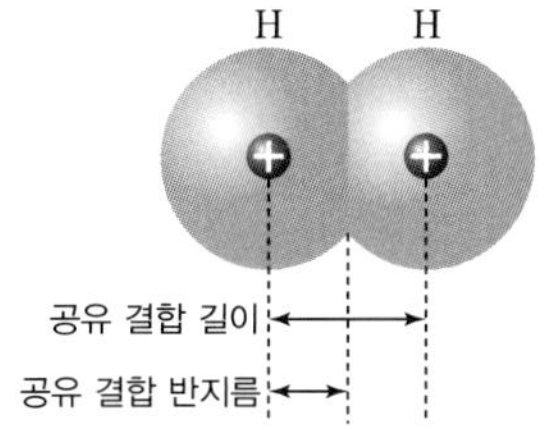

(4) 단일 결합과 다중 결합

두 원자가 1개의 전자쌍을 공유하고 있으면 단일 결합, 2개의 전자쌍을 공유하고 있으면 2중 결합, 3개의 전자쌍을 공유하고 있으면 3중 결합이라고 한다. 2중 결합과 3중 결합을 다중 결합이라고 한다.

개념 체크

➲ 공유 결합
비금속 원소의 원자들이 전자쌍을 서로 공유하면서 형성되는 결합이다.

1. 수소 원자 2개가 각각 전자를 1개씩 내놓고 공유 결합할 때 각각의 수소 원자는 (   )과 같은 전자 배치를 갖는다.

2. 물(H_2O) 분자에서 산소 원자는 (   )과 같은 전자 배치를 갖는다.

정답
1. 헬륨(He)
2. 네온(Ne)

개념 체크

➲ 다중 결합
2중 결합, 3중 결합과 같이 두 원자 사이에 둘 이상의 전자쌍을 공유하는 결합이다.

1. 산소 원자 2개가 (   )개의 전자쌍을 공유하여 산소(O_2) 분자를 형성한다.

※ ○ 또는 ×

2. 질소(N_2) 분자에는 다중 결합이 있다. (   )

정답
1. 2
2. ○

① **단일 결합** : 두 원자가 1개의 전자쌍을 공유하는 결합이다.

예 수소(H) 원자와 염소(Cl) 원자는 각각 1개의 전자를 내놓아 1개의 전자쌍을 공유하여 염화 수소(HCl) 분자를 형성한다.

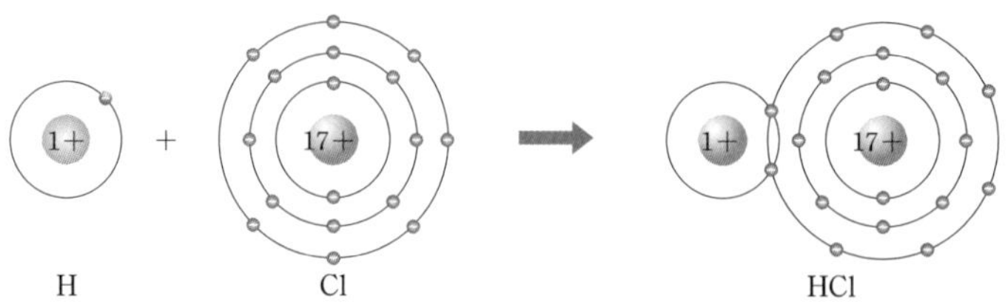

② **2중 결합** : 두 원자가 2개의 전자쌍을 공유하는 결합이다.

예 산소(O) 원자 2개는 각각 2개의 전자를 내놓아 2개의 전자쌍을 공유하여 산소(O_2) 분자를 형성한다.

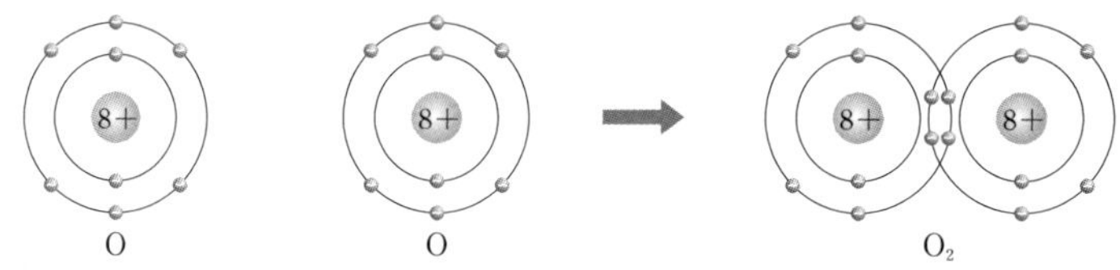

③ **3중 결합** : 두 원자가 3개의 전자쌍을 공유하는 결합이다.

예 질소(N) 원자 2개는 각각 3개의 전자를 내놓아 3개의 전자쌍을 공유하여 질소(N_2) 분자를 형성한다.

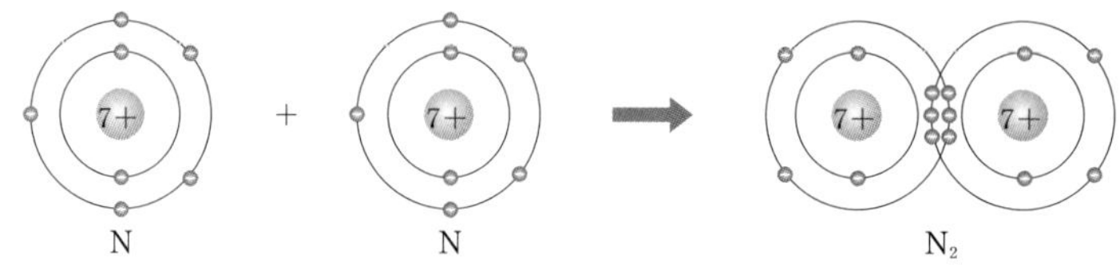

(5) 공유 결합 물질의 성질

① **공유 결합 물질** : 원자들이 공유 결합하여 형성된 물질로 대부분 분자로 이루어져 있다.

예 암모니아(NH_3), 이산화 탄소(CO_2), 메테인(CH_4), 포도당($C_6H_{12}O_6$), 설탕($C_{12}H_{22}O_{11}$)

② **녹는점과 끓는점** : 분자로 이루어진 공유 결합 물질은 대부분 녹는점과 끓는점이 낮다.

물질	녹는점(℃)	끓는점(℃)	물질	녹는점(℃)	끓는점(℃)
H_2	−259.1	−252.8	H_2O	0.0	100.0
N_2	−210.0	−195.8	CH_4	−182.5	−161.5
O_2	−218.8	−182.9	HCl	−114.2	−85.1
Cl_2	−101.5	−34.0	NH_3	−77.7	−33.3

③ **전기 전도성** : 대부분의 공유 결합 물질은 고체 상태와 액체 상태에서 전기 전도성이 없다. 단, 흑연(C)은 전기 전도성을 갖는다.

과학 돋보기 분자 결정과 공유 결정

공유 결합 물질에는 분자 결정과 공유 결정이 있다. 분자 결정은 분자 사이에 작용하는 인력에 의해 분자가 규칙적으로 배열하여 생성된 결정이며, 분자 간의 약한 인력에 의해 녹는점과 끓는점이 낮고, 승화성이 있는 물질도 있다.
반면 공유 결정은 원자들이 공유 결합으로 그물처럼 연결되어 생성된 결정이며, 공유 결정의 원자 사이의 인력이 분자 결정의 분자 사이의 인력보다 훨씬 크므로 공유 결정은 분자 결정보다 녹는점과 끓는점이 매우 높고 단단하다. 분자 결정 물질로는 드라이아이스(CO_2), 아이오딘(I_2), 나프탈렌($C_{10}H_8$) 등이 있고, 공유 결정 물질로는 다이아몬드(C), 흑연(C), 석영(SiO_2) 등이 있다.

물질	드라이아이스(CO_2)	다이아몬드(C)	흑연(C)
구조 모형			
결정의 종류	분자 결정	공유 결정	공유 결정

과학 돋보기 다이아몬드와 흑연

다이아몬드는 무색 투명하고 강도가 매우 크지만, 흑연은 검은색으로 광택을 약간 띠고 있으며 층과 층 사이의 인력이 약하여 잘 미끄러져 떨어지므로 연하고 부드럽다. 원자가 전자 수가 4인 탄소 원자가 정사면체 꼭짓점에 있는 다른 탄소 원자 4개와 결합하는 다이아몬드는 전기 전도성이 없다. 흑연은 탄소 원자 1개가 다른 탄소 원자 3개와 결합하여 정육각형 모양이 반복되어 있는 판을 이루고 판이 쌓여 층상 구조를 이룬다. 원자가 전자 수가 4인 탄소 원자가 3개의 결합만 하므로 남은 1개의 원자가 전자가 비교적 자유롭게 움직일 수 있어 전기 전도성을 갖는다. 두 물질 모두 화학식은 C이고, 이처럼 1가지 같은 원소로 이루어져 있지만 구조가 달라 성질이 다르다. 다이아몬드는 보석과 공업용 절단기 등에 이용되고, 흑연은 연필심, 윤활유 등에 이용된다.

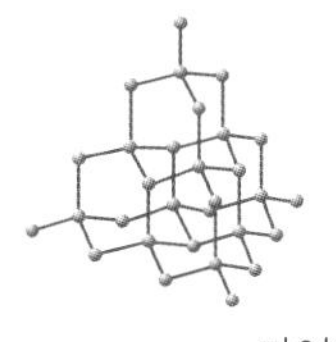

다이아몬드

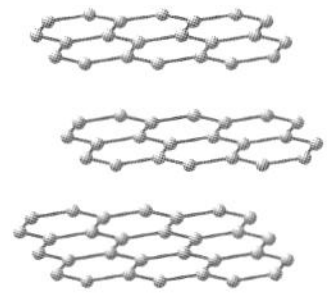
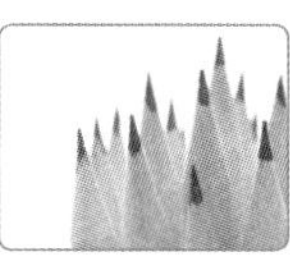

흑연

2 결합의 극성

(1) 공유 결합과 전기 음성도

① **전기 음성도** : 공유 결합한 원자가 공유 전자쌍을 끌어당기는 정도를 상대적인 수치로 나타낸 값이다.

- 폴링이 정한 전기 음성도 척도가 가장 널리 사용되는데 플루오린(F)이 4.0으로 가장 크고, 다른 원소는 이보다 작은 값을 갖는다.
- 18족 원소는 매우 안정하여 다른 원자들과 거의 결합을 하지 않으므로 전기 음성도는 18족 원소를 제외하고 다룬다.

개념 체크

➲ 분자 결정
분자 사이에 작용하는 인력에 의해 분자가 규칙적으로 배열하여 생성된 결정이다.

➲ 공유 결정
원자들이 공유 결합으로 그물처럼 연결되어 생성된 결정이다.

1. 2개 이상의 원자로 이루어진 분자는 ( ) 결합으로 이루어져 있다.

※ ○ 또는 ×

2. 대부분의 공유 결합 물질은 고체 상태와 액체 상태에서 전기 전도성이 있다. ( )

정답
1. 공유
2. ×

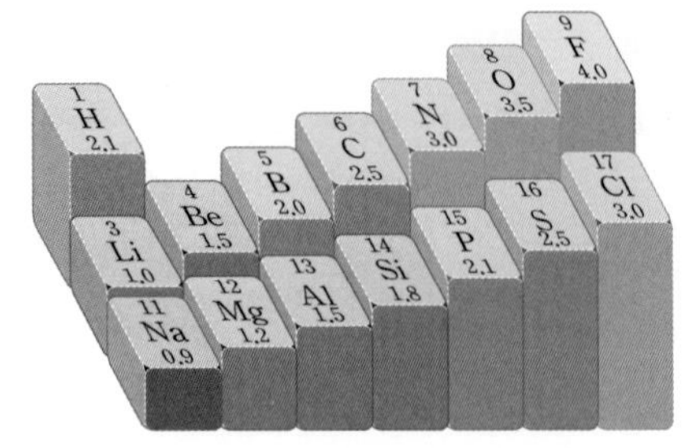

1~3주기 원소의 전기 음성도

② 전기 음성도의 주기적 변화

- 같은 족에서는 원자 번호가 증가할수록 전기 음성도는 대체로 감소하는 경향이 있다. 같은 족에서는 원자 번호가 증가할수록 전자 껍질 수가 많아져 원자핵과 전자 사이의 인력이 감소하므로 공유 전자쌍을 끌어당기는 힘이 약해진다.
- 같은 주기에서는 원자 번호가 증가할수록 전기 음성도는 대체로 증가하는 경향이 있다. 같은 주기에서는 원자 번호가 증가할수록 유효 핵전하가 증가하여 원자핵과 전자 사이의 인력이 강하게 작용하므로 공유 전자쌍을 끌어당기는 힘이 세진다.

③ 전기 음성도가 큰 원자일수록 공유 결합에서 공유 전자쌍을 더 세게 끌어당긴다.

④ 공유 결합을 이룬 두 원자의 전기 음성도 차이가 클수록 전기 음성도가 큰 원자 쪽으로 공유 전자쌍이 더 많이 치우친다.

과학 돋보기 전기 음성도의 주기성

- 주기율표 오른쪽 위로 갈수록 전기 음성도는 증가하는 경향이 있다(단, 18족 제외).

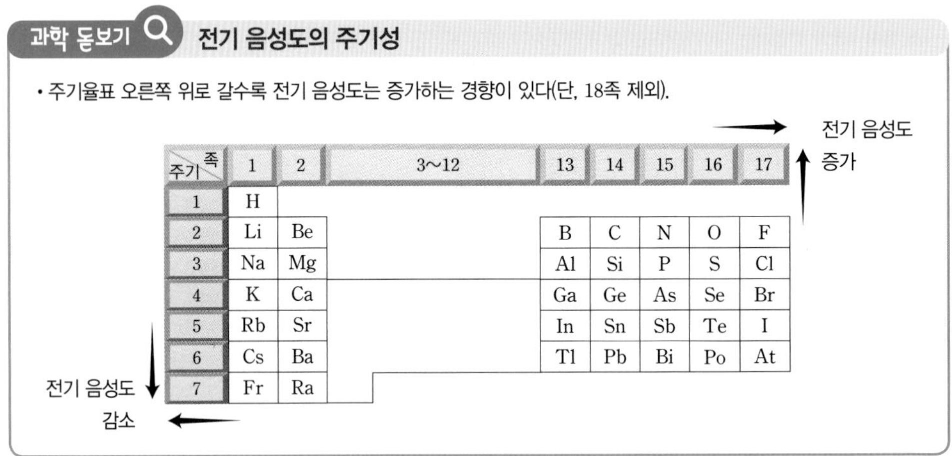

주기＼족	1	2	3~12	13	14	15	16	17
1	H							
2	Li	Be		B	C	N	O	F
3	Na	Mg		Al	Si	P	S	Cl
4	K	Ca		Ga	Ge	As	Se	Br
5	Rb	Sr		In	Sn	Sb	Te	I
6	Cs	Ba		Tl	Pb	Bi	Po	At
7	Fr	Ra						

(2) 결합의 극성

① **극성 공유 결합** : 전기 음성도가 다른 두 원자 사이의 공유 결합이며, 전기 음성도가 큰 원자가 공유 전자쌍을 강하게 당겨서 부분적인 음전하(δ^-)를 띠고, 전기 음성도가 작은 원자는 부분적인 양전하(δ^+)를 띤다.

예 $\overset{\delta^+}{H}-\overset{\delta^-}{Cl}$, $\overset{\delta^+}{H}-\overset{\delta^-}{F}$

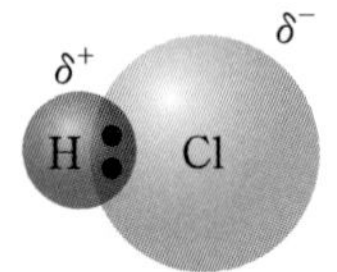

극성 공유 결합

② **무극성 공유 결합** : 같은 원소의 원자 사이의 공유 결합이며, 결합한 두 원자의 전기 음성도가 서로 같으므로 부분적인 전하가 생기지 않는다.

예 H−H, Cl−Cl, O=O, N≡N

무극성 공유 결합

개념 체크

전기 음성도
공유 결합을 하는 원자가 공유 전자쌍을 끌어당기는 정도를 상대적인 수치로 나타낸 것이다.

극성 공유 결합
전기 음성도가 다른 두 원자 사이의 공유 결합이다.

무극성 공유 결합
같은 원소의 원자 사이의 공유 결합이다.

1. 같은 주기에서 원자 번호가 (　　)할수록, 같은 족에서 원자 번호가 (　　) 할수록 전기 음성도는 증가하는 경향이 있다.

2. 전기 음성도가 (　　) 원자일수록 공유 결합에서 공유 전자쌍을 더 세게 끌어당긴다.

3. (　　) 공유 결합은 전기 음성도가 다른 두 원자 사이의 공유 결합이다.

4. 공유 결합을 하는 두 원자에서 전기 음성도가 (　) 원자는 부분적인 음전하(δ^-)를 띤다.

정답
1. 증가, 감소
2. 큰
3. 극성
4. 큰

③ 물(H_2O), 암모니아(NH_3), 이산화 탄소(CO_2)는 서로 다른 두 원소가 결합한 분자이므로 모두 극성 공유 결합으로 이루어져 있다.

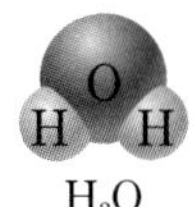

H_2O

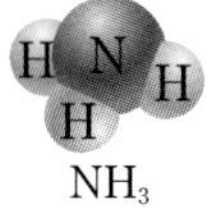

NH_3

CO_2

④ 과산화 수소(H_2O_2), 에타인(C_2H_2) 등의 분자에는 극성 공유 결합과 무극성 공유 결합이 있다.

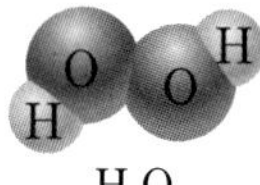

H_2O_2

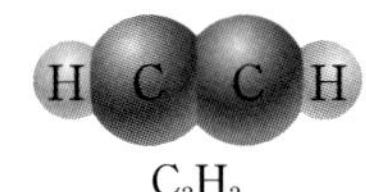

C_2H_2

과학 돋보기 **전기 음성도 차와 화학 결합**

	공유 결합		이온 결합
	무극성 공유 결합	극성 공유 결합	
결합의 종류	H H H_2	δ^+ δ^- H : Cl HCl	Na^+ Cl^- NaCl
전기 음성도 차	0.0	0.9	2.1
	결합을 이룬 두 원자의 전기 음성도 차가 클수록 극성의 크기가 증가하고, 금속 원소와 비금속 원소가 결합하는 것처럼 전기 음성도 차가 매우 커지게 되면 대체로 이온 결합이 형성된다.		

(3) 쌍극자와 쌍극자 모멘트

① **쌍극자** : 극성 공유 결합에서 전기 음성도가 큰 원자는 부분적인 음전하(δ^-)를 띠고, 전기 음성도가 작은 원자는 부분적인 양전하(δ^+)를 띠는데, 크기가 같고 부호가 반대인 전하가 일정한 거리를 두고 분리된 것을 쌍극자라고 한다.

② **쌍극자 모멘트**(μ) : 크기는 전하량(q)과 두 전하 사이의 거리(r)의 곱이고, 방향은 양전하에서 음전하를 향한다.

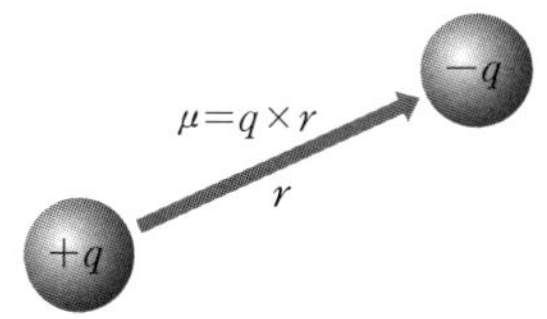

• 쌍극자 모멘트(μ)의 표시 : 전기 음성도가 작은 원자에서 전기 음성도가 큰 원자를 향하도록 십자 화살표(┼⟶)를 이용하여 표시한다.

예 염화 수소(HCl) 분자의 쌍극자 모멘트

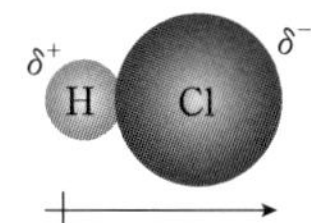

개념 체크

➲ **쌍극자**
크기가 같고 부호가 다른 전하가 일정한 거리를 두고 분리된 것이다.

➲ **쌍극자 모멘트(μ)**
크기는 전하량(q)과 두 전하 사이의 거리(r)의 곱이고, 방향은 양전하에서 음전하를 향한다.

1. CO_2에서 C 원자와 O 원자 사이의 결합은 (   ) 공유 결합이다.

2. 쌍극자 모멘트는 전기 음성도가 (   ) 원자에서 전기 음성도가 (   ) 원자를 향하도록 십자 화살표 (┼⟶)를 이용하여 표시한다.

정답
1. 극성
2. 작은, 큰

개념 체크

루이스 전자점식
원소 기호 주위에 원자가 전자를 점으로 표시하여 나타낸 식이다.

공유 전자쌍
공유 결합에 참여하는 두 원자가 공유하고 있는 전자쌍이다.

비공유 전자쌍
원자가 전자 중 공유 결합하는 두 원자가 공유하지 않은 전자쌍이다.

1. 루이스 전자점식은 원소 기호 주위에 (   )를 점으로 표시하여 나타낸 식이다.

2. H_2O에는 (   )개의 공유 전자쌍과 (   )개의 비공유 전자쌍이 존재한다.

3. 산소(O_2)에서 공유 전자쌍 수는 (   )이고, 비공유 전자쌍 수는 (   )이다.

3 결합의 표현

(1) 루이스 전자점식 : 원소 기호 주위에 원자가 전자를 점으로 표시한 식이다.

(2) 원자의 루이스 전자점식

① 원자의 원자가 전자 수를 구한다.
② 원소 기호의 주위에 원자가 전자를 점으로 표시한다.
③ 원자가 전자 1개당 점 1개씩 원소 기호의 네 방향(위, 아래, 좌, 우)에 돌아가면서 표시하고, 5개째 전자부터 쌍을 이루도록 표시한다.

주기 \ 족	1	2	13	14	15	16	17
2	Li·	·Be·	·B·	·C·	·N·	·O:	·F:
3	Na·	·Mg·	·Al·	·Si·	·P·	·S:	·Cl:

2, 3주기 원자의 루이스 전자점식

(3) 분자의 루이스 전자점식

① 공유 전자쌍과 비공유 전자쌍
- 공유 전자쌍 : 공유 결합하는 두 원자가 공유하고 있는 전자쌍이다.
- 비공유 전자쌍 : 원자가 전자 중 공유 결합하는 두 원자가 공유하지 않는 전자쌍이다.

② 원소인 분자의 루이스 전자점식

분자식	루이스 전자점식
Cl_2	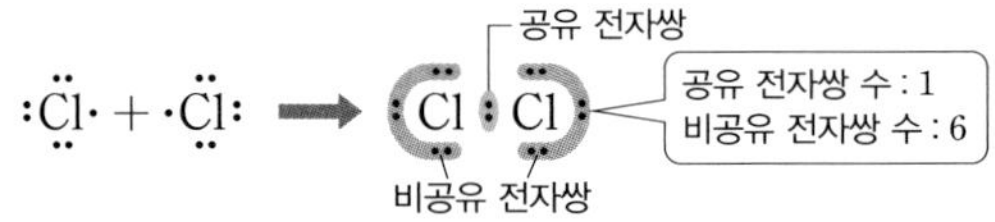 :Cl· + ·Cl: ➡ :Cl:Cl: (공유 전자쌍, 비공유 전자쌍) 공유 전자쌍 수 : 1, 비공유 전자쌍 수 : 6
O_2	 :O· + ·O: ➡ O::O (2중 결합, 비공유 전자쌍) 공유 전자쌍 수 : 2, 비공유 전자쌍 수 : 4
N_2	 :N· + ·N: ➡ :N⋮⋮N: (3중 결합, 비공유 전자쌍) 공유 전자쌍 수 : 3, 비공유 전자쌍 수 : 2

③ 화합물인 분자의 루이스 전자점식

분자식	H_2O	CH_4	NH_3	CO_2
루이스 전자점식	H:O:H	H:C:H (위아래 H)	H:N:H (아래 H)	:O::C::O:
공유 전자쌍 수	2	4	3	4
비공유 전자쌍 수	2	0	1	4

정답
1. 원자가 전자
2. 2, 2
3. 2, 4

과학 돋보기 화합물의 루이스 전자점식 그리기

1. 분자, 이온, 화합물을 구성하는 모든 원자의 원자가 전자 수의 합을 구한다.
2. 중심 원자를 정하고 중심 원자와 주변 원자 사이에 공유 전자쌍을 1개씩 그린다.
3. 옥텟 규칙에 따라 주변 원자에 전자를 배치한다.
4. 중심 원자에 남은 전자를 배치하고, 중심 원자가 옥텟 규칙을 만족하는지 확인한다.
5. 중심 원자의 전자 수가 8개 미만이면 주변 원자의 비공유 전자쌍을 공유 전자쌍으로 바꾸어 옥텟 규칙을 만족하도록 한다.
6. 분자에서 옥텟 규칙을 만족할 수 있는 2주기 원소는 C, N, O, F이다.

(4) 이온과 이온 결합 물질의 루이스 전자점식

① 금속 원자는 원자가 전자를 모두 잃어 비활성 기체와 같은 전자 배치를 갖는 양이온이 되고, 비금속 원자는 가장 바깥 전자 껍질에 전자를 얻어 안정한 음이온이 되면서 비활성 기체와 같은 전자 배치를 갖게 된다.

$$Na\cdot \longrightarrow Na^{+} + e^{-} \qquad \cdot\ddot{\underset{..}{Cl}}: + e^{-} \longrightarrow [:\ddot{\underset{..}{Cl}}:]^{-}$$

② 양이온과 음이온이 결합하여 이온 결합 물질이 형성된다.

예 염화 나트륨(NaCl)의 루이스 전자점식

$$NaCl \Longrightarrow [Na]^{+}[:\ddot{\underset{..}{Cl}}:]^{-}$$

과학 돋보기 다원자 이온의 루이스 전자점식

$[:\ddot{\underset{..}{O}}:H]^{-}$ 수산화 이온(OH^{-})

$\left[H:\ddot{\underset{H}{O}}:H\right]^{+}$ 하이드로늄 이온(H_3O^{+})

$\left[H:\overset{H}{\underset{H}{N}}:H\right]^{+}$ 암모늄 이온(NH_4^{+})

양이온은 양전하 1개당 전자점을 1개 제거하고, 음이온은 음전하 1개당 전자점을 1개 더해야 한다. 예를 들어 OH^{-}의 경우 산소(O)의 원자가 전자 수가 6, 수소(H)의 원자가 전자 수가 1인데 −1가 음이온이므로 전자점을 하나 추가하여 총 8개의 전자점을 표시해 준다. H_3O^{+}의 경우 산소(O) 원자 1개와 수소(H) 원자 3개로 이루어져 있으므로 원자가 전자 수의 합은 9이나, +1가 양이온이므로 전자점을 하나 제거하여 총 8개의 전자점을 표시해 준다.

(5) 구조식

구조식 : 공유 결합하는 분자의 전자 배치를 간단하고 편리하게 나타내기 위하여 공유 전자쌍을 결합선(−)으로 나타낸 식이다. 구조식에서 비공유 전자쌍은 생략하기도 한다.

루이스 전자점식	$:\ddot{\underset{..}{F}}:\ddot{\underset{..}{F}}:$	$:\ddot{O}::\ddot{O}:$	$:N:::N:$	$H:\ddot{\underset{..}{O}}:H$	$:\ddot{O}::C::\ddot{O}:$
구조식	단일 결합 ↓ F−F	2중 결합 ↓ O=O	3중 결합 ↓ N≡N	H−O−H	O=C=O

예 아세트산(CH_3COOH)과 에탄올(C_2H_5OH)의 구조식

```
    H  O              H  H
    |  ||             |  |
H - C - C - O - H  H - C - C - O - H
    |                 |  |
    H                 H  H
```

아세트산　　에탄올

개념 체크

➲ 구조식
공유 전자쌍을 결합선으로 나타낸 식이다.

1. MgO의 루이스 전자점식을 그리시오.

※ ○ 또는 ×

2. N_2에는 3중 결합이 있다. (　　)

정답

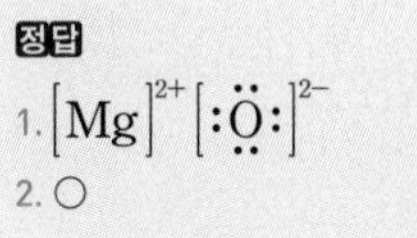
1. $[Mg]^{2+}[:\ddot{\underset{..}{O}}:]^{2-}$
2. ○

개념 체크

➲ 금속 결합
금속 양이온과 자유 전자 사이의 정전기적 인력에 의해 형성된 결합이다.

➲ 금속 결정
금속 원자가 규칙적으로 배열된 고체이다.

1. 금속 결합에서 (　　)는 금속 양이온 사이를 자유롭게 움직인다.

2. 금속은 외부 힘에 의해 변형되어도 자유 전자가 이동하여 금속 결합을 유지할 수 있어 (　　)과 (　　)이 크다.

※ ○ 또는 ×

3. 금속은 액체 상태에서 전기 전도성이 있다. (　　)

4. 금속을 가열하면 열에너지를 잘 전달하므로 금속은 열전도성이 크다. (　　)

정답
1. 자유 전자
2. 뽑힘성(연성), 펴짐성(전성)
3. ○
4. ○

4 금속 결합의 형성

(1) **금속 결합** : 금속 양이온과 자유 전자 사이의 정전기적 인력에 의해 형성된다.

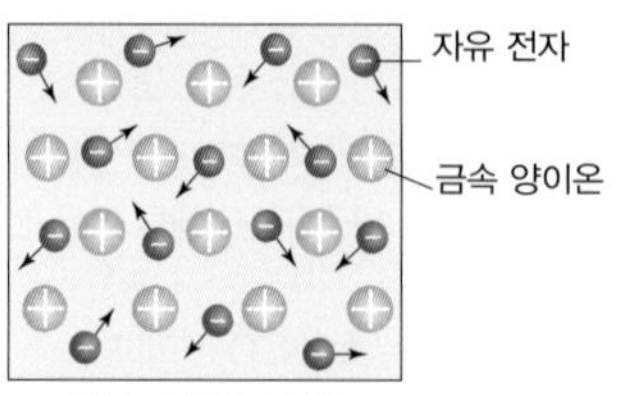

금속 결합 모형

① **자유 전자** : 금속 원자가 내놓은 원자가 전자로, 금속 양이온 사이를 자유롭게 움직이면서 금속 양이온을 결합시키는 역할을 하는 전자이다.

② **금속 결정** : 금속 결합을 하여 금속 원자가 규칙적으로 배열된 고체이다.

(2) **금속의 특성** : 금속 결합을 이루는 금속의 특성이 나타나는 것은 자유 전자 때문이다.

① **전기 전도성** : 금속은 자유 전자가 자유롭게 움직일 수 있으므로 고체와 액체 상태에서 전기 전도성이 있다. 금속에 전압을 걸어 주면 자유 전자는 (−)극에서 (+)극 쪽으로 이동한다.

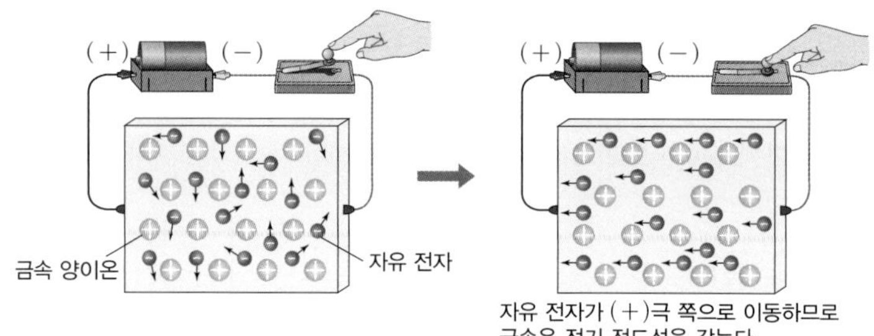

② **열전도성** : 금속을 가열하면 자유 전자가 에너지를 얻게 되고, 에너지를 얻은 자유 전자가 인접한 자유 전자와 금속 양이온에 열에너지를 전달하므로 금속은 열전도성이 매우 크다.

③ **뽑힘성(연성)과 펴짐성(전성)** : 외부의 힘에 의해 금속이 변형되어도 자유 전자가 이동하여 금속 결합을 유지할 수 있으므로 금속은 뽑힘성(연성)과 펴짐성(전성)이 크다.

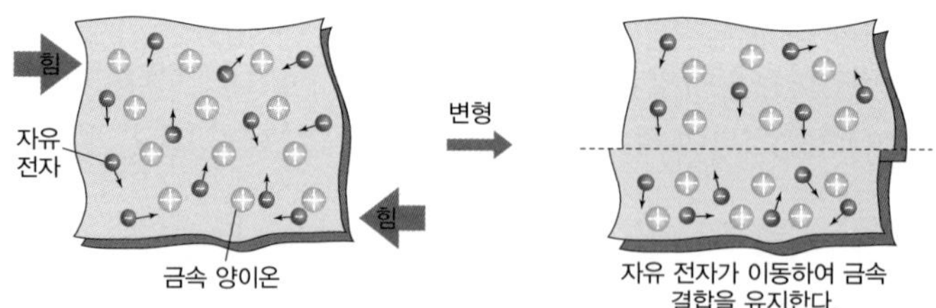

④ **녹는점과 끓는점** : 금속은 자유 전자와 금속 양이온 사이의 강한 정전기적 인력에 의해 녹는점과 끓는점이 높다. 따라서 대부분의 금속은 상온에서 고체 상태로 존재하고 단단하다.

금속	녹는점(℃)	금속	녹는점(℃)
Fe	1538	Li	180.5
Cu	1085	Na	98
Ca	842	K	63.5
Al	660	Hg	−39

5 화학 결합의 상대적 세기

화학 결합의 세기가 강할수록 그 결합을 끊는 데 상대적으로 많은 에너지가 필요하므로 더 높은 온도에서 상태 변화가 일어난다. 따라서 일반적으로 물질을 이루고 있는 화학 결합의 세기가 강할수록 그 물질의 녹는점이 높다.

(1) 이온 결합 물질

이온 결합 물질은 양이온과 음이온 사이의 강한 정전기적 인력에 의해 결합되어 있으므로 녹는점과 끓는점이 높다.

예 NaCl의 녹는점 : 801°C, NaCl의 끓는점 : 1465°C

(2) 금속 결합 물질

금속 결합 물질은 금속 양이온과 자유 전자 사이의 강한 정전기적 인력에 의해 녹는점과 끓는점이 높다.

예 Cu의 녹는점 : 1085°C, Fe의 녹는점 : 1538°C

(3) 공유 결합 물질

대부분의 공유 결합 물질은 분자를 구성하는 원자 사이의 공유 결합은 강하지만 분자 사이의 인력이 약한 편이므로 대체로 이온 결합 물질보다 녹는점과 끓는점이 낮다. 그러나 흑연, 다이아몬드와 같이 공유 결정을 이루는 물질의 경우 녹는점과 끓는점이 매우 높다.

예 H_2의 녹는점 : −259°C, 흑연의 녹는점 : 3000°C 이상

개념 체크

화학 결합의 세기
일반적으로 물질을 이루고 있는 화학 결합의 세기가 강할수록 그 물질의 녹는점이 높다.

※ ○ 또는 ×

1. 이온 결합 물질은 양이온과 음이온 사이의 강한 정전기적 인력에 의해 결합되어 있다. (　　)

2. 대부분의 공유 결합 물질에서 원자 사이의 공유 결합은 (강 / 약)하지만 분자 사이의 인력은 (강 / 약)하다.

정답
1. ○
2. 강, 약

탐구자료 살펴보기 결합의 종류에 따른 물질의 성질 비교

탐구 자료

성질 \ 물질		이온 결합 물질		공유 결합 물질			금속 결합 물질	
		NaCl	KF	H_2	CH_4	H_2O	Cu	Fe
녹는점(°C)		801	858	−259	−182	0	1085	1538
끓는점(°C)		1465	1502	−253	−162	100	2562	2861
전기 전도성	고체	없음	없음	없음	없음	없음	있음	있음
	액체	있음	있음	없음	없음	없음	있음	있음

분석 point

1. 이온 결합 물질(NaCl, KF)은 양이온과 음이온 사이의 강한 정전기적 인력에 의해 결합되어 있으므로 녹는점과 끓는점이 높아서 상온에서 고체 상태로 존재하고, 금속 결합 물질(Cu, Fe) 역시 금속 결합이 강하므로 상온에서 고체 상태로 존재한다. 공유 결합 물질(H_2, CH_4)은 분자 사이의 인력이 약한 편이므로 녹는점과 끓는점이 낮아 대체로 상온에서 기체 상태로 존재하지만, H_2O과 같이 액체 상태로 존재하는 물질도 있고, 공유 결정(흑연, 다이아몬드)은 원자 사이의 결합력이 매우 강하여 상온에서 고체 상태로 존재한다.
2. 이온 결합 물질은 고체 상태에서는 전기 전도성이 없지만 액체 상태에서는 이온이 자유롭게 이동할 수 있으므로 전기 전도성이 있다. 흑연과 같은 예외를 제외하고 공유 결합 물질은 고체와 액체 상태에서 자유롭게 이동할 수 있는 이온이나 전자가 없으므로 전기 전도성이 없다. 한편 금속 결합 물질은 고체 상태에서도 자유롭게 이동할 수 있는 자유 전자가 존재하므로 고체 상태와 액체 상태에서 전기 전도성이 있다.

수능 2점 테스트

[25024-0143]

01 그림은 다이아몬드 은반지를 나타낸 것이다.

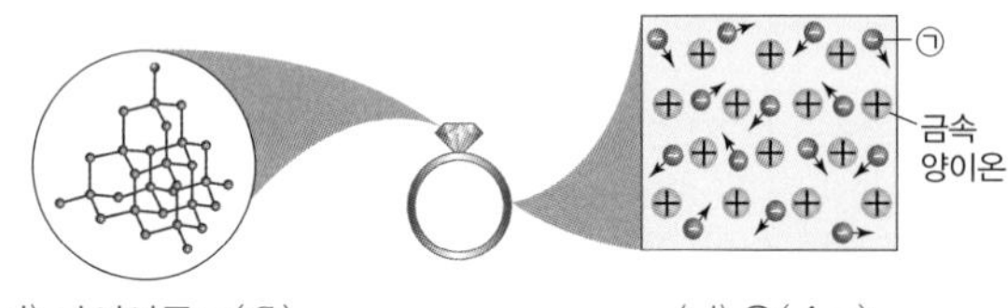

(가) 다이아몬드(C) (나) 은(Ag)

이에 대한 설명으로 옳은 것만을 <보기>에서 있는 대로 고른 것은?

< 보기 >

ㄱ. (가)와 (나)는 화학 결합의 종류가 같다.
ㄴ. ㉠은 자유 전자이다.
ㄷ. (나)는 연성(뽑힘성)이 있다.

① ㄱ ② ㄷ ③ ㄱ, ㄴ
④ ㄴ, ㄷ ⑤ ㄱ, ㄴ, ㄷ

[25024-0144]

02 그림은 2주기 원자 W~Z의 루이스 전자점식을 나타낸 것이다.

W· ·Ẋ· ·Ÿ· :Z̈·

이에 대한 설명으로 옳은 것만을 <보기>에서 있는 대로 고른 것은? (단, W~Z는 임의의 원소 기호이다.)

< 보기 >

ㄱ. W(s)는 전성(펴짐성)이 있다.
ㄴ. YZ_2에는 다중 결합이 있다.
ㄷ. XYZ_2의 $\frac{\text{비공유 전자쌍 수}}{\text{공유 전자쌍 수}}=2$이다.

① ㄱ ② ㄴ ③ ㄱ, ㄷ
④ ㄴ, ㄷ ⑤ ㄱ, ㄴ, ㄷ

[25024-0145]

03 그림은 분자 XYZ와 ZX_3을 화학 결합 모형으로 나타낸 것이다. 분자에서 Y와 Z는 옥텟 규칙을 만족한다.

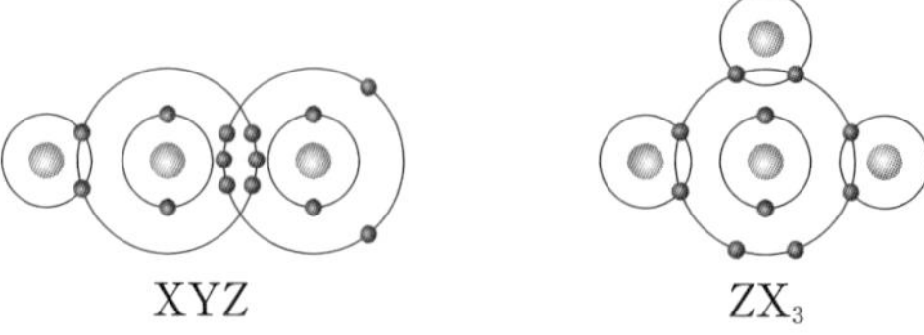

XYZ ZX_3

이에 대한 설명으로 옳은 것만을 <보기>에서 있는 대로 고른 것은? (단, X~Z는 임의의 원소 기호이다.)

< 보기 >

ㄱ. 비공유 전자쌍 수는 XYZ가 ZX_3보다 크다.
ㄴ. XYZ에서 Z는 부분적인 음전하(δ^-)를 띤다.
ㄷ. 공유 전자쌍 수는 Y_2X_4가 Z_2X_4보다 크다.

① ㄱ ② ㄴ ③ ㄷ
④ ㄱ, ㄴ ⑤ ㄴ, ㄷ

[25024-0146]

04 그림은 2주기 원소 W~Z로 구성된 분자 (가)와 (나)의 구조식을 나타낸 것이다. 분자에서 W~Z는 옥텟 규칙을 만족한다.

:Y:
‖
:Ẅ̤—X—Ẅ̤: :Ẅ̤—Z̈=Ÿ̤

(가) (나)

이에 대한 설명으로 옳은 것만을 <보기>에서 있는 대로 고른 것은? (단, W~Z는 임의의 원소 기호이다.)

< 보기 >

ㄱ. $\frac{\text{비공유 전자쌍 수}}{\text{공유 전자쌍 수}}$는 (가)와 (나)가 같다.
ㄴ. Z_2W_2에는 3중 결합이 있다.
ㄷ. YW_2와 ZW_3에서 W의 부분적인 전하의 부호는 같다.

① ㄱ ② ㄴ ③ ㄱ, ㄷ
④ ㄴ, ㄷ ⑤ ㄱ, ㄴ, ㄷ

[25024-0147]

05 다음은 산소(O)와 2주기 원소 X, Y로 구성된 3가지 분자의 분자식이다. 분자에서 모든 원자는 옥텟 규칙을 만족한다.

XO_2	OY_2	XY_4

이에 대한 설명으로 옳은 것만을 〈보기〉에서 있는 대로 고른 것은? (단, X와 Y는 임의의 원소 기호이다.)

〈보 기〉
ㄱ. 원자가 전자 수는 Y>X이다.
ㄴ. XY_4에는 무극성 공유 결합이 있다.
ㄷ. XO_2와 OY_2에서 O의 부분적인 전하의 부호는 같다.

① ㄱ ② ㄴ ③ ㄷ
④ ㄱ, ㄴ ⑤ ㄴ, ㄷ

[25024-0148]

06 다음은 H_2를 생성하는 2가지 반응의 화학 반응식이다. 전기 음성도는 C>H이다.

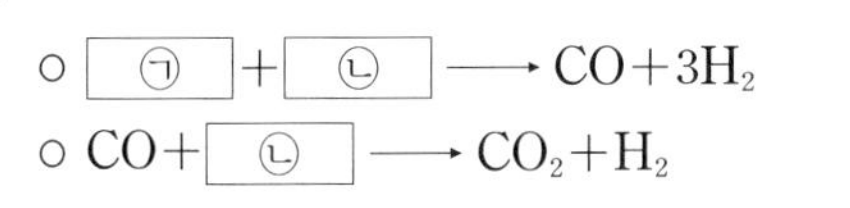

이에 대한 설명으로 옳은 것만을 〈보기〉에서 있는 대로 고른 것은?

〈보 기〉
ㄱ. 분자당 H 원자 수는 ㉠>㉡이다.
ㄴ. ㉡은 공유 전자쌍 수와 비공유 전자쌍 수가 같다.
ㄷ. 중심 원자의 부분적인 전하의 부호는 ㉠과 ㉡이 같다.

① ㄱ ② ㄷ ③ ㄱ, ㄴ
④ ㄴ, ㄷ ⑤ ㄱ, ㄴ, ㄷ

[25024-0149]

07 그림은 수소(H)와 2주기 원소 X~Z로 구성된 분자 (가)~(다)의 구조식을 나타낸 것이다. 분자에서 X~Z는 옥텟 규칙을 만족한다.

H−X−H (가)

H−Y(−H)−H (나)

H−Z(−H)=Z(−H)−H (다)

이에 대한 설명으로 옳은 것만을 〈보기〉에서 있는 대로 고른 것은? (단, X~Z는 임의의 원소 기호이다.)

〈보 기〉
ㄱ. 비공유 전자쌍 수는 (가)>(나)이다.
ㄴ. HZY에는 다중 결합이 있다.
ㄷ. ZX_2에는 무극성 공유 결합이 있다.

① ㄱ ② ㄷ ③ ㄱ, ㄴ
④ ㄴ, ㄷ ⑤ ㄱ, ㄴ, ㄷ

[25024-0150]

08 그림은 2주기 원소 중 4가지의 전기 음성도를 나타낸 것이다. 분자에서 모든 원자는 옥텟 규칙을 만족한다.

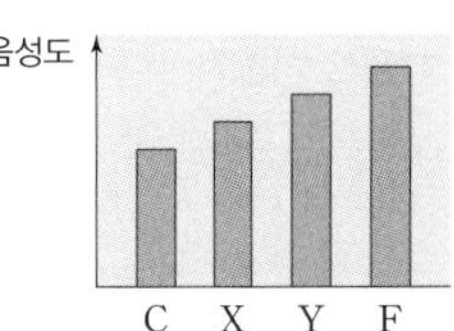

이에 대한 설명으로 옳은 것만을 〈보기〉에서 있는 대로 고른 것은? (단, X와 Y는 임의의 원소 기호이다.)

〈보 기〉
ㄱ. 원자 번호는 X>Y이다.
ㄴ. X_2F_4에는 무극성 공유 결합이 있다.
ㄷ. FXY에서 X는 부분적인 음전하(δ^-)를 띤다.

① ㄱ ② ㄴ ③ ㄷ
④ ㄱ, ㄴ ⑤ ㄴ, ㄷ

[25024-0151]

09 그림은 주기율표의 일부를 나타낸 것이다. 분자에서 X~Z는 옥텟 규칙을 만족한다.

주기＼족	1	2	13	14	15	16	17	18
1	W							
2				X	Y	Z		

이에 대한 설명으로 옳은 것만을 〈보기〉에서 있는 대로 고른 것은? (단, W~Z는 임의의 원소 기호이다.)

〈보기〉

ㄱ. WXY의 중심 원자에는 비공유 전자쌍이 있다.

ㄴ. WYZ에는 다중 결합이 있다.

ㄷ. Y_2W_4의 $\frac{\text{공유 전자쌍 수}}{\text{비공유 전자쌍 수}} > 3$이다.

① ㄱ ② ㄴ ③ ㄷ ④ ㄱ, ㄴ ⑤ ㄴ, ㄷ

[25024-0152]

10 그림은 2주기 원소 W~Z로 구성된 분자 (가)~(다)의 구조식을 단일 결합과 다중 결합의 구분 없이 나타낸 것이다. 분자에서 모든 원자는 옥텟 규칙을 만족한다.

W−X−W (가)　　Y−W−Y (나)　　Y−Z−W (다)

이에 대한 설명으로 옳은 것만을 〈보기〉에서 있는 대로 고른 것은? (단, W~Z는 임의의 원소 기호이다.)

〈보기〉

ㄱ. (가)에서 W와 X의 결합은 단일 결합이다.

ㄴ. (나)와 (다)에서 중심 원자들은 모두 부분적인 양전하(δ^+)를 띤다.

ㄷ. YXZ의 중심 원자에는 비공유 전자쌍이 있다.

① ㄴ ② ㄷ ③ ㄱ, ㄴ ④ ㄱ, ㄷ ⑤ ㄱ, ㄴ, ㄷ

[25024-0153]

11 다음은 학생 A가 수행한 탐구 활동이다.

[가설]

○ 모든 분자에서 산소(O)는 부분적인 음전하(δ^-)를 띤다.

[탐구 과정 및 결과]

○ O가 포함된 분자를 찾고, 각 분자에서 O의 부분적인 전하의 부호를 조사하여 표로 정리하였다.

분자	H_2O	㉠	㉡
O의 부분적인 전하의 부호	−	−	+

[결론]

○ 가설에 어긋나는 분자가 있으므로 가설은 옳지 않다.

학생 A의 탐구 과정 및 결과와 결론이 타당할 때, ㉠과 ㉡으로 적절한 것은?

	㉠	㉡
①	H_2O_2	HCHO
②	H_2O_2	C_2H_5OH
③	OF_2	HCHO
④	OF_2	O_2F_2
⑤	C_2H_5OH	O_2F_2

[25024-0154]

12 그림은 탄소(C)와 2주기 원소 X~Z로 구성된 분자 (가)~(다)의 구조식을 단일 결합과 다중 결합의 구분 없이 나타낸 것이다. 분자에서 모든 원자는 옥텟 규칙을 만족한다.

X−C−Y (가)

X−C(−X)−C(−X)−X (나)

Z−C−Z (다)

이에 대한 설명으로 옳은 것만을 〈보기〉에서 있는 대로 고른 것은? (단, X~Z는 임의의 원소 기호이다.)

〈보기〉

ㄱ. 원자가 전자 수는 Y>Z이다.

ㄴ. 비공유 전자쌍 수는 (가)와 (다)가 같다.

ㄷ. (나)와 (다)에는 모두 다중 결합이 있다.

① ㄱ ② ㄷ ③ ㄱ, ㄴ ④ ㄴ, ㄷ ⑤ ㄱ, ㄴ, ㄷ

정답과 해설 28쪽

[25024-0155]

01 그림은 1, 2주기 원소 W~Z로 구성된 물질 WXY와 XZ_4YZ의 루이스 전자점식을 나타낸 것이다. 분자에서 W~Y는 옥텟 규칙을 만족한다.

$$:\ddot{\underset{..}{W}}:\ddot{X}::\ddot{Y}: \qquad \left[\begin{array}{c} Z \\ Z:\ddot{\underset{..}{X}}:Z \\ Z \end{array}\right]^{+}\left[:\ddot{\underset{..}{Y}}:Z\right]^{-}$$

WXY $\qquad$ XZ_4YZ

이에 대한 설명으로 옳은 것만을 <보기>에서 있는 대로 고른 것은? (단, W~Z는 임의의 원소 기호이다.)

〈보기〉

ㄱ. 공유 전자쌍 수는 X_2가 Y_2보다 크다.

ㄴ. ZYW의 비공유 전자쌍 수는 8이다.

ㄷ. X_2W_4에는 2중 결합이 있다.

① ㄱ ② ㄴ ③ ㄷ ④ ㄱ, ㄷ ⑤ ㄴ, ㄷ

XZ_4^+은 NH_4^+이고, YZ^-은 OH^-이다.

[25024-0156]

02 표는 3가지 분자 (가)~(다)에 대한 자료이다. (가)~(다)에서 N와 O는 옥텟 규칙을 만족한다.

분자	분자식	공유 전자쌍 수 − 비공유 전자쌍 수
(가)	H_2O_x	−1
(나)	N_2H_y	2
(다)	N_2H_z	3

이에 대한 설명으로 옳은 것만을 <보기>에서 있는 대로 고른 것은?

〈보기〉

ㄱ. $x+y=z$이다.

ㄴ. (나)에는 2중 결합이 있다.

ㄷ. (가)~(다) 중 무극성 공유 결합이 있는 분자는 2가지이다.

① ㄱ ② ㄴ ③ ㄷ ④ ㄱ, ㄴ ⑤ ㄴ, ㄷ

N가 옥텟 규칙을 만족하고 분자식이 N_2H_y와 N_2H_z인 분자는 N_2H_2 또는 N_2H_4이다.

Y_2X에서 중심 원자가 X이고, 중심 원자의 비공유 전자쌍 수가 2이므로 Y_2X는 Cl_2O이다.

[25024-0157]

03 표는 원소 W~Z로 구성된 3가지 분자에 대한 자료이다. W~Z는 C, N, O, Cl를 순서 없이 나타낸 것이고, 분자에서 모든 원자는 옥텟 규칙을 만족한다.

분자	WXY_2	Y_2X	ZY_3
중심 원자	W	X	Z
중심 원자의 비공유 전자쌍 수	x	2	1

이에 대한 설명으로 옳은 것만을 〈보기〉에서 있는 대로 고른 것은?

〈보기〉

ㄱ. $x>1$이다.

ㄴ. WXY_2에는 다중 결합이 있다.

ㄷ. $\frac{\text{비공유 전자쌍 수}}{\text{공유 전자쌍 수}}$는 ZY_3이 Y_2X보다 크다.

① ㄱ ② ㄴ ③ ㄷ ④ ㄱ, ㄴ ⑤ ㄴ, ㄷ

C_2H_2은 단일 결합의 수가 2, 3중 결합의 수가 1이므로 C_2H_2의 점수는 102이다.

[25024-0158]

04 다음은 학생 A가 수행한 탐구 활동이다.

[탐구 과정 및 결과]

(가) 분자에 있는 결합에 따라 점수를 매기는 규칙을 정하였다.

○ 규칙 : 점수=단일 결합의 수×1점
+2중 결합의 수×10점
+3중 결합의 수×100점

(나) (가)의 규칙에 따라 3가지 분자의 점수를 매겼다.

분자	C_2H_2	CH_2O	NF_3
점수	102	a	b

학생 A의 탐구 과정 및 결과가 타당할 때, $\frac{a}{b}$는?

① 1 ② $\frac{4}{3}$ ③ 4 ④ 10 ⑤ 34

[25024-0159]

05 그림은 2주기 원소 X~Z로 구성된 분자 (가)와 (나)의 구조식과 분자에 나타나는 부분적인 전하의 일부를 나타낸 것이다. (가)와 (나)에서 X~Z는 옥텟 규칙을 만족하고, 구조식에서 단일 결합과 다중 결합은 구분 없이 나타내었다.

$$\overset{\delta^-}{X}-Y-\overset{\delta^-}{X}$$

(가)

$$\begin{array}{c} \overset{\delta^-}{Y} \\ | \\ \overset{\delta^-}{X}-Z-\overset{\delta^-}{X} \end{array}$$

(나)

이에 대한 설명으로 옳은 것만을 〈보기〉에서 있는 대로 고른 것은? (단, X~Z는 임의의 원소 기호이다.)

〈보 기〉

ㄱ. 전기 음성도는 X > Z이다.

ㄴ. (가)는 CO_2이다.

ㄷ. (나)의 $\dfrac{\text{비공유 전자쌍 수}}{\text{공유 전자쌍 수}} > 1$이다.

① ㄱ ② ㄴ ③ ㄱ, ㄷ ④ ㄴ, ㄷ ⑤ ㄱ, ㄴ, ㄷ

(나)에서 X~Z가 옥텟 규칙을 만족하므로 (나)의 구조식은 다음과 같다.

$$\begin{array}{c} :\!Y\!: \\ \| \\ :\!\ddot{\underset{..}{X}}-Z-\ddot{\underset{..}{X}}\!: \end{array}$$

[25024-0160]

06 다음은 학생 A가 수행한 탐구 활동이다.

[가설]

○ Ne을 제외한 2주기 원소에서 원자 번호가 증가할수록 전기 음성도가 증가한다.

[탐구 과정 및 결과]

(가) Ne을 제외한 2주기 원소의 전기 음성도가 표시된 원소 카드를 준비한다.

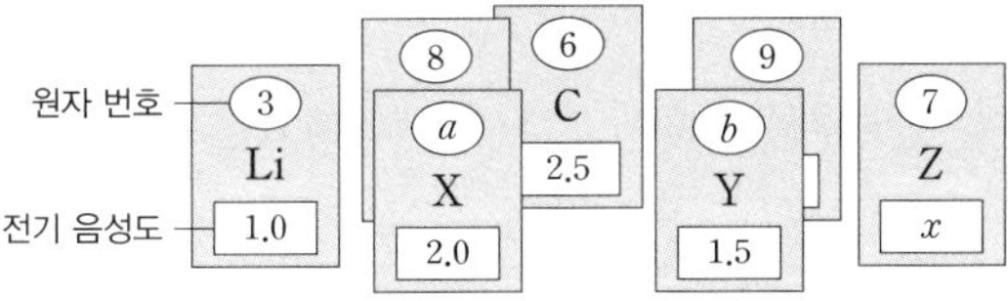

(나) 원소 카드를 원자 번호가 증가하는 순으로 나열하였더니 전기 음성도가 증가하였다.

[결론]

○ 가설은 옳다.

학생 A의 결론이 타당할 때, 이에 대한 설명으로 옳은 것만을 〈보기〉에서 있는 대로 고른 것은? (단, X~Z는 임의의 원소 기호이다.)

〈보 기〉

ㄱ. $a > b$이다.

ㄴ. $x > 2.5$이다.

ㄷ. Y는 붕소(B)이다.

① ㄱ ② ㄷ ③ ㄱ, ㄴ ④ ㄴ, ㄷ ⑤ ㄱ, ㄴ, ㄷ

전기 음성도는 C > X > Y > Li이므로 원자 번호는 $6 > a > b > 3$이다.

원자 간 전기 음성도 차가 가장 큰 YX는 HF이다.

[25024-0161]

07 그림은 원소 X~Z로 구성된 4가지 분자에서 원자 간 전기 음성도 차를 나타낸 것이다. X~Z는 H, F, Cl를 순서 없이 나타낸 것이고, 전기 음성도는 Cl > H이며, X_2에는 비공유 전자쌍이 있다.

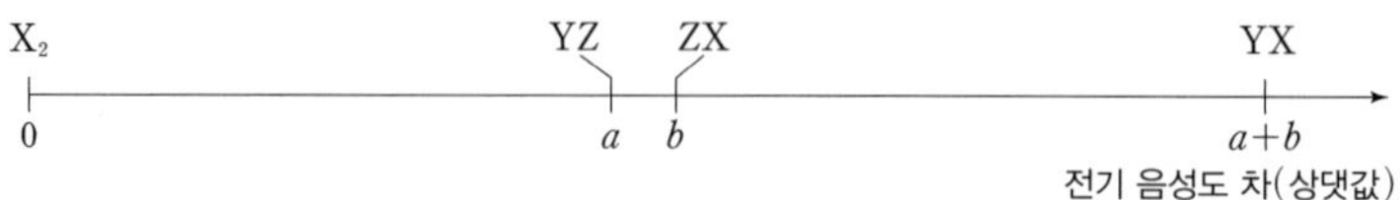

이에 대한 설명으로 옳은 것만을 <보기>에서 있는 대로 고른 것은?

〈 보기 〉

ㄱ. X는 Cl이다.
ㄴ. YX에서 Y는 부분적인 양전하(δ^+)를 띤다.
ㄷ. 비공유 전자쌍 수는 ZX > YZ이다.

① ㄱ ② ㄴ ③ ㄷ ④ ㄱ, ㄴ ⑤ ㄴ, ㄷ

(가) XY_2는 극성 공유 결합인 단일 결합의 수가 2이므로 구조식은 Y－X－Y이다.

[25024-0162]

08 표는 2주기 원소 X~Z로 구성된 3가지 분자 (가)~(다)에 대한 자료이다. 분자에서 모든 원자는 옥텟 규칙을 만족한다.

분자	분자식	결합의 수					
		극성 공유 결합			무극성 공유 결합		
		단일 결합	2중 결합	3중 결합	단일 결합	2중 결합	3중 결합
(가)	XY_2	2	0	0	0	0	0
(나)	ZX_2	0	2	0	0	0	0
(다)	Z_2Y_2	a					b

이에 대한 설명으로 옳은 것만을 <보기>에서 있는 대로 고른 것은? (단, X~Z는 임의의 원소 기호이다.)

〈 보기 〉

ㄱ. $a-b=1$이다.
ㄴ. (가)에서 X는 부분적인 양전하(δ^+)를 띤다.
ㄷ. 비공유 전자쌍 수는 (나) > (다)이다.

① ㄱ ② ㄴ ③ ㄷ ④ ㄱ, ㄴ ⑤ ㄴ, ㄷ

[25024-0163]

09 **표는 플루오린(F)과 2주기 원소 X, Y로 구성된 분자 (가)~(다)에 대한 자료이다. (가)~(다)의 분자당 구성 원자 수는 각각 4이고, 분자에서 모든 원자는 옥텟 규칙을 만족한다.**

분자	(가)	(나)	(다)
구성 원소	X, F	X, F	Y, F
비공유 전자쌍 수	a	$a+2$	$a+2$

이에 대한 설명으로 옳은 것만을 〈보기〉에서 있는 대로 고른 것은? (단, X와 Y는 임의의 원소 기호이다.)

〈 보기 〉
ㄱ. X는 탄소(C)이다.
ㄴ. $a>7$이다.
ㄷ. 공유 전자쌍 수는 (다)>(나)이다.

① ㄱ ② ㄴ ③ ㄷ ④ ㄱ, ㄴ ⑤ ㄴ, ㄷ

분자당 구성 원자 수가 4인 플루오린 화합물은 C_2F_2, NF_3, N_2F_2, O_2F_2 등이 가능하다.

[25024-0164]

10 **표는 H, C, O로 구성된 분자 (가)와 (나)에 대한 자료이다. (가)와 (나)에서 C와 O는 옥텟 규칙을 만족한다.**

분자		(가)	(나)
모든 결합의 수	H와 C 사이의 단일 결합	2	3
	H와 O 사이의 단일 결합	0	1
	C와 O 사이의 단일 결합	0	1
	C와 O 사이의 2중 결합	1	0
공유 전자쌍 수		a	x
비공유 전자쌍 수		b	y

$\frac{a}{b} \times \frac{x}{y}$는?

① 1 ② 2 ③ 3 ④ 4 ⑤ 5

(가)는 $H-\overset{\overset{\large O}{\|}}{C}-H$이다.

(가)는 공유 전자쌍 수가 3이고, 분자당 구성 원자 수 비가 H : X=3 : 1이므로 NH_3이다.

[25024-0165]

11 표는 수소(H)와 2주기 원소 X, Y로 구성된 분자 (가)~(다)에 대한 자료이다. (가)~(다)에서 X와 Y는 옥텟 규칙을 만족한다.

분자	(가)	(나)	(다)
공유 전자쌍 수	3	4	5
분자당 구성 원자 수의 비율	H, X	H, X, Y	H, Y

이에 대한 설명으로 옳은 것만을 〈보기〉에서 있는 대로 고른 것은? (단, X와 Y는 임의의 원소 기호이다.)

〈 보기 〉

ㄱ. 전기 음성도는 X>Y이다.

ㄴ. (나)의 중심 원자는 X이다.

ㄷ. (가)~(다) 중 3중 결합이 있는 분자는 2가지이다.

① ㄱ ② ㄴ ③ ㄱ, ㄷ ④ ㄴ, ㄷ ⑤ ㄱ, ㄴ, ㄷ

(가) CH_aO_b는 비공유 전자쌍 수가 2이므로 $b=1$이고, (나) H_mO_n은 비공유 전자쌍 수가 4이므로 $n=2$이다.

[25024-0166]

12 그림은 분자 (가)~(다)의 비공유 전자쌍 수와 단일 결합 수를 나타낸 것이다. (가)~(다)에서 C, N, O, F은 옥텟 규칙을 만족한다.

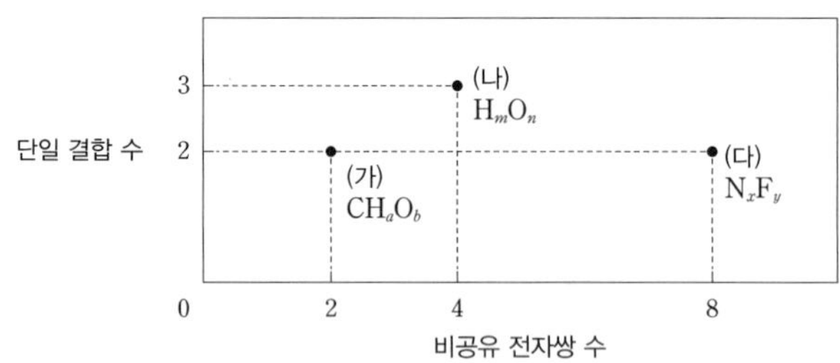

이에 대한 설명으로 옳은 것만을 〈보기〉에서 있는 대로 고른 것은?

〈 보기 〉

ㄱ. $b+n+y=6$이다.

ㄴ. (가)~(다) 중 다중 결합이 있는 것은 2가지이다.

ㄷ. (가)~(다) 중 무극성 공유 결합이 있는 것은 1가지이다.

① ㄱ ② ㄴ ③ ㄷ ④ ㄱ, ㄴ ⑤ ㄴ, ㄷ

09 분자의 구조와 성질

1 분자의 구조

(1) 전자쌍 반발 이론

① 분자 또는 이온에서 중심 원자 주위의 전자쌍들은 모두 음전하를 띠고 있어 서로 반발하여 가능한 멀리 떨어져 있으려고 한다.

② 중심 원자 주위에 있는 전자쌍 수에 따라 전자쌍의 배열이 달라진다.

전자쌍 수	전자쌍의 배열	
2	180°	2개의 전자쌍이 중심 원자를 기준으로 직선형으로 배열될 때 전자쌍 사이의 반발력이 최소가 된다.
3	120°	3개의 전자쌍이 중심 원자를 기준으로 평면 삼각형으로 배열될 때 전자쌍 사이의 반발력이 최소가 된다.
4	109.5°, 109.5°	4개의 전자쌍이 중심 원자를 기준으로 정사면체형으로 배열될 때 전자쌍 사이의 반발력이 최소가 된다.

개념 체크

전자쌍 반발 이론
중심 원자 주위의 전자쌍들이 서로 반발하여 가능한 멀리 떨어져 있으려고 하는 것이다.

1. 중심 원자 주위의 전자쌍들이 모두 음전하를 띠고 있으므로 서로 반발하여 가능한 멀리 떨어져 있으려고 하는 것을 (   ) 이론이라고 한다.

2. 중심 원자 주위에 있는 전자쌍의 수에 따라 전자쌍의 배열이 달라지며, 이에 의해 분자의 (   )이/가 결정된다.

3. 중심 원자 주위에 있는 전자쌍 수가 2일 때, 2개의 전자쌍이 (   )으로 배열되면 전자쌍 사이의 반발력이 최소가 된다.

탐구자료 살펴보기 전자쌍의 수에 따른 전자쌍의 배열

실험 과정

(가) 고무풍선 2개를 같은 크기로 불어 매듭을 지은 후 각 매듭을 함께 묶는다.
(나) 고무풍선 3개와 4개를 각각 같은 크기로 불어 매듭을 지은 후 각 매듭을 함께 묶는다.

실험 결과

고무풍선의 수	2개	3개	4개
고무풍선을 묶은 모습			
모양	직선형	평면 삼각형	정사면체형

분석 point

1. 각 고무풍선의 매듭을 묶어 고무풍선들이 가장 멀리 떨어지도록 배치해 보면, 고무풍선 2개를 묶었을 때는 직선형, 3개를 묶었을 때는 평면 삼각형, 4개를 묶었을 때는 정사면체형의 구조를 나타낸다.
2. 고무풍선의 배열은 분자를 이루는 전자쌍의 배열에 적용할 수 있다. 매듭은 중심 원자로, 고무풍선은 중심 원자 주위의 전자쌍에 비유할 수 있다. 분자에서 중심 원자 주위의 전자쌍들은 모두 음전하를 띠고 있으므로 서로 반발하여 가장 멀리 떨어져 있으려고 한다.
3. 전자쌍 수가 2일 경우에는 2개의 전자쌍이 중심 원자를 중심으로 180°의 각을 이루면서 직선형으로 배열된다. 전자쌍 수가 3일 경우에는 3개의 전자쌍이 중심 원자를 중심으로 120°의 각을 이루며 평면 삼각형으로 배열되고, 전자쌍 수가 4일 경우에는 4개의 전자쌍이 중심 원자를 중심으로 109.5°의 각을 이루며 정사면체형으로 배열된다.

정답
1. 전자쌍 반발
2. 구조(모양)
3. 직선형

③ **전자쌍 사이의 반발력 크기** : 중심 원자의 공유 전자쌍은 2개의 원자가 공유하고 있으나, 비공유 전자쌍은 중심 원자에만 속해 있어 중심 원자 주위에서 공유 전자쌍보다 더 큰 공간을 차지한다. 따라서 비공유 전자쌍 사이의 반발력이 공유 전자쌍 사이의 반발력보다 크다.

비공유 전자쌍 사이의 반발력	>	공유 전자쌍–비공유 전자쌍 사이의 반발력	>	공유 전자쌍 사이의 반발력

(2) 결합각

분자나 이온에서 중심 원자의 원자핵과 중심 원자와 결합한 두 원자의 원자핵을 선으로 연결하였을 때 생기는 내각을 결합각이라고 한다.

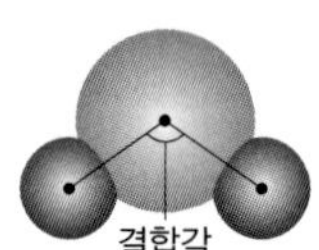

(3) 분자의 구조

① **이원자 분자의 경우** : 2개의 원자가 결합하고 있으므로 두 원자핵이 동일한 직선 상에 존재한다.

분자식	H_2	HF	O_2	N_2
루이스 전자점식	H:H	H:F̤̈:	Ö::Ö	:N⋮⋮N:
분자 모형	H H	H F	O O	N N

② **중심 원자가 공유 전자쌍만 가지는 경우** : 중심 원자에 결합된 원자의 수에 따라 분자의 모양이 달라진다.

• 중심 원자에 2개의 원자가 결합된 경우 : 직선형

분자식	BeF_2	CO_2	HCN
루이스 전자점식	:F̤̈:Be:F̤̈:	Ö::C::Ö	H:C⋮⋮N:
분자 모형	F Be F	O C O	H C N
분자 모양	직선형	직선형	직선형

• 중심 원자에 3개의 원자가 결합된 경우 : 평면 삼각형

분자식	BCl_3	CH_2O
루이스 전자점식	:C̤̈l: :C̤̈l:B:C̤̈l:	:O: :: H:C:H
분자 모형	Cl B Cl Cl	O C H H
분자 모양	평면 삼각형	평면 삼각형

개념 체크

➲ **전자쌍 사이의 반발력 크기**
중심 원자의 비공유 전자쌍은 중심 원자에만 속해 있어 중심 원자 주위에서 더 큰 공간을 차지하므로 공유 전자쌍보다 전자쌍 사이의 반발력이 크다.

➲ **결합각**
중심 원자의 원자핵과 중심 원자와 결합한 두 원자의 원자핵을 선으로 연결하였을 때 생기는 내각이다.

※ ○ 또는 ×

1. 비공유 전자쌍 사이의 반발력은 공유 전자쌍 사이의 반발력보다 크다. ( )

2. 중심 원자에 비공유 전자쌍이 없고, 결합된 원자 수가 3인 분자의 모양은 ( ) 이다.

※ ○ 또는 ×

3. 결합각은 BCl_3가 BeF_2보다 크다. ( )

4. CH_2O의 중심 원자에는 3개의 전자쌍이 있다. ( )

정답
1. ○
2. 평면 삼각형
3. ×
4. ×

과학 돋보기 **삼염화 붕소(BCl_3)와 폼알데하이드(CH_2O)의 분자 모양과 결합각**

BCl_3	CH_2O
Cl, B, Cl, Cl, 120°	O, C, H, H, 122°, 116°
BCl_3에서 B 원자에 비공유 전자쌍이 없고, B−Cl의 결합은 모두 동등하므로 전자쌍 사이의 반발 정도가 같다. 따라서 전자쌍은 평면 삼각형으로 배열하고, 결합각은 120°가 된다.	CH_2O에서 C 원자에 비공유 전자쌍이 없고, 결합된 원자가 3개인데 C=O 2중 결합은 C−H 단일 결합보다 공유 전자쌍 수가 많다. 따라서 C=O 결합과 C−H 결합 사이의 반발력은 C−H 결합과 C−H 결합 사이의 반발력과 같지 않다.

• 중심 원자에 4개의 원자가 결합된 경우 : 정사면체형 또는 사면체형

	결합한 원자가 모두 같은 경우		결합한 원자가 다른 경우
분자식	CH_4	CF_4	CH_3Cl
루이스 전자점식	H:C:H (H 위, H 아래)	:F:C:F: (:F: 위, :F: 아래)	H:C:H (:Cl: 위, H 아래)
분자 모형	H, C, H, H, H	F, C, F, F, F	Cl, C, H, H, H
분자 모양	정사면체형	정사면체형	사면체형

• CH_4, CF_4 등과 같이 중심 원자에 비공유 전자쌍이 없고 중심 원자와 결합한 4개의 원자가 모두 같은 경우 분자의 모양은 정사면체형이다.

• CH_3Cl과 같이 중심 원자에 비공유 전자쌍이 없고 중심 원자와 결합한 4개의 원자들이 서로 다른 경우에는 결합한 원자의 크기와 전기 음성도가 달라 결합각이 달라져 분자의 모양은 사면체형이 된다.

③ **중심 원자가 비공유 전자쌍을 가지는 경우** : 중심 원자에 결합된 원자 수와 비공유 전자쌍의 수에 따라 분자의 모양이 달라진다.

• 중심 원자가 3개의 원자와 결합하고, 중심 원자의 비공유 전자쌍 수가 1일 경우 : 삼각뿔형

➡ 4개의 전자쌍은 중심 원자 주위에 사면체 형태로 배열된다. 비공유 전자쌍과 공유 전자쌍 사이의 반발력이 공유 전자쌍 사이의 반발력보다 크므로 결합각은 정사면체일 때보다 작아지고, 분자 모양은 삼각뿔형이 된다.

개념 체크

➲ 중심 원자에 비공유 전자쌍이 없는 경우

직선형 : 중심 원자에 2개의 원자가 결합된 경우

평면 삼각형 : 중심 원자에 3개의 원자가 결합된 경우

(정)사면체형 : 중심 원자에 4개의 원자가 결합된 경우

1. 중심 원자에 비공유 전자쌍이 없고, 중심 원자와 결합한 4개의 원자가 모두 같은 분자의 모양은 (　　) 이다.

2. HCN, BF_3, CH_4을 결합각이 큰 순서대로 나열하시오.

※ ○ 또는 ×

3. CCl_4에서 결합각은 109.5°이다. (　　)

4. CO_2와 BCl_3의 중심 원자에는 모두 비공유 전자쌍이 없다. (　　)

정답

1. 정사면체형
2. HCN, BF_3, CH_4
3. ○
4. ○

개념 체크

➲ **중심 원자에 비공유 전자쌍이 있는 경우**

삼각뿔형 : 중심 원자에 결합된 원자가 3개이고, 중심 원자에 비공유 전자쌍이 1개 있는 경우

굽은 형 : 중심 원자에 결합된 원자가 2개이고, 중심 원자에 비공유 전자쌍이 2개 있는 경우

1. 중심 원자에 비공유 전자쌍이 1개, 결합된 원자가 3개인 분자의 모양은 (   )이다.

2. 중심 원자에 비공유 전자쌍이 2개, 결합된 원자가 2개인 분자의 모양은 (   )이다.

※ ○ 또는 ×

3. NH_3의 분자 모양은 평면 삼각형이다. (   )

4. H_2O의 분자 모양은 굽은 형이다. (   )

5. BCl_3와 NCl_3의 분자 모양은 같다. (   )

정답
1. 삼각뿔형
2. 굽은 형
3. ×
4. ○
5. ×

분자식	NH_3	NF_3	PCl_3
루이스 전자점식	H : N̈ : H H	:F̤̈ : N̈ : F̤̈: :F̤̈:	:Cl̤̈ : P̈ : Cl̤̈: :Cl̤̈:
분자 모형	비공유 전자쌍 N, H, H, H	비공유 전자쌍 N, F, F, F	비공유 전자쌍 P, Cl, Cl, Cl
분자 모양	삼각뿔형	삼각뿔형	삼각뿔형

• 중심 원자가 2개의 원자와 결합하고, 중심 원자의 비공유 전자쌍 수가 2일 경우 : 굽은 형
➡ 4개의 전자쌍은 중심 원자 주위에 사면체 형태로 배열된다. 비공유 전자쌍 사이의 반발력이 크므로 결합각은 더욱 작아지고, 분자 모양은 굽은 형이 된다.

분자식	H_2O	OF_2	H_2S
루이스 전자점식	H:Ö̤:H	:F̤̈:Ö̤:F̤̈:	H:S̤̈:H
분자 모형	비공유 전자쌍 O, H, H	비공유 전자쌍 O, F, F	비공유 전자쌍 S, H, H
분자 모양	굽은 형	굽은 형	굽은 형

과학 돋보기 **H_3O^+과 NH_4^+의 모양**

H_3O^+과 NH_4^+의 루이스 전자점식, 공유 전자쌍 수, 비공유 전자쌍 수, 모양은 다음과 같다.

이온	H_3O^+	NH_4^+
루이스 전자점식	[H : Ö : H / H]$^+$	[H / H : N : H / H]$^+$
공유 전자쌍 수	3	4
비공유 전자쌍 수	1	0
모양	삼각뿔형	정사면체형

(4) 분자 모양의 예측

① 분자의 루이스 전자점식을 그린다.

② 중심 원자에 결합된 원자 수와 비공유 전자쌍 수를 세어 본다.

③ 전자쌍 반발 이론을 이용하여 중심 원자의 전자쌍 배열을 결정한다.

④ 원자의 위치와 결합각을 고려하여 분자 모양을 예측한다.

중심 원자에 결합된 원자 수	중심 원자의 비공유 전자쌍 수	분자 모양
2	0	직선형
3	0	평면 삼각형
4	0	정사면체형 또는 사면체형
3	1	삼각뿔형
2	2	굽은 형

예 암모니아(NH_3)의 분자 모양 예측

① 루이스 전자점식 그리기	② 중심 원자에 결합된 원자 수와 비공유 전자쌍 수 세기
H:N̈:H (H)	결합된 원자 수 : 3 비공유 전자쌍 수 : 1
③ 전자쌍 배열 결정	④ 분자 모양 예측
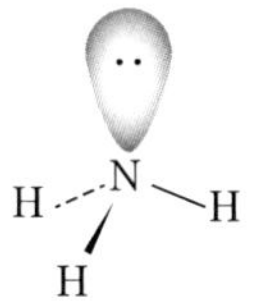 H N H H	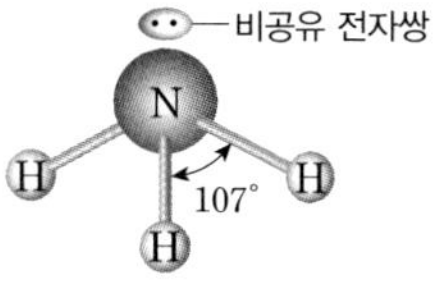 비공유 전자쌍, N, H, H, H, 107° 삼각뿔형

과학 돋보기 비공유 전자쌍 수와 분자 모양

• 중심 원자에 결합된 원자 수가 같아도 중심 원자에 존재하는 비공유 전자쌍 수에 따라 분자의 모양이 달라진다.

	중심 원자에 2개의 원자가 결합된 경우		중심 원자에 3개의 원자가 결합된 경우	
중심 원자의 비공유 전자쌍 수	0	2	0	1
분자 모형	 F Be F, 180°	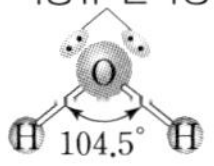 비공유 전자쌍, O, H, H, 104.5°	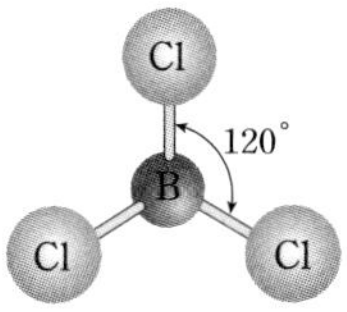 Cl, B, Cl, Cl, 120°	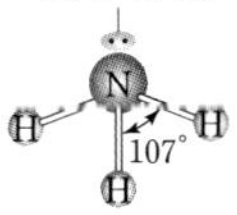 비공유 전자쌍, N, H, H, H, 107°
분자 모양	직선형	굽은 형	평면 삼각형	삼각뿔형

• 2주기 원소의 수소 화합물에서 중심 원자에 4개의 전자쌍이 있는 경우, 비공유 전자쌍 사이의 반발력이 공유 전자쌍 사이의 반발력보다 크므로 비공유 전자쌍 수가 많을수록 결합각은 작다.

분자	CH_4	NH_3	H_2O
공유 전자쌍 수	4	3	2
비공유 전자쌍 수	0	1	2
분자 모양	정사면체형	삼각뿔형	굽은 형
결합각	109.5°	107°	104.5°

2 분자의 성질

(1) **무극성 분자** : 분자의 쌍극자 모멘트가 0인 분자이다.

① 무극성 공유 결합이 있는 이원자 분자는 모두 무극성 분자이다.

예 H_2, Cl_2, O_2 등

② 극성 공유 결합이 있는 분자라도 각 결합의 쌍극자 모멘트 합이 0인 분자 모양이면 분자의 쌍극자 모멘트가 0이므로 무극성 분자이다.

개념 체크

➲ 중심 원자에 결합된 원자 수와 중심 원자의 비공유 전자쌍 수를 고려하여 분자 모양을 예측한다.

➲ 2주기 원소의 수소 화합물에서 중심 원자에 4개의 전자쌍이 있는 경우 비공유 전자쌍의 수가 많을수록 결합각은 작다.

※ ○ 또는 ×

1. 결합각은 NH_4^+이 NH_3보다 크다. ( )

2. 중심 원자에 결합된 원자 수가 같아도 중심 원자에 존재하는 ( ) 전자쌍 수에 따라 분자 모양이 달라진다.

정답
1. ○
2. 비공유

개념 체크

➲ 무극성 분자
분자의 쌍극자 모멘트가 0인 분자이다.

➲ 극성 분자
분자의 쌍극자 모멘트가 0이 아닌 분자이다.

1. 분자의 쌍극자 모멘트가 0이 아닌 분자는 (　　) 분자이다.

2. 극성 분자인 H_2O에서 O는 부분적인 (　　)전하를 띠고, H는 부분적인 (　　) 전하를 띤다.

※ ○ 또는 ×

3. 극성 공유 결합이 있는 분자는 모두 극성 분자이다. (　　)

4. CO_2에는 극성 공유 결합이 있지만, 분자의 쌍극자 모멘트는 0이다. (　　)

5. NH_3와 BCl_3는 모두 분자의 쌍극자 모멘트가 0이다. (　　)

예

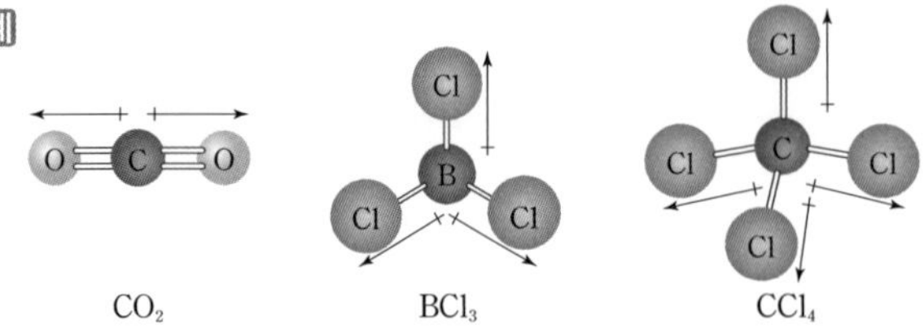

무극성 분자(분자의 쌍극자 모멘트＝0)

(2) **극성 분자** : 분자의 쌍극자 모멘트가 0이 아닌 분자로, 극성 공유 결합이 있는 분자 중에서 각 결합의 쌍극자 모멘트 합이 0이 아닌 분자 모양이면 극성 분자이다.

예

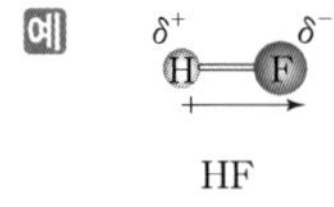

HF 분자에서 F 원자 쪽은 부분적인 음전하(δ^-)를 띠고, H 원자 쪽은 부분적인 양전하(δ^+)를 띤다.

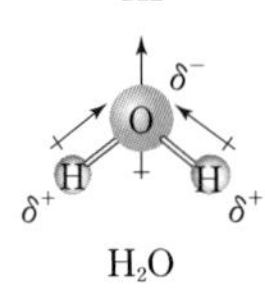

H_2O 분자에서 O 원자 쪽은 부분적인 음전하(δ^-)를 띠고, H 원자 쪽은 부분적인 양전하(δ^+)를 띤다.

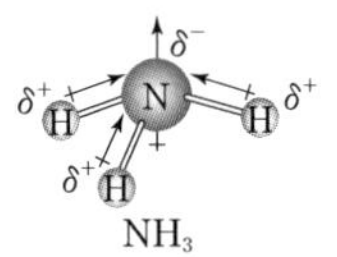

NH_3 분자에서 N 원자 쪽은 부분적인 음전하(δ^-)를 띠고, H 원자 쪽은 부분적인 양전하(δ^+)를 띤다.

극성 분자(분자의 쌍극자 모멘트≠0)

과학 돋보기　분자의 모양과 성질

분자식	BeF_2	BCl_3	CH_4	NH_3	H_2O
분자 모형	180°	120°	109.5°	비공유 전자쌍 107°	비공유 전자쌍 104.5°
중심 원자의 공유 전자쌍 수	2	3	4	3	2
중심 원자의 비공유 전자쌍 수	0	0	0	1	2
분자 모양	직선형	평면 삼각형	정사면체형	삼각뿔형	굽은 형
결합각	180°	120°	109.5°	107°	104.5°
성질	무극성	무극성	무극성	극성	극성

(3) 분자의 극성 알아내기

분자	SiH_4	H_2S
① 분자의 루이스 전자점식을 그린다.	H H : Si : H H	H : S : H
② 분자 모양을 파악한다.	정사면체형	굽은 형
③ 결합의 쌍극자 모멘트 합을 구하여 분자의 극성을 알아낸다.	결합의 쌍극자 모멘트 합이 0이므로 무극성 분자이다.	결합의 쌍극자 모멘트 합이 0이 아니므로 극성 분자이다.

정답
1. 극성
2. 음, 양
3. ×
4. ○
5. ×

(4) 무극성 분자와 극성 분자의 성질

① 용해성

- 극성 분자는 극성 용매에 잘 용해되고, 무극성 분자는 무극성 용매에 잘 용해된다.
- 극성 용매와 무극성 용매는 서로 잘 섞이지 않고 층을 이룬다.

예 무극성 물질인 아이오딘(I_2)은 극성 용매인 물(H_2O)에는 잘 용해되지 않지만, 무극성 용매인 헥세인(C_6H_{14})에는 잘 용해된다.

용매	물(H_2O)	헥세인(C_6H_{14})
용매의 성질	극성	무극성
잘 용해되는 물질	극성 분자, 이온 결합 물질 예 HCl, NH_3, NaCl, $CuSO_4$ 등	무극성 분자 예 Br_2, I_2, C_6H_6(벤젠) 등

탐구자료 살펴보기 물질의 용해

실험 과정

(가) 4개의 시험관 A~D를 준비하여 A와 B에 각각 물($H_2O(l)$) 5 mL를, C와 D에 각각 헥세인($C_6H_{14}(l)$) 5 mL를 넣는다.

(나) 시험관 A와 C에 각각 황산 구리($CuSO_4$) 0.3 g을, B와 D에 각각 아이오딘(I_2) 0.3 g을 넣고 잘 흔든 다음 용매에 용해되는 정도를 관찰한다.

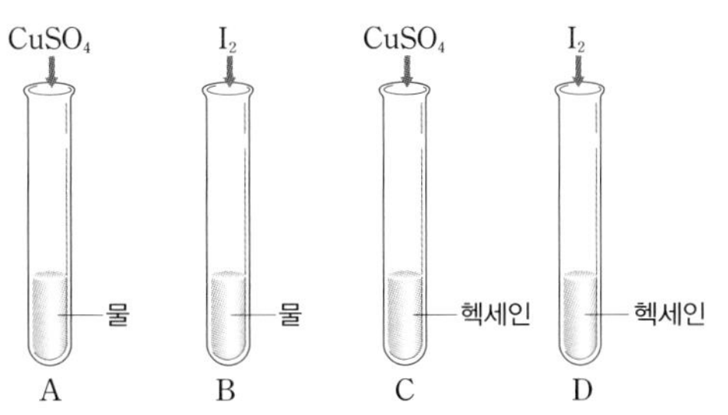

실험 결과

시험관	A	B	C	D
결과	잘 녹음	거의 녹지 않음	거의 녹지 않음	잘 녹음

분석 point

1. 이온 결합 물질인 $CuSO_4$는 극성 용매인 물에 잘 녹는다.
2. 무극성 물질인 I_2은 무극성 용매인 헥세인에 잘 녹는다.

② 끓는점

- 극성 물질은 분자에서 부분적인 양전하(δ^+)를 띤 원자와 이웃한 분자의 부분적인 음전하(δ^-)를 띤 원자 사이에 인력이 존재하므로 분자량이 비슷한 무극성 물질에 비해 분자 사이의 인력이 크다.
- 일반적으로 극성 물질은 분자량이 비슷한 무극성 물질보다 끓는점이 높다.

예 SiH_4과 H_2S는 분자량이 비슷하지만 끓는점은 극성 물질인 H_2S가 무극성 물질인 SiH_4보다 높다.

물질	성질	분자량	끓는점(℃)
SiH_4	무극성	32	−112
H_2S	극성	34	−60
O_2	무극성	32	−183
HCl	극성	36.5	−85

개념 체크

➲ 극성 분자는 극성 용매에 잘 용해되고, 무극성 분자는 무극성 용매에 잘 용해된다.

➲ 극성 물질은 일반적으로 분자량이 비슷한 무극성 물질보다 끓는점이 높다.

1. (　　) 분자는 극성 용매에 잘 용해되고, (　　) 분자는 무극성 용매에 잘 용해된다.

※ ○ 또는 ×

2. 아이오딘(I_2)은 극성 용매인 물보다 무극성 용매인 헥세인에 잘 용해된다. (　　)

3. H_2S는 분자량이 비슷한 SiH_4보다 끓는점이 높다. (　　)

정답
1. 극성, 무극성
2. ○
3. ○

개념 체크

➔ 기체 상태의 극성 분자는 전기장에서 부분적인 음전하(δ^-)를 띠는 부분이 전기장의 (+)극 쪽으로, 부분적인 양전하(δ^+)를 띠는 부분이 전기장의 (−)극 쪽으로 향하도록 배열된다.

※ ○ 또는 ×

1. $HF(g)$는 전기장에서 분자들이 일정한 방향으로 배열된다. ( )

2. $O_2(g)$와 $NH_3(g)$는 모두 전기장에서 분자의 배열이 불규칙적이다. ( )

3. 가늘게 흐르는 물줄기에 대전체를 가까이 가져가면 물줄기가 대전체 쪽으로 휘어진다. ( )

4. 가늘게 흐르는 물줄기에 (+)대전체를 가까이 가져가면 물 분자의 ( ) 원자 쪽이 (+)대전체 쪽으로 끌리게 된다.

정답
1. ○
2. ×
3. ○
4. 산소(O)

③ 전기적 성질 : 극성 분자는 분자의 쌍극자 모멘트가 0이 아니므로 전기장에서 기체 상태의 극성 분자는 부분적인 음전하(δ^-)를 띠는 부분이 전기장의 (+)극 쪽으로, 부분적인 양전하(δ^+)를 띠는 부분이 전기장의 (−)극 쪽으로 향하도록 배열된다.

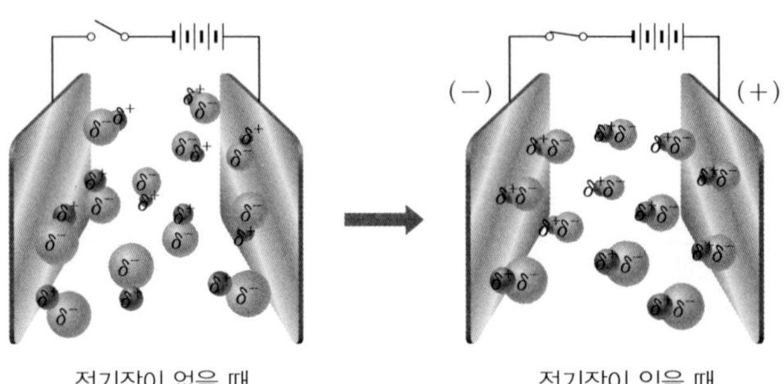

전기장이 없을 때　　　전기장이 있을 때

탐구자료 살펴보기 물의 극성 확인

실험 과정

(가) 뷰렛에 물을 넣은 후 뷰렛 꼭지를 열어 가는 물줄기가 흐르도록 한다.
(나) 그림과 같이 (−)전하를 띠는 대전체를 물줄기에 가까이 가져가 본다.

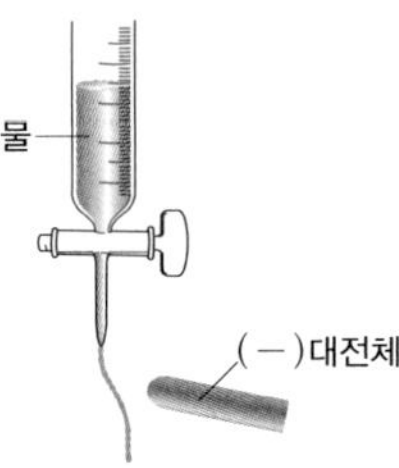

(다) (−)전하를 띠는 대전체 대신 (+)전하를 띠는 대전체를 물줄기에 가까이 가져가 본다.

실험 결과

과정 (나)와 (다)에서 모두 물줄기가 대전체 쪽으로 휘어졌다.

분석 point

(−)대전체를 가까이 가져가면 물 분자에서 부분적인 양전하(δ^+)를 띠는 H 원자 쪽(방향)이 대전체 쪽으로 끌려가고, (+)대전체를 가까이 가져가면 물 분자에서 부분적인 음전하(δ^-)를 띠는 O 원자 쪽(방향)이 대전체 쪽으로 끌려가므로 대전체의 전하의 종류와 상관없이 물줄기가 대전체 쪽으로 휘어진다.

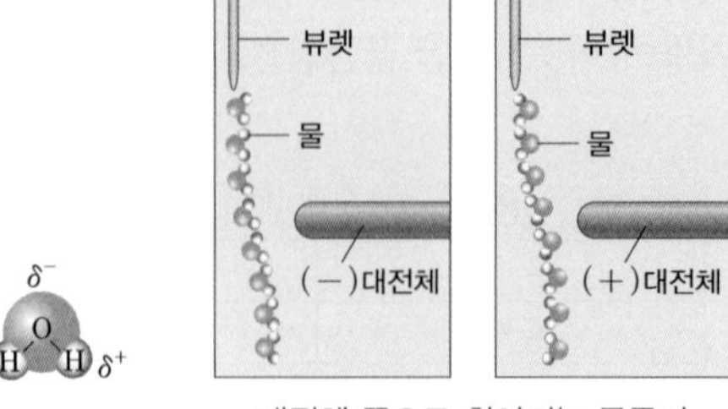

대전체 쪽으로 휘어지는 물줄기

[25024-0167]

01 다음은 분자 (가)~(마)의 분자식과, (가)~(마) 중 하나인 분자 A에 대한 자료이다.

분자	(가)	(나)	(다)	(라)	(마)
분자식	HCN	CO_2	FNO	BCl_3	$CHCl_3$

- ○ A는 극성 분자이다.
- ○ A의 분자 모양은 직선형이 아니다.
- ○ A는 중심 원자에 비공유 전자쌍이 없다.

A로 옳은 것은?

① (가)　② (나)　③ (다)　④ (라)　⑤ (마)

[25024-0168]

02 그림은 분자 (가)~(다)의 루이스 전자점식을 나타낸 것이다.

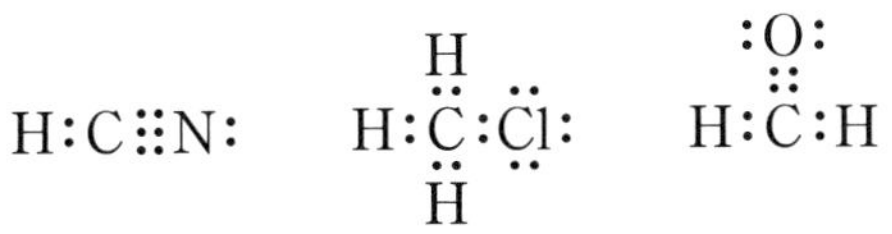

H:C⋮⋮N:　H:C:Cl: (위 H, 아래 H)　H:C:H (위 :O:)

(가)　(나)　(다)

(가)~(다)의 공통점으로 옳은 것만을 <보기>에서 있는 대로 고른 것은?

〈보기〉

ㄱ. 극성 분자이다.

ㄴ. 다중 결합이 있다.

ㄷ. 공유 전자쌍 수는 4이다.

① ㄱ　② ㄴ　③ ㄱ, ㄷ　④ ㄴ, ㄷ　⑤ ㄱ, ㄴ, ㄷ

[25024-0169]

03 그림은 분자 (가)~(다)의 구조식을 나타낸 것이다.

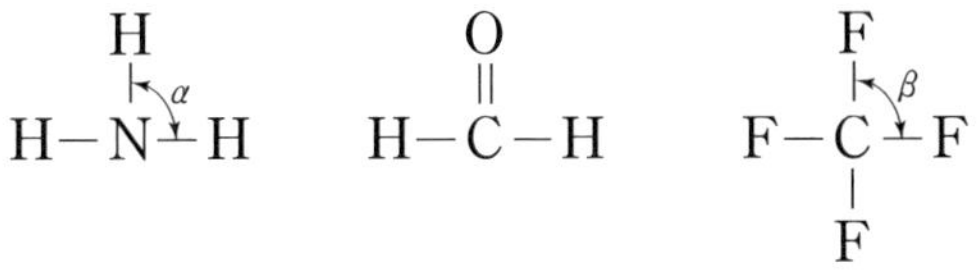

H−N(−H)−H (α)　H−C(=O)−H　F−C(−F)(−F)−F (β)

(가)　(나)　(다)

이에 대한 설명으로 옳은 것만을 <보기>에서 있는 대로 고른 것은?

〈보기〉

ㄱ. (가)의 분자 모양은 평면 삼각형이다.

ㄴ. (나)는 극성 분자이다.

ㄷ. 결합각은 $\alpha > \beta$이다.

① ㄱ　② ㄴ　③ ㄱ, ㄷ　④ ㄴ, ㄷ　⑤ ㄱ, ㄴ, ㄷ

[25024-0170]

04 표는 2주기 원소 X~Z로 구성된 분자 (가)~(다)에 대한 자료이다. (가)~(다)에서 모든 원자는 옥텟 규칙을 만족한다.

분자	분자식	중심 원자	중심 원자에 있는 비공유 전자쌍 수
(가)	XY_2	X	0
(나)	YZ_2	Y	2
(다)	XYZ_2	X	0

(가)~(다)에 대한 설명으로 옳은 것만을 <보기>에서 있는 대로 고른 것은? (단, X~Z는 임의의 원소 기호이다.)

〈보기〉

ㄱ. 극성 분자는 2가지이다.

ㄴ. 분자 모양이 직선형인 것은 2가지이다.

ㄷ. 공유 전자쌍 수는 (다)가 (나)의 2배이다.

① ㄱ　② ㄴ　③ ㄱ, ㄷ　④ ㄴ, ㄷ　⑤ ㄱ, ㄴ, ㄷ

[25024-0171]

05 다음은 분자 (가)~(라)에 대한 자료이다. (가)~(라)는 H_2O, CO_2, HCN, HOCl을 순서 없이 나타낸 것이고, C, N, O, Cl는 분자 내에서 옥텟 규칙을 만족한다.

- (가)와 (나)는 중심 원자가 같다.
- $\frac{\text{비공유 전자쌍 수}}{\text{공유 전자쌍 수}}$는 (라)>(다)>(가)이다.

이에 대한 설명으로 옳은 것만을 〈보기〉에서 있는 대로 고른 것은?

〈보기〉

ㄱ. (다)의 분자 모양은 직선형이다.

ㄴ. $\frac{\text{비공유 전자쌍 수}}{\text{공유 전자쌍 수}}$는 (나)와 (다)가 같다.

ㄷ. 결합각은 (가)가 (라)보다 크다.

① ㄱ ② ㄷ ③ ㄱ, ㄴ ④ ㄴ, ㄷ ⑤ ㄱ, ㄴ, ㄷ

[25024-0172]

06 그림은 4가지 분자를 주어진 기준에 따라 분류한 것이다. ㉠~㉢은 (가)~(다)를 순서 없이 나타낸 것이다.

[분류 기준]
(가) 극성 분자인가? (나) 3중 결합이 있는가?
(다) 분자 모양이 직선형인가?

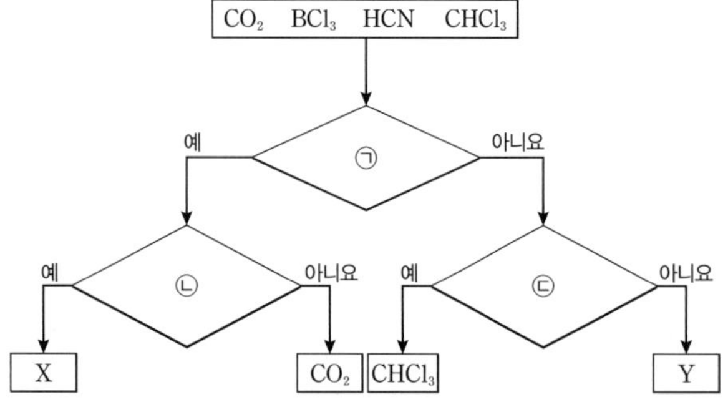

이에 대한 설명으로 옳은 것만을 〈보기〉에서 있는 대로 고른 것은?

〈보기〉

ㄱ. ㉠은 (다)이다.

ㄴ. ㉡은 (가)이다.

ㄷ. 결합각은 Y가 X보다 크다.

① ㄱ ② ㄴ ③ ㄱ, ㄷ ④ ㄴ, ㄷ ⑤ ㄱ, ㄴ, ㄷ

[25024-0173]

07 그림은 수소(H)와 2주기 원소 X~Z로 구성된 분자 (가)~(다)의 $\frac{\text{공유 전자쌍 수}}{\text{공유 전자쌍 수}+\text{비공유 전자쌍 수}}$를 나타낸 것이다. (가)~(다)의 분자식은 각각 XH_4, YH_3, H_2Z 중 하나이고, 중심 원자는 모두 옥텟 규칙을 만족한다.

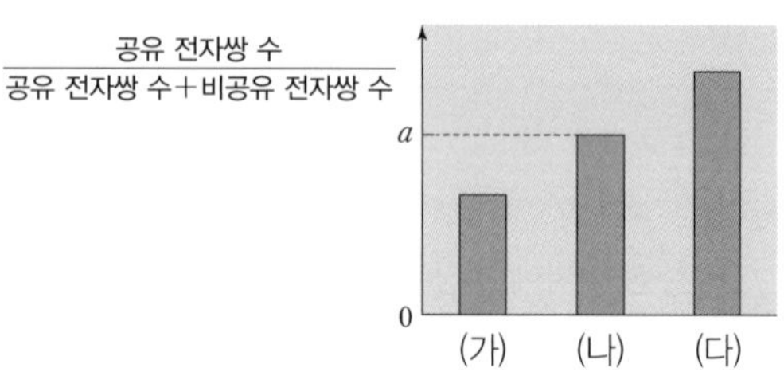

이에 대한 설명으로 옳은 것만을 〈보기〉에서 있는 대로 고른 것은? (단, X~Z는 임의의 원소 기호이다.)

〈보기〉

ㄱ. $a=\frac{1}{2}$이다.

ㄴ. (가)의 분자 모양은 굽은 형이다.

ㄷ. 결합각은 (나)가 (다)보다 크다.

① ㄱ ② ㄴ ③ ㄷ ④ ㄱ, ㄴ ⑤ ㄴ, ㄷ

[25024-0174]

08 다음은 분자 (가)~(라)에 대한 자료이다. (가)~(라)는 CO_2, H_2O, NH_3, CH_4을 순서 없이 나타낸 것이다.

- 분자당 구성 원자 수는 (가)가 (나)보다 크다.
- (나)는 공유 전자쌍 수와 비공유 전자쌍 수가 다르다.
- (공유 전자쌍 수+비공유 전자쌍 수)는 (가)와 (라)가 같다.

이에 대한 설명으로 옳은 것만을 〈보기〉에서 있는 대로 고른 것은?

〈보기〉

ㄱ. (라)의 분자 모양은 정사면체형이다.

ㄴ. 결합각은 (나)가 (가)보다 크다.

ㄷ. 공유 전자쌍 수는 (다)가 (라)의 2배이다.

① ㄱ ② ㄷ ③ ㄱ, ㄴ ④ ㄴ, ㄷ ⑤ ㄱ, ㄴ, ㄷ

[25024-0175]

09 표는 분자 (가)~(다)에 대한 자료이다. (가)~(다)는 H_2O, NF_3, FCN을 순서 없이 나타낸 것이다.

분자	(가)	(나)	(다)
비공유 전자쌍 수(상댓값)	1	2	m
$\frac{\text{비공유 전자쌍 수}}{\text{공유 전자쌍 수}}$(상댓값)	3	n	10

이에 대한 설명으로 옳은 것만을 <보기>에서 있는 대로 고른 것은?

〈 보기 〉

ㄱ. $m+n=8$이다.
ㄴ. (가)의 분자 모양은 굽은 형이다.
ㄷ. (가)~(다) 중 공유 전자쌍 수는 (다)가 가장 크다.

① ㄱ ② ㄷ ③ ㄱ, ㄴ ④ ㄴ, ㄷ ⑤ ㄱ, ㄴ, ㄷ

[25024-0176]

10 그림은 2주기 원자 X~Z의 원자가 전자 수를, 표는 수소(H)와 X~Z로 구성된 분자 (가)~(다)의 분자식과 전자쌍 수를 나타낸 것이다. ㉠과 ㉡은 각각 공유 전자쌍 수와 비공유 전자쌍 수 중 하나이며, (가)~(다)에서 X~Z는 옥텟 규칙을 만족한다.

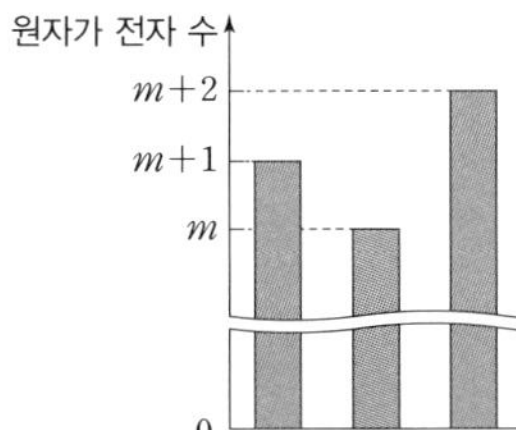

분자	분자식	㉠	㉡
(가)	H_aX	n	n
(나)	YH_b	$n-1$	$n+1$
(다)	H_cZ	$n+1$	$n-1$

이에 대한 설명으로 옳은 것만을 <보기>에서 있는 대로 고른 것은? (단, X~Z는 임의의 원소 기호이다.)

〈 보기 〉

ㄱ. $\frac{m}{n}=\frac{5}{2}$이다.
ㄴ. ㉠은 비공유 전자쌍 수이다
ㄷ. (나)의 분자 모양은 삼각뿔형이다.

① ㄱ ② ㄷ ③ ㄱ, ㄴ ④ ㄴ, ㄷ ⑤ ㄱ, ㄴ, ㄷ

[25024-0177]

11 그림 (가)는 분자 ㉠~㉢의 $\frac{m+n}{m}$을, (나)는 분자 ㉡~㉣의 결합각을 나타낸 것이다. 각 분자에서 m은 중심 원자에 결합한 원자 수이고, n은 중심 원자의 비공유 전자쌍 수이며, ㉠~㉣은 H_2O, NH_3, CO_2, BCl_3를 순서 없이 나타낸 것이다.

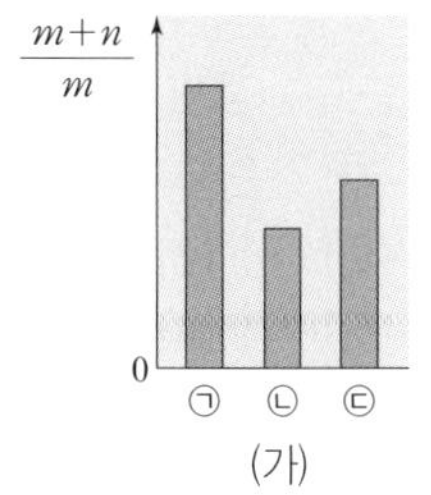

(가)

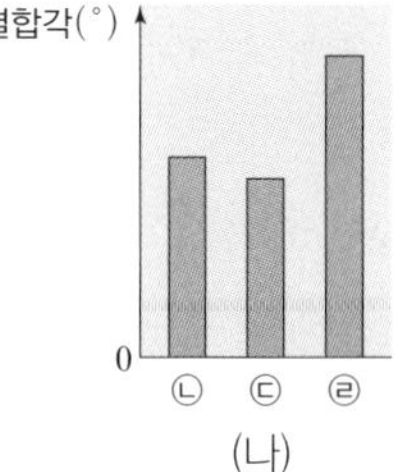

(나)

이에 대한 설명으로 옳은 것만을 <보기>에서 있는 대로 고른 것은?

〈 보기 〉

ㄱ. ㉣은 CO_2이다.
ㄴ. 중심 원자에 결합한 원자 수(m)는 ㉡과 ㉢이 같다.
ㄷ. 결합각은 ㉠이 ㉢보다 크다.

① ㄱ ② ㄷ ③ ㄱ, ㄴ ④ ㄴ, ㄷ ⑤ ㄱ, ㄴ, ㄷ

[25024-0178]

12 표는 수소(H)와 2주기 서로 다른 원소 X~Z로 구성된 3가지 분자 (가)~(다)에 대한 자료이다. (가)~(다)에 각각 포함된 2주기 원자는 1개이며, (가)~(다)에서 X~Z는 옥텟 규칙을 만족한다.

분자	2주기 원자	H 원자 수	비공유 전자쌍 수
(가)	X	a	
(나)	Y		$a-2$
(다)	Z	$a+1$	

이에 대한 설명으로 옳은 것만을 <보기>에서 있는 대로 고른 것은? (단, X~Z는 임의의 원소 기호이다.)

〈 보기 〉

ㄱ. $a=3$이다.
ㄴ. (가)의 분자 모양은 삼각뿔형이다.
ㄷ. (나)는 무극성 분자이다.

① ㄱ ② ㄷ ③ ㄱ, ㄴ ④ ㄴ, ㄷ ⑤ ㄱ, ㄴ, ㄷ

수능 3점 테스트

풍선의 배열 모양을 통해 중심 원자 주위의 전자쌍 배열과 분자 구조를 예측할 수 있다.

[25024-0179]

01 **다음은 전자쌍 반발 이론과 분자의 구조를 알아보기 위한 탐구 활동이다.**

[탐구 목적]

○ 풍선으로 만든 전자쌍 모형에서 풍선의 배열 모양을 통해 중심 원자 주위의 전자쌍 배열과 분자의 구조를 예측한다.

[탐구 과정 및 결과]

(가) 같은 크기의 풍선 n개를 매듭끼리 묶었더니 풍선이 정사면체형 모양으로 배열되었다.

(나) (가)에서 풍선 1개를 제거하였더니 남은 풍선이 평면 삼각형 모양으로 배열되었다.

(다) (나)에서 풍선 1개를 제거하였더니 남은 풍선이 직선형 모양으로 배열되었다.

이에 대한 설명으로 옳은 것만을 〈보기〉에서 있는 대로 고른 것은?

〈 보기 〉

ㄱ. $n=5$이다.

ㄴ. (다)에서 풍선의 배열 모양을 통해 H_2O의 분자 구조를 옳게 예측할 수 있다.

ㄷ. 분자에서 중심 원자의 전자쌍은 풍선의 배열과 마찬가지로 가능한 한 서로 멀리 떨어져 있으려고 한다.

① ㄱ ② ㄷ ③ ㄱ, ㄴ ④ ㄴ, ㄷ ⑤ ㄱ, ㄴ, ㄷ

주기율표에 표시된 원소는 수소(H), 탄소(C), 산소(O), 플루오린(F)이다.

[25024-0180]

02 **표는 분자 (가)~(다)에 대한 자료이고, 그림은 주기율표에 원소 W~Z의 위치를 빗금으로 순서 없이 나타낸 것이다. (가)~(다)에서 2주기 원자는 모두 옥텟 규칙을 만족한다.**

분자	(가)	(나)	(다)
분자식	WX_2	YW_2	YZ_4
비공유 전자쌍 수	a	b	0

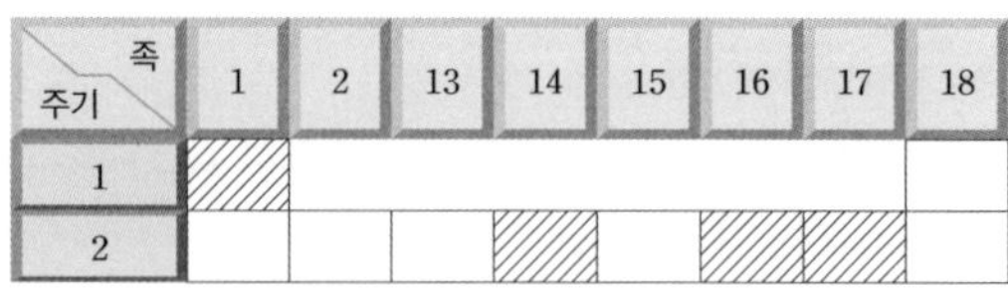

이에 대한 설명으로 옳은 것만을 〈보기〉에서 있는 대로 고른 것은? (단, W~Z는 임의의 원소 기호이다.)

〈 보기 〉

ㄱ. $a=2b$이다.

ㄴ. (나)의 분자 모양은 굽은 형이다.

ㄷ. (가)와 (나)에서 W는 모두 부분적인 음전하(δ^-)를 띤다.

① ㄱ ② ㄴ ③ ㄱ, ㄷ ④ ㄴ, ㄷ ⑤ ㄱ, ㄴ, ㄷ

[25024-0181]

03 그림은 2주기 원자 X~Z를 루이스 전자점식으로 나타낸 것이고, 표는 수소(H)와 X~Z로 구성된 분자 ㉠~㉢을 2가지 기준에 따라 분류한 것이다. ㉠~㉢은 각각 H_mX, YH_n, ZH_mX 중 하나이며, 분자에서 X~Z는 옥텟 규칙을 만족한다.

원자가 전자 수가 6인 X는 산소(O), 5인 Y는 질소(N), 4인 Z는 탄소(C)이다.

:Ẍ:　·Ÿ·　·Ż·

기준	예	아니요
2중 결합이 있는가?	㉠	㉡, ㉢
$\frac{\text{비공유 전자쌍 수}}{\text{공유 전자쌍 수}} < 1$인가?	㉠, ㉡	㉢

이에 대한 설명으로 옳은 것만을 〈보기〉에서 있는 대로 고른 것은? (단, X~Z는 임의의 원소 기호이다.)

〈보기〉
ㄱ. 결합각은 H_mX가 YH_n보다 크다.
ㄴ. ㉢의 분자 모양은 굽은 형이다.
ㄷ. 중심 원자의 비공유 전자쌍 수는 ㉠이 ㉡보다 크다.

① ㄱ　② ㄴ　③ ㄱ, ㄷ　④ ㄴ, ㄷ　⑤ ㄱ, ㄴ, ㄷ

[25024-0182]

04 그림은 어떤 화학 반응의 반응물과 생성물을 화학 결합 모형으로 나타낸 것이다.

(가)는 Cl_2, (나)는 H_2O, (다)는 HCl, (라)는 HOCl이다.

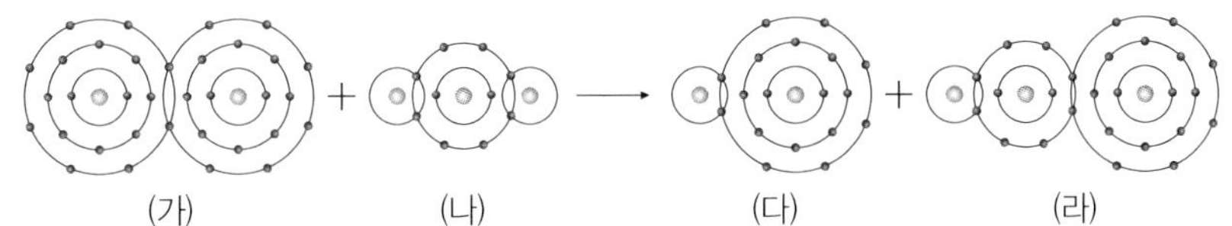

(가)~(라)에 대한 설명으로 옳은 것만을 〈보기〉에서 있는 대로 고른 것은?

〈보기〉
ㄱ. 무극성 공유 결합이 있는 분자는 2가지이다.
ㄴ. 극성 분자는 3가지이다.
ㄷ. (라)의 분자 모양은 직선형이다.

① ㄱ　② ㄴ　③ ㄱ, ㄷ　④ ㄴ, ㄷ　⑤ ㄱ, ㄴ, ㄷ

두 원자 사이에 전자쌍 1개를 공유하면 전자 2개가 증가하는 것과 같은 효과를 가진다.

[25024-0183]

05 다음은 분자 모양에 관한 교사와 학생의 대화이다.

학생 : 선생님, H_2O, HCN, CH_2O와 같이 수소와 2주기 원소로 이루어진 분자의 모양을 예측하는 방법에 대해 설명해 주세요.

교사 : 우선 분자의 루이스 전자점식을 옳게 그리는 것이 무엇보다 중요해요. 수소 원자가 헬륨과 같은 전자 배치를 갖고 2주기 원자가 모두 옥텟 규칙을 만족하는 분자에서 공유 전자쌍은 몇 개일까요? 분자당 수소 원자 수가 x, 2주기 원자 수가 y, 분자 1개를 구성하는 모든 원자들의 원자가 전자 수의 합이 z인 분자에서 공유 전자쌍 수는 $x+4y-\frac{z}{2}$예요.

지금부터 이러한 관계가 성립하는 까닭을 설명해 줄게요.

…(중략)…

학생 : 아하! 그렇군요. HCN의 경우 x는 1, 탄소와 질소가 각각 1개씩 있으므로 y는 2, z는 [㉠]입니다. x, y, z를 대입하여 공유 전자쌍 수를 구해 보니 4가 나와요.

교사 : 참 잘했어요. HCN에서 공유 전자쌍 4개는 탄소와 수소 사이에 단일 결합, 탄소와 질소 사이에 [㉡]으로 배치하고, 남은 2개의 원자가 전자는 질소가 옥텟 규칙을 만족하도록 비공유 전자쌍 1개로 배치하면 돼요. 따라서 HCN의 경우 중심 원자에 2개의 원자가 결합되어 있고, 중심 원자에 비공유 전자쌍이 존재하지 않으므로 분자 모양은 [㉢]입니다.

이에 대한 설명으로 옳은 것만을 〈보기〉에서 있는 대로 고른 것은?

〈보기〉

ㄱ. ㉠은 10이다.　　ㄴ. ㉡은 '2중 결합'이다.　　ㄷ. ㉢은 '굽은 형'이다.

① ㄱ　② ㄴ　③ ㄱ, ㄷ　④ ㄴ, ㄷ　⑤ ㄱ, ㄴ, ㄷ

빗금 친 부분은 (가)~(다)에 공통으로 포함된 Y를 나타낸다.

[25024-0184]

06 표는 구성 원자 수가 5 이하인 분자 (가)~(다)에 대한 자료이다. X~Z는 C, N, F을 순서 없이 나타낸 것이고, 빗금 친 부분은 같은 원소의 원자를 나타내며, 분자에서 모든 원자는 옥텟 규칙을 만족한다.

분자	(가)	(나)	(다)
구성 원소	X, Y	Y, Z	X, Y, Z
분자당 구성 원자 수 비			

이에 대한 설명으로 옳은 것만을 〈보기〉에서 있는 대로 고른 것은?

〈보기〉

ㄱ. (가)~(다)는 모두 극성 분자이다.
ㄴ. (가)와 (다)는 중심 원자가 같다.
ㄷ. 결합각은 (다)가 (나)보다 크다.

① ㄱ　② ㄴ　③ ㄷ　④ ㄱ, ㄴ　⑤ ㄴ, ㄷ

[25024-0185]

07 **다음은 학생 A가 수행한 탐구 활동이다.**

[가설]
- 중심 원자에 비공유 전자쌍이 없는 분자는 모두 무극성 분자이다.

[탐구 과정 및 결과]
- 중심 원자에 비공유 전자쌍이 없는 분자를 찾고, 각 분자의 극성 여부를 조사하여 표로 정리하였다.

분자	CH_4	BCl_3	㉠	㉡
분자의 극성 여부	무극성	무극성	무극성	극성

[결론]
- 가설에 어긋나는 분자가 있으므로 가설은 옳지 않다.

학생 A의 탐구 과정 및 결과와 결론이 타당할 때, ㉠과 ㉡으로 적절한 것은?

	㉠	㉡
①	CH_2O	H_2O
②	CH_2O	HCN
③	CO_2	H_2O
④	CO_2	HCN
⑤	CH_3Cl	CCl_4

㉠은 중심 원자에 비공유 전자쌍이 없는 무극성 분자, ㉡은 중심 원자에 비공유 전자쌍이 없는 극성 분자이어야 한다.

[25024-0186]

08 **다음은 1, 2주기 원소 W～Z로 이루어진 분자 (가)～(라)에 대한 자료이다. (가)～(라)에서 2주기 원자는 모두 옥텟 규칙을 만족한다.**

- 분자당 구성 원자 수는 4 이하이다.
- 중심 원자는 1개이고, 나머지 원자는 모두 중심 원자와 결합한다.

분자	구성 원소	중심 원자	구성 원자 수
(가)	W, X	X	3
(나)	W, Y		m
(다)	X, Y, Z		3
(라)	Y, Z	Z	n

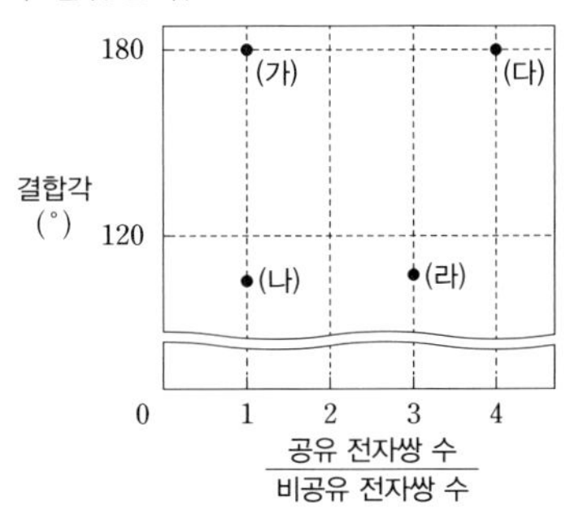

이에 대한 설명으로 옳은 것만을 〈보기〉에서 있는 대로 고른 것은? (단, W～Z는 임의의 원소 기호이다.)

〈보기〉
ㄱ. $m>n$이다.
ㄴ. (가)～(라) 중 극성 분자는 3가지이다.
ㄷ. (다)의 중심 원자는 Z이다.

① ㄱ ② ㄴ ③ ㄱ, ㄷ ④ ㄴ, ㄷ ⑤ ㄱ, ㄴ, ㄷ

(가)와 (다)는 결합각이 180°이므로 직선형 분자이다.

NH_3, HCN, CH_2F_2은 공유 전자쌍 수가 각각 3, 4, 4이고, 비공유 전자쌍 수가 각각 1, 1, 6이다.

[25024-0187]

09 그림은 분자 (가)~(다)의 ㉠과 ㉡을 나타낸 것이다. (가)~(다)는 각각 NH_3, HCN, CH_2F_2 중 하나이고, ㉠과 ㉡은 각각 $\frac{\text{공유 전자쌍 수}}{\text{비공유 전자쌍 수}}$와 |공유 전자쌍 수−비공유 전자쌍 수| 중 하나이다.

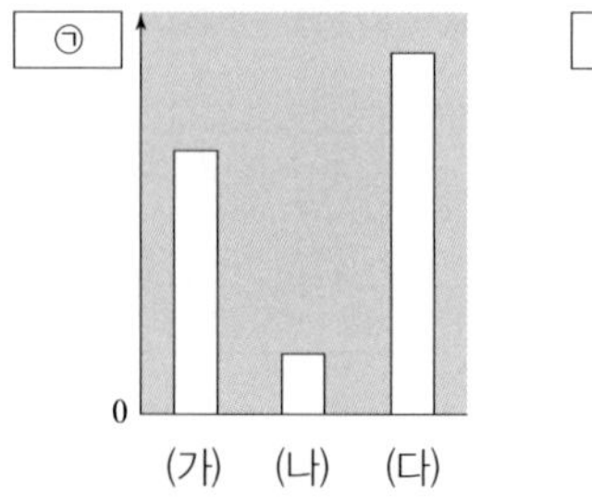

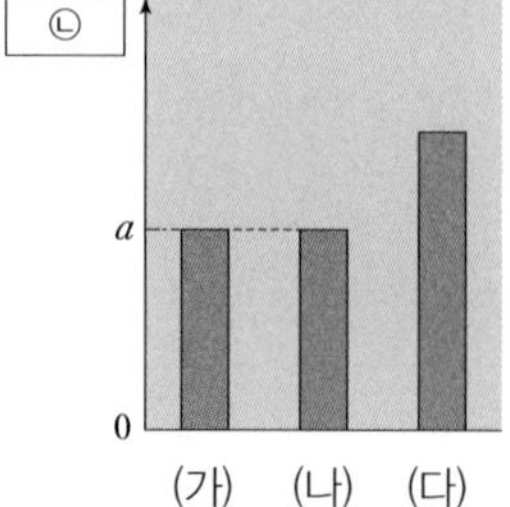

이에 대한 설명으로 옳은 것만을 〈보기〉에서 있는 대로 고른 것은?

〈보기〉

ㄱ. ㉠은 $\frac{\text{공유 전자쌍 수}}{\text{비공유 전자쌍 수}}$이다.

ㄴ. $a=2$이다.

ㄷ. (다)의 분자 모양은 직선형이다.

① ㄱ ② ㄴ ③ ㄱ, ㄷ ④ ㄴ, ㄷ ⑤ ㄱ, ㄴ, ㄷ

(나)에서 4개의 원자가 결합되어 있는 X는 탄소(C)이다.

[25024-0188]

10 그림은 원소 X~Z로 구성된 분자 (가)와 (나)의 구조식을 단일 결합과 다중 결합의 구분 없이 나타낸 것이다. X~Z는 H, C, N를 순서 없이 나타낸 것이고, (가)와 (나)에서 C와 N는 옥텟 규칙을 만족한다.

Y − X − Z (결합각 α) (가)

Y, Y / Y − X − Z − Y, Y (결합각 β) (나)

이에 대한 설명으로 옳은 것만을 〈보기〉에서 있는 대로 고른 것은?

〈보기〉

ㄱ. (가)에는 다중 결합이 있다.

ㄴ. (나)에는 무극성 공유 결합이 있다.

ㄷ. 결합각(∠YXZ)은 $\alpha > \beta$이다.

① ㄱ ② ㄴ ③ ㄱ, ㄷ ④ ㄴ, ㄷ ⑤ ㄱ, ㄴ, ㄷ

[25024-0189]

11 표는 분자 (가)와 (나)에 대한 자료이다. X와 Y는 2주기 원소이고, (가)와 (나)에서 X, Y, Cl는 옥텟 규칙을 만족한다.

분자	분자식	중심 원자	중심 원자의 비공유 전자쌍 수
(가)	H_2X	X	m
(나)	YCl_n	Y	$n-4$

이에 대한 설명으로 옳은 것만을 <보기>에서 있는 대로 고른 것은? (단, X와 Y는 임의의 원소 기호이다.)

〈 보기 〉

ㄱ. $n=2m$이다.
ㄴ. (가)의 분자 모양은 직선형이다.
ㄷ. (나)는 무극성 분자이다.

① ㄱ ② ㄴ ③ ㄱ, ㄷ ④ ㄴ, ㄷ ⑤ ㄱ, ㄴ, ㄷ

H_2X는 중심 원자 X에 2개의 H 원자가 단일 결합되어 있는 분자로 X의 비공유 전자쌍 수는 2이다.

[25024-0190]

12 그림 (가)는 CH_4, H_2O, BCl_3를 루이스 전자점식으로 나타낸 것이고, (나)는 (가)의 3가지 분자에 대하여 결합각과 $\frac{\text{비공유 전자쌍 수}}{\text{공유 전자쌍 수}}$를 나타낸 것이다. ㉠~㉢은 각각 CH_4, H_2O, BCl_3 중 하나이다.

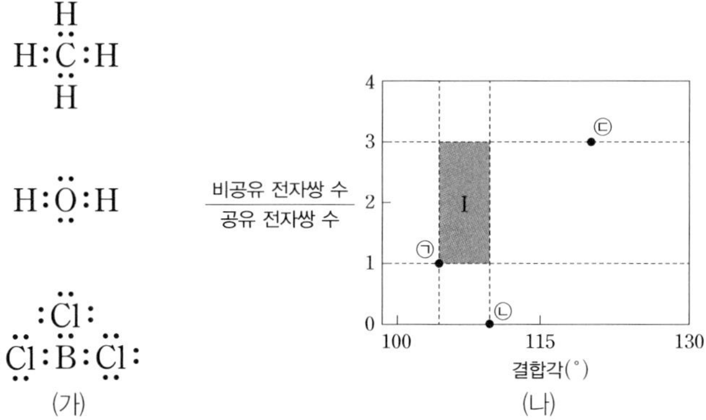

(가) (나)

이에 대한 설명으로 옳은 것만을 <보기>에서 있는 대로 고른 것은?

〈 보기 〉

ㄱ. 분자의 쌍극자 모멘트는 ㉠과 ㉡이 같다.
ㄴ. ㉢은 분자를 구성하는 원자가 모두 동일 평면에 존재한다.
ㄷ. NH_3의 결합각과 $\frac{\text{비공유 전자쌍 수}}{\text{공유 전자쌍 수}}$를 (나)에 나타내면 영역 I에 포함된다.

① ㄱ ② ㄴ ③ ㄱ, ㄷ ④ ㄴ, ㄷ ⑤ ㄱ, ㄴ, ㄷ

CH_4, H_2O, BCl_3의 $\frac{\text{비공유 전자쌍 수}}{\text{공유 전자쌍 수}}$는 각각 $\frac{0}{4}=0$, $\frac{2}{2}=1$, $\frac{9}{3}=3$이다.

10 동적 평형

개념 체크

가역 반응
반응 조건에 따라 정반응과 역반응이 모두 일어날 수 있는 반응이다.

1. (　　)은 정반응과 역반응이 모두 일어날 수 있는 반응이다.

2. 정반응은 가역 반응의 화학 반응식에서 (오른 / 왼)쪽으로 진행되는 반응이다.

3. 가역 반응의 화학 반응식에서 화살표는 (　　)로 나타낸다.

4. 푸른색의 염화 코발트(Ⅱ) 종이가 물과 반응해 붉게 되었다가 물을 증발시키면 다시 푸른색이 되는 것은 이 반응이 (　　) 반응이기 때문이다.

정답
1. 가역 반응
2. 오른
3. $\rightleftarrows$
4. 가역

1 가역 반응과 비가역 반응

(1) 정반응과 역반응

① 정반응은 반응물이 생성물로 되는 반응이고, 역반응은 정반응의 생성물이 다시 반응물로 되는 반응이다.

② 정반응과 역반응은 서로 반대 방향으로 진행하는 반응이다.

(2) 가역 반응

① **가역 반응** : 반응 조건(농도, 압력, 온도 등)에 따라 정반응과 역반응이 모두 일어날 수 있는 반응으로, 화학 반응식에서 $\rightleftarrows$로 나타낸다.

예 반응물 $\underset{\text{역반응}}{\overset{\text{정반응}}{\rightleftarrows}}$ 생성물

② **가역 반응의 예**

- 물을 냉동실에 넣으면 얼음이 되지만 얼음을 밖에 꺼내 놓으면 다시 녹아 물이 된다.
  ➡ 정반응 : 물의 응고, 역반응 : 얼음의 융해
- 이른 아침 공기 중 수증기가 풀잎에 이슬로 맺히지만 시간이 지나면서 다시 공기 중 수증기로 돌아가 이슬이 없어진다.
  ➡ 정반응 : 수증기의 액화, 역반응 : 물의 기화
- 물에 이산화 탄소가 녹아 있는 탄산음료의 용기 뚜껑을 열어 두면 이산화 탄소가 다시 공기 중으로 빠져나가 탄산음료의 톡 쏘는 맛이 약해진다.
  ➡ 정반응 : 이산화 탄소가 물에 녹는 반응, 역반응 : 이산화 탄소가 탄산음료에서 빠져나오는 반응

탐구자료 살펴보기 | 수분 검출 시약 – 염화 코발트(Ⅱ)

푸른색의 염화 코발트(Ⅱ)($CoCl_2$)는 수분을 흡수하면 붉은색으로 변하는 성질이 있으므로 화학 반응에서 물이 생성되었는지 확인하는 데 자주 이용된다. 간편한 실험을 위해 염화 코발트(Ⅱ) 종이가 주로 사용된다.

실험 과정

(가) 푸른색 염화 코발트(Ⅱ) 종이에 스포이트를 이용해 물방울을 떨어뜨린 후 색깔을 관찰한다.
(나) 물이 떨어졌던 부분에 헤어드라이어의 따뜻한 바람을 이용하여 물을 증발시키고 염화 코발트(Ⅱ) 종이의 색깔을 관찰한다.

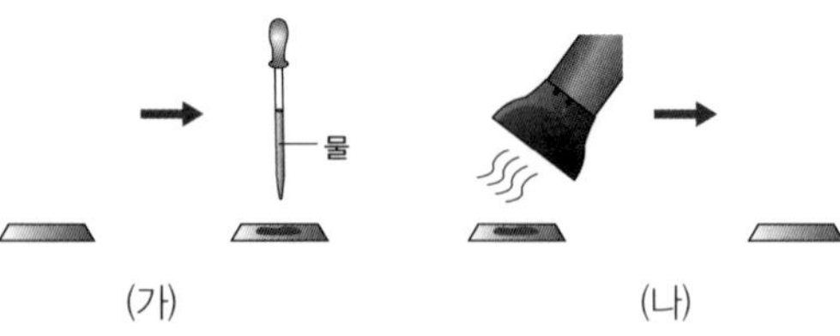

실험 결과

1. (가)에서 물에 닿은 부분이 붉은색으로 변했다.
2. (나)에서 물이 증발하면서 다시 푸른색으로 변했다.

분석 point

푸른색의 염화 코발트(Ⅱ)($CoCl_2$)가 물을 흡수하면 붉은색의 염화 코발트(Ⅱ) 수화물($CoCl_2 \cdot 6H_2O$)이 되고, 붉은색 염화 코발트(Ⅱ) 수화물($CoCl_2 \cdot 6H_2O$)에서 물을 제거하면 다시 푸른색의 염화 코발트(Ⅱ)($CoCl_2$)가 된다. 이 과정은 다음의 가역 반응으로 설명할 수 있다.

$$\underset{\text{푸른색}}{\underline{CoCl_2 + 6H_2O}} \rightleftarrows \underset{\text{붉은색}}{\underline{CoCl_2 \cdot 6H_2O}}$$

과학 돋보기 석회 동굴과 종유석, 석순

석회 동굴은 탄산 칼슘($CaCO_3$)이 주성분인 석회암 지대에서 주로 생성된다. 그 이유는 탄산 칼슘이 지하수, 이산화 탄소와 함께 반응하여 물에 잘 녹는 탄산수소 칼슘($Ca(HCO_3)_2$)이 생성되기 때문이다. 그런데 석회 동굴 안에는 동굴 천장에 종유석이 달려 있고 바닥에 석순이 형성되어 있는 것을 종종 볼 수 있는데, 종유석과 석순은 어떻게 생성된 것일까? 그것은 바로 석회 동굴 생성 반응의 역반응에 의해 생성된 것이다.

$$CaCO_3(s) + H_2O(l) + CO_2(g) \underset{\text{종유석, 석순 생성}}{\overset{\text{석회 동굴 생성}}{\rightleftharpoons}} Ca(HCO_3)_2(aq)$$

탄산수소 칼슘 수용액에서 이산화 탄소가 빠져나가고 물이 생성되면서 물에 잘 녹지 않는 탄산 칼슘이 생성된 것이다. 탄산수소 칼슘 수용액이 천장에서 떨어지기 전 이 반응이 일어나 탄산 칼슘이 천장에 붙으면 종유석이 되고, 탄산수소 칼슘 수용액이 바닥에 떨어진 후 이 반응이 일어나 탄산 칼슘이 바닥에 쌓이면 석순이 되는 것이다. 따라서 일반적으로 천장의 종유석과 바닥의 석순은 수직 방향으로 일직선 상에서 생성되는 경우가 많다. 석회 동굴 생성 반응과 종유석, 석순 생성 반응은 가역 반응의 대표적인 사례이다.

과학 돋보기 우리 주변의 가역 반응의 예

물의 상태 변화

- 추운 겨울이 지나고 봄이 시작되면 산행 시 낙석에 특히 주의해야 한다. 그 이유는 산속 바위 틈 사이에서 물이 얼어 돌 틈 속에 있다가 다시 얼음이 녹아 물이 되면서 바위가 떨어져 내리는 일이 발생하기 때문이다.
- 냄비에서 물을 끓이면 물이 수증기로 변해 날아간다. 이때 냄비 뚜껑 안쪽 면에 물이 많이 맺혀 있는 것을 볼 수 있다. 그 이유는 수증기가 상대적으로 차가운 온도의 뚜껑을 만나 다시 물이 되기 때문이다.
- 실내에 빨래를 널어 두면 물이 수증기가 되어 날아가므로 빨래가 마르게 된다. 그러나 말랐던 빨래를 비오는 날에 걷지 않으면 공기 중 수증기가 물이 되어 빨래가 다시 눅눅해진다.

용해

- 염전에서는 바닷물을 저장하고 물을 증발시켜 소금을 석출시킨다. 이렇게 얻은 소금은 다시 가정의 주방에서 음식을 만들 때 물에 녹여 사용된다.
- 가정에서 어항에 물고기를 키울 때 여름철 수온이 상승하면 물에 녹아 있던 산소가 공기 중으로 배출되어 용존 산소량이 감소함에 따라 물고기의 호흡이 어려워질 수 있다. 이때 어항용 산소 발생기를 통해 물속에 산소를 공급해 주기도 한다.

생명체 내 반응

- 인체 내 각 조직에서 발생하는 이산화 탄소는 혈액 속에 용해되고 다시 이산화 탄소가 혈액에서 빠져나와 폐를 통해 날숨에 섞여 몸 밖으로 배출된다.

개념 체크

➲ 석회 동굴 생성 반응과 종유석, 석순 생성 반응은 가역 반응이다.

※ ○ 또는 ×

1. 탄산 칼슘이 물과 이산화 탄소와 함께 반응하여 탄산수소 칼슘 수용액이 생성되는 반응은 역반응이 일어나지 않는다. (   )

2. 냄비에 물을 끓이면 물이 수증기로 변하고, 수증기가 냄비 뚜껑 안쪽에 물방울로 맺히는 것은 가역 반응의 예이다. (   )

정답
1. ×
2. ○

개념 체크

➲ 비가역 반응
역반응이 일어나지 않거나 정반응에 비해 무시할 수 있을 만큼 거의 일어나지 않는 반응이다.

➲ 동적 평형
가역 반응에서 정반응 속도와 역반응 속도가 같은 상태이다.

※ ○ 또는 ×

1. 가역 반응에서 반응물과 생성물의 농도가 변하지 않으면 반응이 더 이상 일어나지 않는 것이다. ( )

2. 동적 평형 상태에서는 정반응과 역반응이 같은 속도로 일어나며, 반응물과 생성물의 양이 일정하게 유지된다. ( )

정답
1. ×
2. ○

(3) 비가역 반응

① **비가역 반응** : 한쪽 방향으로만 진행되는 반응으로, 역반응이 일어나지 않거나 정반응에 비해 무시할 수 있을 만큼 거의 일어나지 않는다.

② **비가역 반응의 예**

- 연료의 연소 : 메테인 또는 에탄올을 완전 연소시키면 이산화 탄소와 물이 생성된다.

$$CH_4(g)+2O_2(g) \longrightarrow CO_2(g)+2H_2O(l)$$
$$C_2H_5OH(l)+3O_2(g) \longrightarrow 2CO_2(g)+3H_2O(l)$$

- 금속과 산의 반응 : 마그네슘 리본을 염산에 넣으면 수소 기체가 발생한다.

$$Mg(s)+2HCl(aq) \longrightarrow H_2(g)+MgCl_2(aq)$$

2 동적 평형

(1) 동적 평형

① **동적 평형** : 가역 반응에서 반응물과 생성물의 농도가 변하지 않는 경우 겉으로 보기에 반응이 일어나지 않는 것처럼 보이지만 실제로는 정반응과 역반응이 같은 속도로 일어나고 있는 동적 평형 상태이다. 동적 평형 상태에서는 반응물과 생성물의 양이 일정하게 유지된다.

② **동적 평형의 예**

- 밀폐된 용기 안에 충분한 시간 동안 물을 담아 두면 물이 증발하는 속도와 수증기가 응축하는 속도가 같은 동적 평형 상태에 도달하고, 물과 수증기의 양은 일정하게 유지된다.

$$H_2O(l) \rightleftharpoons H_2O(g)$$

- 충분한 양의 설탕($C_{12}H_{22}O_{11}$)을 충분한 시간 동안 물에 넣어 두면 설탕이 용해되는 속도와 석출되는 속도가 같은 동적 평형 상태에 도달하게 되고, 설탕 수용액의 농도는 일정하게 유지된다.

$$C_{12}H_{22}O_{11}(s) \rightleftharpoons C_{12}H_{22}O_{11}(aq)$$

탐구자료 살펴보기 이산화 질소(NO_2)와 사산화 이질소(N_2O_4) 사이의 동적 평형 실험

실험 과정

(가) 투명한 밀폐 용기에 적갈색의 이산화 질소(NO_2) 기체를 담아 두고 색 변화를 관찰한다.
(나) 투명한 밀폐 용기에 무색의 사산화 이질소(N_2O_4) 기체를 담아 두고 색 변화를 관찰한다.

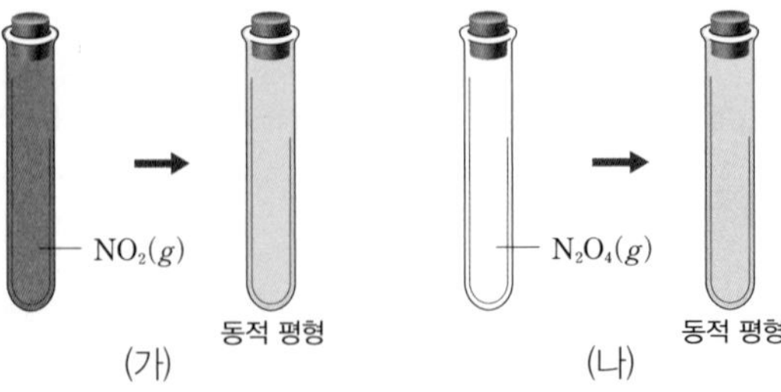

실험 결과

1. (가)에서 점점 적갈색이 옅어지다가 연한 적갈색을 띠게 되고 더 이상 옅어지지 않는 상태에 도달했다.
2. (나)에서 무색에서 점점 적갈색이 진해지다가 연한 적갈색을 띠게 되고 더 이상 진해지지 않는 상태에 도달했다.

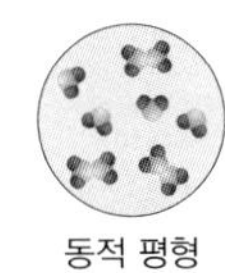

동적 평형
(연한 적갈색)

(가)
$2NO_2(g)$ ⇄ $N_2O_4(g)$
적갈색 (나) 무색

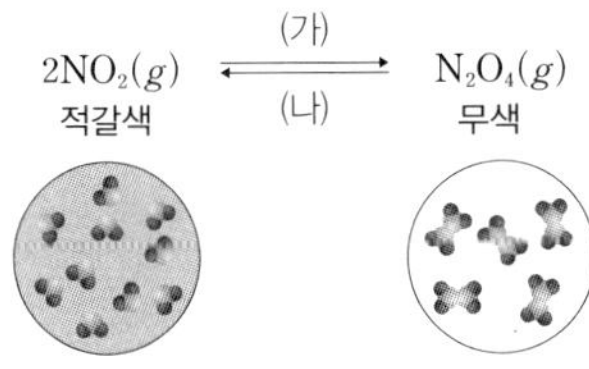

분석 point

1. (가)에서 처음에는 적갈색의 NO_2가 무색의 N_2O_4로 되는 반응이 주로 일어나지만 점점 N_2O_4가 NO_2로 되는 반응도 많이 일어나 정반응과 역반응의 속도가 같은 동적 평형 상태에 도달하게 된다. 동적 평형 상태에 도달한 후에는 NO_2와 N_2O_4의 농도가 일정하게 유지되어, 혼합 기체의 색깔이 더 이상 변하지 않고 일정하게 유지된다.
2. (나)에서 처음에는 무색의 N_2O_4가 적갈색의 NO_2로 되는 반응이 주로 일어나지만 점점 NO_2가 N_2O_4로 되는 반응도 많이 일어나 정반응과 역반응의 속도가 같은 동적 평형 상태에 도달하게 된다. 동적 평형 상태에 도달한 후에는 NO_2와 N_2O_4의 농도가 일정하게 유지되어, 혼합 기체의 색깔이 더 이상 변하지 않고 일정하게 유지된다.

(2) 상평형

① 2가지 이상의 상태가 공존할 때 서로 상태가 변하는 속도가 같아서 겉보기에 상태 변화가 일어나지 않는 것처럼 보이는 동적 평형 상태에 도달하게 되는데, 이를 상평형이라고 한다.

② 액체와 기체 사이의 상평형은 일정한 온도에서 밀폐된 용기에 들어 있는 액체가 액체 표면에서 기체로 되는 증발 속도와 기체가 액체로 되는 응축 속도가 같아져서 변화가 없는 것처럼 보이는 상태이다. 밀폐된 진공 용기에 액체를 넣었을 때 초기에는 증발 속도가 응축 속도보다 크지만 시간이 지나면서 응축 속도가 점점 커져 증발 속도와 같아지는 동적 평형 상태에 도달한다. 동적 평형 상태에서는 기체의 양과 액체의 양이 일정하게 유지된다.

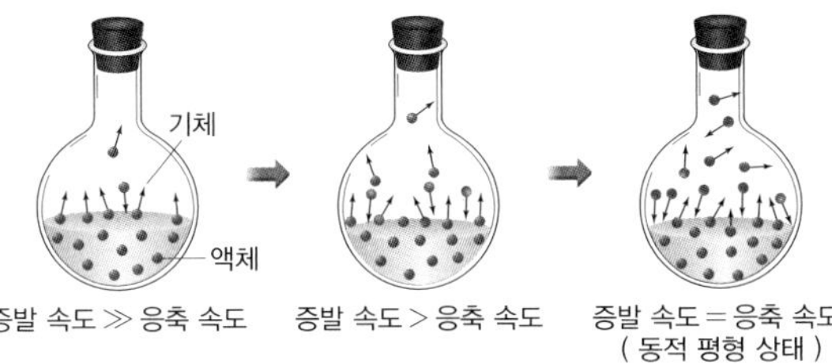

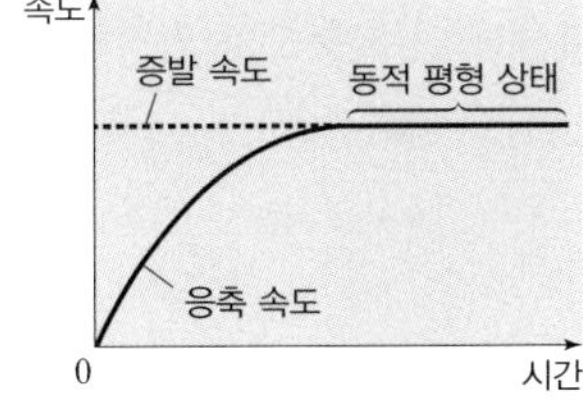

일정한 온도에서 시간에 따른 증발 속도와 응축 속도

개념 체크

상평형
2가지 이상의 상태가 공존할 때 서로 상태가 변하는 속도가 같아서 겉보기에 상태 변화가 일어나지 않는 것처럼 보이는 동적 평형 상태이다.

1. 투명한 밀폐 용기에 무색의 $N_2O_4(g)$를 담아 두면 무색의 $N_2O_4(g)$ 일부가 적갈색의 $NO_2(g)$로 분해되고 혼합 기체가 연한 적갈색에서 색 변화가 멈추는데, 이는 (　　) 상태에 도달했기 때문이다.

2. 밀폐된 용기에 들어 있는 액체의 (　　) 속도와 기체의 (　　) 속도가 같아져서 (　　) 상태에 도달하면 기체의 양과 액체의 양이 각각 일정하게 유지된다.

정답
1. 동적 평형
2. 증발, 응축, 동적 평형

개념 체크

용해 평형
용질이 용해되는 속도와 석출되는 속도가 같아서 겉보기에 용해나 석출이 일어나지 않는 것처럼 보이는 동적 평형 상태이다.

※ ○ 또는 ×

1. 포화 용액에서 용질의 용해 속도와 석출 속도는 같다. ( )

2. 충분한 시간 동안 밀폐된 용기에 들어 있는 탄산음료는 이산화 탄소의 용해 반응이 멈춘 상태이다. ( )

정답
1. ○
2. ×

③ 고체와 액체 사이의 상평형, 고체와 기체 사이의 상평형도 있다.

예 얼음과 물 사이의 상평형, 승화성이 있는 아이오딘 고체와 기체 사이의 상평형

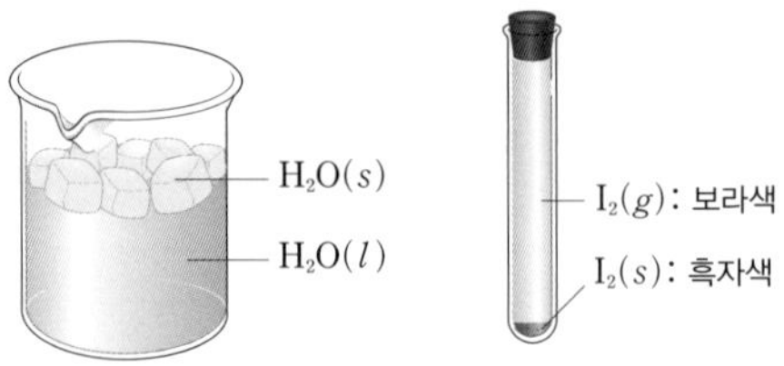

(3) 용해 평형

① 용매 속에 충분한 양의 고체 용질이 충분한 시간 동안 들어 있을 때 용질이 용해되는 속도와 석출되는 속도가 같아서 겉보기에 용해나 석출이 일어나지 않는 것처럼 보이는 동적 평형 상태에 도달하는데, 이를 용해 평형이라고 한다.

② 고체 용질과 액체 용매 사이의 용해 평형은 일정한 온도에서 고체 용질이 액체 용매에 녹을 때 용질이 용매에 녹는 용해 속도와 용매에 녹아 있던 용질이 다시 고체 용질로 되돌아가는 석출 속도가 같아져서 변화가 없는 것처럼 보이는 상태이다. 초기에는 용해 속도가 석출 속도보다 크지만 시간이 지나면서 석출 속도가 점점 커져 용해 속도와 같아지는 동적 평형 상태에 도달한다. 동적 평형 상태에서는 고체 용질의 양과 용액의 농도가 일정하게 유지된다.

- 포화 용액보다 용질이 적게 녹아 있는 용액을 불포화 용액이라고 하고, 용해 평형을 이루고 있는 용액을 포화 용액이라고 한다.

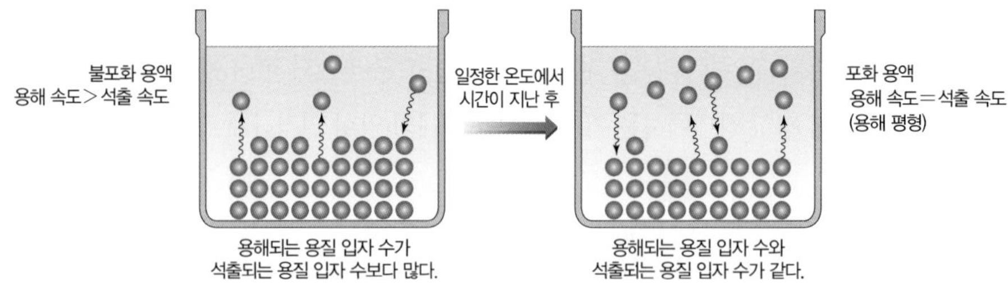

③ 기체가 액체에 녹아 동적 평형 상태에 도달하는 용해 평형도 있다.

예 밀폐된 용기에 들어 있는 탄산음료 : 이산화 탄소가 음료에 녹는 속도와 음료에서 빠져나오는 속도가 같아 음료 속 이산화 탄소 농도가 일정하게 유지되는 동적 평형 상태이다.

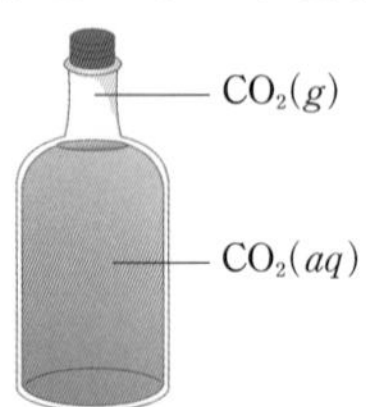

3 물의 자동 이온화

(1) 물의 자동 이온화

① 물은 대부분 분자로 존재하지만 매우 적은 양의 물이 이온화하여 동적 평형 상태를 이룬다.

② 물의 자동 이온화 반응식

$$H_2O(l)+H_2O(l) \rightleftharpoons H_3O^+(aq)+OH^-(aq)$$

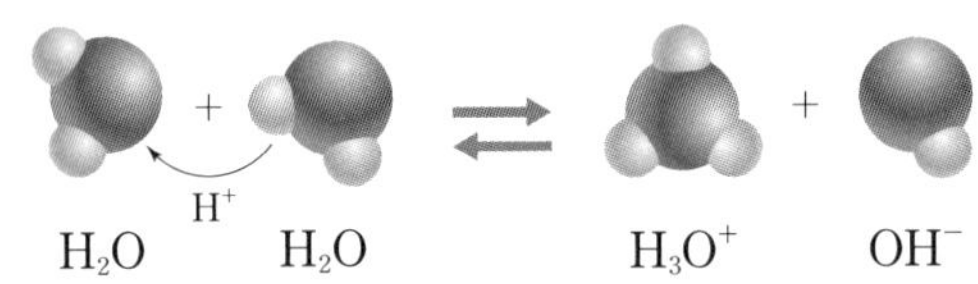

③ 물 분자에서 부분적인 음전하(δ^-)를 띤 산소와 이웃한 물 분자에서 부분적인 양전하(δ^+)를 띤 수소가 서로 접근하여 H^+의 이동이 생기고 결과적으로 H_3O^+과 OH^-이 생성된다.

$$H^{\delta+}\!-\!\ddot{O}^{\delta-}\!-\!H^{\delta+} + H^{\delta+}\!-\!\ddot{O}^{\delta-}\!-\!H^{\delta+} \rightleftharpoons \left[H-\ddot{O}-H \atop \quad | \atop \quad H\right]^+ + \left[:\ddot{O}-H\right]^-$$

(2) 물의 이온화 상수

① 물의 자동 이온화 반응에서 생성된 H_3O^+과 OH^-의 몰 농도 곱을 물의 이온화 상수(K_w)라고 한다.

$$H_2O(l)+H_2O(l) \rightleftharpoons H_3O^+(aq)+OH^-(aq) \quad K_w=[H_3O^+][OH^-]$$

② 물의 자동 이온화 반응은 가역 반응으로서 정반응 속도와 역반응 속도가 같은 동적 평형 상태를 이루므로 일정한 온도에서 $[H_3O^+]$와 $[OH^-]$는 일정한 값을 갖고, $[H_3O^+]$와 $[OH^-]$의 곱인 물의 이온화 상수(K_w)도 일정한 값을 갖는다.

③ 25℃에서 $K_w=1\times10^{-14}$이고, 순수한 물에서 $[H_3O^+]=[OH^-]$이므로 $[H_3O^+]=[OH^-]=1\times10^{-7}$ M이다.

④ 일정한 온도에서 물의 이온화 상수(K_w)는 용액의 액성에 관계없이 일정한 값을 갖는다.

예 25℃에서 $K_w=1\times10^{-14}$이고, $[H_3O^+]=1\times10^{-5}$ M인 수용액의 $[OH^-]=1\times10^{-9}$ M이다.

4 수소 이온 농도 지수(pH)

(1) pH

① $[H_3O^+]$는 용액의 액성을 설명하기에 유용하지만 그 값이 매우 작아 실제 값을 그대로 사용하기가 불편하다. 이를 개선하기 위해 덴마크 화학자 쇠렌센이 수소 이온 농도 지수(pH)를 제안하였다.

② pH는 $[H_3O^+]$의 상용로그 값에 음의 부호를 붙인 것이다.

$pH=-\log[H_3O^+]$

예 $[H_3O^+]=1\times10^{-5}$ M ➡ pH=5.0, $[H_3O^+]=1\times10^{-3}$ M ➡ pH=3.0

- $[H_3O^+]$가 클수록 pH가 작고, $[H_3O^+]$가 작을수록 pH가 크다.
- $[H_3O^+]$가 10^2배이면 pH가 2만큼 작다.

③ pH와 마찬가지로 pOH는 $[OH^-]$의 상용로그 값에 음의 부호를 붙인 것이다.

$pOH=-\log[OH^-]$

개념 체크

➲ 하이드로늄 이온(H_3O^+)은 수소 이온(H^+)이 수용액 속에 존재하는 형태이므로 H_3O^+과 H^+은 수용액 속에서 화학적으로 같은 의미라고 할 수 있다. 따라서 물의 자동 이온화 반응식을 $H_2O(l) \rightleftharpoons H^+(aq)+OH^-(aq)$로 나타내기도 한다.

➲ **물의 이온화 상수**
$K_w=[H_3O^+][OH^-]$

➲ **수소 이온 농도 지수(pH)**
수용액에서 $[H_3O^+]$의 상용로그 값에 음의 부호를 붙인 것이다.
$pH=-\log[H_3O^+]$

※ ○ 또는 ×

1. 물의 자동 이온화 반응은 비가역 반응이다. (　　)

2. 물의 자동 이온화 반응에서 H_2O 분자가 H^+을 받으면 (　　)이 되고, H^+을 잃으면 (　　)이 된다.

3. 물의 자동 이온화 반응에서 생성된 (　　)과 (　　)의 몰 농도 곱을 물의 이온화 상수(K_w)라고 한다.

4. 25℃의 순수한 물에서 $[H_3O^+]$=(　　) M이다.

정답
1. ×
2. H_3O^+, OH^-
3. H_3O^+, OH^-
4. 1×10^{-7}

개념 체크

➲ 25℃ 수용액에서 pH가 7.0보다 작으면 산성, 7.0이면 중성, 7.0보다 크면 염기성이다.

➲ 25℃에서 순수한 물이나 모든 수용액은 항상 pH와 pOH의 합이 14.0이다.

1. 25℃에서 $[H_3O^+]=1\times10^{-5}$ M인 수용액에 대해
(1) 액성은 (　　)이다.
(2) pH는 (　　)이다.
(3) pOH는 (　　)이다.

2. 수용액에서 $[H_3O^+]$가 10배 증가하면 pH는 (　　) 만큼 감소한다.

④ 25℃에서 $K_w=[H_3O^+][OH^-]=1\times10^{-14}$이므로 pH+pOH=14.0이다.

예 25℃에서 pH=6.0인 수용액의 pOH=8.0이다.

과학 돋보기 깨끗한 빗물의 pH와 산성비의 pH

건조한 공기에는 기본적으로 이산화 탄소가 약 0.03% 포함되어 있다. 공기와 접하고 있는 물은 이산화 탄소가 용해되기도 하고 다시 공기 중으로 배출되기도 하며 이산화 탄소의 용해 평형에 도달하게 된다.

$$CO_2(g) \rightleftharpoons CO_2(aq)$$

용해된 이산화 탄소는 물과 반응하여 탄산을 생성하게 되므로 깨끗한 물도 약한 산성을 띠게 된다.

$$CO_2(aq)+H_2O(l) \rightleftharpoons H_2CO_3(aq)$$

이산화 탄소의 용해 평형에서 물속 이산화 탄소의 평형 농도는 약 1.2×10^{-5} M가 되고, 이어서 생성되는 탄산에 의해 물의 pH는 약 5.6이 된다. 따라서 깨끗한 빗물도 깨끗한 공기에 들어 있는 이산화 탄소의 용해에 의해 약 5.6의 pH를 갖게 된다.

산성비는 대기 오염 물질이 빗물에 녹아 pH 5.6 미만의 산성을 갖는 비이다. 주로 공장의 매연이나 자동차 배기 가스가 원인 물질로 알려져 있다. 다음은 3년간 A~C 지역에 내린 빗물의 pH에 대한 자료이다.

지역	2014년	2015년	2016년	평균
A	4.7	4.9	4.8	4.8
B	5.4	5.5	5.3	5.4
C	4.9	4.5	5.2	4.9

- 3년간 평균적으로 빗물의 산성이 가장 강한 지역은 A이다.
- 2015년 빗물의 산성 차이가 가장 큰 두 지역인 B와 C의 pH 차는 1.0이다. 이때 빗물의 $[H_3O^+]$는 C가 B의 10배이다.

(2) 25℃에서 수용액의 액성과 pH

① 순수한 물이나 모든 수용액은 $[H_3O^+]$와 $[OH^-]$를 곱한 값이 1×10^{-14}으로 일정하므로 pH와 pOH의 합은 14.0이다.

② 순수한 물이나 중성 수용액은 물의 자동 이온화에 의해 $[H_3O^+]$와 $[OH^-]$가 1×10^{-7} M로 같으므로 pH와 pOH는 모두 7.0으로 같다.

③ 산성 수용액은 중성 수용액보다 $[H_3O^+]$가 큰 수용액이다. 따라서 $[H_3O^+]>1\times10^{-7}$ M이고, $[OH^-]<1\times10^{-7}$ M이므로 pH<7.0이고, pOH>7.0이다.

④ 염기성 수용액은 중성 수용액보다 $[OH^-]$가 큰 수용액이다. 따라서 $[OH^-]>1\times10^{-7}$ M이고, $[H_3O^+]<1\times10^{-7}$ M이므로 pOH<7.0이고, pH>7.0이다.

산성	중성	염기성
$[H_3O^+]>[OH^-]$	$[H_3O^+]=[OH^-]$	$[H_3O^+]<[OH^-]$

일정한 온도에서 $[H_3O^+]$와 $[OH^-]$의 관계

수용액의 액성	농도(25℃)	pH 및 pOH(25℃)
산성	$[H_3O^+]>1\times10^{-7}$ M $>[OH^-]$	pH<7.0, pOH>7.0
중성	$[H_3O^+]=1\times10^{-7}$ M $=[OH^-]$	pH=7.0, pOH=7.0
염기성	$[H_3O^+]<1\times10^{-7}$ M $<[OH^-]$	pH>7.0, pOH<7.0

정답
1. (1) 산성 (2) 5.0 (3) 9.0
2. 1.0

탐구자료 살펴보기 **그래프로 용액의 액성 분석하기**

탐구 자료

- 25°C에서 $[H_3O^+][OH^-]=1\times10^{-14}$이고, $[H_3O^+]$와 $[OH^-]$는 반비례한다.
- 25°C에서 pH+pOH=14.0이다.

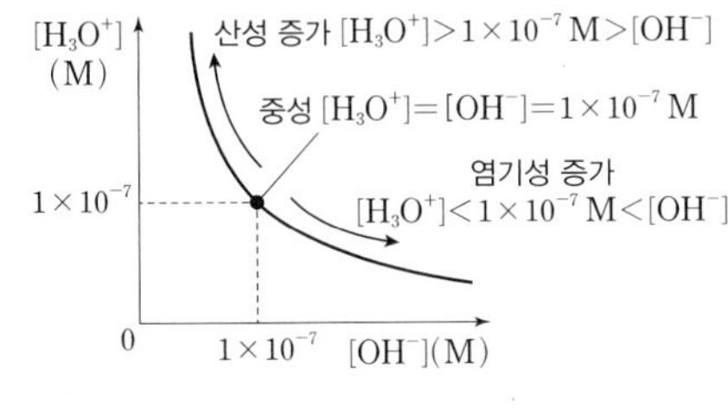

(가) $[H_3O^+]$와 $[OH^-]$의 관계

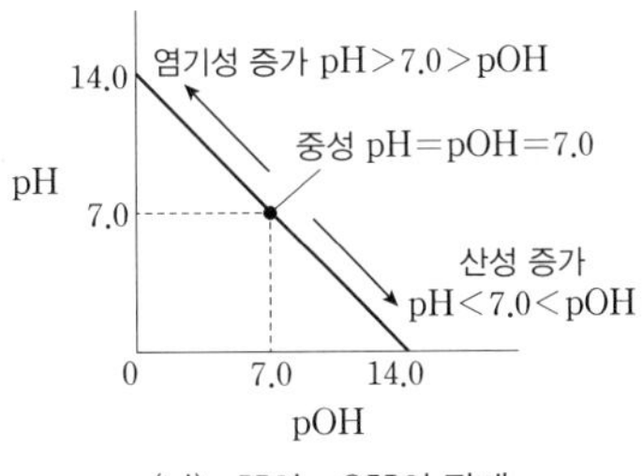

(나) pH와 pOH의 관계

분석 point

- pH<7.0인 산성 용액에서도 OH^-이 존재하고, pOH<7.0인 염기성 용액에서도 H_3O^+이 존재한다.
- (가)의 모든 점에서 $[H_3O^+][OH^-]=1\times10^{-14}$이고, (나)의 모든 점에서 pH+pOH=14.0이다.
- 산성 증가 : $[H_3O^+]$ 증가, $[OH^-]$ 감소, pH 감소, pOH 증가
- 염기성 증가 : $[H_3O^+]$ 감소, $[OH^-]$ 증가, pH 증가, pOH 감소

개념 체크

➲ 산성 증가
$[H_3O^+]$ 증가, $[OH^-]$ 감소, pH 감소, pOH 증가

➲ 염기성 증가
$[H_3O^+]$ 감소, $[OH^-]$ 증가, pH 증가, pOH 감소

1. 수용액에서 산성이 증가하면 $[H_3O^+]$는 ( )하고, pH는 ( )한다.

2. 수용액에서 염기성이 증가하면 $[OH^-]$는 ( )하고, pOH는 ( )한다.

(3) 우리 주변 생활 속 물질의 pH

① **pH 측정 방법** : 우리 주변 생활 속 물질의 pH를 간단히 확인하기 위해 pH 시험지나 pH 미터를 이용한다.

pH 시험지

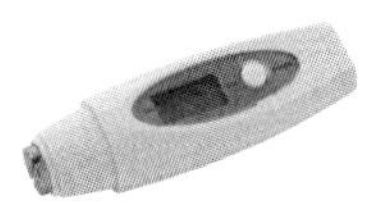
pH 미터

② 25°C에서 1 M HCl(aq)과 NaOH(aq)의 pH : 1 M HCl(aq)은 $[H_3O^+]=1$ M이므로 pH는 0($=-\log 1$)이고, 1 M NaOH(aq)은 $[OH^-]=1$ M이므로 pOH는 0($=-\log 1$)이고, pH는 14.0이다.

③ 25°C에서 우리 몸속의 위액, 우리가 즐겨 먹는 레몬, 토마토, 커피, 우유는 pH가 7.0보다 작아 산성이고, 우리 몸속의 혈액, 생활용품으로 많이 사용하는 베이킹 소다, 비누, 하수구 세척액은 pH가 7.0보다 커서 염기성이다.

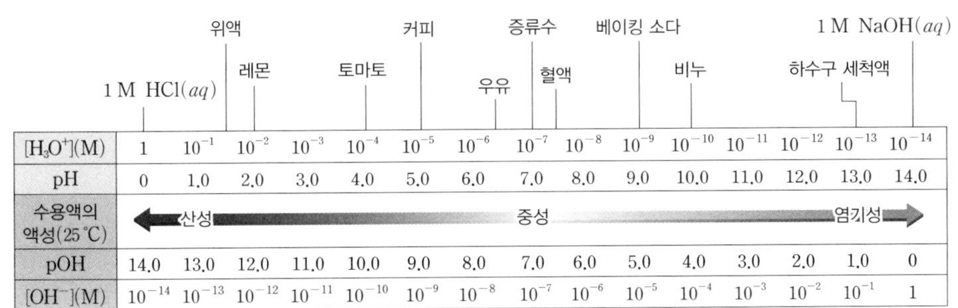

$[H_3O^+]$(M)	1	10^{-1}	10^{-2}	10^{-3}	10^{-4}	10^{-5}	10^{-6}	10^{-7}	10^{-8}	10^{-9}	10^{-10}	10^{-11}	10^{-12}	10^{-13}	10^{-14}
pH	0	1.0	2.0	3.0	4.0	5.0	6.0	7.0	8.0	9.0	10.0	11.0	12.0	13.0	14.0
수용액의 액성(25°C)	◀ 산성							중성							염기성 ▶
pOH	14.0	13.0	12.0	11.0	10.0	9.0	8.0	7.0	6.0	5.0	4.0	3.0	2.0	1.0	0
$[OH^-]$(M)	10^{-14}	10^{-13}	10^{-12}	10^{-11}	10^{-10}	10^{-9}	10^{-8}	10^{-7}	10^{-6}	10^{-5}	10^{-4}	10^{-3}	10^{-2}	10^{-1}	1

정답
1. 증가, 감소
2. 증가, 감소

[25024-0191]

01 다음은 이산화 탄소(CO_2)와 관련된 반응의 화학 반응식이다.

(가) $CO_2(s) \rightleftarrows CO_2(g)$
(나) $CaCO_3(s) + H_2O(l) + CO_2(g) \rightleftarrows Ca(HCO_3)_2(aq)$

이에 대한 설명으로 옳은 것만을 <보기>에서 있는 대로 고른 것은?

<보기>
ㄱ. (가)와 (나)는 모두 가역 반응이다.
ㄴ. (가)에서 역반응은 이산화 탄소 기체가 물에 녹는 반응이다.
ㄷ. (나)에서 정반응은 석회 동굴의 생성과 관련이 있다.

① ㄱ ② ㄴ ③ ㄱ, ㄷ ④ ㄴ, ㄷ ⑤ ㄱ, ㄴ, ㄷ

[25024-0192]

02 표는 일정량의 물에 충분한 양의 고체 설탕을 넣은 후 시간에 따른 $\frac{\text{설탕의 용해 속도}}{\text{설탕의 석출 속도}}$와 녹지 않고 남아 있는 고체 설탕의 질량(상댓값)을 나타낸 것이다. $0 < t_1 < t_2 < t_3$이며, t_2일 때 고체 설탕과 용해된 설탕은 동적 평형 상태에 도달하였다.

시간	t_1	t_2	t_3
$\frac{\text{설탕의 용해 속도}}{\text{설탕의 석출 속도}}$	4	a	a
고체 설탕의 질량(상댓값)	b	c	c

이에 대한 설명으로 옳은 것만을 <보기>에서 있는 대로 고른 것은? (단, 온도는 일정하고, 물의 증발은 무시한다.)

<보기>
ㄱ. t_2일 때 설탕의 용해 속도는 0이다.
ㄴ. $a=1$이다.
ㄷ. $b>c$이다.

① ㄱ ② ㄷ ③ ㄱ, ㄴ ④ ㄴ, ㄷ ⑤ ㄱ, ㄴ, ㄷ

[25024-0193]

03 표는 밀폐된 진공 용기에 $H_2O(l)$을 넣은 후 시간에 따른 $H_2O(l)$의 증발 속도와 ㉠의 양(mol)을 나타낸 것이다. ㉠은 $H_2O(l)$과 $H_2O(g)$ 중 하나이며, $n>m$이다. $2t$일 때 $H_2O(l)$과 $H_2O(g)$는 동적 평형 상태에 도달하였다.

시간	t	$2t$	$3t$
$H_2O(l)$의 증발 속도	a	a	a
㉠의 양(mol)	m	n	n

이에 대한 설명으로 옳은 것만을 <보기>에서 있는 대로 고른 것은? (단, 온도는 일정하다.)

<보기>
ㄱ. ㉠은 $H_2O(l)$이다.
ㄴ. $H_2O(g)$의 응축 속도는 t일 때와 $2t$일 때가 같다.
ㄷ. $3t$일 때 $H_2O(l)$의 증발 속도와 $H_2O(g)$의 응축 속도는 같다.

① ㄱ ② ㄴ ③ ㄷ ④ ㄱ, ㄴ ⑤ ㄴ, ㄷ

[25024-0194]

04 그림은 25°C에서 밀폐된 진공 용기에 $I_2(s)$을 넣은 후 시간에 따른 $\frac{㉡}{㉠}$을 나타낸 것이다. ㉠과 ㉡은 각각 $I_2(s)$이 $I_2(g)$으로 승화되는 속도와 $I_2(g)$이 $I_2(s)$으로 승화되는 속도 중 하나이며, t_2일 때 $I_2(s)$과 $I_2(g)$은 동적 평형 상태에 도달하였다. $0 < t_1 < t_2 < t_3$이다.

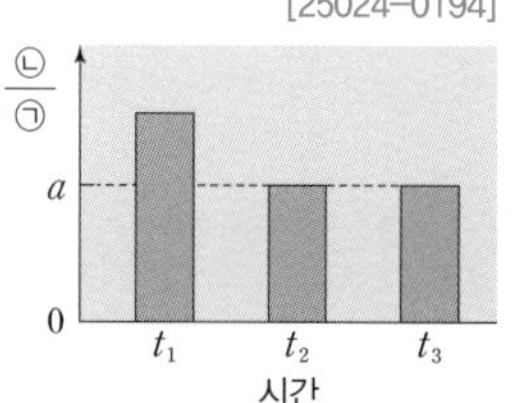

이에 대한 설명으로 옳은 것만을 <보기>에서 있는 대로 고른 것은? (단, 온도는 25°C로 일정하다.)

<보기>
ㄱ. ㉠은 $I_2(g)$이 $I_2(s)$으로 승화되는 속도이다.
ㄴ. $a=1$이다.
ㄷ. t_1일 때 $I_2(g)$이 $I_2(s)$으로 승화되는 반응은 일어나지 않는다.

① ㄱ ② ㄷ ③ ㄱ, ㄴ ④ ㄴ, ㄷ ⑤ ㄱ, ㄴ, ㄷ

[25024-0195]

05 표는 $-70°C$에서 밀폐된 진공 용기에 드라이아이스($CO_2(s)$)를 넣은 후 시간에 따른 $\frac{CO_2(s)\text{의 양(mol)}}{CO_2(g)\text{의 양(mol)}}$을 나타낸 것이다. t_2일 때 $CO_2(s)$와 $CO_2(g)$는 동적 평형 상태에 도달하였으며, $0<t_1<t_2<t_3$이다.

시간	t_1	t_2	t_3
$\frac{CO_2(s)\text{의 양(mol)}}{CO_2(g)\text{의 양(mol)}}$	a	b	b

이에 대한 설명으로 옳은 것만을 〈보기〉에서 있는 대로 고른 것은? (단, 온도는 $-70°C$로 일정하다.)

〈보기〉
ㄱ. $a>b$이다.
ㄴ. t_1일 때 $\frac{CO_2(g)\text{가 } CO_2(s)\text{로 승화되는 속도}}{CO_2(s)\text{가 } CO_2(g)\text{로 승화되는 속도}}>1$이다.
ㄷ. 용기 내 $CO_2(g)$의 양(mol)은 t_3일 때가 t_2일 때보다 많다.

① ㄱ ② ㄷ ③ ㄱ, ㄴ ④ ㄴ, ㄷ ⑤ ㄱ, ㄴ, ㄷ

[25024-0196]

06 그림 (가)는 밀폐된 진공 용기에 $H_2O(l)$ a mol을 넣은 후 시간에 따른 $H_2O(l)$의 양(mol)을 나타낸 것이고, (나)는 t_2일 때 용기 안의 모습을 나타낸 것이다. t_2일 때 $H_2O(l)$과 $H_2O(g)$는 동적 평형 상태에 도달하였다.

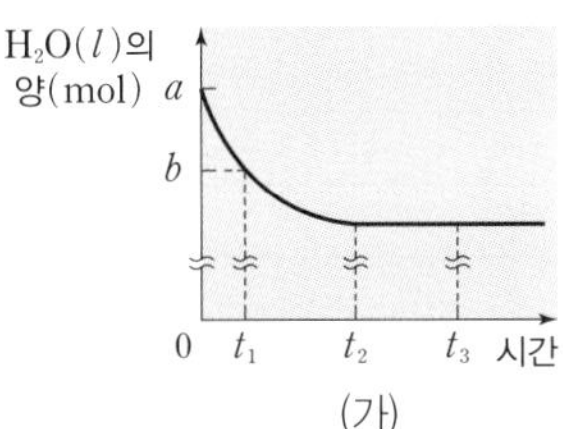

(가)

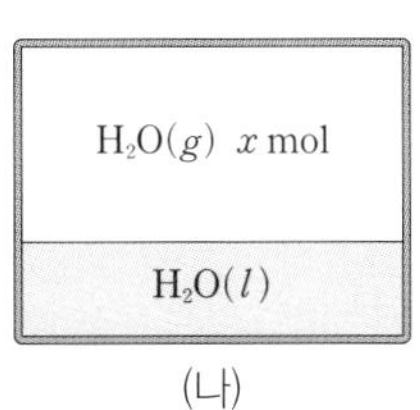

(나)

이에 대한 설명으로 옳은 것만을 〈보기〉에서 있는 대로 고른 것은? (단, 온도는 일정하다.)

〈보기〉
ㄱ. $\frac{H_2O(l)\text{의 증발 속도}}{H_2O(g)\text{의 응축 속도}}$는 t_1일 때가 t_2일 때보다 크다.
ㄴ. t_3일 때 $H_2O(l)$이 $H_2O(g)$로 되는 반응은 일어나지 않는다.
ㄷ. $a>b+x$이다.

① ㄱ ② ㄷ ③ ㄱ, ㄴ ④ ㄴ, ㄷ ⑤ ㄱ, ㄴ, ㄷ

[25024-0197]

07 그림은 25°C, 0.1 M $NaOH(aq)$을 나타낸 것이다.

0.1 M $NaOH(aq)$
100 mL

이에 대한 설명으로 옳은 것만을 〈보기〉에서 있는 대로 고른 것은? (단, 25°C에서 물의 이온화 상수(K_w)는 1×10^{-14}이다.)

〈보기〉
ㄱ. OH^-의 양은 0.01 mol이다.
ㄴ. $\frac{[Na^+]}{[H_3O^+]}=1\times10^{12}$이다.
ㄷ. pH는 13.0이다.

① ㄱ ② ㄷ ③ ㄱ, ㄴ
④ ㄴ, ㄷ ⑤ ㄱ, ㄴ, ㄷ

[25024-0198]

08 다음은 25°C에서 a M $HCl(aq)$, $H_2O(l)$, b M $NaOH(aq)$에 대한 세 학생의 대화이다. $1>a>b$이다.

제시한 내용이 옳은 학생만을 있는 대로 고른 것은? (단, 25°C에서 물의 이온화 상수(K_w)는 1×10^{-14}이다.)

① A ② C ③ A, B
④ B, C ⑤ A, B, C

[25024-0199]

09 표는 25°C에서 수용액 (가)와 (나)에 대한 자료이다. (가)와 (나)는 HCl(aq)과 NaOH(aq)을 순서 없이 나타낸 것이다.

수용액	(가)	(나)
몰 농도(M)	a	$10a$
pH	x	$x-7.0$
부피	V	$\frac{V}{100}$

이에 대한 설명으로 옳은 것만을 〈보기〉에서 있는 대로 고른 것은? (단, 25°C에서 물의 이온화 상수(K_w)는 1×10^{-14}이다.)

〈보기〉
ㄱ. (가)는 NaOH(aq)이다.
ㄴ. $x=9.0$이다.
ㄷ. $\frac{\text{(가)에서 } OH^- \text{의 양(mol)}}{\text{(나)에서 } OH^- \text{의 양(mol)}}=1\times10^8$이다.

① ㄱ ② ㄴ ③ ㄱ, ㄷ ④ ㄴ, ㄷ ⑤ ㄱ, ㄴ, ㄷ

[25024-0200]

10 그림은 25°C에서 물질 (가)~(다)의 $\frac{pOH}{pH}$를 나타낸 것이다. (가)~(다)는 각각 HCl(aq), $H_2O(l)$, NaOH(aq) 중 하나이며, 부피가 모두 같다.

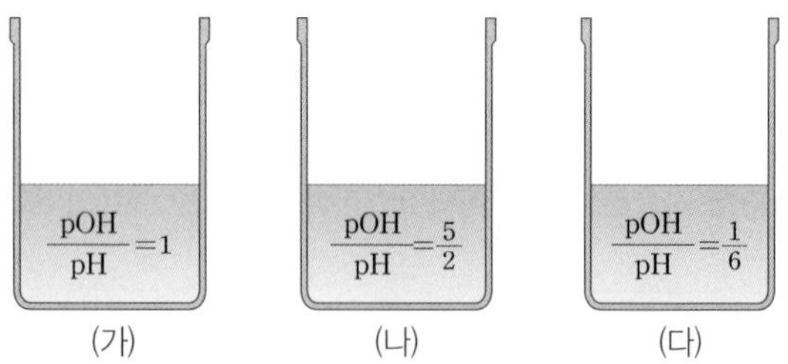

이에 대한 설명으로 옳은 것만을 〈보기〉에서 있는 대로 고른 것은? (단, 온도는 25°C로 일정하고, 25°C에서 물의 이온화 상수(K_w)는 1×10^{-14}이며, 혼합 용액의 부피는 혼합 전 물 또는 용액의 부피의 합과 같다.)

〈보기〉
ㄱ. (나)에서 pH=4.0이다.
ㄴ. (다)에서 $\frac{OH^- \text{의 양(mol)}}{H_3O^+ \text{의 양(mol)}}=1\times10^{10}$이다.
ㄷ. (가)와 (다)를 모두 혼합한 수용액에서 pH$<$12.0이다.

① ㄱ ② ㄷ ③ ㄱ, ㄴ ④ ㄴ, ㄷ ⑤ ㄱ, ㄴ, ㄷ

[25024-0201]

11 다음은 25°C에서 수용액 (가)~(다)에 대한 자료이다.

- (가)에서 $\frac{pOH}{pH}=3$이다.
- pOH의 비는 (가) : (나)=7 : 1이다.
- $[H_3O^+]$는 (다)가 (나)의 1000배이다.

이에 대한 설명으로 옳은 것만을 〈보기〉에서 있는 대로 고른 것은? (단, 25°C에서 물의 이온화 상수(K_w)는 1×10^{-14}이다.)

〈보기〉
ㄱ. (다)의 액성은 산성이다.
ㄴ. $\frac{pOH}{pH}$는 (가)가 (나)의 25배이다.
ㄷ. |pH−pOH|는 (가)가 (다)보다 3.0만큼 크다.

① ㄱ ② ㄴ ③ ㄱ, ㄷ
④ ㄴ, ㄷ ⑤ ㄱ, ㄴ, ㄷ

[25024-0202]

12 표는 25°C에서 수용액 (가)와 (나)에 대한 자료이다. (가)와 (나)는 HCl(aq)과 NaOH(aq)을 순서 없이 나타낸 것이다.

수용액	(가)	(나)
몰 농도(상댓값)	1	100
pH	x	$3x$
부피(mL)		10

이에 대한 설명으로 옳은 것만을 〈보기〉에서 있는 대로 고른 것은? (단, 온도는 25°C로 일정하고, 25°C에서 물의 이온화 상수(K_w)는 1×10^{-14}이다.)

〈보기〉
ㄱ. (가)의 몰 농도는 0.01 M이다.
ㄴ. (나)의 $\frac{pH}{pOH}$는 (가)의 $\frac{pOH}{pH}$보다 크다.
ㄷ. (나)에 물을 추가하여 100 mL로 만든 수용액의 pH는 $(3x+1.0)$이다.

① ㄱ ② ㄴ ③ ㄱ, ㄷ
④ ㄴ, ㄷ ⑤ ㄱ, ㄴ, ㄷ

[25024-0203]

01 다음은 설탕의 용해에 대한 실험이다. $0 < t_1 < t_2 < t_3$이다.

[실험 과정]

(가) 서로 다른 온도의 물 w g이 각각 담겨 있는 용기 ㉠과 ㉡에 같은 질량의 고체 설탕을 각각 넣는다.

(나) 용기 ㉠과 ㉡ 속에 녹지 않고 남아 있는 고체 설탕의 질량을 시간에 따라 측정한다.

[실험 결과]

시간		0	t_1	t_2	t_3
용기 속 고체 설탕의 질량(상댓값)	㉠	a		1	b
	㉡	a	c		d

○ 용기 ㉠에서는 t_1일 때, ㉡에서는 t_2일 때 설탕 수용액은 용해 평형 상태에 도달하였다.

이에 대한 설명으로 옳은 것만을 〈보기〉에서 있는 대로 고른 것은? (단, 두 용기 속 설탕 수용액의 온도는 각각 일정하고, 물의 증발은 무시한다.)

〈 보기 〉

ㄱ. $a > b = 1$이다.

ㄴ. $c > d$이다.

ㄷ. t_3일 때 $\frac{\text{설탕의 용해 속도}}{\text{설탕의 석출 속도}}$는 ㉠과 ㉡에서 같다.

① ㄱ ② ㄴ ③ ㄱ, ㄷ ④ ㄴ, ㄷ ⑤ ㄱ, ㄴ, ㄷ

용기 속에 녹지 않고 남아 있는 고체 설탕의 질량은 용해 평형 상태에 도달할 때까지는 감소하며, 용해 평형 상태에서는 일정하게 유지된다.

[25024-0204]

02 그림은 25°C에서 밀폐된 진공 용기에 $H_2O(l)$을 넣은 후 시간에 따른 변화를 나타낸 것이고, ㉠과 ㉡은 각각 $\frac{H_2O(l)\text{의 증발 속도}}{H_2O(g)\text{의 응축 속도}}$와 $\frac{H_2O(g)\text{의 양(mol)}}{H_2O(l)\text{의 양(mol)}}$ 중 하나이다. t_2일 때 $H_2O(l)$과 $H_2O(g)$는 동적 평형 상태에 도달하였다. $0 < t_1 < t_2 < t_3$이다.

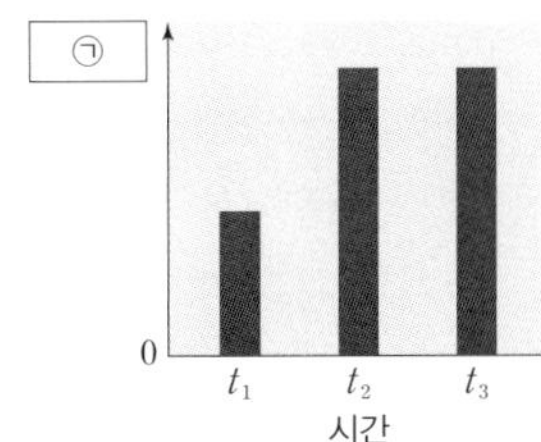

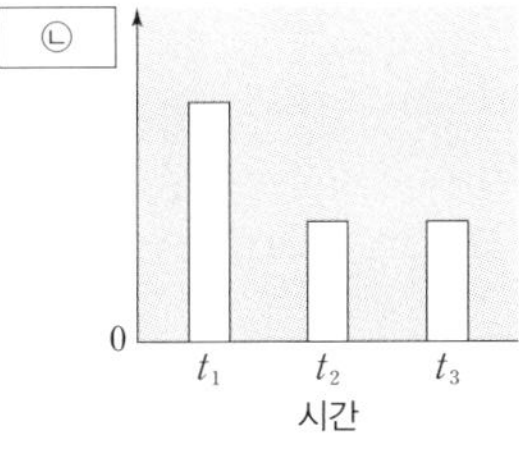

이에 대한 설명으로 옳은 것만을 〈보기〉에서 있는 대로 고른 것은? (단, 온도는 25°C로 일정하다.)

〈 보기 〉

ㄱ. ㉠은 $\frac{H_2O(l)\text{의 증발 속도}}{H_2O(g)\text{의 응축 속도}}$이다.

ㄴ. 용기 내 $H_2O(l)$의 양(mol)은 t_1일 때가 t_2일 때보다 많다.

ㄷ. $\frac{t_3\text{일 때 } H_2O(g)\text{의 양(mol)}}{t_2\text{일 때 } H_2O(g)\text{의 양(mol)}} = 1$이다.

① ㄱ ② ㄴ ③ ㄱ, ㄷ ④ ㄴ, ㄷ ⑤ ㄱ, ㄴ, ㄷ

동적 평형 상태에 도달할 때까지는 용기 내 $H_2O(l)$의 양(mol)은 감소하고, $H_2O(g)$의 양(mol)은 증가하며, 동적 평형 상태에 도달한 이후에는 $H_2O(l)$의 양(mol)과 $H_2O(g)$의 양(mol)이 각각 일정하게 유지된다.

동적 평형 상태에 도달하기 전에는 $I_2(s)$이 $I_2(g)$으로 승화되는 속도가 $I_2(g)$이 $I_2(s)$으로 승화되는 속도보다 크고, 동적 평형 상태에서는 $I_2(s)$이 $I_2(g)$으로 승화되는 속도와 $I_2(g)$이 $I_2(s)$으로 승화되는 속도가 같다.

[25024-0205]

03 그림 (가)는 25°C에서 밀폐된 진공 용기에 $I_2(s)$을 넣은 후 시간에 따른 $I_2(g)$의 양(mol)을 나타낸 것이고, (나)는 t_2일 때 용기 안의 상태를 나타낸 것이다. t_2일 때 $I_2(s)$과 $I_2(g)$은 동적 평형 상태에 도달하였다.

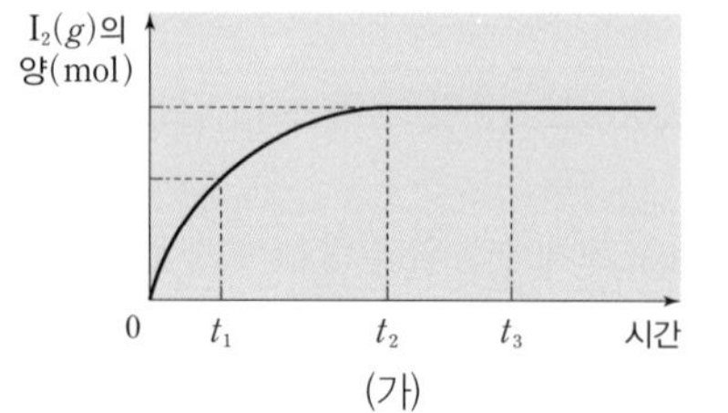

(가)

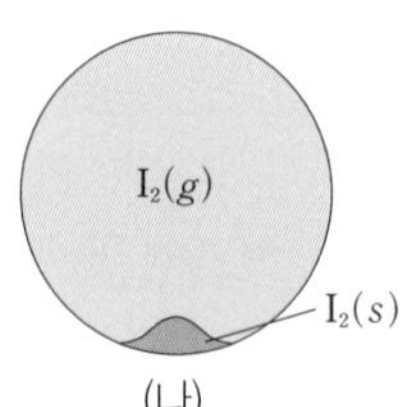

(나)

이에 대한 설명으로 옳은 것만을 〈보기〉에서 있는 대로 고른 것은? (단, 온도는 25°C로 일정하다.)

〈보기〉

ㄱ. I_2의 상변화는 가역 반응이다.

ㄴ. $\dfrac{I_2(g)\text{이 } I_2(s)\text{으로 승화되는 속도}}{I_2(s)\text{이 } I_2(g)\text{으로 승화되는 속도}}$는 t_1일 때가 t_2일 때보다 크다.

ㄷ. t_3일 때 $I_2(s)$이 $I_2(g)$으로 승화되는 반응은 일어나지 않는다.

① ㄱ ② ㄷ ③ ㄱ, ㄴ ④ ㄱ, ㄷ ⑤ ㄴ, ㄷ

동적 평형 상태에 도달할 때까지는 용기 내 액체의 양(mol)은 감소하고 기체의 양(mol)은 증가하며, 동적 평형 상태에 도달한 이후에는 액체의 양(mol)과 기체의 양(mol)이 각각 일정하게 유지된다.

[25024-0206]

04 그림은 25°C에서 두 밀폐된 진공 용기 (가)와 (나)에 각각 같은 양(mol)의 $H_2O(l)$과 $A(l)$를 넣은 후 시간에 따른 각 용기 속 액체의 양(mol)을 나타낸 것이다. (가)에서는 t_3일 때 $H_2O(l)$과 $H_2O(g)$가, (나)에서는 t_2일 때 $A(l)$와 $A(g)$가 동적 평형 상태에 도달하였다. $0 < t_1 < t_2 < t_3$이다.

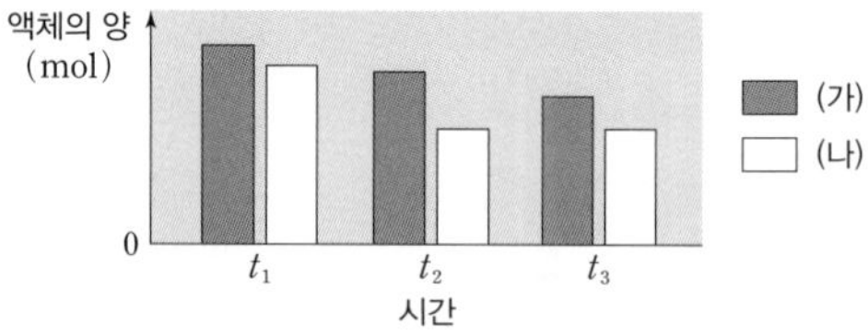

이에 대한 설명으로 옳은 것만을 〈보기〉에서 있는 대로 고른 것은? (단, 온도는 25°C로 일정하다.)

〈보기〉

ㄱ. (가)에서 $\dfrac{H_2O(g)\text{의 양(mol)}}{H_2O(l)\text{의 양(mol)}}$은 t_3일 때가 t_2일 때보다 크다.

ㄴ. (나)에서 $\dfrac{A(l)\text{의 증발 속도}}{A(g)\text{의 응축 속도}}$는 t_1일 때가 t_3일 때보다 크다.

ㄷ. t_3일 때 (가)에서 $\dfrac{H_2O(g)\text{의 응축 속도}}{H_2O(l)\text{의 증발 속도}}$와 (나)에서 $\dfrac{A(g)\text{의 응축 속도}}{A(l)\text{의 증발 속도}}$는 같다.

① ㄱ ② ㄴ ③ ㄱ, ㄷ ④ ㄴ, ㄷ ⑤ ㄱ, ㄴ, ㄷ

[25024-0207]

05 표는 25℃에서 물질 (가)~(다)에 대한 자료이다. (가)~(다)는 $HCl(aq)$, $H_2O(l)$, $NaOH(aq)$을 순서 없이 나타낸 것이다.

물질	(가)	(나)	(다)
$\frac{pH}{pOH}$	$\frac{1}{3}$		
$\frac{[OH^-]}{[H_3O^+]}$(상댓값)		1	10^{-11}

이에 대한 설명으로 옳은 것만을 〈보기〉에서 있는 대로 고른 것은? (단, 25℃에서 물의 이온화 상수(K_w)는 1×10^{-14}이다.)

〈 보기 〉

ㄱ. (가)의 pOH는 10.0보다 작다.

ㄴ. (나)의 $[H_3O^+]=1\times10^{-7}$ M이다.

ㄷ. $|pH-pOH|$는 (나)가 (가)보다 4.0만큼 크다.

① ㄱ ② ㄷ ③ ㄱ, ㄴ ④ ㄴ, ㄷ ⑤ ㄱ, ㄴ, ㄷ

(가)는 pOH > pH이므로 $HCl(aq)$이다.

[25024-0208]

06 그림은 a M $HCl(aq)$ 10 mL와 b M $NaOH(aq)$ 10 mL에 각각 물을 추가할 때, 가한 물의 부피에 따른 두 수용액의 pOH를 나타낸 것이다. (가)와 (나)는 각각 $HCl(aq)$과 $NaOH(aq)$ 중 하나이다.

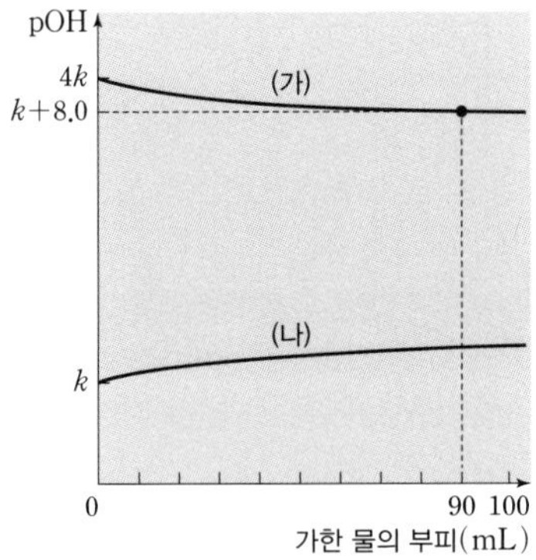

$\frac{k\times b}{a}$는? (단, 온도는 25℃로 일정하고, 25℃에서 물의 이온화 상수(K_w)는 1×10^{-14}이며, 혼합 용액의 부피는 혼합 전 물 또는 용액의 부피의 합과 같다.)

① $\frac{1}{4}$ ② $\frac{3}{10}$ ③ 1 ④ 25 ⑤ 30

pOH는 $HCl(aq)$이 $NaOH(aq)$보다 크므로 (가)는 $HCl(aq)$이고, (나)는 $NaOH(aq)$이다.

$pH=-\log[H_3O^+]$, $pOH=-\log[OH^-]$이고, 25℃에서 $pH+pOH=14.0$이다.

[25024-0209]

07 그림은 25℃에서 수용액 (가)~(다)를 나타낸 것이다.

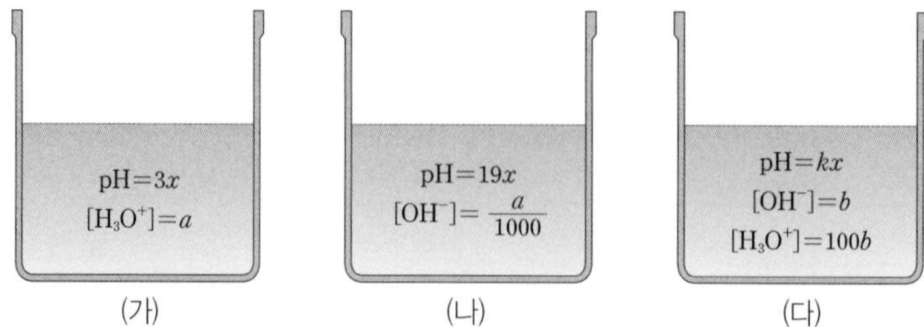

이에 대한 설명으로 옳은 것만을 <보기>에서 있는 대로 고른 것은? (단, 25℃에서 물의 이온화 상수(K_w)는 1×10^{-14}이다.)

보기

ㄱ. $k=8$이다.

ㄴ. (가)의 pOH는 11.5이다.

ㄷ. (나)에서 $\frac{[OH^-]}{[H_3O^+]}=1\times10^5$이다.

① ㄱ ② ㄷ ③ ㄱ, ㄴ ④ ㄴ, ㄷ ⑤ ㄱ, ㄴ, ㄷ

pH−pOH가 0보다 큰 (가)는 $NaOH(aq)$이고, 0인 (나)는 $H_2O(l)$이고, 0보다 작은 (다)는 $HCl(aq)$이다.

[25024-0210]

08 그림은 25℃에서 물질 (가)~(다)의 부피와 pH−pOH를 나타낸 것이다. (가)~(다)는 각각 $HCl(aq)$, $H_2O(l)$, $NaOH(aq)$ 중 하나이다.

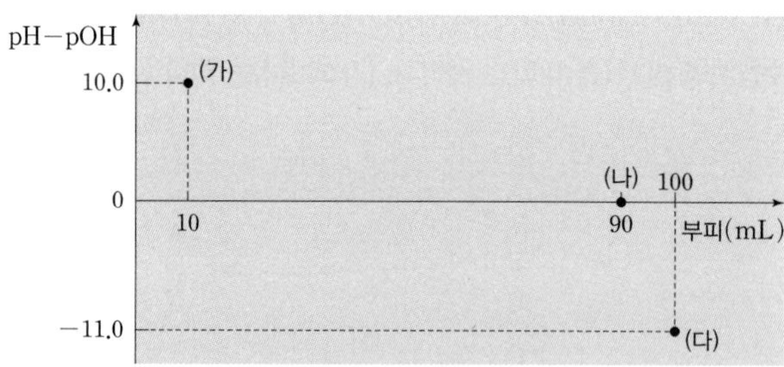

이에 대한 설명으로 옳은 것만을 <보기>에서 있는 대로 고른 것은? (단, 온도는 25℃로 일정하고, 25℃에서 물의 이온화 상수(K_w)는 1×10^{-14}이며, 혼합 용액의 부피는 혼합 전 물 또는 용액의 부피의 합과 같다.)

보기

ㄱ. (가)는 $HCl(aq)$이다.

ㄴ. (가)에서 OH^-의 양은 1×10^{-4} mol이다.

ㄷ. $\frac{\text{(가)와 (나)를 모두 혼합한 수용액의 pOH}}{\text{(다)의 pH}}=2$이다.

① ㄱ ② ㄴ ③ ㄱ, ㄷ ④ ㄴ, ㄷ ⑤ ㄱ, ㄴ, ㄷ

[25024-0211]

09 다음은 $25^\circ C$에서 물질 (가)~(다)에 대한 자료이다. (가)~(다)는 각각 $0.1\ M\ HCl(aq)$, $H_2O(l)$, $0.01\ M\ NaOH(aq)$ 중 하나이다.

pH=pOH인 (다)는 $H_2O(l)$이다.

물질	(가)	(나)	(다)
pH−pOH	a	b	0
$[OH^-](M)$	c	d	
부피(mL)	10	10	90

○ (가)와 (다)를 모두 혼합한 수용액에서 $pH-pOH=a-2.0$이다.
○ (나)와 (다)를 모두 혼합한 수용액에서 $pH-pOH=b+2.0$이다.

이에 대한 설명으로 옳은 것만을 〈보기〉에서 있는 대로 고른 것은? (단, 온도는 $25^\circ C$로 일정하고, $25^\circ C$에서 물의 이온화 상수(K_w)는 1×10^{-14}이며, 혼합 용액의 부피는 혼합 전 물 또는 용액의 부피의 합과 같다.)

〈보기〉
ㄱ. $a+b>0$이다.
ㄴ. $\frac{c}{d}=1\times10^{11}$이다.
ㄷ. (나)와 (다)를 모두 혼합한 수용액의 $[OH^-]$는 $\frac{d}{10}$ M이다.

① ㄱ ② ㄴ ③ ㄱ, ㄷ ④ ㄴ, ㄷ ⑤ ㄱ, ㄴ, ㄷ

[25024-0212]

10 그림은 $25^\circ C$에서 물질 (가)~(다)를 나타낸 것이다. (가)~(다)는 $HCl(aq)$, $H_2O(l)$, $NaOH(aq)$을 순서 없이 나타낸 것이고, pH는 (가)>(나)이며, OH^-의 몰비는 (가) : (다)=1 : 10^5이다.

pH가 (가)>(나)이므로 $[H_3O^+]$는 (나)>(가)이다.

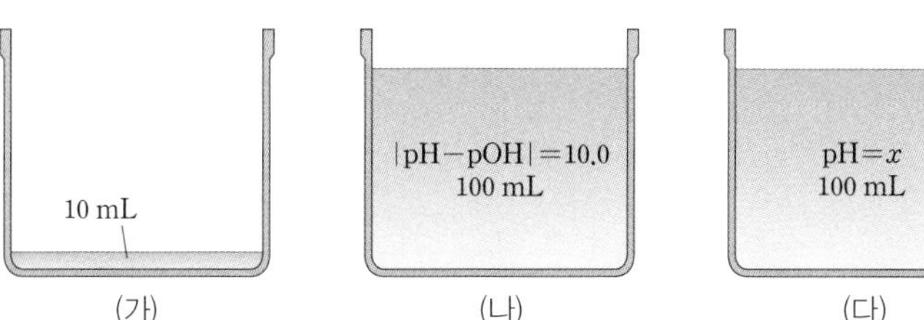

이에 대한 설명으로 옳은 것만을 〈보기〉에서 있는 대로 고른 것은? (단, $25^\circ C$에서 물의 이온화 상수(K_w)는 1×10^{-14}이다.)

〈보기〉
ㄱ. (가)는 $H_2O(l)$이다.
ㄴ. (나)에서 $\frac{pOH}{pH}=6$이다.
ㄷ. $x=12.0$이다.

① ㄱ ② ㄷ ③ ㄱ, ㄴ ④ ㄴ, ㄷ ⑤ ㄱ, ㄴ, ㄷ

정답과 해설 37쪽

pOH−pH가 0보다 큰 (나)는 산성 수용액이고, 0보다 작은 (가)와 (다)는 염기성 수용액이다.

[25024-0213]

11 다음은 25°C에서 수용액 (가)~(다)에 대한 자료이다. (가)~(다)는 서로 다른 농도의 $HCl(aq)$ 또는 $NaOH(aq)$이며, ㉠~㉢은 (가)~(다)를 순서 없이 나타낸 것이다.

수용액	(가)	(나)	(다)
pOH−pH	−7.0	11.0	−12.0
부피(mL)	100	10	100

○ ㉠의 pOH는 x이다.
○ pOH는 ㉡이 ㉢보다 크다.
○ ㉡에 물을 넣어 1 L로 만든 수용액의 pH는 ㉡의 pH보다 작다.

이에 대한 설명으로 옳은 것만을 <보기>에서 있는 대로 고른 것은? (단, 온도는 25°C로 일정하며, 25°C에서 물의 이온화 상수(K_w)는 1×10^{-14}이다.)

<보기>

ㄱ. $x=12.5$이다.

ㄴ. $\frac{\text{㉡에서 } OH^- \text{의 양(mol)}}{\text{㉠에서 } H_3O^+ \text{의 양(mol)}}=\frac{1}{10}$이다.

ㄷ. ㉢에 물을 넣어 1 L로 만든 수용액에서 $\frac{pH}{pOH}=6$이다.

① ㄱ ② ㄷ ③ ㄱ, ㄴ ④ ㄴ, ㄷ ⑤ ㄱ, ㄴ, ㄷ

(가)에서 $\frac{[H_3O^+]}{[OH^-]}=1\times10^{10}$, $[H_3O^+][OH^-]=1\times10^{-14}$이므로 $[H_3O^+]=1\times10^{-2}$ M, $[OH^-]=1\times10^{-12}$ M이다.

[25024-0214]

12 그림은 25°C에서 수용액 (가)와 (나)의 부피와 H_3O^+의 양(mol)을 나타낸 것이다. (가)에서 $\frac{[H_3O^+]}{[OH^-]}=1\times10^{10}$이다.

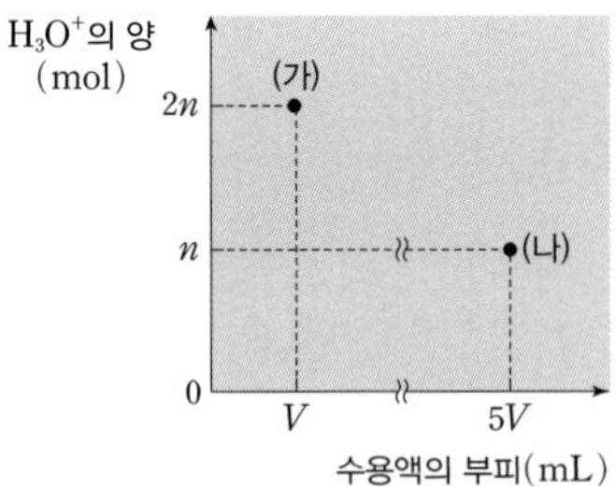

이에 대한 설명으로 옳은 것만을 <보기>에서 있는 대로 고른 것은? (단, 25°C에서 물의 이온화 상수(K_w)는 1×10^{-14}이다.)

<보기>

ㄱ. $[H_3O^+]$는 (가)가 (나)의 10배이다.

ㄴ. (나)에서 $\frac{[H_3O^+]}{[OH^-]}=1\times10^{12}$이다.

ㄷ. OH^-의 양(mol)은 (나)가 (가)의 2배이다.

① ㄱ ② ㄷ ③ ㄱ, ㄴ ④ ㄴ, ㄷ ⑤ ㄱ, ㄴ, ㄷ

11 산 염기와 중화 반응

1 산과 염기의 정의

(1) 아레니우스 정의

① 아레니우스 정의 : 산과 염기가 물에 녹아서 이온화하는 것을 근거로 한 정의이다.

- 산 : 수용액에서 수소 이온(H^+)을 내놓는 물질

  예 HBr, HF, HNO_3, H_2SO_4 등

  $HCl(aq) \longrightarrow H^+(aq)+Cl^-(aq)$

  $CH_3COOH(aq) \longrightarrow H^+(aq)+CH_3COO^-(aq)$

- 염기 : 수용액에서 수산화 이온(OH^-)을 내놓는 물질

  예 $LiOH$, KOH, $Ba(OH)_2$ 등

  $NaOH(aq) \longrightarrow Na^+(aq)+OH^-(aq)$

  $Ca(OH)_2(aq) \longrightarrow Ca^{2+}(aq)+2OH^-(aq)$

② 아레니우스 산 염기 정의의 한계 : H^+을 내놓지 않는 산 또는 OH^-을 내놓지 않는 염기는 설명할 수 없고, 수용액 상태가 아닌 경우에도 적용할 수 없다.

(2) 브뢴스테드 · 로리 정의

① 브뢴스테드 · 로리 정의 : 아레니우스 정의보다 확장된 개념이다.

- 산 : 양성자(H^+)를 주는 물질 ➡ 양성자 주개
- 염기 : 양성자(H^+)를 받는 물질 ➡ 양성자 받개

② HCl 수용액에서 브뢴스테드 · 로리 산과 염기

$$\underset{\text{산}}{\underline{HCl}} + \underset{\text{염기}}{\underline{H_2O}} \longrightarrow Cl^- + H_3O^+$$

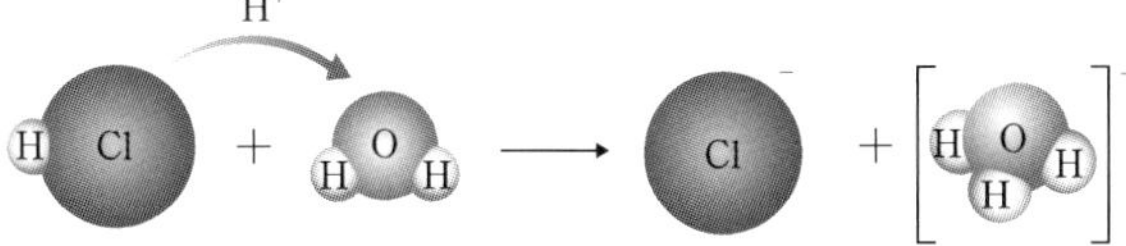

- HCl는 H_2O에게 양성자(H^+)를 주므로 브뢴스테드 · 로리 산이고, H_2O은 HCl로부터 양성자(H^+)를 받으므로 브뢴스테드 · 로리 염기이다.

③ NH_3 수용액에서 브뢴스테드 · 로리 산과 염기

$$\underset{\text{염기}}{\underline{NH_3}} + \underset{\text{산}}{\underline{H_2O}} \longrightarrow NH_4^+ + OH^-$$

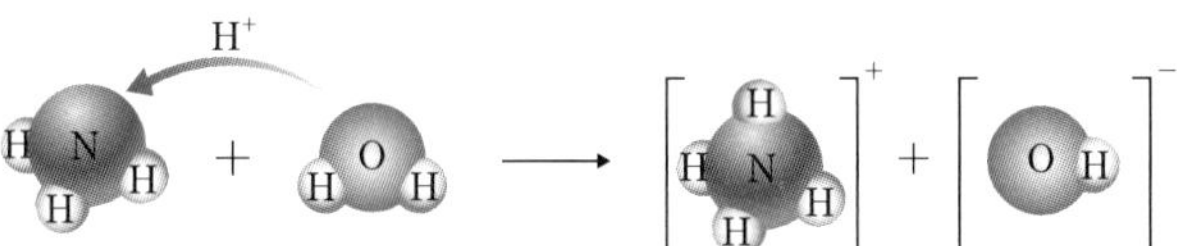

- H_2O은 NH_3에게 양성자(H^+)를 주므로 브뢴스테드 · 로리 산이고, NH_3는 H_2O로부터 양성자(H^+)를 받으므로 브뢴스테드 · 로리 염기이다.

개념 체크

➲ 수소 이온과 양성자

질량수가 1인 수소 원자(^1H)는 양성자 1개와 전자 1개로 구성되어 있다. 따라서 전자 1개를 잃고 형성되는 수소 이온(H^+)은 양성자이다.

1. 브뢴스테드 · 로리 정의에 의하면 산 염기 반응에서 염기는 ( )를 받는 물질이다.

2. HCl가 H_2O과 반응할 때 HCl는 H_2O에게 양성자(H^+)를 주므로 브뢴스테드 · 로리 ( )이고, H_2O은 HCl로부터 양성자(H^+)를 받으므로 브뢴스테드 · 로리 ( )이다.

※ ○ 또는 ×

3. $CH_3COOH(aq)+H_2O(l) \longrightarrow CH_3COO^-(aq)+H_3O^+(aq)$ 반응에서

(1) CH_3COOH은 양성자(H^+)를 H_2O에게 준다. ( )

(2) H_2O은 브뢴스테드 · 로리 염기이다. ( )

정답

1. 양성자(H^+)
2. 산, 염기
3. (1) ○ (2) ○

개념 체크

➲ 중화 반응
수용액에서 산과 염기가 반응하여 물이 생성되는 반응이다.

➲ 알짜 이온 반응식
화학 반응에서 실제 반응에 참여한 이온으로만 나타낸 반응식이다.

1. 수용액에서 산과 염기가 중화 반응하면 (　　)이 생성된다.

2. HCl(*aq*)과 NaOH(*aq*)의 반응에서
(1) 구경꾼 이온은 (　　)과 (　　)이다.
(2) 알짜 이온 반응식을 쓰시오.

정답
1. 물(H_2O)
2. (1) Na^+, Cl^-
(2) $H^+(aq)+OH^-(aq) \longrightarrow H_2O(l)$

2 중화 반응

(1) 중화 반응

① 중화 반응은 수용액에서 산과 염기가 반응하여 물이 생성되는 반응이다.

② 염화 수소(HCl)와 수산화 나트륨(NaOH)은 각각의 수용액에서 이온화하여 양이온과 음이온으로 존재하고, 두 수용액을 혼합하면 수소 이온(H^+)과 수산화 이온(OH^-)이 반응하여 물(H_2O)이 된다.

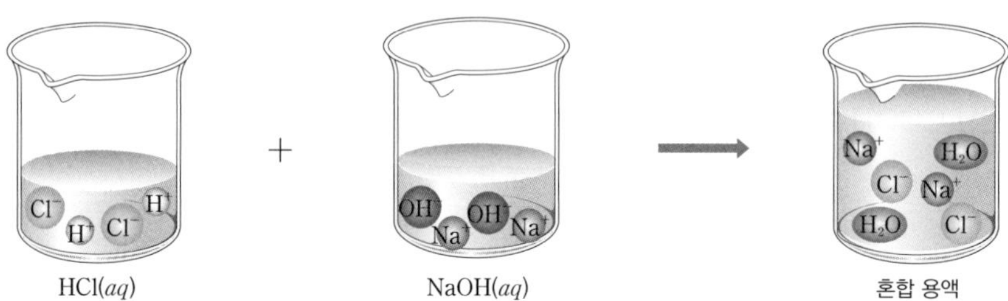

염산과 수산화 나트륨 수용액의 중화 반응

이온화	$HCl(aq) \longrightarrow H^+(aq)+Cl^-(aq)$ $NaOH(aq) \longrightarrow Na^+(aq)+OH^-(aq)$
전체 반응식	$HCl(aq)+NaOH(aq) \longrightarrow H_2O(l)+NaCl(aq)$ $H^+(aq)+Cl^-(aq)+Na^+(aq)+OH^-(aq) \longrightarrow H_2O(l)+Na^+(aq)+Cl^-(aq)$

(2) 중화 반응의 알짜 이온 반응식

① **구경꾼 이온** : 화학 반응에서 반응에 참여하지 않고 반응 후에도 용액에 그대로 남아 있는 이온을 말한다. HCl(*aq*)과 NaOH(*aq*)의 반응에서 Na^+과 Cl^-의 수는 반응 전과 후에 변화가 없으므로 Na^+과 Cl^-은 구경꾼 이온이다.

② **알짜 이온 반응식** : 화학 반응에서 구경꾼 이온을 제외하고 실제 반응에 참여한 이온으로만 나타낸 반응식이다. H^+과 OH^-이 반응하여 물을 생성하는 중화 반응의 알짜 이온 반응식은 다음과 같다.

$$H^+(aq)+OH^-(aq) \longrightarrow H_2O(l)$$

3 중화 반응에서의 양적 관계

(1) 중화 반응에서의 이온 수와 혼합 용액의 액성

① 산과 염기 수용액을 혼합하면 H^+과 OH^-이 1 : 1의 몰비로 반응하여 물이 된다.

$$H^+(aq)+OH^-(aq) \longrightarrow H_2O(l)$$

② 일반적으로 중화 반응의 양적 관계를 다룰 때 물의 자동 이온화는 고려하지 않는다. 산의 H^+과 염기의 OH^-의 양에 비해 물의 자동 이온화에 의한 H^+과 OH^-의 양은 무시할 정도로 적기 때문이다.

③ 혼합 전 산과 염기 수용액에 있는 H^+과 OH^- 중 중화 반응이 완결된 후 남은 이온의 종류에 의해 혼합 용액의 액성이 결정된다.

실험 Ⅰ	실험 Ⅱ	실험 Ⅲ
H^+ 140개 + OH^- 100개	H^+ 100개 + OH^- 100개	H^+ 100개 + OH^- 140개
↓	↓	↓
H^+ 40개 + H_2O 100개	H_2O 100개	H_2O 100개 + OH^- 40개
↓	↓	↓
산성	중성	염기성
H^+ 수 > OH^- 수	H^+ 수 = OH^- 수	H^+ 수 < OH^- 수

④ **혼합 용액의 액성** : 일정한 양의 $HCl(aq)$에 $NaOH(aq)$을 조금씩 가할 경우, 넣어 준 $NaOH(aq)$의 양에 따라 혼합 용액의 액성이 달라진다.

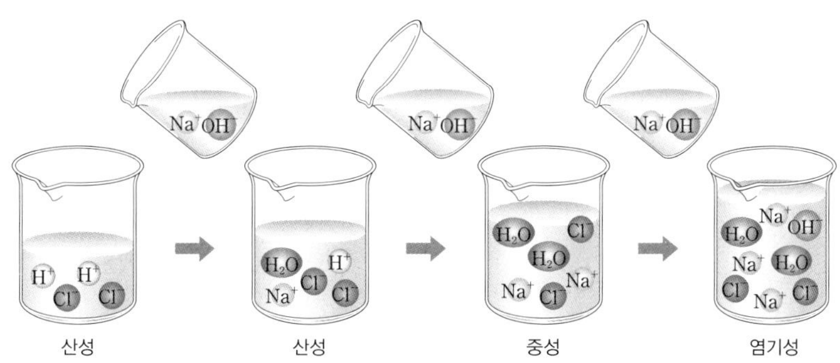

⑤ **중화 반응에서의 이온 수 변화** : 중화 반응은 H^+과 OH^-이 반응하여 물을 생성하는 반응으로 산 수용액에 염기 수용액을 가하거나 염기 수용액에 산 수용액을 가하여 반응시킬 때 이온 수의 변화가 생긴다.

- $HCl(aq)$이 들어 있는 비커에 $NaOH(aq)$을 가하여 반응시킬 때 Na^+과 Cl^-은 구경꾼 이온이므로 비커에 들어 있던 Cl^- 수는 일정하게 유지되지만 가하는 용액에 들어 있는 Na^+ 수는 계속 증가한다.

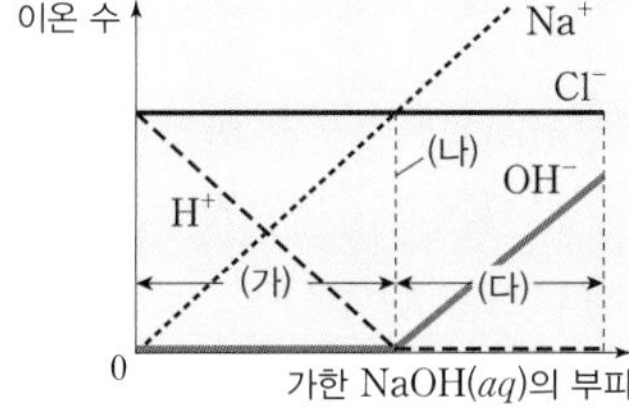

- (가) 구간은 비커에 들어 있던 H^+이 가해 준 OH^-과 반응하여 H^+ 수가 감소하는 구간으로 반응하여 없어지는 H^+ 수만큼 Na^+이 가해지기 때문에 전체 이온 수는 일정하게 유지된다.
- (나)는 비커에 들어 있던 H^+과 같은 수의 OH^-을 가한 지점으로 모든 H^+과 OH^-이 반응하여 물이 된 지점이다. 이때 H^+과 같은 수의 OH^-이 가해졌으므로 Cl^- 수와 Na^+ 수는 같다.
- (다) 구간은 H^+이 모두 반응하였고, 계속하여 OH^-이 가해지는 구간으로 더 이상 반응이 일어나지 않으므로 Na^+ 수, OH^- 수, 전체 이온 수는 계속 증가한다.
- 혼합 용액의 액성은 (가) 구간에서 산성, (나)에서 중성, (다) 구간에서 염기성이다.

개념 체크

➲ 중화 반응의 양적 관계
산과 염기 수용액을 혼합하면 H^+과 OH^-이 1 : 1의 몰비로 반응한다.

1. 중화 반응에서 H^+과 OH^-은 ( ):( )의 몰비로 반응하여 물을 생성한다.

2. 산 수용액과 염기 수용액을 혼합할 때 H^+ 수가 OH^- 수보다 많은 경우 혼합 용액은 ( )을 띤다.

정답
1. 1, 1
2. 산성

개념 체크

➲ 중화 반응의 양적 관계
반응한 H^+ 수
=반응한 OH^- 수
=생성된 물 분자 수
$H^+(aq)+OH^-(aq) \rightarrow H_2O(l)$

1. 일정량의 $HCl(aq)$에 $NaOH(aq)$을 가할 때 완전히 중화될 때까지 ( ) 수는 감소하고 ( ) 수는 일정하다.

2. 일정량의 $HCl(aq)$에 $NaOH(aq)$을 가할 때, 중화점에 도달하기 전까지 혼합 용액에 가장 많이 존재하는 이온은 ( )이다.

※ ○ 또는 ×

3. $HCl(aq)$과 $NaOH(aq)$의 혼합 용액이 염기성일 때 Na^+의 수와 Cl^-의 수가 같다. ( )

⑥ 중화 반응으로 생성되는 물 분자 수 : $HCl(aq)$이 들어 있는 비커에 $NaOH(aq)$을 가하면 $H^+(aq)+OH^-(aq) \longrightarrow H_2O(l)$의 중화 반응이 일어나므로 물이 생성된다. H^+이 존재하는 동안에는 가하는 $NaOH(aq)$의 부피에 비례하여 생성된 물 분자 수도 증가한다. 이때 중화 반응하는 H^+ 수와 OH^- 수, 생성된 물 분자 수의 비는 1 : 1 : 1이다. 그러나 완전히 중화된 이후에는 $NaOH(aq)$을 더 가하더라도 생성된 물 분자 수의 변화는 없다.

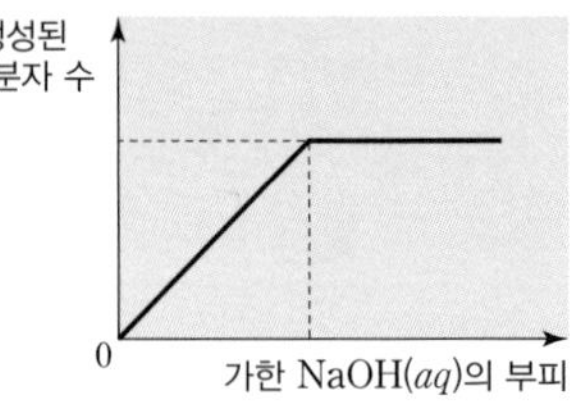

(2) 중화 반응에서의 양적 관계

① H^+과 OH^-의 양적 관계 : H^+과 OH^-은 1 : 1의 몰비로 반응한다.

➡ 반응한 산이 내놓는 H^+의 양(mol)과 반응한 염기가 내놓는 OH^-의 양(mol)은 같다.

② 반응한 산과 염기의 가수, 용액의 몰 농도, 부피의 관계

$$nMV=n'M'V'$$

(n, n' : 산, 염기의 가수
M, M' : 산, 염기 수용액의 몰 농도
V, V' : 산, 염기 수용액의 부피)

• 산과 염기의 가수 : 산 또는 염기 1 mol이 최대로 내놓을 수 있는 H^+ 또는 OH^-의 양(mol)에 해당하는 수이다.

산		염기	
1가 산	HCl, CH_3COOH	1가 염기	$NaOH$, KOH
2가 산	H_2SO_4, H_2CO_3	2가 염기	$Ca(OH)_2$, $Ba(OH)_2$
3가 산	H_3PO_4	3가 염기	$Al(OH)_3$

• 반응한 산 또는 염기 수용액의 몰 농도(M)와 부피(L)의 곱은 반응한 산 또는 염기의 양(mol)이다(MV, $M'V'$).

• 반응한 산 또는 염기의 가수, 수용액의 몰 농도(M), 부피(L)의 곱은 반응한 산 또는 염기가 내놓는 H^+ 또는 OH^-의 양(mol)이다(nMV, $n'M'V'$).

• 반응한 산이 내놓는 H^+의 양(mol)과 반응한 염기가 내놓는 OH^-의 양(mol)은 같으므로 $nMV=n'M'V'$이다.

③ 중화 반응에서의 양적 관계($nMV=n'M'V'$)

예 1 M $H_2SO_4(aq)$ 100 mL에 들어 있는 H_2SO_4과 0.5 M $NaOH(aq)$ 400 mL에 들어 있는 NaOH이 모두 반응한 경우

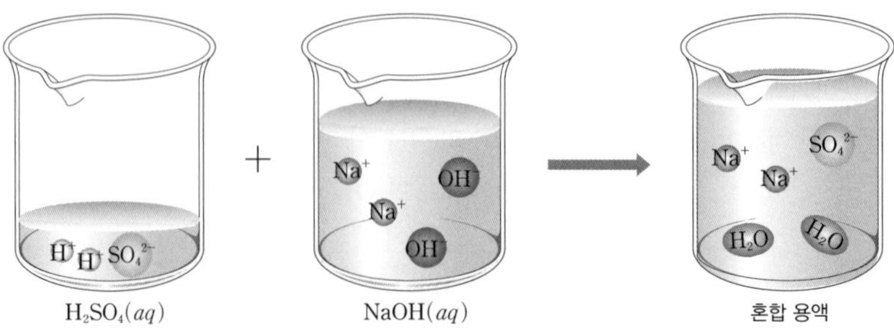

$H_2SO_4(aq)$ $NaOH(aq)$ 혼합 용액

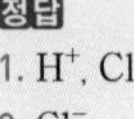
정답
1. H^+, Cl^-
2. Cl^-
3. ×

• 화학 반응식 : $H_2SO_4(aq)+2NaOH(aq) \longrightarrow 2H_2O(l)+Na_2SO_4(aq)$
• 양적 관계 해석

산, 염기 수용액	$H_2SO_4(aq)$	$NaOH(aq)$
산, 염기의 가수(n, n')	2	1
산, 염기 수용액의 몰 농도(M)(M, M')	1	0.5
산, 염기 수용액의 부피(L)(V, V')	0.1	0.4
반응한 산, 염기의 양(mol)(MV, $M'V'$)	0.1	0.2
반응한 산, 염기가 내놓는 H^+, OH^-의 양(mol)(nMV, $n'M'V'$)	0.2	0.2

➡ 반응한 H_2SO_4이 내놓는 H^+의 양과 반응한 NaOH이 내놓는 OH^-의 양은 0.2 mol로 서로 같다.

과학 돋보기 중화 반응에서 이온의 몰 농도(M)

표는 1 M HCl(aq) 10 mL가 들어 있는 비커에 0.5 M NaOH(aq)을 가할 때 가한 NaOH(aq)의 부피에 따른 혼합 용액에 존재하는 이온의 몰 농도(M)에 대한 자료이다. 중화 반응에서의 양적 관계에 의해 1 M HCl(aq) 10 mL를 완전히 중화시키기 위해 필요한 0.5 M NaOH(aq)의 부피는 20 mL이다. (단, 혼합 용액의 부피는 혼합 전 각 용액의 부피의 합과 같고, 물의 자동 이온화는 무시한다.)

가한 NaOH(aq)의 부피(mL)	이온의 몰 농도(M)			
	H^+	Cl^-	Na^+	OH^-
0	1	1	0	0
10	$\frac{1}{4}$	$\frac{1}{2}$	$\frac{1}{4}$	0
20	0	$\frac{1}{3}$	$\frac{1}{3}$	0
30	0	$\frac{1}{4}$	$\frac{3}{8}$	$\frac{1}{8}$

(1) 0.5 M NaOH(aq) 10 mL를 넣었을 때
• H^+ : 처음 H^+의 $\frac{1}{2}$배가 중화 반응에 의해 소모되고, 용액의 부피는 2배가 되므로 $\frac{1}{4}(=1\times\frac{1}{2}\times\frac{10}{10+10})$ M이다.
• Cl^- : 용액의 부피는 2배가 되므로 $\frac{1}{2}(=1\times\frac{10}{10+10})$ M이다.
• Na^+ : 용액의 부피는 2배가 되므로 $\frac{1}{4}(=0.5\times\frac{10}{10+10})$ M이다.

(2) 0.5 M NaOH(aq) 20 mL를 넣었을 때
• Cl^- : 용액의 부피는 3배가 되므로 $\frac{1}{3}(=1\times\frac{10}{10+20})$ M이다.
• Na^+ : 용액의 부피는 $\frac{3}{2}$배가 되므로 $\frac{1}{3}(=0.5\times\frac{20}{20+10})$ M이다.

(3) 0.5 M NaOH(aq) 30 mL를 넣었을 때
• Cl^- : 용액의 부피는 4배가 되므로 $\frac{1}{4}(=1\times\frac{10}{10+30})$ M이다.
• Na^+ : 용액의 부피는 $\frac{4}{3}$배가 되므로 $\frac{3}{8}(=0.5\times\frac{30}{30+10})$ M이다.
• OH^- : 처음 OH^-의 $\frac{2}{3}$배가 중화 반응에 의해 소모되고, 용액의 부피는 $\frac{4}{3}$배가 되므로 $\frac{1}{8}(=0.5\times\frac{1}{3}\times\frac{30}{30+10})$ M이다.

개념 체크

중화 반응에서의 양적 관계
$nMV=n'M'V'$
n, n' : 산, 염기의 가수
M, M' : 산, 염기 수용액의 몰 농도(M)
V, V' : 산, 염기 수용액의 부피(L)

1. H_2SO_4은 (   )가 산이고, $Ca(OH)_2$은 (   )가 염기이다.

2. 중화 반응에서 산이 2가 산일 경우 반응한 산이 내놓는 H^+의 양(mol)은 반응한 산의 양(mol)의 (   )배이다.

3. 0.5 M HCl(aq) 100 mL와 0.1 M $Ca(OH)_2(aq)$ 200 mL를 혼합한 용액의 액성은 (   )이다.

정답
1. 2, 2
2. 2
3. 산성

개념 체크

➲ 중화 적정
중화 반응을 이용하여 농도를 모르는 산이나 염기의 농도를 알아내는 실험 방법이다.

1. 중화 적정 실험에서 액체의 부피를 정확히 취하여 옮길 때 사용하는 기구는 (　　)이다.

2. 중화 적정 실험에서 가해지는 표준 용액의 부피를 측정할 때 사용하는 실험 기구는 (　　)이다.

정답
1. 피펫
2. 뷰렛

4 중화 적정

(1) 중화 적정 : 농도를 모르는 산이나 염기의 농도를 중화 반응의 양적 관계($nMV=n'M'V'$)를 이용하여 알아내는 실험 방법이다. 이때 농도를 정확히 알고 있는 염기나 산 수용액이 사용되는데 이를 표준 용액이라고 한다.

① **중화점** : 중화 적정에서 반응한 산의 H^+의 양(mol)과 반응한 염기의 OH^-의 양(mol)이 같아져 산과 염기가 완전히 중화되는 점을 중화점이라고 한다.

② **중화 적정에 사용되는 실험 기구**

피펫	뷰렛	삼각 플라스크
액체의 부피를 정확히 취하여 옮길 때 사용한다.	가해지는 표준 용액의 부피를 측정할 때 사용한다.	농도를 알고자 하는 수용액을 담을 때 사용한다.

(2) 중화 적정을 이용한 식초 속 아세트산 함량 구하기 실험 계획

① 중화 반응의 화학 반응식을 작성한다.

$$CH_3COOH(aq)+NaOH(aq) \longrightarrow H_2O(l)+CH_3COONa(aq)$$

② 식초 속 CH_3COOH 함량을 구하기 위해 중화 적정의 양적 관계를 이해한다.

- $nMV=n'M'V'$의 관계를 이용한다.

$$nMV=n'M'V'$$

n, n' : CH_3COOH과 NaOH의 가수 ➡ 각각 1
M, M' : 식초 속 CH_3COOH과 NaOH 표준 용액의 몰 농도
V, V' : 반응한 식초와 NaOH 표준 용액의 부피

- 계산된 식초의 몰 농도를 이용하여 식초 속 CH_3COOH의 함량(%)을 계산한다(단, 식초의 밀도를 1 g/mL로 가정한다).

③ 실험 조건을 결정한다.

- 필요할 경우 임의의 조건으로 간단히 예비 실험을 실시한다.
- 표준 용액과 지시약의 종류를 결정한다.
  예 표준 용액 : $NaOH(aq)$, 지시약 : 페놀프탈레인 용액(염기성에서 붉은색)
- 표준 용액의 농도를 결정한다.
- 실험 기구 종류 및 크기와 사용할 시약의 양을 결정한다.

④ 준비물을 확인한다.

- 시약 : 식초, NaOH 표준 용액, 페놀프탈레인 용액, 물 등
- 실험 도구 : 비커, 피펫, 피펫 필러, 삼각 플라스크, 스포이트, 뷰렛, 뷰렛 집게, 스탠드, 깔때기, 실험복, 실험용 장갑, 보안경 등(지시약의 혼합을 위해 유리 막대, 자석 젓개와 자석 교반기 등을 사용할 수 있다.)

⑤ 자세한 실험 과정을 설계한다.

⑥ 실험 중 유의할 점을 확인한다.

- CH_3COOH은 휘발성이 있기 때문에 식초의 뚜껑을 잘 닫아두어야 하고, 실험에 걸리는 시간을 가능한 한 짧게 하여 공기 중으로 날아가는 CH_3COOH의 양을 최소화해야 한다.
- 표준 용액이 식초보다 농도가 너무 크면 정확한 중화점을 찾기가 어렵고, 표준 용액이 식초보다 농도가 너무 작으면 넣어 주어야 할 표준 용액의 양이 너무 커서 실험이 어려워진다.
- 뷰렛에 표준 용액을 넣은 후 일정량을 흘려주어 뷰렛 꼭지의 아랫부분을 표준 용액으로 채운 후에 표준 용액의 처음 부피를 측정해야 한다.

(3) 식초 속 아세트산 함량 구하기 실험 수행

① 피펫으로 식초 3 mL를 취하여 삼각 플라스크에 넣고 물을 넣어 30 mL가 되게 한 후 페놀프탈레인 용액을 2~3방울 떨어뜨린다.

② 깔때기를 이용해 뷰렛에 0.1 M NaOH 표준 용액을 넣고 꼭지를 잠시 열었다가 닫아 표준 용액을 조금 흘려주어 뷰렛 꼭지의 아랫부분을 표준 용액으로 채운다.

③ 뷰렛에 표준 용액을 채운 후 뷰렛의 눈금을 읽는다.

④ 그림과 같이 장치한 후 뷰렛 꼭지를 열어 0.1 M NaOH 표준 용액을 희석된 식초가 든 삼각 플라스크에 조금씩 떨어뜨린다.

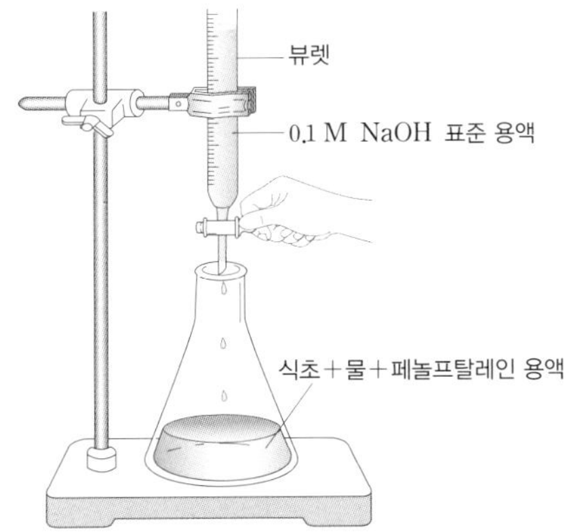

⑤ 삼각 플라스크 속 혼합 용액에 붉은색이 나타나면 삼각 플라스크를 흔들어 주면서 표준 용액을 한 방울씩 떨어뜨리고 혼합 용액 전체가 붉은색으로 변하는 순간 꼭지를 잠근 후 뷰렛의 눈금을 읽는다.

➡ 식초를 희석시킨 용액 30 mL를 완전히 중화시키는 데 필요한 0.1 M NaOH 표준 용액의 부피(③과 ⑤에서 읽은 눈금의 차) : 30 mL

개념 체크

식초 속 아세트산 함량 구하기
화학 반응식 :
$CH_3COOH(aq)+NaOH(aq)$
$\rightarrow H_2O(l)+CH_3COONa(aq)$
중화 반응에서의 양적 관계 :
$nMV=n'M'V'$

1. 식초 속 아세트산은 ( )가 산이다.

2. 식초 속 아세트산을 NaOH(aq)으로 중화 적정하기 위해 지시약으로 페놀프탈레인 용액을 사용하면 중화점을 지나면서 혼합 용액의 색깔이 무색에서 ( )으로 변한다.

정답
1. 1
2. 붉은색

⑥ 식초를 희석시킨 용액 속 CH_3COOH의 몰 농도를 x M라고 하면, CH_3COOH과 NaOH이 각각 1가 산과 1가 염기이고, 반응한 CH_3COOH이 내놓은 H^+의 양(mol)과 반응한 NaOH이 내놓은 OH^-의 양(mol)이 같으므로 $1 \times x\,M \times 30\,mL = 1 \times 0.1\,M \times 30\,mL$이며 $x=0.1$이다. 삼각 플라스크 속 용액은 식초를 10배 희석시킨 것이므로 식초 3 mL 속 CH_3COOH의 몰 농도는 1 M이고, 식초 1 L에는 CH_3COOH 1 mol이 들어 있다.

⑦ 식초의 밀도를 1 g/mL라고 하면, 식초 1 L의 질량은 1000 g이다. CH_3COOH의 분자량이 60이고 식초 속 CH_3COOH의 몰 농도가 1 M이므로 식초 1000 g(=1 L)에는 CH_3COOH이 60 g(=1 mol) 들어 있다. 따라서 식초 속 CH_3COOH의 함량(%)은 $\frac{60\,g}{1000\,g} \times 100 = 6(\%)$이다.

개념 체크

➲ 식초 속 아세트산의 몰 농도가 a M라고 하면 1 L 수용액에 아세트산이 a mol 들어 있다는 것을 의미한다. 식초의 밀도를 1 g/mL라고 할 때 아세트산 a mol의 질량은 $60a$ g(아세트산의 분자량=60)이므로 아세트산의 함량(%)은 다음과 같다.

$$\frac{60a\,g}{1000\,g} \times 100 = 6a(\%)$$

➲ 농도와 부피가 같은 1가 산 수용액과 2가 산 수용액에서 중화 반응을 할 수 있는 H^+의 양(mol)은 2가 산 수용액이 1가 산 수용액의 2배이다.

※ ○ 또는 ×

1. 중화 적정에서 뷰렛에 표준 용액을 넣고 꼭지를 잠시 열었다가 닫은 후, 뷰렛의 눈금을 읽어 표준 용액의 처음 부피를 측정해야 한다. ( )

2. 중화 적정에서 뷰렛에 들어 있는 표준 용액을 시료가 들어 있는 삼각 플라스크에 조금씩 떨어뜨리면서 색깔의 변화가 처음 나타났다가 사라질 때가 중화점이다. ( )

정답
1. ○
2. ×

탐구자료 살펴보기 | 중화 반응을 이용한 탐구 실험

탐구 자료

용기의 라벨이 떨어져 육안으로는 구별되지 않는 두 수용액 0.1 M $HNO_3(aq)$과 0.1 M $H_2SO_4(aq)$을 중화 적정을 이용하여 구별해 보자.

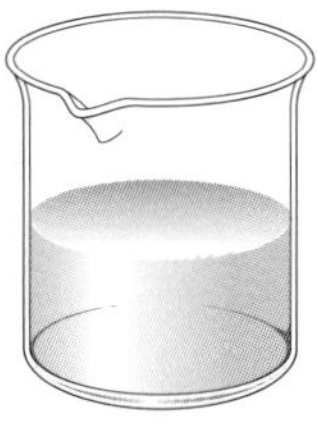

➡ 같은 부피의 두 수용액에서 중화 반응을 할 수 있는 H^+의 양(mol)은 0.1 M $H_2SO_4(aq)$이 0.1 M $HNO_3(aq)$의 2배이다.

분석 point

1. 중화 적정을 이용하는 방법
   0.1 M NaOH 표준 용액으로 $HNO_3(aq)$ 100 mL와 $H_2SO_4(aq)$ 100 mL 각각에 대해 중화 적정 실험을 수행한다.
   ➡ 중화점까지 넣어 주는 NaOH 표준 용액의 부피가 100 mL인 것이 $HNO_3(aq)$이고, 200 mL인 것이 $H_2SO_4(aq)$이다.

2. 중화 반응 후 혼합 용액의 액성을 확인하는 방법
   0.1 M NaOH 표준 용액 150 mL를 $HNO_3(aq)$ 100 mL와 $H_2SO_4(aq)$ 100 mL 각각에 넣어 중화 반응을 완결시킨 후 지시약을 통해 혼합 용액의 액성을 확인한다.
   ➡ 염기성을 띠는 것이 $HNO_3(aq)$이고, 산성을 띠는 것이 $H_2SO_4(aq)$이다.

정답과 해설 40쪽

[25024-0215]

01 다음은 2가지 반응의 화학 반응식이다.

(가) CO_3^{2-} + ㉠ ⟶ HCO_3^- + OH^-
(나) CH_3COOH + ㉠ ⟶ CH_3COO^- + H_3O^+

이에 대한 설명으로 옳은 것만을 〈보기〉에서 있는 대로 고른 것은?

〈보기〉
ㄱ. ㉠은 H_2O이다.
ㄴ. (가)에서 ㉠은 브뢴스테드 · 로리 산이다.
ㄷ. (나)에서 ㉠은 브뢴스테드 · 로리 염기이다.

① ㄱ ② ㄷ ③ ㄱ, ㄴ
④ ㄴ, ㄷ ⑤ ㄱ, ㄴ, ㄷ

[25024-0216]

02 표는 a M $H_2A(aq)$과 b M $NaOH(aq)$의 부피를 달리하여 혼합한 용액 (가)와 (나)에 대한 자료이다.

혼합 용액		(가)	(나)
혼합 전 용액의 부피(mL)	$H_2A(aq)$	10	10
	$NaOH(aq)$	10	20
혼합 용액에 존재하는 이온의 양(mol)	H^+	0.001	
	OH^-		0.004

$b-a$는? (단, H_2A는 수용액에서 H^+과 A^{2-}으로 모두 이온화되고, 물의 자동 이온화는 무시한다.)

① 0.05 ② 0.1 ③ 0.15
④ 0.2 ⑤ 0.25

[25024-0217]

03 다음은 식초 A 1 mL에 들어 있는 아세트산(CH_3COOH)의 양(mol)을 알아보기 위한 중화 적정 실험이다.

[실험 과정 및 결과]
(가) 식초 A 15 mL에 물을 넣어 수용액 100 mL를 만들었다.
(나) (가)에서 만든 수용액 50 mL에 페놀프탈레인 용액을 2~3방울 넣고 a M $NaOH(aq)$으로 적정하였을 때, 수용액 전체가 붉게 변하는 순간까지 넣어 준 $NaOH(aq)$의 부피는 V mL이었다.
(다) 식초 A 1 mL에 들어 있는 CH_3COOH의 양을 구하였더니 x mol이었다.

$\frac{a \times V}{x}$는? (단, 온도는 25℃로 일정하고, 중화 적정 과정에서 식초에 포함된 물질 중 CH_3COOH만 $NaOH$과 반응한다.)

① 5 ② 250 ③ 5000 ④ 7500 ⑤ 10000

[25024-0218]

04 그림은 용액 (가)와 (나)를 모두 혼합하여 용액 (다)를 만드는 과정을 나타낸 것이다.

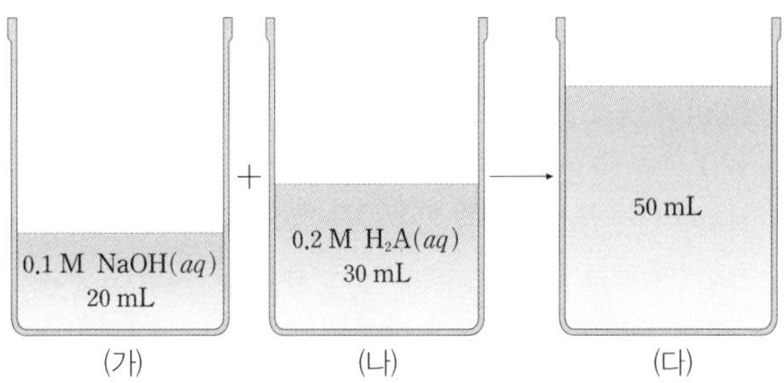

(다)에 대한 설명으로 옳은 것만을 〈보기〉에서 있는 대로 고른 것은? (단, H_2A는 수용액에서 H^+과 A^{2-}으로 모두 이온화되고, 물의 자동 이온화는 무시한다.)

〈보기〉
ㄱ. 액성은 산성이다.
ㄴ. 양이온 수는 음이온 수보다 크다.
ㄷ. 모든 양이온의 몰 농도(M) 합은 0.2 M보다 크다.

① ㄱ ② ㄷ ③ ㄱ, ㄴ ④ ㄴ, ㄷ ⑤ ㄱ, ㄴ, ㄷ

[25024-0219]

05 다음은 2가지 반응의 화학 반응식이다.

(가) $HCOOH +$ ㉠ $\longrightarrow HCOO^- + H_2O$
(나) $H_2PO_4^- +$ ㉠ $\longrightarrow$ ㉡ $+ H_2O$

이에 대한 설명으로 옳은 것만을 <보기>에서 있는 대로 고른 것은?

보기
ㄱ. ㉡은 H_3PO_4이다.
ㄴ. (가)에서 HCOOH은 브뢴스테드·로리 산으로 작용한다.
ㄷ. (나)에서 ㉠은 브뢴스테드·로리 산으로 작용한다.

① ㄱ ② ㄴ ③ ㄷ
④ ㄱ, ㄴ ⑤ ㄴ, ㄷ

[25024-0220]

06 다음은 식초 1 g에 들어 있는 아세트산(CH_3COOH)의 질량을 알아보기 위한 중화 적정 실험이다.

[자료]
○ CH_3COOH의 분자량 : 60

[실험 과정]
(가) 식초 20 g을 준비한다.
(나) (가)의 식초에 물을 넣어 수용액 100 g을 만든다.
(다) (나)에서 만든 수용액 x g에 페놀프탈레인 용액을 2~3방울 넣고 0.1 M KOH(aq)으로 적정하였을 때, 수용액 전체가 붉게 변하는 순간까지 넣어 준 KOH(aq)의 부피(V)를 측정한다.

[실험 결과]
○ V : 40 mL
○ (가)에서 식초 1 g에 들어 있는 CH_3COOH의 질량 : 0.03 g

x는? (단, 온도는 25℃로 일정하고, 중화 적정 과정에서 식초에 포함된 물질 중 CH_3COOH만 KOH과 반응한다.)

① 20 ② 30 ③ 40 ④ 50 ⑤ 60

[25024-0221]

07 표는 a M HCl(aq), b M H_2A(aq), c M NaOH(aq)의 부피를 달리하여 혼합한 용액 (가)와 (나)에 대한 자료이다.

혼합 용액		(가)	(나)
혼합 전 용액의 부피(mL)	HCl(aq)	10	15
	H_2A(aq)	5	20
	NaOH(aq)	10	30
혼합 용액의 액성		중성	중성

$\frac{c}{b}$는? (단, H_2A는 수용액에서 H^+과 A^{2-}으로 모두 이온화되고, 물의 자동 이온화는 무시한다.)

① $\frac{2}{5}$ ② $\frac{3}{5}$ ③ $\frac{2}{3}$ ④ $\frac{3}{2}$ ⑤ $\frac{5}{3}$

[25024-0222]

08 표는 a M HCl(aq)과 b M $Ca(OH)_2$(aq)의 부피를 달리하여 혼합한 용액 (가)와 (나)에 대한 자료이다.

혼합 용액	혼합 전 용액의 부피(mL)		1 mL에 들어 있는 이온 모형
	HCl(aq)	$Ca(OH)_2$(aq)	
(가)	10	20	□ ▲ ● □ ▲ ●
(나)	20	10	☆ ● ● □ ● ● ☆

이에 대한 설명으로 옳은 것만을 <보기>에서 있는 대로 고른 것은? (단, 혼합 용액의 부피는 혼합 전 각 용액의 부피의 합과 같고, $Ca(OH)_2$은 수용액에서 Ca^{2+}과 OH^-으로 모두 이온화되며, 물의 자동 이온화는 무시한다.)

보기
ㄱ. ▲은 음이온이다.
ㄴ. $\frac{a}{b}$=2이다.
ㄷ. $\frac{\text{(가)에서 모든 양이온의 몰 농도(M) 합}}{\text{(나)에서 모든 음이온의 몰 농도(M) 합}}=\frac{1}{2}$이다.

① ㄱ ② ㄷ ③ ㄱ, ㄴ
④ ㄴ, ㄷ ⑤ ㄱ, ㄴ, ㄷ

[25024-0223]

09 다음은 25°C에서 $HCl(aq)$에 대한 중화 적정 실험이다.

[실험 과정]
(가) x M $HCl(aq)$ Ⅰ과 y M $HCl(aq)$ Ⅱ를 준비한다.
(나) 40 mL의 Ⅰ에 페놀프탈레인 용액을 2~3방울 넣고 a M $NaOH(aq)$으로 적정하였을 때, 수용액 전체가 붉게 변하는 순간까지 넣어 준 $NaOH(aq)$의 부피(V)를 측정한다.
(다) 40 mL의 Ⅰ 대신 30 mL의 Ⅱ를 이용하여 (나)를 반복한다.
[실험 결과]
○ (나)에서 V : 45 mL
○ (다)에서 V : 60 mL

$\frac{y}{x}$는? (단, 온도는 25°C로 일정하다.)

① $\frac{9}{16}$ ② $\frac{3}{4}$ ③ 1 ④ $\frac{4}{3}$ ⑤ $\frac{16}{9}$

[25024-0224]

10 표는 0.2 M $H_2A(aq)$ 20 mL와 a M $NaOH(aq)$ V mL를 모두 혼합한 용액 (가)에 대한 자료이다.

이온	Na^+	OH^-	A^{2-}
몰 농도(M)	$\frac{1}{5}$	x	x

이에 대한 설명으로 옳은 것만을 〈보기〉에서 있는 대로 고른 것은? (단, 혼합 용액의 부피는 혼합 전 각 용액의 부피의 합과 같고, H_2A는 수용액에서 H^+과 A^{2-}으로 모두 이온화되며, 물의 자동 이온화는 무시한다.)

〈보기〉
ㄱ. (가)의 액성은 염기성이다.
ㄴ. $\frac{a}{V} > \frac{1}{100}$이다.
ㄷ. $x > \frac{1}{10}$이다.

① ㄱ ② ㄷ ③ ㄱ, ㄴ
④ ㄴ, ㄷ ⑤ ㄱ, ㄴ, ㄷ

[25024-0225]

11 다음은 식초 A 1 g에 들어 있는 아세트산(CH_3COOH)의 질량을 알아보기 위한 중화 적정 실험이다.

[자료]
○ 25°C에서 식초 A 1 g의 부피 : a mL
○ CH_3COOH의 분자량 : 60
[실험 과정]
(가) A 15 mL에 물을 넣어 수용액 50 mL를 만든다.
(나) (가)에서 만든 수용액 25 mL에 페놀프탈레인 용액을 2~3방울 넣고 0.1 M $NaOH(aq)$으로 적정하였을 때, 수용액 전체가 붉게 변하는 순간까지 넣어 준 $NaOH(aq)$의 부피(V)를 측정한다.
[실험 결과]
○ V : 50 mL
○ 식초 A 1 g에 들어 있는 CH_3COOH의 질량 : x g

x는? (단, 온도는 25°C로 일정하고, 중화 적정 과정에서 식초에 포함된 물질 중 CH_3COOH만 $NaOH$과 반응한다.)

① $\frac{a}{25}$ ② $\frac{a}{20}$ ③ $\frac{1}{25a}$ ④ $\frac{1}{20a}$ ⑤ $\frac{1}{10a}$

[25024-0226]

12 표는 a M $H_2A(aq)$과 b M $NaOH(aq)$의 부피를 달리하여 혼합한 용액 (가)와 (나)에 대한 자료이다.

혼합 용액		(가)	(나)
혼합 전 용액의 부피(mL)	$H_2A(aq)$	V	$2V$
	$NaOH(aq)$	10	50
혼합 용액에 존재하는 모든 이온 수의 비		4 : 5 : x	1 : y

$\frac{x}{y}$는? (단, H_2A는 수용액에서 H^+과 A^{2-}으로 모두 이온화되고, 물의 자동 이온화는 무시하며, y는 자연수이다.)

① 1 ② 2 ③ 3 ④ 4 ⑤ 5

수능 3점 테스트

(가)에서 CH_3NH_2은 HCl로부터 양성자(H^+)를 받는다.

[25024-0227]

01 **다음은 3가지 반응의 화학 반응식이다.**

(가) $CH_3NH_2 + HCl \longrightarrow CH_3NH_3^+ + Cl^-$

(나) $HF + (CH_3)_3N \longrightarrow$ [㉠] $+ (CH_3)_3NH^+$

(다) $HF +$ [㉡] $\longrightarrow$ [㉠] $+ H_2CO_3$

이에 대한 설명으로 옳은 것만을 〈보기〉에서 있는 대로 고른 것은?

〈 보기 〉

ㄱ. (가)에서 CH_3NH_2은 브뢴스테드 · 로리 염기이다.

ㄴ. ㉡은 HCO_3^-이다.

ㄷ. (나)와 (다)에서 모두 HF는 브뢴스테드 · 로리 산이다.

① ㄱ ② ㄷ ③ ㄱ, ㄴ ④ ㄴ, ㄷ ⑤ ㄱ, ㄴ, ㄷ

(나)에서 반응한 CH_3COOH의 양(mol)은 반응한 NaOH의 양(mol)과 같다.

[25024-0228]

02 **다음은 학생 A가 수행한 탐구 활동이다.**

[가설] ○ 같은 부피의 식초를 0.1 M NaOH(aq)으로 중화 적정할 때, 식초 1 mL에 들어 있는 아세트산(CH_3COOH)의 질량이 클수록 [㉠]

[실험 과정]

(가) 1 mL에 CH_3COOH이 각각 0.033 g, 0.039 g, 0.045 g만큼 들어 있는 식초 Ⅰ~Ⅲ을 준비한다.

(나) Ⅰ 10 mL에 물을 넣어 수용액 50 mL를 만들고 페놀프탈레인 용액을 2~3방울 넣은 후 0.1 M NaOH(aq)으로 적정하였을 때, 수용액 전체가 붉게 변하는 순간까지 넣어 준 NaOH(aq)의 부피(V)를 측정한다.

(다) Ⅰ 대신 Ⅱ를 이용하여 (나)를 반복한다.

(라) Ⅰ 대신 Ⅲ을 이용하여 (나)를 반복한다.

[실험 결과] ○ (나)에서 V : 55 mL ○ (다)에서 V : 65 mL ○ (라)에서 V : x mL

[결론] ○ 가설은 옳다.

학생 A의 실험 과정 및 결과, 결론이 타당할 때, 이에 대한 설명으로 옳은 것만을 〈보기〉에서 있는 대로 고른 것은? (단, 온도는 25℃로 일정하고, 중화 적정 과정에서 식초 Ⅰ~Ⅲ에 포함된 물질 중 CH_3COOH만 NaOH과 반응한다.)

〈 보기 〉

ㄱ. '중화점까지 넣어 준 NaOH(aq)의 부피가 크다.'는 ㉠으로 적절하다.

ㄴ. $x > 65$이다.

ㄷ. (나)에서 반응한 CH_3COOH의 양은 5.5×10^{-4} mol이다.

① ㄱ ② ㄷ ③ ㄱ, ㄴ ④ ㄴ, ㄷ ⑤ ㄱ, ㄴ, ㄷ

[25024-0229]

03 표는 a M $HCl(aq)$, b M $HBr(aq)$, c M $NaOH(aq)$의 부피를 달리하여 혼합한 용액 (가)~(다)에 대한 자료이다. (가)~(다)의 액성은 모두 다르며, 각각 산성, 중성, 염기성 중 하나이다.

혼합 용액	혼합 전 용액의 부피(mL)			모든 양이온의 몰 농도(M) 합
	$HCl(aq)$	$HBr(aq)$	$NaOH(aq)$	
(가)	10	10	10	$\frac{4}{15}$
(나)	20	20	10	x
(다)	30	20	10	$\frac{3}{20}$

이에 대한 설명으로 옳은 것만을 〈보기〉에서 있는 대로 고른 것은? (단, 혼합 용액의 부피는 혼합 전 각 용액의 부피의 합과 같고, HBr는 수용액에서 H^+과 Br^-으로 모두 이온화되며, 물의 자동 이온화는 무시한다.)

〈 보기 〉

ㄱ. (가)에서 모든 음이온의 몰 농도(M) 합은 $\frac{4}{15}$보다 크다.

ㄴ. $x=\frac{4}{25}$이다.

ㄷ. $\frac{b}{a}=3$이다.

① ㄱ ② ㄴ ③ ㄷ ④ ㄱ, ㄷ ⑤ ㄴ, ㄷ

혼합 용액에 들어 있는 이온은 모두 1가 양이온 또는 1가 음이온이므로 양이온 수와 음이온 수가 같다.

[25024-0230]

04 표는 0.2 M $HCl(aq)$ 100 mL에 0.1 M $NaOH(aq)$을 가할 때, 가한 $NaOH(aq)$의 부피에 따른 혼합 용액에서 모든 음이온의 몰 농도(M) 합을 나타낸 것이다.

가한 $NaOH(aq)$의 부피(mL)	V	200	300
혼합 용액에서 모든 음이온의 몰 농도(M) 합	$\frac{2}{15}$	x	$\frac{3}{40}$

이에 대한 설명으로 옳은 것만을 〈보기〉에서 있는 대로 고른 것은? (단, 혼합 용액의 부피는 혼합 전 각 용액의 부피의 합과 같고, 물의 자동 이온화는 무시한다.)

〈 보기 〉

ㄱ. $NaOH(aq)$ 300 mL를 가했을 때 모든 양이온의 몰 농도(M) 합은 $\frac{3}{40}$이다.

ㄴ. $x=\frac{1}{20}$이다.

ㄷ. $V=100$이다.

① ㄱ ② ㄴ ③ ㄷ ④ ㄱ, ㄷ ⑤ ㄴ, ㄷ

$NaOH(aq)$ 200 mL를 가했을 때 혼합 용액은 중성이다.

NaOH(aq)의 몰 농도를 알고 반응한 부피를 측정하여 반응한 NaOH의 양(mol)을 계산할 수 있다.

[25024-0231]

05 다음은 25°C에서 식초 A 1 g에 들어 있는 아세트산(CH_3COOH)의 질량을 알아보기 위한 중화 적정 실험이다.

[실험 과정]

(가) 식초 A 10 g을 준비한다.

(나) (가)의 식초 A에 물을 넣어 수용액 100 g을 만든다.

(다) (나)에서 만든 수용액 30 mL에 페놀프탈레인 용액을 2~3방울 넣고 0.1 M NaOH(aq)으로 적정하였을 때, 수용액 전체가 붉게 변하는 순간까지 넣어 준 NaOH(aq)의 부피(V mL)를 측정한다.

(라) (가)에서 식초 A 1 g에 들어 있는 CH_3COOH의 질량(w g)을 구한다.

이 실험으로부터 w를 구하기 위해 반드시 이용해야 할 자료만을 〈보기〉에서 있는 대로 고른 것은? (단, 온도는 25°C로 일정하고, 중화 적정 과정에서 식초 A에 포함된 물질 중 CH_3COOH만 NaOH과 반응한다.)

〈보기〉

ㄱ. CH_3COOH의 분자량

ㄴ. 25°C에서 (나)에서 만든 수용액의 밀도

ㄷ. 25°C에서 0.1 M NaOH(aq)의 밀도

① ㄱ ② ㄷ ③ ㄱ, ㄴ ④ ㄴ, ㄷ ⑤ ㄱ, ㄴ, ㄷ

NaOH(aq) 50 mL를 가했을 때 모든 양이온의 몰 농도(M) 합이 가장 작으므로 혼합 용액은 중성이다.

[25024-0232]

06 그림은 0.1 M HCl(aq) V mL에 a M NaOH(aq)을 가할 때, 가한 NaOH(aq)의 부피에 따른 혼합 용액에서 모든 양이온의 몰 농도(M) 합을 나타낸 것이다.

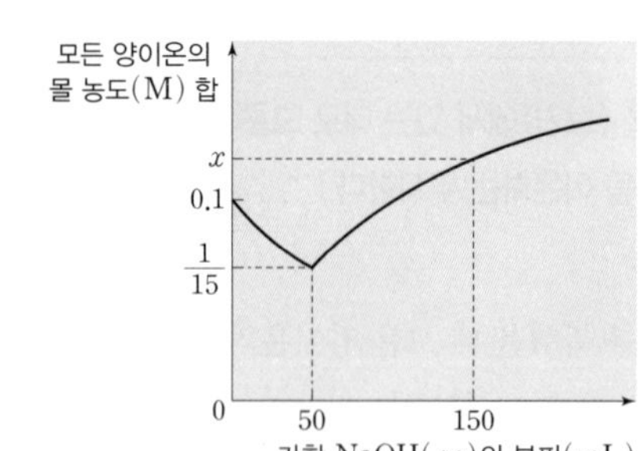

$\frac{x \times V}{a}$는? (단, 혼합 용액의 부피는 혼합 전 각 용액의 부피의 합과 같고, 물의 자동 이온화는 무시한다.)

① 10 ② 15 ③ 20 ④ 40 ⑤ 60

[25024-0233]

07 다음은 25°C에서 $CH_3COOH(aq)$에 대한 중화 적정 실험이다.

[실험 과정]
(가) 1 g에 CH_3COOH이 각각 x g, y g 들어 있는 $CH_3COOH(aq)$ Ⅰ, Ⅱ를 준비한다.
(나) 25°C에서 Ⅰ, Ⅱ의 밀도(d)를 측정한다.
(다) 50 mL의 Ⅰ에 페놀프탈레인 용액을 2~3방울 넣고 a M $KOH(aq)$으로 적정하였을 때, 수용액 전체가 붉게 변하는 순간까지 넣어 준 $KOH(aq)$의 부피(V)를 측정한다.
(라) 50 mL의 Ⅰ 대신 40 mL의 Ⅱ를 이용하여 (다)를 반복한다.

[실험 결과]
- (나)에서 Ⅰ의 d : d_1 g/mL
- (나)에서 Ⅱ의 d : d_2 g/mL
- (다)에서 V : 20 mL
- (라)에서 V : 24 mL

$\frac{y}{x}$는? (단, 온도는 25°C로 일정하다.)

① $\frac{2d_1}{3d_2}$ ② $\frac{24d_1}{25d_2}$ ③ $\frac{d_1}{d_2}$ ④ $\frac{25d_1}{24d_2}$ ⑤ $\frac{3d_1}{2d_2}$

Ⅰ 1 g에 CH_3COOH x g이 들어 있으므로 (다)에서 Ⅰ 50 mL인 50 mL×d_1 g/mL $=50d_1$ g에는 CH_3COOH $50d_1x$ g이 들어 있다.

[25024-0234]

08 다음은 a M $HCl(aq)$, b M $NaOH(aq)$, c M $A(aq)$의 부피를 달리하여 혼합한 용액 (가)~(다)에 대한 자료이다. A는 HBr 또는 KOH 중 하나이다.

- 수용액에서 HBr는 H^+과 Br^-으로, KOH는 K^+과 OH^-으로 모두 이온화된다.

혼합 용액		(가)	(나)	(다)
혼합 전 용액의 부피 (mL)	$HCl(aq)$	20	30	x
	$NaOH(aq)$	20	20	60
	$A(aq)$	10	20	y
혼합 용액에 존재하는 모든 이온 수의 비율		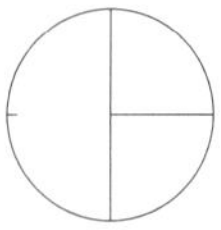	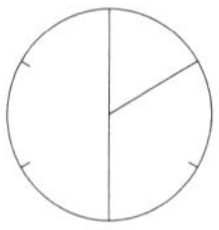	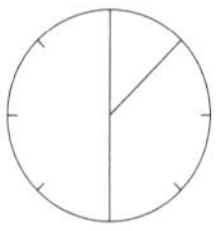

$\frac{b\times(x-y)}{a}$는? (단, 물의 자동 이온화는 무시한다.)

① 10 ② 15 ③ 20 ④ 25 ⑤ 30

(가)~(다)는 존재하는 이온의 종류가 각각 3가지이므로 H^+과 OH^-이 없는 중성 용액이다.

(가)에서 음이온은 3가지이고, (나)에서 음이온은 2가지이다.

[25024-0235]

09 다음은 a M $H_2A(aq)$, b M $KOH(aq)$, c M $X(aq)$의 부피를 달리하여 혼합한 용액 (가)와 (나)에 대한 자료이다. X는 HCl 또는 NaOH 중 하나이다.

○ 수용액에서 H_2A는 H^+과 A^{2-}으로, KOH은 K^+과 OH^-으로 모두 이온화된다.

혼합 용액	혼합 전 용액의 부피(mL)			혼합 용액에 존재하는 모든 음이온의 몰 농도(M)비
	$H_2A(aq)$	$KOH(aq)$	$X(aq)$	
(가)	10	20	10	1 : 1 : 3
(나)	20	10	20	1 : 1

$\frac{c \times (\text{나})\text{에서 } H^+\text{의 몰 농도(M)}}{a \times b}$는? (단, 혼합 용액의 부피는 혼합 전 각 용액의 부피의 합과 같고, 물의 자동 이온화는 무시한다.)

① 0　② $\frac{1}{6}$　③ $\frac{1}{5}$　④ $\frac{1}{4}$　⑤ $\frac{1}{3}$

A 1 g에 CH_3COOH 0.03 g이 들어 있으므로 (나)에서 A 10 mL인 10 mL×d_A g/mL $=10d_A$ g에는 CH_3COOH $0.3d_A$ g이 들어 있다.

[25024-0236]

10 다음은 25°C에서 식초를 이용한 중화 적정 실험이다.

[자료]

○ 25°C에서 식초 A, B의 밀도(g/mL)는 각각 d_A, d_B이다.

○ CH_3COOH의 분자량은 60이다.

[실험 과정]

(가) 1 g에 CH_3COOH이 각각 0.03 g, x g만큼 들어 있는 식초 A, B를 준비한다.

(나) A 10 mL와 B 20 mL를 혼합한 후 물을 넣어 수용액 100 mL를 만든다.

(다) (나)의 수용액 30 mL에 페놀프탈레인 용액을 2~3방울 넣고 a M $NaOH(aq)$으로 적정하였을 때, 수용액 전체가 붉게 변하는 순간까지 넣어 준 $NaOH(aq)$의 부피(V)를 측정한다.

[실험 결과]

○ (다)에서 V : 50 mL

x는? (단, 온도는 25°C로 일정하고, 중화 적정 과정에서 식초 A, B에 포함된 물질 중 CH_3COOH만 NaOH과 반응한다.)

① $\frac{a-0.03d_A}{3d_B}$　② $\frac{a-0.03d_A}{2d_B}$　③ $\frac{a-0.02d_A}{2d_B}$

④ $\frac{a-0.02d_A}{d_B}$　⑤ $\frac{a-0.01d_A}{d_B}$

[25024-0237]

11 다음은 25℃에서 식초에 들어 있는 아세트산(CH_3COOH)의 질량을 알아보기 위한 중화 적정 실험이다.

[자료]

○ 25℃에서 식초 A, B의 밀도(g/mL)는 각각 d_A, d_B이다.

[실험 과정]

(가) 식초 A, B를 준비한다.

(나) A 10 mL에 물을 넣어 수용액 Ⅰ 50 g을 만든다.

(다) 20 g의 Ⅰ에 페놀프탈레인 용액을 2~3방울 넣고 0.1 M KOH(aq)으로 적정하였을 때, 수용액 전체가 붉게 변하는 순간까지 넣어 준 KOH(aq)의 부피(V)를 측정한다.

(라) B 20 mL에 물을 넣어 수용액 Ⅱ 100 g을 만든다.

(마) 20 g의 Ⅰ 대신 60 g의 Ⅱ를 이용하여 (다)를 반복한다.

[실험 결과]

○ (다)에서 V : a mL

○ (마)에서 V : $6a$ mL

○ (가)에서 식초 1 g에 들어 있는 CH_3COOH의 질량

식초	A	B
CH_3COOH의 질량(g)	w	0.04

$\frac{d_B}{d_A}$는? (단, 온도는 25℃로 일정하고, 중화 적정 과정에서 식초 A, B에 포함된 물질 중 CH_3COOH만 KOH과 반응한다.)

① $25w$　② $30w$　③ $40w$　④ $50w$　⑤ $75w$

A 1 g에 CH_3COOH w g이 들어 있으므로 (나)에서 A 10 mL인 10 mL × d_A g/mL = $10d_A$ g에는 CH_3COOH $10d_Aw$ g이 들어 있다.

[25024-0238]

12 다음은 a M HCl(aq), b M H_2A(aq), 0.4 M NaOH(aq)의 부피를 달리하여 혼합한 용액 (가)~(다)에 대한 자료이다. (가)~(다)의 액성은 모두 다르며, 각각 산성, 중성, 염기성 중 하나이다.

○ H_2A는 수용액에서 H^+과 A^{2-}으로 모두 이온화된다.

혼합 용액		(가)	(나)	(다)
혼합 전 용액의 부피 (mL)	HCl(aq)	10	20	20
	H_2A(aq)	20	20	30
	NaOH(aq)	V	$2V$	$3V$
모든 음이온의 몰 농도(M) 합		$\frac{1}{10}$	$\frac{1}{10}$	x

x는? (단, 혼합 용액의 부피는 혼합 전 각 용액의 부피의 합과 같고, 물의 자동 이온화는 무시한다.)

① $\frac{1}{11}$　② $\frac{9}{80}$　③ $\frac{8}{65}$　④ $\frac{1}{8}$　⑤ $\frac{9}{65}$

산성 용액과 중성 용액에는 OH^-이 없다.

밀도가 d_A g/mL인 A 1 mL의 질량은 1 mL × d_A g/mL = d_A g이다.

[25024-0239]

13 다음은 중화 적정을 이용하여 25°C에서 식초 1 mL에 들어 있는 아세트산(CH_3COOH)의 질량을 알아보기 위한 실험이다.

[실험 과정]

(가) 25°C에서 밀도(g/mL)가 각각 d_A, d_B인 식초 A, B를 준비한다.

(나) A 20 g에 물을 넣어 수용액 Ⅰ 50 mL를 만든다.

(다) 30 mL의 Ⅰ에 페놀프탈레인 용액을 2~3방울 넣고 a M NaOH(aq)으로 적정하였을 때, 수용액 전체가 붉게 변하는 순간까지 넣어 준 NaOH(aq)의 부피(V)를 측정한다.

(라) B x g에 물을 넣어 수용액 Ⅱ 100 mL를 만든다.

(마) 30 mL의 Ⅰ 대신 75 mL의 Ⅱ를 이용하여 (다)를 반복한다.

[실험 결과]

○ (다)에서 V : 20 mL

○ (마)에서 V : 30 mL

○ (가)에서 식초 1 mL에 들어 있는 CH_3COOH의 질량

식초	A	B
CH_3COOH의 질량(g)	w	$2w$

x는? (단, 온도는 25°C로 일정하고, 중화 적정 과정에서 식초 A, B에 포함된 물질 중 CH_3COOH만 NaOH과 반응한다.)

① $\frac{12d_B}{d_A}$ ② $\frac{15d_B}{d_A}$ ③ $\frac{18d_B}{d_A}$ ④ $\frac{12d_A}{d_B}$ ⑤ $\frac{15d_A}{d_B}$

(나)의 액성은 중성이므로 (가)와 (다)의 액성은 각각 산성과 염기성이다.

[25024-0240]

14 표는 x M $H_2A(aq)$과 y M NaOH(aq)의 부피를 달리하여 혼합한 용액 (가)~(다)에 대한 자료이다. (나)의 액성은 중성이고, $V > 0$이다.

혼합 용액		(가)	(나)	(다)
혼합 전 용액의 부피 (mL)	$H_2A(aq)$	50	50	50
	NaOH(aq)	10	$10+V$	$10+2V$
모든 음이온의 몰 농도(M) 합		$12a$	$8a$	$15a$

$\frac{y}{a \times V}$는? (단, 혼합 용액의 부피는 혼합 전 각 용액의 부피의 합과 같고, H_2A는 수용액에서 H^+과 A^{2-}으로 모두 이온화되며, 물의 자동 이온화는 무시한다.)

① $\frac{7}{6}$ ② $\frac{6}{5}$ ③ $\frac{5}{4}$ ④ $\frac{4}{3}$ ⑤ $\frac{3}{2}$

12 산화 환원 반응과 화학 반응에서 출입하는 열

1 산소와 산화 환원 반응

(1) 산소의 이동에 의한 산화 환원

① **산화** : 산소를 얻는 반응이다.

$$2Cu + O_2 \longrightarrow 2CuO$$

Cu가 산소를 얻음(산화)

② **환원** : 산소를 잃는 반응이다.

$$CuO + H_2 \longrightarrow Cu + H_2O$$

CuO가 산소를 잃음(환원)

③ **산화 환원의 동시성** : 한 물질이 산소를 얻을 때 다른 물질이 그 산소를 잃으므로, 산화와 환원은 항상 동시에 일어난다.

$$CuO + H_2 \longrightarrow Cu + H_2O$$

환원 / 산화

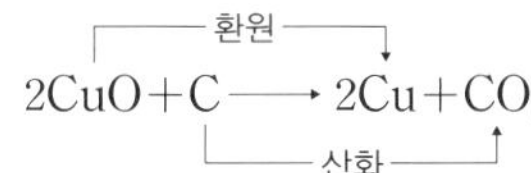

탐구자료 살펴보기 구리의 산화 환원 반응

실험 과정

(가) 도가니에 구리 가루를 넣고 충분히 가열한 후 식힌다.

(나) (가)의 생성물과 탄소 가루를 섞어 시험관에 넣고 가열하여 생성된 기체를 석회수에 통과시킨다.

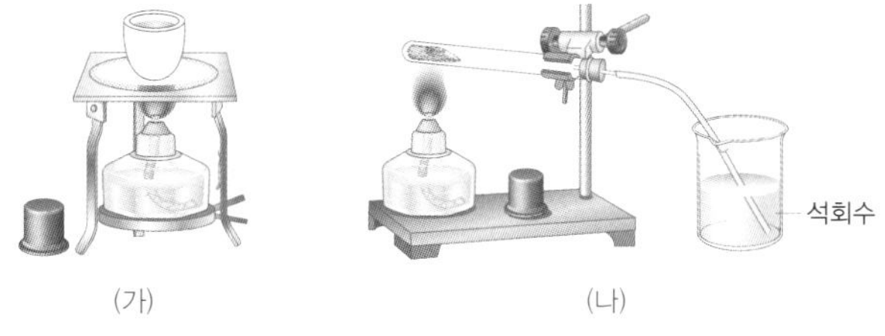

(가) (나)

실험 결과

1. 과정 (가)에서 구리 가루의 색이 붉은색에서 검은색으로 변하였다.
2. 과정 (나)에서 검은색 가루가 다시 붉게 변하면서 석회수가 뿌옇게 흐려졌다.

분석 point

1. 붉은색 구리가 산소와 결합하여 검은색 산화 구리(Ⅱ)가 된다.

   $2Cu + O_2 \longrightarrow 2CuO$ (Cu가 산화된다.)

2. 검은색 산화 구리(Ⅱ)를 탄소 가루와 섞어 가열하면 산화 구리(Ⅱ)는 산소를 잃고 환원되어 붉은색 구리가 된다. 이때 탄소는 산화 구리(Ⅱ)로부터 산소를 얻어 이산화 탄소가 된다.

   $2CuO + C \longrightarrow 2Cu + CO_2$ (CuO가 환원되고 C가 산화된다.)

3. 이산화 탄소는 석회수와 반응하여 흰색 앙금(탄산 칼슘($CaCO_3$))을 생성하므로 석회수가 뿌옇게 흐려진다. 이러한 성질을 이용하여 석회수는 이산화 탄소의 확인에 사용된다.

(2) 산소의 이동에 의한 여러 가지 산화 환원 반응

① **연소** : 물질이 산소와 빠르게 반응하면서 빛과 열을 내는 현상으로, 산화 환원 반응에 속한다.

개념 체크

➲ 산화
산소를 얻는 반응

➲ 환원
산소를 잃는 반응

➲ 산화 환원의 동시성
산소를 얻는 반응과 산소를 잃는 반응은 동시에 일어난다.

1. 산소를 얻는 반응을 ( ), 산소를 잃는 반응을 ( )이라고 한다.

2. 산화 구리(Ⅱ)(CuO)가 탄소(C)와 반응하여 구리(Cu)와 이산화 탄소(CO_2)가 생성되는 반응에서 산화되는 물질은 ( )이고, 환원되는 물질은 ( )이다.

3. ( )는 물질이 산소와 빠르게 반응하면서 빛과 열을 내는 현상으로, 산화 환원 반응에 속한다.

정답
1. 산화, 환원
2. 탄소(C), 산화 구리(Ⅱ)(CuO)
3. 연소

개념 체크

➲ 산화
전자를 잃는 반응

➲ 환원
전자를 얻는 반응

➲ 산화 환원의 동시성
전자를 잃는 반응과 전자를 얻는 반응은 동시에 일어난다.

1. 메테인(CH_4)이 연소되는 반응에서 CH_4은 ( ) 된다.

2. 어떤 물질이 전자를 잃는 반응을 ( ), 전자를 얻는 반응을 ( )이라고 한다.

정답
1. 산화
2. 산화, 환원

- 숯의 연소 : 숯은 주로 탄소(C)로 이루어진 물질이며, 완전 연소되는 과정에서 탄소가 산소와 결합하여 이산화 탄소가 생성된다.

$$C+O_2 \longrightarrow CO_2$$
(C → CO_2: 산화)

- 천연 가스의 연소 : 천연 가스의 주성분은 메테인(CH_4)으로, 메테인이 완전 연소되면 이산화 탄소와 물이 생성된다. 이때 메테인에 포함된 탄소가 산소와 결합하면서 산화된다.

$$CH_4+2O_2 \longrightarrow CO_2+2H_2O$$
(CH_4 → CO_2: 산화)

② 철의 제련
- 산화 철(Fe_2O_3)이 주성분인 철광석에서 순수한 철(Fe)을 얻는 방법으로, 산화 철(Fe_2O_3)이 철(Fe)로 환원된다.
- 용광로에 철광석과 탄소(C)가 주성분인 코크스를 넣고 뜨거운 공기를 불어넣으면 탄소(C)가 불완전 연소되어 일산화 탄소(CO)가 되고, CO에 의해 Fe_2O_3이 산소를 잃고 환원되어 Fe이 된다.

과학 돋보기 용광로에서의 철의 제련

- 용광로에 철광석, 탄소(C)가 주성분인 코크스, 석회석을 넣고 뜨거운 공기를 불어넣는다.
- 탄소(C)가 불완전 연소되어 일산화 탄소(CO)가 된다.

$$2C(s)+O_2(g) \longrightarrow 2CO(g)$$
(C → CO: 산화)

- 일산화 탄소에 의해 산화 철(Fe_2O_3)이 산소를 잃고 환원되어 용융 상태의 철(Fe)이 된다.

$$Fe_2O_3(s)+3CO(g) \longrightarrow 2Fe(l)+3CO_2(g)$$
(CO → CO_2: 산화, Fe_2O_3 → Fe: 환원)

- 용광로에서 석회석($CaCO_3$)이 열분해되어 생성된 산화 칼슘(CaO)이 철광석에 포함된 불순물인 이산화 규소(SiO_2)와 반응하여 슬래그($CaSiO_3$)가 됨으로써 생성된 철과 분리된다.

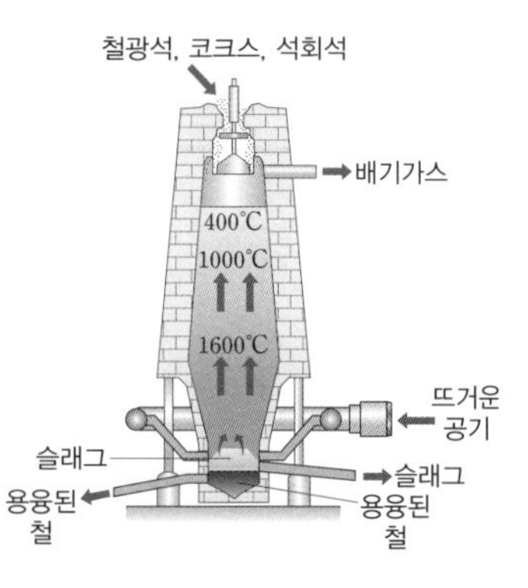

2 전자와 산화 환원 반응

(1) 전자의 이동에 의한 산화 환원

① 산화 : 전자를 잃는 반응이다. $Zn \longrightarrow Zn^{2+}+2e^-$

② 환원 : 전자를 얻는 반응이다. $Cu^{2+}+2e^- \longrightarrow Cu$

③ 산화 환원의 동시성
- 한 물질이 전자를 잃고 산화될 때 다른 물질이 그 전자를 얻어서 환원되므로, 산화와 환원은 항상 동시에 일어난다.
- 산화되는 물질이 잃은 전자 수와 환원되는 물질이 얻은 전자 수는 같다.

$$Zn+Cu^{2+} \longrightarrow Zn^{2+}+Cu$$
(Zn → Zn^{2+}: 전자를 잃음(산화), Cu^{2+} → Cu: 전자를 얻음(환원))

예 Cu와 Ag^+이 반응할 때

산화 반응 : $Cu \longrightarrow Cu^{2+}+2e^-$

환원 반응 : $2Ag^+ + 2e^- \longrightarrow 2Ag$

전체 반응 : $Cu+2Ag^+ \longrightarrow Cu^{2+}+2Ag$

➡ Cu 1 mol이 Cu^{2+}으로 산화될 때 2 mol의 전자를 잃고, Ag^+ 2 mol이 Ag으로 환원될 때 2 mol의 전자를 얻는다.

탐구자료 살펴보기 아연과 황산 구리(Ⅱ) 수용액의 반응

실험 과정

(가) 사포로 문지른 아연(Zn)판을 황산 구리($CuSO_4$) 수용액에 넣는다.

(나) 시간이 지남에 따라 수용액의 색과 아연판 표면에서 일어나는 변화를 관찰한다.

실험 결과

수용액의 푸른색이 점점 옅어졌고, 아연판 표면에 붉은색 금속이 석출되었다.

분석 point

1. 아연은 전자를 잃고 아연 이온으로 산화되어 용액 속에 녹아 들어간다. $Zn \longrightarrow Zn^{2+}+2e^-$ (산화)

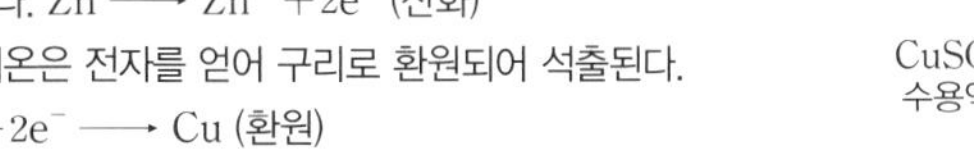

2. 구리 이온은 전자를 얻어 구리로 환원되어 석출된다.
   $Cu^{2+}+2e^- \longrightarrow Cu$ (환원)
   Cu^{2+}은 수용액에서 푸른색을 띠므로 수용액의 푸른색은 점점 옅어지고, 붉은색의 구리 금속이 석출된다.
3. Zn이 전자를 잃고 산화될 때 Cu^{2+}이 전자를 얻어서 환원되므로, 산화와 환원은 동시에 일어난다.
   산화 환원 반응식 : $Zn+Cu^{2+} \longrightarrow Zn^{2+}+Cu$ (Zn → Zn^{2+}: 산화, Cu^{2+} → Cu: 환원)
4. 황산 이온(SO_4^{2-})은 구경꾼 이온으로 반응에 참여하지 않고 남아 있다.

(2) 전자의 이동에 의한 여러 가지 산화 환원 반응

① **금속과 비금속의 반응** : 금속은 산화되어 양이온이 되고, 비금속은 환원되어 음이온이 된다.

- 나트륨과 염소의 반응 : 나트륨(Na)을 염소(Cl_2) 기체가 들어 있는 용기에 넣고 반응시키면 불꽃을 내며 격렬히 반응한다. 금속인 나트륨은 전자를 잃고 산화되어 양이온이 되고, 비금속인 염소는 전자를 얻고 환원되어 음이온이 되므로 이온 결합 물질인 염화 나트륨(NaCl)이 생성된다.

$$2Na(s)+Cl_2(g) \longrightarrow 2NaCl(s)$$
(Na → NaCl: 산화, Cl_2 → NaCl: 환원)

산화 반응 : $2Na \longrightarrow 2Na^+ + 2e^-$
환원 반응 : $Cl_2+2e^- \longrightarrow 2Cl^-$

- 마그네슘과 산소의 반응 : 공기 중에서 마그네슘(Mg) 리본에 불을 붙이면 격렬히 연소된다. 금속인 마그네슘은 전자를 잃고 산화되어 양이온이 되고, 비금속인 산소는 전자를 얻고 환원되어 음이온이 되므로 이온 결합 물질인 산화 마그네슘(MgO)이 생성된다.

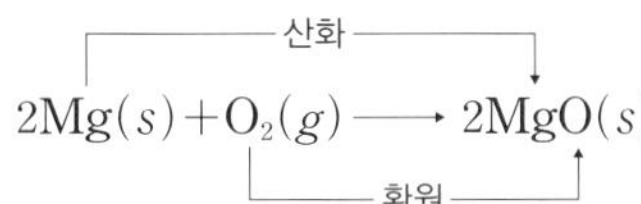

$$2Mg(s)+O_2(g) \longrightarrow 2MgO(s)$$
(Mg → MgO: 산화, O_2 → MgO: 환원)

산화 반응 : $2Mg \longrightarrow 2Mg^{2+}+4e^-$
환원 반응 : $O_2+4e^- \longrightarrow 2O^{2-}$

개념 체크

➲ 금속과 비금속의 반응
금속은 전자를 잃고 산화되어 양이온이 되고, 비금속은 전자를 얻고 환원되어 음이온이 된다.

1. Cu^{2+}이 포함된 수용액에 아연(Zn)을 넣었더니 구리가 석출되었다. 이때 (   )은 산화되고, (   )은 환원된다.

2. 나트륨(Na)과 염소(Cl_2)가 반응하여 염화 나트륨(NaCl)이 생성될 때 나트륨은 (   )되고, 염소는 (   )된다.

정답
1. Zn, Cu^{2+}
2. 산화, 환원

개념 체크

➲ 금속과 금속 이온의 반응
반응성이 큰 금속은 전자를 잃고 양이온으로 되며, 반응성이 작은 금속의 양이온은 전자를 얻어 금속으로 석출된다.

1. 질산 은($AgNO_3$) 수용액에 구리(Cu)를 넣으면 Cu는 전자를 잃어 Cu^{2+}으로 녹아 들어가고, Ag^+은 전자를 얻어 Ag으로 석출된다. 이 반응에서 Cu 1 mol이 산화될 때 석출되는 Ag은 (   ) mol이다.

2. Mg 1 mol을 충분한 양의 염산에 넣으면 전자 (   ) mol이 이동하여 수소 기체 (   ) mol이 생성된다.

정답
1. 2
2. 2, 1

② 금속과 금속 이온의 반응

- 반응성이 작은 금속의 양이온이 들어 있는 수용액에 반응성이 큰 금속을 넣으면, 반응성이 큰 금속은 산화되어 양이온으로 수용액에 녹아 들어가고, 반응성이 작은 금속의 양이온은 환원되어 금속으로 석출된다.
- 반응성이 큰 금속의 양이온이 들어 있는 수용액에 반응성이 작은 금속을 넣으면 반응이 일어나지 않는다.

탐구자료 살펴보기 금속과 금속 이온의 반응

실험 과정 및 결과

질산 은($AgNO_3$) 수용액에 구리(Cu)선을 넣은 후 변화를 관찰한다. ➡ 구리선에 은(Ag)이 석출되고, 수용액은 점점 푸르게 변한다.

Cu, Ag^+, NO_3^- → Cu, Ag, NO_3^-, Cu^{2+}

분석 point

1. Cu는 전자를 잃고 Cu^{2+}으로 산화되어 용액 속에 녹아 들어가고, Cu^{2+}은 수용액에서 푸른색을 띤다.
   $Cu \longrightarrow Cu^{2+} + 2e^-$ (산화)
2. Ag^+은 전자를 얻고 Ag으로 환원되어 석출된다.
   $Ag^+ + e^- \longrightarrow Ag$ (환원)
3. Cu가 산화되면서 잃은 전자 수와 Ag^+이 환원되면서 얻은 전자 수가 같으므로, Cu 1 mol이 산화될 때 Ag^+ 2 mol이 환원되고 Cu와 Ag^+의 반응 계수비는 1 : 2이다.
   $Cu + 2Ag^+ \longrightarrow Cu^{2+} + 2Ag$

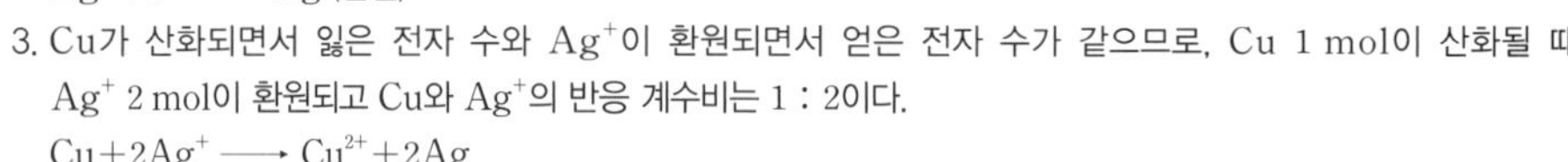

③ 금속과 산의 반응 : 산 수용액에 수소보다 반응성이 큰 금속을 넣으면 금속은 산화되어 양이온이 되고, H^+이 환원되어 수소 기체가 발생한다.

- 마그네슘을 묽은 염산에 넣으면 마그네슘 표면에서 수소 기체가 발생한다. 마그네슘은 전자를 잃고 산화되어 양이온이 되고, H^+은 전자를 얻고 환원되어 수소 기체가 발생한다. 단, 수소(H)보다 반응성이 작은 금(Au), 백금(Pt), 은(Ag), 수은(Hg), 구리(Cu)는 수소 이온과 반응하지 않는다.

$Mg + 2H^+ \longrightarrow Mg^{2+} + H_2$ (산화: Mg → Mg^{2+}, 환원: H^+ → H_2)

산화 반응 : $Mg \longrightarrow Mg^{2+} + 2e^-$
환원 반응 : $2H^+ + 2e^- \longrightarrow H_2$

④ 할로젠과 할로젠화 이온의 반응 : 할로젠 원소의 반응성은 $F_2 > Cl_2 > Br_2 > I_2$으로, 반응성이 작은 할로젠의 음이온이 들어 있는 수용액에 반응성이 큰 할로젠 분자를 넣으면 반응성이 작은 할로젠의 음이온은 산화되어 할로젠 분자가 되고, 반응성이 큰 할로젠 분자는 환원되어 음이온이 되는 산화 환원 반응이 일어난다.

예 무색의 브로민화 칼륨(KBr) 수용액에 염소(Cl_2)를 넣으면 브로민화 이온(Br^-)은 전자를 잃고 산화되어 적갈색의 브로민(Br_2)이 되고, 염소(Cl_2)는 전자를 얻고 환원되어 염화 이온(Cl^-)이 된다.

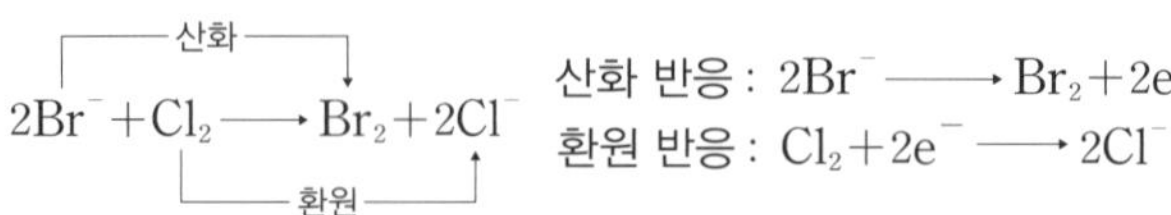

3 산화수와 산화 환원

(1) 산화수 : 산화수는 물질을 구성하는 원자가 산화되거나 환원된 정도를 나타내기 위한 값으로, 산소가 관여하거나 전자의 이동이 분명한 반응에서부터 전자가 원자 사이에 공유되어 공유 결합 물질이 생성되는 반응에 이르기까지 여러 가지 산화 환원 반응을 모두 설명하기 위해 산화수를 사용한다.

① **이온 결합 물질에서의 산화수** : 양이온과 음이온이 결합된 이온 결합 물질에서 양이온은 원자가 전자를 잃고, 음이온은 원자가 전자를 얻어 형성된 것으로, 각 이온의 전하가 그 이온의 산화수이다.

예 NaCl : Na^+과 Cl^-으로 이루어져 있다. ➡ Na의 산화수 : +1, Cl의 산화수 : −1

MgO : Mg^{2+}과 O^{2-}으로 이루어져 있다. ➡ Mg의 산화수 : +2, O의 산화수 : −2

② **공유 결합 물질에서의 산화수** : 전기 음성도가 큰 원자가 공유 전자쌍을 모두 가진다고 가정할 때, 각 구성 원자의 전하가 그 원자의 산화수이다.

물(H_2O)	암모니아(NH_3)
δ⁻ O, H δ⁺, H δ⁺ H:Ö:H (공유 전자쌍을 O가 모두 가진다고 가정한다.)	δ⁻ N, H δ⁺, H δ⁺, H δ⁺ H:N:H / H (공유 전자쌍을 N가 모두 가진다고 가정한다.)
• 전기 음성도 : O>H H는 전자 1개를 잃었다고 가정하므로 전하가 +1이고, O는 2개의 H로부터 각각 전자 1개씩을 얻었다고 가정하므로 전하가 −2이다. • H의 산화수 : +1, O의 산화수 : −2	• 전기 음성도 : N>H H는 전자 1개를 잃었다고 가정하므로 전하가 +1이고, N는 3개의 H로부터 각각 전자 1개씩을 얻었다고 가정하므로 전하가 −3이다. • H의 산화수 : +1, N의 산화수 : −3

과학 돋보기 이온 결합 물질과 공유 결합 물질에서의 산화수

이온 결합 물질은 원자 사이에 전자가 이동하여 형성된 이온들이 정전기적 인력으로 결합하여 이루어진 것으로 이온 결합 물질에서 산화수는 이온의 전하와 같다. 하지만 원자 사이에 전자쌍을 공유하여 형성된 결합으로 이루어진 공유 결합 물질에서는 전자가 어느 한쪽으로 완전히 이동하지 않는다. 공유 결합 물질에서 산화수는 전기 음성도가 큰 원자로 공유 전자쌍이 완전히 이동한다고 가정할 때의 전하로 정의한다. 이처럼 산화수는 모든 물질에서 정의될 수 있으며, 어떤 물질에서 원자가 전자를 얻거나 잃은 정도를 나타내는 가상적인 전하라고 할 수 있다.

(2) 산화수 규칙 : 원자들의 전기 음성도를 토대로 산화수를 구할 수 있는데, 몇몇 원자들은 여러 화합물 내에서 일정한 산화수를 나타낸다. 이를 이용하여 산화수를 쉽게 구하기 위한 방법이 산화수 규칙이다.

과학 돋보기 산화수 규칙

① 원소를 이루는 원자의 산화수는 0이다. ➡ Cu, H_2, O_2에서 Cu, H, O의 산화수는 모두 0이다.
② 일원자 이온의 산화수는 그 이온의 전하와 같다. ➡ Cu^{2+}에서 Cu의 산화수는 +2, Cl^-에서 Cl의 산화수는 −1이다.
③ 화합물에서 구성 원자의 산화수의 총합은 0이다.
➡ H_2O에서 (H의 산화수)×2+(O의 산화수)×1=(+1)×2+(−2)×1=0이다.
④ 다원자 이온에서 구성 원자의 산화수의 총합은 그 이온의 전하와 같다.
➡ SO_4^{2-}에서 (S의 산화수)×1+(O의 산화수)×4=(+6)×1+(−2)×4=−2이다.

개념 체크

➲ 산화수
물질을 구성하는 원자가 산화되거나 환원된 정도를 나타내는 값이다.

➲ 산화수 규칙
산화수를 쉽게 구하기 위한 방법이다.
i) 화합물에서 구성 원자의 산화수의 총합은 0이다.
ii) 다원자 이온에서 구성 원자의 산화수의 총합은 그 이온의 전하와 같다.
iii) 대부분의 화합물에서 H의 산화수는 +1이고, O의 산화수는 −2이다.

1. NaCl에서 Na의 산화수는 ( )이고, Cl의 산화수는 ( )이다.

2. 공유 결합 물질에서 산화수를 결정할 때 전기 음성도가 ( ) 원자가 공유 전자쌍을 모두 가진다고 가정한다.

3. 화합물을 이루는 구성 원자의 산화수의 총합은 ( )이다.

4. 일원자 이온의 산화수는 그 이온의 ( )와 같다.

정답
1. +1, −1
2. 큰
3. 0
4. 전하

개념 체크

➲ 산화수의 주기성
원자의 산화수는 원자가 전자 수와 관련되어 일정한 주기성을 나타낸다.

1. SO_2에서 S의 산화수는 (   )이다.

2. NH_3에서 N의 산화수는 (   )이고, HNO_3에서 N의 산화수는 (   )이다.

3. 화합물에서 F의 산화수는 항상 (   )이다.

※ ○ 또는 ×

4. CO_2와 CH_4에서 C의 산화수는 같다. (   )

정답
1. +4
2. −3, +5
3. −1
4. ×

⑤ 화합물에서 1족 금속 원자의 산화수는 +1, 2족 금속 원자의 산화수는 +2이다.
➡ 화합물에서 1족 금속 원자(Li, Na, K 등)의 산화수는 +1이고, 2족 금속 원자(Be, Mg, Ca 등)의 산화수는 +2이다.

⑥ 화합물에서 F의 산화수는 −1이다.
➡ F은 전기 음성도가 가장 큰 원소이므로 화합물에서 산화수는 항상 −1이다.

⑦ 화합물에서 H의 산화수는 +1이다. 단, 금속의 수소 화합물에서는 −1이다.
➡ H_2O, HCl, CH_4 등에서 H의 산화수는 +1이다. 단, 금속의 수소 화합물에서는 금속이 '+'의 산화수를 가지므로 NaH, MgH_2 등에서 H의 산화수는 −1이다.

⑧ 화합물에서 O의 산화수는 −2이다. 단, 과산화물에서는 −1이며, 플루오린 화합물에서는 +2 또는 +1이다.
➡ H_2O, CO_2 등에서 O의 산화수는 −2이다. 단, H_2O_2에서 H의 산화수가 +1이므로 O의 산화수는 −1, 전기 음성도가 F>O이므로 OF_2, O_2F_2에서 F의 산화수는 −1이고, O의 산화수는 각각 +2, +1이다.

(3) 산화수의 주기성

① 화합물을 형성할 때 화합물을 이루고 있는 각 원자들은 비활성 기체와 같은 전자 배치를 이루려는 경향(옥텟 규칙)이 있다. 산화수는 원자가 전자를 잃거나 얻으려는 성질과 관련되어 있으므로 원자의 전자 배치와 관계있으며 주기성을 나타낸다.

② 어떤 원자에 결합된 상대 원자의 전기 음성도에 따라 그 원자가 전자를 잃거나 얻을 수 있기 때문에 같은 원자라도 화합물에 따라서 여러 가지 산화수를 가질 수 있다.

이산화 탄소(CO_2)	메테인(CH_4)
	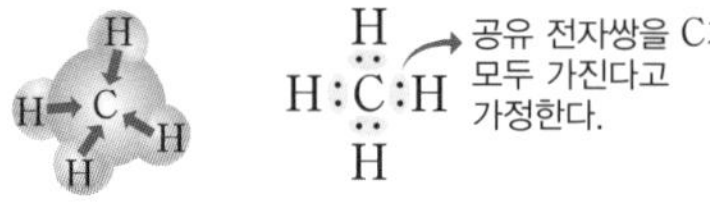

• 전기 음성도 : O>C>H
• CO_2에서 C의 산화수는 +4이고, CH_4에서 C의 산화수는 −4이다.

• 산화수 규칙에 따른 계산 : C의 산화수를 x라고 할 때
CO_2 : $x+(-2)\times2=0$ $x=+4$ CH_4 : $x+(+1)\times4=0$ $x=-4$

탐구자료 살펴보기 | 화합물에서 원자의 산화수

탐구 자료
원자 번호가 1~20인 원자들이 화합물에서 가질 수 있는 산화수는 그림과 같다.

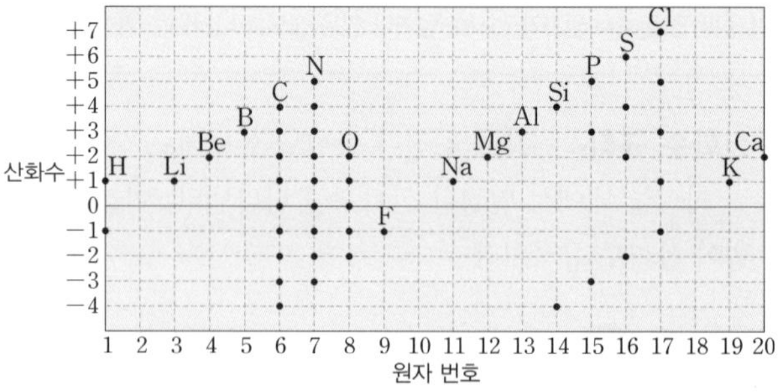

자료 해석
1. 화합물에서 1족, 2족 금속 원자의 산화수는 각각 +1, +2이고, F의 산화수는 −1이다.
2. 대부분의 원자들은 결합된 상대 원자에 따라 전자를 잃거나 얻을 수 있기 때문에 같은 원자라도 화합물에 따라서 여러 가지 산화수를 가질 수 있다.
3. 원자가 원자가 전자를 모두 잃을 때 가장 큰 산화수를 가지며, 비금속 원자가 전자를 얻어 비활성 기체와 같은 전자 배치를 가질 때 가장 작은 산화수를 가진다.
예 N의 가장 큰 산화수는 +5이고, 가장 작은 산화수는 −3이다.

분석 point
원자의 산화수는 원자가 전자 수와 관련되어 일정한 주기성을 나타낸다.

과학 돋보기 **플루오린(F)과 산소(O)의 산화수**

플루오린(F)은 전기 음성도가 가장 큰 원소로 원자가 전자 수가 7이므로 전자 1개를 얻어 F^-이 되거나, 1개의 단일 결합을 형성하기 때문에 화합물에서 항상 산화수는 -1이다.

산소(O)는 전기 음성도가 F 다음으로 큰 원소로, 금속 원소가 O와 결합하면 금속 원소는 전자를 잃고 양이온이 되고, F 이외의 비금속 원소가 O와 공유 결합을 하면 O에 결합된 비금속 원소는 부분적인 양전하를 띠게 되어 이들 화합물에서 O는 음의 산화수를 가진다. O는 F과의 화합물에서만 양의 산화수를 가지는데, OF_2에서 O의 산화수는 $+2$, O_2F_2에서 O의 산화수는 $+1$이다.

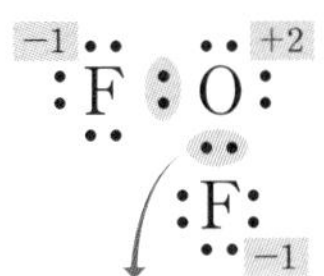

공유 전자쌍을 전기 음성도가 큰 F이 모두 가진다고 가정한다.

(4) 산화수와 산화 환원

① **산화** : 산화수가 증가하는 반응이다.

➡ 원자가 전자를 잃으면 산화수는 '+'값이 되므로 산화수가 증가하는 것은 전자를 잃는 것과 같아서 산화에 해당한다.

② **환원** : 산화수가 감소하는 반응이다.

➡ 원자가 전자를 얻으면 산화수는 '−'값이 되므로 산화수가 감소하는 것은 전자를 얻는 것과 같아서 환원에 해당한다.

③ **산화 환원의 동시성**

- 산화 환원 반응에서 한 원자의 산화수가 증가하면 다른 원자의 산화수가 감소하므로, 산화와 환원은 항상 동시에 일어난다.
- 산화되는 물질에서 증가한 산화수의 합은 환원되는 물질에서 감소한 산화수의 합과 같다.

산화(산화수 1 증가×2)

$$\underset{+4}{\underline{Mn}}O_2 + 4H\overset{-1}{\underline{Cl}} \longrightarrow \underset{+2}{\underline{Mn}}Cl_2 + 2H_2O + \overset{0}{\underline{Cl_2}}$$

환원(산화수 2 감소)

④ **산화 환원 반응 여부의 판단** : 화학 반응 전과 후에 산화수가 변하는 원자가 있으면 산화 환원 반응이고, 산화수가 변하는 원자가 없으면 산화 환원 반응이 아니다.

과학 돋보기 **산화 환원 정의**

- 산화 환원 반응은 처음에는 산소를 얻는 반응과 잃는 반응으로 나타내었는데, 보다 넓은 의미로 전자의 이동으로 나타내게 되었고, 이를 보다 편리하게 구분하기 위해 산화수 개념을 사용하게 되었다.

	산소의 이동	전자의 이동	산화수 변화
산화	얻음	잃음	증가
환원	잃음	얻음	감소

- 산소는 전기 음성도가 크기 때문에 어떤 원소가 산소와 결합하면 대부분 산소에게 전자를 잃고 산화수가 증가한다. 따라서 산소를 얻는 것과 전자를 잃는 것, 산화수가 증가하는 것은 같은 의미를 갖는다. 하지만 플루오린(F)은 전기 음성도가 산소보다 크기 때문에 플루오린이 산소와 결합하면 플루오린은 산화수가 감소하며 환원된다.

개념 체크

산화
산화수가 증가하는 반응

환원
산화수가 감소하는 반응

산화 환원의 동시성
한 원자의 산화수가 증가하면 다른 원자의 산화수가 감소하므로, 산화와 환원은 항상 동시에 일어난다.

1. OF_2에서 O의 산화수는 (　　)이다.

2. 산화수가 증가하는 반응은 (　　), 산화수가 감소하는 반응은 (　　)이다.

정답
1. +2
2. 산화, 환원

개념 체크

산화제
다른 물질을 산화시키고 자신은 환원되는 물질

환원제
다른 물질을 환원시키고 자신은 산화되는 물질

산화제와 환원제의 상대적 세기
산화되거나 환원되는 경향은 상대적이므로 같은 물질이라도 반응에 따라 산화제로 작용할 수도 있고 환원제로 작용할 수도 있다.

산화 환원 반응식의 완성
산화 환원 반응에서 증가한 산화수의 합과 감소한 산화수의 합은 항상 같으므로 이 관계를 이용하여 산화 환원 반응식을 완성할 수 있다.

1. 다른 물질을 산화시키고 자신은 (　　)되는 물질을 (　　)라고 한다.

2. 산화 환원 반응에서 증가한 산화수의 합과 감소한 산화수의 합은 (　　).

정답
1. 환원, 산화제
2. 같다

4 산화 환원 반응식

(1) 산화제와 환원제

① **산화제** : 다른 물질을 산화시키고 자신은 환원되는 물질이다.

② **환원제** : 다른 물질을 환원시키고 자신은 산화되는 물질이다.

$$\underset{+4}{\underline{\text{Mn}}}O_2 + 4H\underset{-1}{\underline{\text{Cl}}} \longrightarrow \underset{+2}{\underline{\text{Mn}}}Cl_2 + 2H_2O + \underset{0}{\underline{\text{Cl}_2}}$$

(MnO_2: 산화제, HCl: 환원제, Cl: −1 → 0 산화, Mn: +4 → +2 환원)

(2) 산화제와 환원제의 상대적 세기

같은 물질이라고 해도 어떤 물질과 반응하는가에 따라 산화되기도 하고 환원되기도 한다. 산화 환원 반응에서 전자를 잃거나 얻으려는 경향은 서로 상대적이므로 어떤 반응에서 산화제로 작용하는 물질이 다른 물질과 반응할 때는 환원제로 작용할 수도 있다.

예 이산화 황(SO_2)이 황화 수소(H_2S)와 반응할 때에는 SO_2이 환원되면서 H_2S를 산화시키는 산화제로 작용하고, 이산화 황(SO_2)이 상대적으로 더 강한 산화제인 염소(Cl_2)와 반응할 때에는 SO_2이 산화되면서 Cl_2를 환원시키는 환원제로 작용한다.

$$\underset{+4}{\underline{\text{S}}}O_2(g) + 2H_2\underset{-2}{\underline{\text{S}}}(g) \longrightarrow 2H_2O(l) + 3\underset{0}{\underline{\text{S}}}(s)$$

(SO_2: 산화제, S: −2 → 0 산화, S: +4 → 0 환원)

$$\underset{+4}{\underline{\text{S}}}O_2(g) + 2H_2O(l) + \underset{0}{\underline{\text{Cl}_2}}(g) \longrightarrow H_2\underset{+6}{\underline{\text{S}}}O_4(aq) + 2H\underset{-1}{\underline{\text{Cl}}}(aq)$$

(SO_2: 환원제, S: +4 → +6 산화, Cl: 0 → −1 환원)

(3) 산화 환원 반응식의 완성

산화 환원 반응에서 증가한 산화수의 합과 감소한 산화수의 합은 항상 같으므로 반응물과 생성물의 원자 수와 산화수 변화를 맞추어 화학 반응식을 완성할 수 있다.

예 $Sn^{2+} + MnO_4^- + H^+ \longrightarrow Sn^{4+} + Mn^{2+} + H_2O$의 화학 반응식 완성하기

[1단계] 각 원자의 산화수를 구한다.

$$\underset{+2}{\underline{\text{Sn}}}^{2+} + \underset{+7}{\underline{\text{Mn}}}\underset{-2}{\underline{\text{O}}}_4^- + \underset{+1}{\underline{\text{H}}}^+ \longrightarrow \underset{+4}{\underline{\text{Sn}}}^{4+} + \underset{+2}{\underline{\text{Mn}}}^{2+} + \underset{+1}{\underline{\text{H}}}_2\underset{-2}{\underline{\text{O}}}$$

[2단계] 반응 전후의 산화수 변화를 확인한다.

$$\underset{+2}{\underline{\text{Sn}}}^{2+} + \underset{+7}{\underline{\text{Mn}}}O_4^- + H^+ \longrightarrow \underset{+4}{\underline{\text{Sn}}}^{4+} + \underset{+2}{\underline{\text{Mn}}}^{2+} + H_2O$$

(Sn: 산화수 2 증가, Mn: 산화수 5 감소)

[3단계] 증가한 산화수의 합과 감소한 산화수의 합이 같도록 계수를 맞춘다.

산화수 2 증가×5

$$5\underset{+2}{\underline{Sn}}^{2+} + 2\underset{+7}{\underline{Mn}}O_4^- + H^+ \longrightarrow 5\underset{+4}{\underline{Sn}}^{4+} + 2\underset{+2}{\underline{Mn}}^{2+} + H_2O$$

산화수 5 감소×2

[4단계] 산화수의 변화가 없는 원자들의 수가 같도록 계수를 맞추어 산화 환원 반응식을 완성한다.

$$5Sn^{2+} + 2MnO_4^- + 16H^+ \longrightarrow 5Sn^{4+} + 2Mn^{2+} + 8H_2O$$

(4) 산화 환원 반응의 양적 관계

화학 반응식에서 계수비는 반응 몰비와 같으므로 산화 환원 반응식을 완성하면 반응하는 산화제와 환원제의 양적 관계를 구할 수 있다.

예 산화 철(Fe_2O_3)과 일산화 탄소(CO)가 반응하여 철(Fe)과 이산화 탄소(CO_2)를 생성하는 반응의 화학 반응식은 $Fe_2O_3(s) + 3CO(g) \longrightarrow 2Fe(s) + 3CO_2(g)$로, 산화제인 Fe_2O_3과 환원제인 CO가 1 : 3의 몰비로 반응하므로 Fe_2O_3 1 mol이 환원될 때 CO 3 mol이 산화된다.

개념 체크

산화 환원 반응의 양적 관계
완성된 산화 환원 반응식에서 산화제와 환원제의 반응 계수가 각각 a, b라면 반응하는 물질의 반응 몰비는 산화제 : 환원제 $= a : b$이다.

1. $Fe_2O_3(s) + 3CO(g) \longrightarrow 2Fe(s) + 3CO_2(g)$ 반응에서 환원제는 (　) 이며, Fe 1 mol이 생성될 때 반응한 환원제의 양은 (　) mol이다.

2. $3Ag_2S + 2Al \longrightarrow 6Ag + Al_2S_3$ 반응에서 Ag_2S 1.5 mol이 환원될 때 Al (　) mol이 반응하며, 이때 Ag (　) mol이 생성된다.

정답
1. CO, 1.5
2. 1, 3

탐구자료 살펴보기 **황화 은(Ag_2S)과 알루미늄(Al)의 반응**

실험 과정 및 결과

(가) 비커에 소금물을 넣고 바닥에 알루미늄 포일을 깐다.
(나) 검게 녹슨 은 숟가락을 알루미늄 포일에 올려놓고 가열한다.
➡ 은 숟가락의 검은 녹이 사라지고 원래의 은색으로 되돌아왔다.

녹슨 은 숟가락
알루미늄 포일

분석 point

1. 은 숟가락의 검은 녹은 황화 은(Ag_2S)이며, 알루미늄(Al)과 반응하여 은(Ag)으로 환원되므로 Al은 환원제이고 Ag_2S은 산화제이다.
2. 증가한 산화수의 합과 감소한 산화수의 합이 같도록 화학 반응식을 완성하면 다음과 같다.

[1단계] 각 원자의 산화수를 구한다.

$$\underset{+1}{\underline{Ag}}_2\underset{-2}{\underline{S}} + \underset{0}{\underline{Al}} \longrightarrow \underset{0}{\underline{Ag}} + \underset{+3}{\underline{Al}}_2\underset{-2}{\underline{S}}_3$$

⬇

[2단계] 반응 전후의 산화수 변화를 확인한다.

산화수 1 감소

$$\underset{+1}{\underline{Ag}}_2S + \underset{0}{\underline{Al}} \longrightarrow \underset{0}{\underline{Ag}} + \underset{+3}{\underline{Al}}_2S_3$$

산화수 3 증가

⬇

[3단계] 증가한 산화수의 합과 감소한 산화수의 합이 같도록 계수를 맞춘다.

산화수 1 감소×6

$$3\underline{Ag}_2S + 2\underline{Al} \longrightarrow 6\underline{Ag} + \underline{Al}_2S_3$$

산화수 3 증가×2

3. 완성된 산화 환원 반응식에서 Ag_2S과 Al의 반응 계수가 각각 3과 2이므로 산화제인 Ag_2S과 환원제인 Al은 3 : 2의 몰비로 반응한다.

개념 체크

➲ **발열 반응**
열을 방출하는 반응

➲ **흡열 반응**
열을 흡수하는 반응

1. (　　) 반응은 화학 반응이 일어날 때 열을 방출하는 반응이다.

2. 흡열 반응이 일어나면 주위의 온도는 (　　)아진다.

정답
1. 발열
2. 낮

5 화학 반응에서 출입하는 열

(1) 화학 반응과 열의 출입

화학 반응에서 반응물과 생성물이 가지고 있는 에너지가 다르기 때문에 화학 반응이 일어날 때 열의 출입이 있다.

(2) 발열 반응과 흡열 반응

① 발열 반응

- 화학 반응이 일어날 때 열을 방출하는 반응이다.
- 생성물의 에너지 합이 반응물의 에너지 합보다 작으므로 반응하면서 열을 방출한다.
- 주위로 열을 방출하므로 주위의 온도가 높아진다.

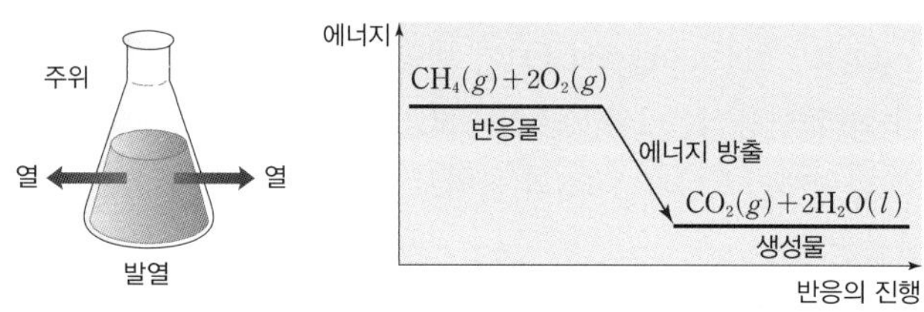

예 메테인(CH_4)이 완전 연소되면 이산화 탄소와 물이 생성되는데, 이 반응은 열을 방출하는 발열 반응이다.

② 흡열 반응

- 화학 반응이 일어날 때 열을 흡수하는 반응이다.
- 생성물의 에너지 합이 반응물의 에너지 합보다 크므로 반응하면서 열을 흡수한다.
- 주위로부터 열을 흡수하므로 주위의 온도가 낮아진다.

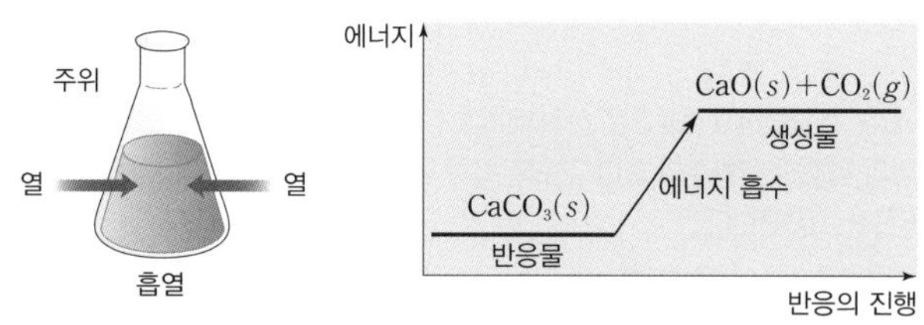

예 탄산 칼슘($CaCO_3$)을 가열하면 분해되어 이산화 탄소가 발생하는데, 이 반응은 열을 흡수하는 흡열 반응이다.

③ 여러 가지 발열 반응과 흡열 반응

발열 반응	• 산 염기 중화 반응이 일어나면 중화열이 방출된다. • 휘발유나 천연 가스 등의 연료가 연소될 때 많은 열을 방출한다. • 손난로 속에서 철가루가 산화되면서 열을 방출하여 따뜻해진다.
흡열 반응	• 베이킹파우더의 주원료인 $NaHCO_3$은 열을 흡수하면 분해되어 CO_2 기체가 발생해 반죽을 부풀게 한다. • 식물이 빛을 받으면 광합성을 하여 포도당을 만드는데, 광합성은 빛에너지를 흡수하는 흡열 반응이다. • 냉각 팩 속 질산 암모늄이 물에 용해될 때 열을 흡수하여 팩이 시원해진다.

탐구자료 살펴보기 화학 반응에서 출입하는 열

실험 과정

(가) 나무판의 중앙에 물을 조금 떨어뜨리고, 수산화 바륨 팔수화물($Ba(OH)_2 \cdot 8H_2O(s)$)이 담긴 삼각 플라스크를 올려놓는다.

(나) (가)의 삼각 플라스크에 질산 암모늄($NH_4NO_3(s)$)을 넣고 유리 막대로 잘 섞은 다음, 몇 분 뒤 삼각 플라스크를 들어 올린다.

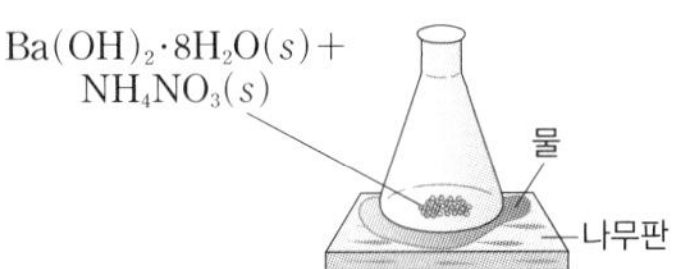

실험 결과

나무판 위의 물이 얼면서 나무판이 삼각 플라스크에 달라붙어 삼각 플라스크를 들어 올릴 때 나무판이 함께 들어 올려졌다.

분석 point

1. $Ba(OH)_2 \cdot 8H_2O$과 NH_4NO_3이 반응하면서 나무판 위의 물로부터 열을 빼앗아 물이 얼게 된다.
2. $Ba(OH)_2 \cdot 8H_2O$과 NH_4NO_3의 반응은 열을 흡수하는 흡열 반응이다.

탐구자료 살펴보기 화학 반응에서 출입하는 열의 측정

[열량과 비열]

어떤 물질이 방출하거나 흡수하는 열량은 그 물질의 비열에 질량과 온도 변화를 곱하여 구할 수 있다.

- 열량 : 물질이 방출하거나 흡수하는 열에너지의 양
- 비열 : 물질 1 g이 온도를 1℃ 높이는 데 필요한 열량으로 단위는 J/(g·℃)이다.

$$열량(Q)=비열(c)\times 질량(m)\times 온도\ 변화(\Delta t)$$

[화학 반응에서 열의 출입 측정하기]

실험 과정

(가) 전자저울로 과자의 질량을 측정한 후 증발 접시에 담는다.

(나) 둥근바닥 플라스크에 물 100 mL를 넣고 스탠드에 고정한 후 물의 온도를 측정한다.

(다) 과자에 불을 붙인 후 둥근바닥 플라스크의 물을 가열한다.

(라) 과자를 연소시킨 후 둥근바닥 플라스크 속 물의 최고 온도를 측정한다.

(마) 전자저울로 타고 남은 과자의 질량을 측정한다.

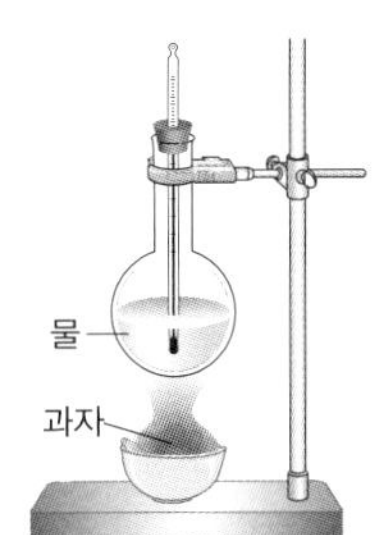

실험 결과

과정	(가)	(나)	(라)	(마)
측정 내용	과자의 처음 질량	물의 처음 온도	물의 최고 온도	과자의 나중 질량
측정값	w_1 g	t_1℃	t_2℃	w_2 g

분석 point

1. 연소된 과자의 질량은 (w_1-w_2) g이고, 물의 온도 변화는 (t_2-t_1)℃이다.
2. 물의 밀도와 비열을 각각 1 g/mL, 4.2 J/(g·℃)라고 하면 물이 얻은 열량은
$Q=c_{물}\times m_{물}\times \Delta t_{물}=4.2\ J/(g\cdot ℃)\times 100\ g\times (t_2-t_1)℃=420(t_2-t_1)$ J이다.
3. 과자가 연소될 때 방출한 열을 물이 모두 흡수한다고 가정하면 과자 1 g의 연소 과정에서 방출하는 열량은 $\dfrac{420(t_2-t_1)}{w_1-w_2}$ J/g이다.

개념 체크

➲ 물의 응고와 열의 출입
에너지는 $H_2O(l)$이 $H_2O(s)$보다 크므로 $H_2O(l) \longrightarrow H_2O(s)$ 반응이 일어날 때 열을 방출한다.

1. 수산화 바륨 팔수화물과 질산 암모늄의 반응이 일어날 때 주위로부터 열을 (   )한다.

2. 연료가 연소되는 반응은 (   ) 반응이다.

정답
1. 흡수
2. 발열

개념 체크

➲ 화학 반응에서 출입하는 열의 양은 열량계를 사용하여 측정할 수 있다.

1. 25℃의 물이 들어 있는 간이 열량계에 25℃의 고체 A를 넣어 녹였더니 용액의 온도가 25℃보다 낮아졌다면 고체 A의 용해 반응은 (   ) 반응이다.

※ ○ 또는 ×

2. 스타이로폼 컵을 이용한 간이 열량계에서 스타이로폼 컵은 열량계 내부와 외부 사이의 열 출입을 막기 위해 사용한다. (   )

정답
1. 흡열
2. ○

(3) 열량계를 이용한 열의 측정

① 화학 반응에서 출입하는 열의 양은 열량계를 사용하여 측정할 수 있다.

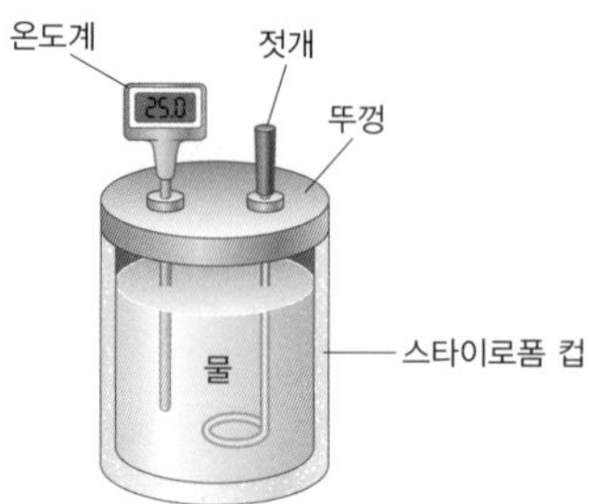

② 열량계와 외부 사이에 열의 출입이 없다고 가정하고 열량계 자체가 흡수하는 열을 무시하면 화학 반응에서 발생한 열량은 열량계 속 용액이 얻은 열량과 같다.

화학 반응에서 발생한 열량(Q) = 열량계 속 용액이 얻은 열량(Q)

탐구자료 살펴보기 열량계를 이용한 열의 측정

실험 과정

[실험 Ⅰ]
(가) 간이 열량계에 물 100 g을 넣고 온도(t_1)를 측정한다.
(나) 열량계에 $CaCl_2(s)$ 5 g을 넣어 녹일 때 최고 온도(t_2)를 측정한다.
[실험 Ⅱ]
(가) 간이 열량계에 물 100 g을 넣고 온도(t_3)를 측정한다.
(나) 열량계에 $NH_4Cl(s)$ 5 g을 넣어 녹일 때 최저 온도(t_4)를 측정한다.

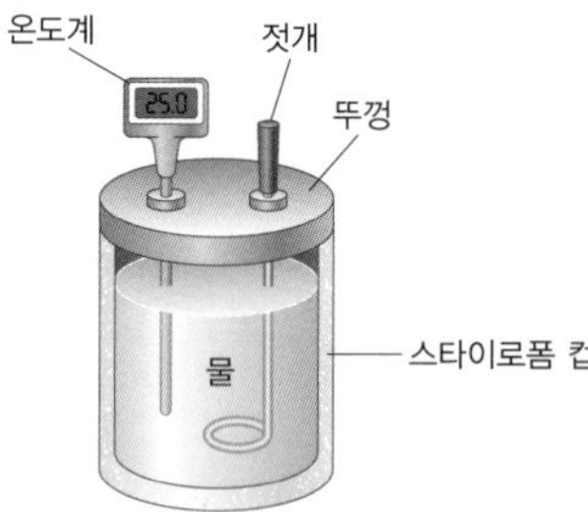

실험 결과

[실험 Ⅰ]		[실험 Ⅱ]	
t_1	t_2	t_3	t_4
25℃	31℃	25℃	21℃

분석 point

실험 Ⅰ에서 용액의 온도가 높아졌으므로 $CaCl_2(s)$의 용해 반응은 발열 반응이고, 실험 Ⅱ에서 용액의 온도가 낮아졌으므로 $NH_4Cl(s)$의 용해 반응은 흡열 반응이다.

[25024-0241]

01 그림은 아세트산(CH_3COOH)의 구조식을 나타낸 것이다. 전기 음성도는 C > H이다.

$$\begin{array}{ccccccc} & H & & O^{㉢} & & & \\ & | & & \| & & & \\ H - & C_{㉠} & - & C_{㉡} & - & O^{㉣} & - H \\ & | & & & & & \\ & H & & & & & \end{array}$$

이에 대한 설명으로 옳은 것만을 <보기>에서 있는 대로 고른 것은?

〈보기〉
ㄱ. CH_3COOH에서 H의 산화수는 모두 +1이다.
ㄴ. C의 산화수는 ㉠=㉡이다.
ㄷ. O의 산화수는 ㉣>㉢이다.

① ㄱ ② ㄴ ③ ㄱ, ㄷ
④ ㄴ, ㄷ ⑤ ㄱ, ㄴ, ㄷ

[25024-0242]

02 다음은 산화 환원 반응의 화학 반응식이다.

$$aMnO_4^- + bH_2O_2 + 6H^+ \longrightarrow aMn^{2+} + cH_2O + 5O_2$$
(a~c는 반응 계수)

이에 대한 설명으로 옳은 것만을 <보기>에서 있는 대로 고른 것은?

〈보기〉
ㄱ. $a+b>c$이다.
ㄴ. O의 산화수는 H_2O_2에서가 H_2O에서보다 크다.
ㄷ. MnO_4^-은 환원제로 작용한다.

① ㄱ ② ㄴ ③ ㄷ
④ ㄱ, ㄴ ⑤ ㄴ, ㄷ

[25024-0243]

03 다음은 3가지 반응의 화학 반응식이다.

(가) $2Na + 2H_2O \longrightarrow 2NaOH + H_2$
(나) $HCl + KOH \longrightarrow H_2O + KCl$
(다) $2Al + Fe_2O_3 \longrightarrow 2Fe + Al_2O_3$

(가)~(다) 중 산화 환원 반응만을 있는 대로 고른 것은?

① (가) ② (나) ③ (가), (다)
④ (나), (다) ⑤ (가), (나), (다)

[25024-0244]

04 다음은 황화 은(Ag_2S)과 알루미늄(Al)의 산화 환원 반응의 화학 반응식을 완성하는 과정이다.

(가) 반응물과 생성물에서 각 원자의 산화수를 구한다.
$$\underset{w\ \ -2}{Ag_2S} + \underset{x}{Al} \longrightarrow \underset{y}{Ag} + \underset{z\ \ -2}{Al_2S_3}$$
(나) 반응 전후의 각 원자의 산화수 변화를 확인한다.
$$Ag_2S + Al \longrightarrow Ag + Al_2S_3$$
(Ag에서 Ag로: ㉠)
(다) 증가한 산화수의 합과 감소한 산화수의 합이 같도록 반응 계수를 맞춘다.
$$aAg_2S + bAl \longrightarrow cAg + dAl_2S_3$$
(a~d는 반응 계수)

이에 대한 설명으로 옳은 것만을 <보기>에서 있는 대로 고른 것은?

〈보기〉
ㄱ. $w+x+y+z=4$이다.
ㄴ. '산화수 1 감소'는 ㉠으로 적절하다.
ㄷ. $\frac{a+d}{b+c}=\frac{1}{2}$이다.

① ㄱ ② ㄷ ③ ㄱ, ㄴ
④ ㄴ, ㄷ ⑤ ㄱ, ㄴ, ㄷ

[25024-0245]

05 다음은 산화 환원 반응 (가)와 (나)의 화학 반응식이다.

(가) $SO_2 + 2H_2\underset{㉠}{\underline{S}} \longrightarrow 2H_2O + 3\underset{㉡}{\underline{S}}$

(나) $\underset{㉢}{\underline{SO_2}} + Cl_2 + 2H_2O \longrightarrow H_2\underset{㉣}{\underline{SO_4}} + 2HCl$

이에 대한 설명으로 옳은 것만을 <보기>에서 있는 대로 고른 것은?

<보기>

ㄱ. (가)에서 SO_2은 산화제로 작용한다.

ㄴ. ㉠~㉣ 중 S의 산화수가 가장 큰 것은 ㉣이다.

ㄷ. 산화제 1 mol과 반응하는 환원제의 양(mol)은 (나)가 (가)의 2배이다.

① ㄱ ② ㄷ ③ ㄱ, ㄴ ④ ㄴ, ㄷ ⑤ ㄱ, ㄴ, ㄷ

[25024-0246]

06 다음은 금속 M과 관련된 산화 환원 반응의 화학 반응식과 이에 대한 자료이다.

○ 화학 반응식 :

$a\text{M} + b\text{H}^+ + c\text{NO}_3^- \longrightarrow a\text{M}^{x+} + c\text{NO} + d\text{H}_2\text{O}$

(a~d는 반응 계수)

○ 1 mol의 산화제와 반응하는 환원제의 양은 1.5 mol이다.

$\left(\dfrac{c+d}{a+b}\right) \times x$는? (단, M은 임의의 원소 기호이다.)

① $\dfrac{11}{3}$ ② $\dfrac{11}{4}$ ③ $\dfrac{3}{2}$ ④ $\dfrac{12}{11}$ ⑤ $\dfrac{8}{11}$

[25024-0247]

07 그림은 금속 이온 A^+ $6N$ mol이 들어 있는 수용액에 금속 $B(s)$ xN mol을 넣어 반응을 완결시켰을 때, 반응 전과 후 수용액에 존재하는 양이온을 나타낸 것이다.

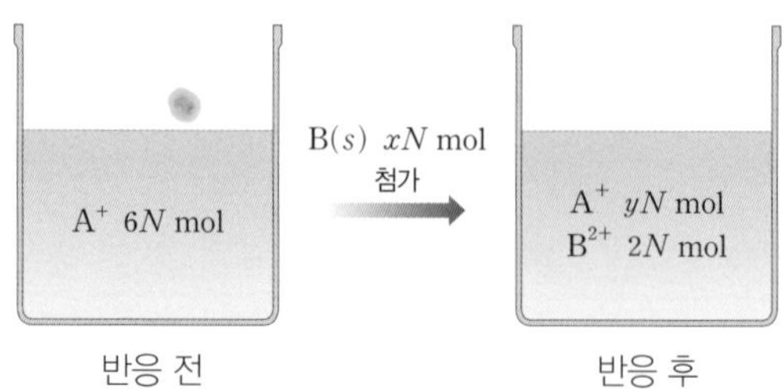

이에 대한 설명으로 옳은 것만을 <보기>에서 있는 대로 고른 것은? (단, A와 B는 임의의 원소 기호이고 물과 반응하지 않으며, 음이온은 반응에 참여하지 않는다.)

<보기>

ㄱ. $B(s)$는 환원제로 작용한다.

ㄴ. $x \times y = 6$이다.

ㄷ. 이동한 전자의 양은 $4N$ mol이다.

① ㄴ ② ㄷ ③ ㄱ, ㄴ ④ ㄱ, ㄷ ⑤ ㄱ, ㄴ, ㄷ

[25024-0248]

08 다음은 금속 A와 염산($HCl(aq)$)의 반응에 대한 자료이다.

○ 화학 반응식 :

$a\text{A}(s) + b\text{HCl}(aq) \longrightarrow c\text{ACl}_3(aq) + d\text{H}_2(g)$

(a~d는 반응 계수)

○ ACl_3는 수용액에서 A^{3+}과 Cl^-으로 모두 이온화된다.

$A(s)$ $3N$ mol을 $HCl(aq)$에 넣어 반응을 완결시켰더니 $H_2(g)$ $3N$ mol이 발생하였다.

반응 후 수용액에 들어 있는 전체 이온의 양(mol)은? (단, A는 임의의 원소 기호이고 물과 반응하지 않으며, 음이온은 반응에 참여하지 않는다.)

① $7N$ ② $8N$ ③ $9N$ ④ $10N$ ⑤ $11N$

[25024-0249]

09 표는 금속 이온 A^{2+}이 들어 있는 수용액에 금속 B를 조금씩 넣어 반응을 완결시켰을 때, 넣어 준 B의 총 양(mol)에 따른 수용액에 존재하는 전체 양이온의 양(mol)을 나타낸 것이다. A^{2+}과 반응한 B는 B^{b+}이 되었다.

넣어 준 B의 총 양(mol)	$2N$	$4N$	$6N$
전체 양이온의 양(mol)	$7N$	$6N$	xN

이에 대한 설명으로 옳은 것만을 〈보기〉에서 있는 대로 고른 것은? (단, A와 B는 임의의 원소 기호이고 물과 반응하지 않으며, 음이온은 반응에 참여하지 않는다.)

〈보기〉

ㄱ. $b=3$이다.
ㄴ. 반응 전 수용액에 들어 있는 A^{2+}의 양은 $8N$ mol이다.
ㄷ. $x=5$이다.

① ㄱ ② ㄷ ③ ㄱ, ㄴ ④ ㄴ, ㄷ ⑤ ㄱ, ㄴ, ㄷ

[25024-0250]

10 다음은 탄산 칼슘($CaCO_3$)과 탄산수소 나트륨($NaHCO_3$)의 열분해 반응의 화학 반응식이다.

(가) $CaCO_3(s) \longrightarrow CaO(s) +$ [㉠](g)
(나) $2NaHCO_3(s) \longrightarrow Na_2CO_3(s) + H_2O(l) +$ [㉠](g)

이에 대한 설명으로 옳은 것만을 〈보기〉에서 있는 대로 고른 것은?

〈보기〉

ㄱ. ㉠은 CO_2이다.
ㄴ. (가)는 흡열 반응이다.
ㄷ. (나)는 산화 환원 반응이다.

① ㄱ ② ㄷ ③ ㄱ, ㄴ ④ ㄴ, ㄷ ⑤ ㄱ, ㄴ, ㄷ

[25024-0251]

11 다음은 일상생활 속 열의 출입과 관련된 현상이다.

○ 식탁 위에 올려둔 ㉠드라이아이스(CO_2)가 승화되어 크기가 작아졌다.
○ ㉡산화 칼슘(CaO)이 물과 반응할 때 발생하는 열을 이용하여 구제역 병원체를 죽인다.
○ 식물이 빛을 받으면 ㉢광합성을 하여 포도당($C_6H_{12}O_6$)을 만든다.

㉠~㉢ 중 발열 반응만을 있는 대로 고른 것은?

① ㉠ ② ㉡ ③ ㉢ ④ ㉠, ㉡ ⑤ ㉡, ㉢

[25024-0252]

12 다음은 학생 A가 수행한 탐구 활동이다.

[가설]
○ 고체 용질이 물에 용해되는 반응은 흡열 반응이다.
[실험 과정]
(가) 열량계에 25°C 물 100 g을 넣는다.
(나) 열량계에 25°C $NH_4NO_3(s)$ 5 g을 넣어 녹일 때 최고 또는 최저 온도를 측정한다.
(다) 25°C $NH_4NO_3(s)$ 대신 25°C $CaCl_2(s)$으로 과정 (가)와 (나)를 반복한다.
[실험 결과]
○ $NH_4NO_3(s)$ 5 g이 용해될 때의 최저 온도 : 21°C
○ $CaCl_2(s)$ 5 g이 용해될 때의 최고 온도 : 31°C
[결론]
○ 가설은 [㉠].

학생 A의 결론이 타당할 때, 이에 대한 설명으로 옳은 것만을 〈보기〉에서 있는 대로 고른 것은?

〈보기〉

ㄱ. $NH_4NO_3(s)$이 물에 용해되는 반응은 흡열 반응이다.
ㄴ. $CaCl_2(s)$이 물에 용해될 때 열이 방출된다.
ㄷ. '옳지 않다'는 ㉠으로 적절하다.

① ㄱ ② ㄷ ③ ㄱ, ㄴ ④ ㄴ, ㄷ ⑤ ㄱ, ㄴ, ㄷ

수능 3점 테스트

OF_2에서 전기 음성도가 F>O이므로 O의 산화수는 +2, F의 산화수는 −1이다.

[25024-0253]

01 다음은 산화 환원 반응 (가)~(다)의 화학 반응식이다. (다)에서 S의 산화수는 −2이다.

(가) $O_2(g)+2F_2(g) \longrightarrow 2OF_2(g)$
(나) $Fe(s)+Cu^{2+}(aq) \longrightarrow Fe^{2+}(aq)+Cu(s)$
(다) $aAg_2S(s)+bAl(s) \longrightarrow cAg(s)+dAl_2S_3(s)$ (a~d는 반응 계수)

이에 대한 설명으로 옳은 것만을 〈보기〉에서 있는 대로 고른 것은?

〈보기〉
ㄱ. (가)에서 $O_2(g)$는 환원제로 작용한다.
ㄴ. (나)에서 수용액 속 전체 이온의 양(mol)은 반응 전과 후가 같다.
ㄷ. (다)에서 $Ag(s)$ 1 mol이 생성될 때 이동하는 전자의 양은 3 mol이다.

① ㄱ ② ㄴ ③ ㄷ ④ ㄱ, ㄴ ⑤ ㄴ, ㄷ

$\frac{\text{반응하는 환원제의 양(mol)}}{\text{반응하는 산화제의 양(mol)}} = \frac{\text{환원제의 반응 계수}}{\text{산화제의 반응 계수}}$이다.

[25024-0254]

02 다음은 산화 환원 반응 (가)~(다)의 화학 반응식이다.

(가) $SO_2+2H_2O+Cl_2 \longrightarrow H_2SO_4+2HCl$
(나) $2HNO_3+3H_2S \longrightarrow 2NO+3S+4H_2O$
(다) $5Fe^{2+}+MnO_4^-+8H^+ \longrightarrow 5Fe^{3+}+Mn^{2+}+4H_2O$

표는 (가)~(다)를 주어진 기준으로 분류한 것이다. ㉠~㉢은 (가)~(다)를 순서 없이 나타낸 것이다.

기준	예	아니요
산화수가 +5인 원자가 포함되어 있는가?	㉠	㉡, ㉢
$\frac{\text{반응하는 환원제의 양(mol)}}{\text{반응하는 산화제의 양(mol)}}$>1인가?	㉠, ㉡	㉢

이에 대한 설명으로 옳은 것만을 〈보기〉에서 있는 대로 고른 것은?

〈보기〉
ㄱ. ㉠은 (나)이다.
ㄴ. $\frac{\text{반응하는 환원제의 양(mol)}}{\text{반응하는 산화제의 양(mol)}}$은 ㉡>㉠이다.
ㄷ. ㉠~㉢ 중 환원제 1 mol이 반응할 때 반응하거나 생성되는 H_2O의 양(mol)은 ㉡이 가장 많다.

① ㄱ ② ㄷ ③ ㄱ, ㄴ ④ ㄴ, ㄷ ⑤ ㄱ, ㄴ, ㄷ

[25024-0255]

03 다음은 금속 X와 관련된 산화 환원 반응에 대한 자료이다. X와 Y의 산화물에서 O의 산화수는 -2이다.

○ 화학 반응식:
$aX(OH)_m^- + bYO^- + 2OH^- \longrightarrow aXO_m^{n-} + bY^- + 5H_2O$ (a, b는 반응 계수)

○ $\frac{\text{반응물에서 X의 산화수}}{\text{생성물에서 X의 산화수}} = \frac{1}{2}$이다.

이에 대한 설명으로 옳은 것만을 〈보기〉에서 있는 대로 고른 것은? (단, X와 Y는 임의의 원소 기호이다.)

〈보기〉
ㄱ. YO^-은 환원제로 작용한다.
ㄴ. $(a+b) \times \frac{m}{n} = 10$이다.
ㄷ. $X(OH)_m^-$ 1 mol이 반응할 때 이동하는 전자의 양은 3 mol이다.

① ㄱ ② ㄴ ③ ㄷ ④ ㄱ, ㄷ ⑤ ㄴ, ㄷ

$X(OH)_m^-$에서 X의 산화수는 $m-1$이고, XO_m^{n-}에서 X의 산화수는 $2m-n$이다.

[25024-0256]

04 다음은 금속 X와 Y에 관련된 산화 환원 반응에 대한 자료이다. Y의 산화물에서 O의 산화수는 -2이다.

○ 화학 반응식 :
$aX^{2+} + bYO_4^- + cH_2O \longrightarrow aX^{x+} + bYO_2 + dOH^-$ (a~d는 반응 계수)

○ 산화제 1 mol과 반응하는 환원제의 양은 3 mol이다.

이에 대한 설명으로 옳은 것만을 〈보기〉에서 있는 대로 고른 것은? (단, X와 Y는 임의의 원소 기호이다.)

〈보기〉
ㄱ. $\frac{c+d}{a+b} = \frac{3}{2}$이다.
ㄴ. $x=4$이다.
ㄷ. H_2O 1 mol이 반응할 때 이동하는 전자의 양은 1.5 mol이다.

① ㄴ ② ㄷ ③ ㄱ, ㄴ ④ ㄱ, ㄷ ⑤ ㄱ, ㄴ, ㄷ

반응 전과 후에 원자의 종류와 수는 변하지 않으며, 전체 전하량은 보존된다.

(나)에서 Y의 산화수가 +4에서 +2로 2 감소하고, a mol의 YO_2가 반응하여 c mol의 H_2O이 생성되므로 $2a$ mol의 전자가 이동해야 c mol의 H_2O이 생성된다.

[25024-0257]

05 다음은 금속 X와 Y에 관련된 산화 환원 반응의 화학 반응식이다. Y의 산화물에서 O의 산화수는 −2이다.

(가) $5X^{m+} + 2YO_n^{-} + 16H^{+} \longrightarrow 5X^{n+} + 2Y^{m+} + 8H_2O$
(나) $aYO_2 + bHCl \longrightarrow aYCl_2 + cH_2O + dCl_2$ (a~d는 반응 계수)

이에 대한 설명으로 옳은 것만을 〈보기〉에서 있는 대로 고른 것은? (단, X와 Y는 임의의 원소 기호이다.)

〈보기〉
ㄱ. $\frac{n}{m} = \frac{3}{2}$이다.
ㄴ. $\frac{c+d}{a+b} = \frac{3}{5}$이다.
ㄷ. H_2O 1 mol이 생성될 때 이동하는 전자의 양(mol)은 (가)가 (나)의 $\frac{5}{4}$배이다.

① ㄱ ② ㄴ ③ ㄷ ④ ㄱ, ㄴ ⑤ ㄴ, ㄷ

감소한 전하량의 합과 증가한 전하량의 합은 같다.

[25024-0258]

06 다음은 금속 A~C의 산화 환원 반응 실험이다.

[실험 과정]
(가) A^{2+}이 들어 있는 수용액 200 mL를 준비한다.
(나) (가)의 $A^{2+}(aq)$ 100 mL에 $B(s)$ w g과 $C(s)$ w g을 넣어 반응을 완결시킨다.
(다) (나)의 수용액에 (가)의 $A^{2+}(aq)$ 100 mL를 추가하여 반응을 완결시킨다.

[실험 결과]
○ (나) 과정 후 $C(s)$ x g이 남았고, (다) 과정에서 $C(s)$는 모두 반응하였다.
○ 각 과정 후 수용액에 들어 있는 금속 양이온의 종류와 양

과정	금속 양이온 종류	전체 금속 양이온의 양(mol)
(나)	B^{+}, C^{3+}	$6N$
(다)	B^{+}, C^{3+}	$10N$

이에 대한 설명으로 옳은 것만을 〈보기〉에서 있는 대로 고른 것은? (단, A~C는 임의의 원소 기호이고 물과 반응하지 않으며, 음이온은 반응에 참여하지 않는다.)

〈보기〉
ㄱ. (가)의 수용액 100 mL에 들어 있는 A^{2+}의 양은 $6N$ mol이다.
ㄴ. (나) 과정 후 수용액에 들어 있는 $\frac{C^{3+}\text{의 양(mol)}}{B^{+}\text{의 양(mol)}} < 1$이다.
ㄷ. $x = \frac{4}{7}w$이다.

① ㄴ ② ㄷ ③ ㄱ, ㄴ ④ ㄱ, ㄷ ⑤ ㄱ, ㄴ, ㄷ

[25024-0259]

07 표는 1 M $H_2X(aq)$ V mL에 금속 A와 B를 넣어 반응을 완결시킨 실험 Ⅰ~Ⅲ에 대한 자료이다. Ⅲ에서 반응 후 A가 일부 남았고, 수용액에서 H_2X는 H^+과 X^{2-}으로 모두 이온화된다.

실험	넣어 준 금속의 종류 및 질량(g)	반응 후	
		생성된 $H_2(g)$의 양(mol)	수용액에 들어 있는 전체 이온의 양(mol)
Ⅰ	A a g	$3N$	$9N$
Ⅱ	B b g	$3N$	$8N$
Ⅲ	A a g, B b g	$4N$	

이에 대한 설명으로 옳은 것만을 〈보기〉에서 있는 대로 고른 것은? (단, A, B, X는 임의의 원소 기호이고, 금속은 물과 반응하지 않으며, 음이온은 반응에 참여하지 않는다.)

〈 보기 〉

ㄱ. Ⅰ에서 넣어 준 A는 모두 반응하였다.

ㄴ. $\frac{\text{B 이온의 산화수}}{\text{A 이온의 산화수}}=\frac{3}{2}$이다.

ㄷ. Ⅲ에서 반응 후 남은 A의 질량은 $\frac{1}{3}a$ g이다.

① ㄱ ② ㄷ ③ ㄱ, ㄴ ④ ㄴ, ㄷ ⑤ ㄱ, ㄴ, ㄷ

수용액 속 전체 이온의 양(mol)=생성된 금속 이온의 양(mol)+남은 H^+의 양(mol)+음이온의 양(mol)이다.

[25024-0260]

08 그림 (가)는 A^{3+}과 B^+이 각각 $6N$ mol씩 들어 있는 수용액에 금속 C $3N$ mol을 넣는 초기 모습을, (나)는 (가)에서 반응이 완결되었을 때 수용액에 들어 있는 모든 양이온 수의 비율을, (다)는 (가)에서 반응이 완결된 후 금속 C $3N$ mol을 추가로 넣어 반응을 완결시켰을 때, 수용액에 들어 있는 모든 금속 양이온 수의 비율을 나타낸 것이다. (가)와 (다)에서 넣어 준 C는 모두 반응하였고, ㉠은 A^{3+}, B^+, C 이온 중 하나이며, C 이온의 산화수는 3 이하의 자연수이다.

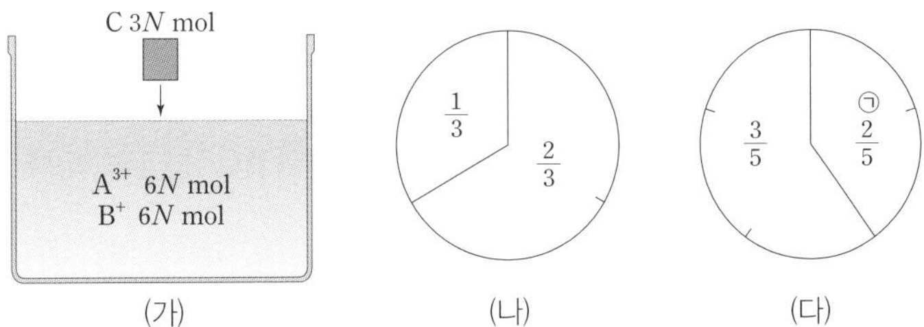

(가) (나) (다)

이에 대한 설명으로 옳은 것만을 〈보기〉에서 있는 대로 고른 것은? (단, A~C는 임의의 원소 기호이고 물과 반응하지 않으며, 음이온은 반응에 참여하지 않는다.)

〈 보기 〉

ㄱ. C 이온은 C^{2+}이다.

ㄴ. (다)에서 ㉠은 B^+이다.

ㄷ. $\frac{\text{(다)에서 수용액에 들어 있는 전체 양이온의 양(mol)}}{\text{(나)에서 수용액에 들어 있는 전체 양이온의 양(mol)}}=\frac{5}{9}$이다.

① ㄱ ② ㄴ ③ ㄱ, ㄷ ④ ㄴ, ㄷ ⑤ ㄱ, ㄴ, ㄷ

넣어 준 C $3N$ mol이 모두 반응하면 생성되는 C 이온의 양도 $3N$ mol이다.

산화되는 금속의 양이온 수는 증가하고, 환원되는 금속 양이온 수는 감소한다.

[25024-0261]

09 그림 (가)는 A^{+}과 B^{2+}이 각각 N mol씩 들어 있는 수용액에 금속 A와 B를 각각 N mol씩 넣는 모습을, (나)는 B^{2+}과 C^{c+}이 각각 N mol씩 들어 있는 수용액에 금속 B와 C를 각각 N mol씩 넣는 모습을 나타낸 것이다. 반응이 진행되어 t min이 되었을 때 $\frac{\text{(나)에서 } C^{c+}\text{의 양(mol)}}{\text{(가)에서 } A^{+}\text{의 양(mol)}}=\frac{7}{3}$, $\frac{\text{(나)에서 } B^{2+}\text{의 양(mol)}}{\text{(가)에서 } B^{2+}\text{의 양(mol)}}=\frac{3}{5}$이고, (가)와 (나)에서 반응이 진행된 t min 동안 이동한 전자의 양(mol)은 같다.

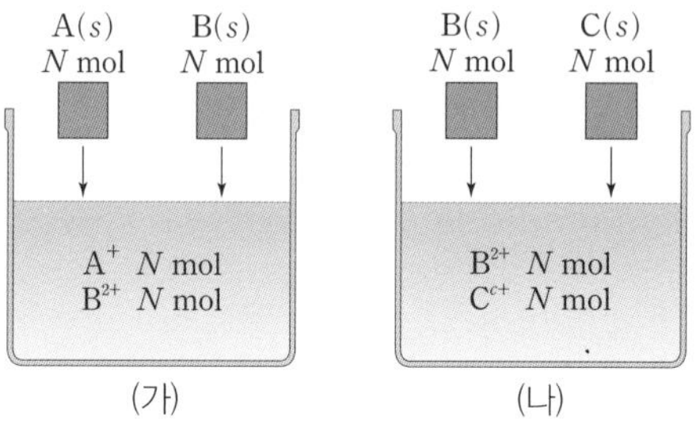

(가) (나)

t min일 때 $\frac{\text{(나)에서 전체 금속의 양(mol)}}{\text{(가)에서 전체 금속의 양(mol)}}\times c$는? (단, A~C는 임의의 원소 기호이고 물과 반응하지 않으며, 음이온은 반응에 참여하지 않는다.)

① $\frac{54}{25}$ ② $\frac{25}{9}$ ③ $\frac{87}{25}$ ④ $\frac{25}{6}$ ⑤ $\frac{50}{9}$

(가)와 (나)를 혼합하였을 때 B^{a+}이 B(s)로 환원되었으므로 A^{a+}이 A^{b+}으로 산화되거나 A^{b+}이 A^{a+}으로 산화되어야 한다.

[25024-0262]

10 그림 (가)는 금속 양이온 A^{a+}과 B^{a+}이 각각 N mol씩 들어 있는 수용액을, (나)는 A^{b+} N mol이 들어 있는 수용액을, (다)는 (가)와 (나)를 모두 혼합한 수용액에서 B(s)가 일부 석출된 상태를 나타낸 것이다. $y>x$이고, a와 b는 3 이하의 자연수이다.

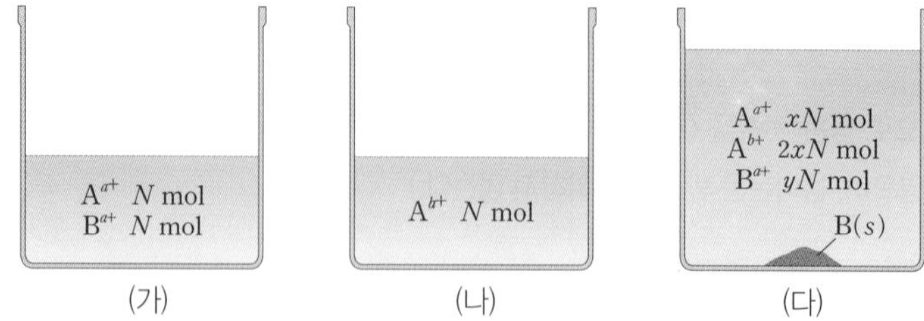

(가) (나) (다)

$(a+b)\times\frac{x}{y}$는? (단, A와 B는 임의의 원소 기호이고 물과 반응하지 않으며, 음이온은 반응에 참여하지 않는다.)

① 5 ② 4 ③ 3 ④ $\frac{5}{2}$ ⑤ $\frac{3}{2}$

[25024-0263]

11 표는 열량계에 25℃ 물 100 g을 넣고 25℃의 A(s)~C(s)를 각각 용해시킨 실험 Ⅰ~Ⅲ에 대한 자료이다. Ⅰ~Ⅲ 중 흡열 반응이 일어난 것은 1가지이다.

실험	용질의 종류 및 질량	최고 또는 최저 온도(℃)
Ⅰ	A(s) w g	t_1
Ⅱ	B(s) w g	t_2
Ⅲ	C(s) $2w$ g	t_3

$t_1>t_3>t_2$일 때, 이에 대한 설명으로 옳은 것만을 〈보기〉에서 있는 대로 고른 것은? (단, 열량계 외부로의 열 손실은 없다.)

〈보기〉
ㄱ. $t_1>25$이다.
ㄴ. B(s)의 물에 대한 용해 반응은 흡열 반응이다.
ㄷ. 25℃ 물 100 g에 25℃ C(s) w g을 용해시킬 경우 수용액의 최고 온도는 t_2℃보다 낮다.

① ㄱ ② ㄷ ③ ㄱ, ㄴ ④ ㄴ, ㄷ ⑤ ㄱ, ㄴ, ㄷ

발열 반응은 열을 방출하는 반응이고, 흡열 반응은 열을 흡수하는 반응이다.

[25024-0264]

12 다음은 생석회(CaO)를 이용한 실험이다.

[화학 반응식]
○ $CaO(s)+H_2O(l) \longrightarrow Ca(OH)_2(aq)$

[실험 과정]
(가) 그림과 같이 열량계에 25℃ 물 100 g을 넣는다.
(나) (가)의 열량계에 생석회(CaO) 10 g을 넣고 젓개로 저어 주면서 용액의 최고 또는 최저 온도(t)를 측정한다.
(다) (나)의 열량계에 이산화 탄소(CO_2) 기체를 불어 넣는다.

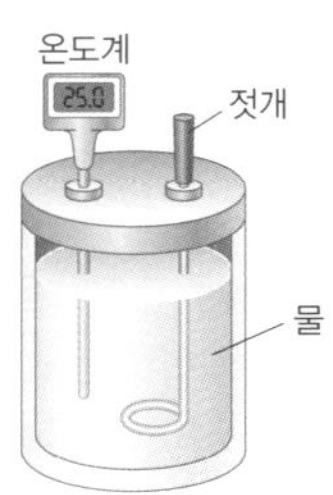

[실험 결과]
○ $t=55$℃이다.
○ (다) 과정에서 다음과 같은 반응에 의해 탄산 칼슘($CaCO_3$)이 생성되면서 용액이 뿌옇게 흐려졌다.

$$Ca(OH)_2(aq)+CO_2(g) \longrightarrow CaCO_3(s)+H_2O(l)$$

이에 대한 설명으로 옳은 것만을 〈보기〉에서 있는 대로 고른 것은? (단, 열량계 외부로의 열 손실은 없다.)

〈보기〉
ㄱ. CaO의 물에 대한 용해 반응은 발열 반응이다.
ㄴ. CaO의 물에 대한 용해 반응에서 Ca의 산화수는 증가한다.
ㄷ. (다) 과정에서 일어나는 반응은 산화 환원 반응이다.

① ㄱ ② ㄴ ③ ㄱ, ㄷ ④ ㄴ, ㄷ ⑤ ㄱ, ㄴ, ㄷ

생석회(CaO)가 물에 용해되어 수용액의 온도가 높아졌으므로 생석회가 물에 용해되는 반응은 발열 반응이다.

고1~2, 내신 중점

구분	고교 입문	기초	기본	특화	단기
국어		윤혜정의 개념의 나비효과 입문 편 + 워크북 어휘가 독해다! 수능 국어 어휘	기본서 올림포스	국어 특화 국어 독해의 원리 국어 문법의 원리	
영어	고등예비 과정 내 등급은?	정승익의 수능 개념 잡는 대박구문 주혜연의 해석공식 논리 구조편	올림포스 전국연합 학력평가 기출문제집 유형서 올림포스 유형편	영어 특화 Grammar POWER Listening POWER Reading POWER Voca POWER 영어 특화 고급영어독해	단기 특강
수학		기초 50일 수학 + 기출 워크북 매쓰 디렉터의 고1 수학 개념 끝장내기		고급 올림포스 고난도 수학 특화 수학의 왕도	
한국사 사회			기본서 개념완성	고등학생을 위한 多담은 한국사 연표	
과학		50일 과학	개념완성 문항편	인공지능 수학과 함께하는 고교 AI 입문 수학과 함께하는 AI 기초	

과목	시리즈명	특징	난이도	권장 학년
전 과목	고등예비과정	예비 고등학생을 위한 과목별 단기 완성		예비 고1
국/영/수	내 등급은?	고1 첫 학력평가 + 반 배치고사 대비 모의고사		예비 고1
국/영/수	올림포스	내신과 수능 대비 EBS 대표 국어·수학·영어 기본서		고1~2
국/영/수	올림포스 전국연합학력평가 기출문제집	전국연합학력평가 문제 + 개념 기본서		고1~2
국/영/수	단기 특강	단기간에 끝내는 유형별 문항 연습		고1~2
한/사/과	개념완성&개념완성 문항편	개념 한 권 + 문항 한 권으로 끝내는 한국사·탐구 기본서		고1~2
국어	윤혜정의 개념의 나비효과 입문 편 + 워크북	윤혜정 선생님과 함께 시작하는 국어 공부의 첫걸음		예비 고1~고2
국어	어휘가 독해다! 수능 국어 어휘	학평·모평·수능 출제 필수 어휘 학습		예비 고1~고2
국어	국어 독해의 원리	내신과 수능 대비 문학·독서(비문학) 특화서		고1~2
국어	국어 문법의 원리	필수 개념과 필수 문항의 언어(문법) 특화서		고1~2
영어	정승익의 수능 개념 잡는 대박구문	정승익 선생님과 CODE로 이해하는 영어 구문		예비 고1~고2
영어	주혜연의 해석공식 논리 구조편	주혜연 선생님과 함께하는 유형별 지문 독해		예비 고1~고2
영어	Grammar POWER	구문 분석 트리로 이해하는 영어 문법 특화서		고1~2
영어	Reading POWER	수준과 학습 목적에 따라 선택하는 영어 독해 특화서		고1~2
영어	Listening POWER	유형 연습과 모의고사·수행평가 대비 올인원 듣기 특화서		고1~2
영어	Voca POWER	영어 교육과정 필수 어휘와 어원별 어휘 학습		고1~2
영어	고급영어독해	영어 독해력을 높이는 영미 문학/비문학 읽기		고2~3
수학	50일 수학 + 기출 워크북	50일 만에 완성하는 초·중·고 수학의 맥		예비 고1~고2
수학	매쓰 디렉터의 고1 수학 개념 끝장내기	스타강사 강의, 손글씨 풀이와 함께 고1 수학 개념 정복		예비 고1~고1
수학	올림포스 유형편	유형별 반복 학습을 통해 실력 잡는 수학 유형서		고1~2
수학	올림포스 고난도	1등급을 위한 고난도 유형 집중 연습		고1~2
수학	수학의 왕도	직관적 개념 설명과 세분화된 문항 수록 수학 특화서		고1~2
한국사	고등학생을 위한 多담은 한국사 연표	연표로 흐름을 잡는 한국사 학습		예비 고1~고2
과학	50일 과학	50일 만에 통합과학의 핵심 개념 완벽 이해		예비 고1~고1
기타	수학과 함께하는 고교 AI 입문/AI 기초	파이선 프로그래밍, AI 알고리즘에 필요한 수학 개념 학습		예비 고1~고2

고2~N수, 수능 집중

구분	수능 입문		기출/연습	연계 + 연계 보완		고난도	모의고사
국어	윤혜정의 개념/패턴의 나비효과		윤혜정의 기출의 나비효과	수능특강 문학 연계 기출	수능특강 사용설명서 / 수능완성 사용설명서	하루 3개 1등급 국어독서	FINAL 실전모의고사
	기본서 수능 빌드업						만점마무리 봉투모의고사 시즌1
영어	수능특강 Light	강의노트 수능 개념	수능 기출의 미래	수능연계교재의 VOCA 1800 / 수능연계 기출 Vaccine VOCA 2200	수능 영어 간접연계 서치라이트	하루 6개 1등급 영어독해	만점마무리 봉투모의고사 시즌2
수학	수능 감(感)잡기		수능 기출의 미래 미니모의고사	수능 연계교재: 수능특강	수능완성	수능연계완성 3주 특강	만점마무리 봉투모의고사 고난도 Hyper
한국사 사회	수능 스타트		수능특강Q 미니모의고사	eBook 전용: 수능완성R 모의고사	수능 등급을 올리는 변별 문항 공략	박봄의 사회·문화 표 분석의 패턴	수능 직전보강 클리어 봉투모의고사
과학							

구분	시리즈명	특징	난이도	영역
수능 입문	윤혜정의 개념/패턴의 나비효과	윤혜정 선생님과 함께하는 수능 국어 개념/패턴 학습		국어
	수능 빌드업	개념부터 문항까지 한 권으로 시작하는 수능 특화 기본서		국/수/영
	수능 스타트	2028학년도 수능 예시 문항 분석과 문항 연습		사/과
	수능 감(感) 잡기	동일 소재·유형의 내신과 수능 문항 비교로 수능 입문		국/수/영
	수능특강 Light	수능 연계교재 학습 전 가볍게 시작하는 수능 도전		영어
	수능개념	EBS*i* 대표 강사들과 함께하는 수능 개념 다지기		전 영역
기출/연습	윤혜정의 기출의 나비효과	윤혜정 선생님과 함께하는 까다로운 국어 기출 완전 정복		국어
	수능 기출의 미래	올해 수능에 딱 필요한 문제만 선별한 기출문제집		전 영역
	수능 기출의 미래 미니모의고사	부담 없는 실전 훈련을 위한 기출 미니모의고사		국/수/영
	수능특강Q 미니모의고사	매일 15분 연계교재 우수문항 풀이 미니모의고사		국/수/영/사/과
	수능완성R 모의고사	과년도 수능 연계교재 수능완성 실전편 수록		수학
연계 + 연계 보완	수능특강	최신 수능 경향과 기출 유형을 반영한 종합 개념 학습		전 영역
	수능특강 사용설명서	수능 연계교재 수능특강의 국어·영어 지문 분석		국/영
	수능특강 문학 연계 기출	수능특강 수록 작품과 연관된 기출문제 학습		국어
	수능완성	유형·테마 학습 후 실전 모의고사로 문항 연습		전 영역
	수능완성 사용설명서	수능 연계교재 수능완성의 국어·영어 지문 분석		국/영
	수능 영어 간접연계 서치라이트	출제 가능성이 높은 핵심 간접연계 대비		영어
	수능연계교재의 VOCA 1800	수능특강과 수능완성의 필수 중요 어휘 1800개 수록		영어
	수능연계 기출 Vaccine VOCA 2200	수능-EBS 연계와 평가원 최다 빈출 어휘 선별 수록		영어
고난도	하루 N개 1등급 국어독서/영어독해	매일 꾸준한 기출문제 학습으로 완성하는 1등급 실력		국/영
	수능연계완성 3주 특강	단기간에 끝내는 수능 1등급 변별 문항 대비		국/수/영
	박봄의 사회·문화 표 분석의 패턴	박봄 선생님과 사회·문화 표 분석 문항의 패턴 연습		사회탐구
	수능 등급을 올리는 변별 문항 공략	EBS*i* 선생님이 직접 선별한 고변별 문항 연습		수/영
모의고사	FINAL 실전모의고사	EBS 모의고사 중 최다 분량 최다 과목 모의고사		전 영역
	만점마무리 봉투모의고사 시즌1/시즌2	실제 시험지 형태와 OMR 카드로 실전 연습 모의고사		전 영역
	만점마무리 봉투모의고사 고난도 Hyper	고난도 문항까지 국·수·영 논스톱 훈련 모의고사		국·수·영
	수능 직전보강 클리어 봉투모의고사	수능 직전 성적을 끌어올리는 마지막 모의고사		국/수/영/사/과

memo

문제를 사진 찍고
해설 강의 보기
Google Play | App Store

EBS*i* 사이트
무료 강의 제공

수능특강

정답과 해설

2026학년도 수능 연계교재

한국교육과정평가원
감 수
본 교재는 2026학년도 수능 연계교재로서 한국교육과정평가원이 감수하였습니다.

Lucky Box!

Good Luck!

과학탐구영역

화학 I

본 교재는 대학수학능력시험을 준비하는 데 도움을 드리고자 과학과 교육과정을 토대로 제작된 교재입니다.
학교에서 선생님과 함께 교과서의 기본 개념을 충분히 익힌 후 활용하시면 더 큰 학습 효과를 얻을 수 있습니다.

수능특강

과학탐구영역 | **화학 I**

정답과 해설

01 화학과 우리 생활

수능 2점 테스트 본문 10~11쪽

01 ② 02 ① 03 ⑤ 04 ③ 05 ② 06 ⑤
07 ④ 08 ③

01 암모니아의 대량 생산

하버와 보슈는 암모니아(NH_3)의 대량 생산 공정을 개발하였다. 암모니아는 식물의 생장에 필수적인 질소 비료의 원료이므로 암모니아의 대량 생산은 인류의 식량 문제 해결에 기여하였다.

02 합성 섬유

우산의 원단으로 쓰이는 폴리에스터는 합성 섬유로 물에 잘 젖지 않는다.

X. 폴리에스터는 합성 섬유이다.
㉡. 합성 섬유의 원료는 주로 석유로부터 얻으므로 합성 섬유는 탄소 화합물이다.
X. 폴리에스터는 물에 잘 젖지 않으므로 우산의 원단으로 쓰인다.

03 화학과 우리 생활

Ⓐ. 화학의 발전으로 합성 비료가 개발되어 식량 문제가 개선되었다.
Ⓑ. 화학의 발전으로 다양한 기능을 가진 합성 섬유가 개발되어 필요한 곳에 이용되고 있다.
Ⓒ. 화학의 발전으로 우수한 단열재가 개발되어 주택이나 건물의 난방 효율이 향상되었다.

04 플라스틱

플라스틱은 '원하는 모양으로 만들 수 있는'이라는 고대 그리스어의 프라스티코스(plastikos)에서 유래했다. 플라스틱은 탄소 화합물로 열이나 압력으로 원하는 모양을 쉽게 만들 수 있으며, 주로 원유(석유)를 가공하여 얻는 물질을 이용하여 만든다.

05 탄소의 다양한 결합

탄소(C) 원자 1개는 최대로 다른 원자 4개와 결합할 수 있고, C 원자 사이에는 단일 결합 외에도 2중 결합, 3중 결합이 가능하며, C는 수소(H), 산소(O), 질소(N), 염소(Cl), 황(S), 인(P) 등과 공유 결합한다. C를 기본 골격으로 H, O, N, Cl, S, P 등과 공유 결합하여 이루는 화합물을 탄소 화합물이라고 한다.

06 탄소 화합물

㉠. 메테인(CH_4)은 탄소와 수소만으로 이루어진 탄화수소 중 가장 간단한 화합물로 천연 가스의 주성분이다.
㉡. (가)와 (나) 모두 구성 원소가 탄소(C)와 수소(H)이다.
㉢. $\frac{\text{H 원자 수}}{\text{C 원자 수}}$는 (가)가 4이고 (나)가 $\frac{8}{3}$이므로 (가) > (나)이다.

07 탄소 화합물

X. 메테인(CH_4) 분자를 이루는 원자의 수는 5이고, 메탄올(CH_3OH) 분자를 이루는 원자의 수는 6이다.
㉡. (가)와 (나)에서 탄소 원자에 결합한 원자의 수는 각각 4로 같다.
㉢. (가)와 (나) 모두 완전 연소할 때 생성되는 물질은 이산화 탄소(CO_2)와 물(H_2O)로 생성물의 가짓수가 2로 같다.

08 탄소 화합물

㉠. (가)는 에탄올(C_2H_5OH)이며 소독제의 원료로 이용된다.
㉡. (나)는 아세트산(CH_3COOH)이며 (나)의 수용액은 산성이다.
X. (가)에서 2개의 C 원자는 각각 4개의 다른 원자와 결합하고 있다. (나)에서 하나의 C 원자는 4개의 다른 원자와 결합하고 있지만, 다른 C 원자는 3개의 다른 원자와 결합하고 있다.

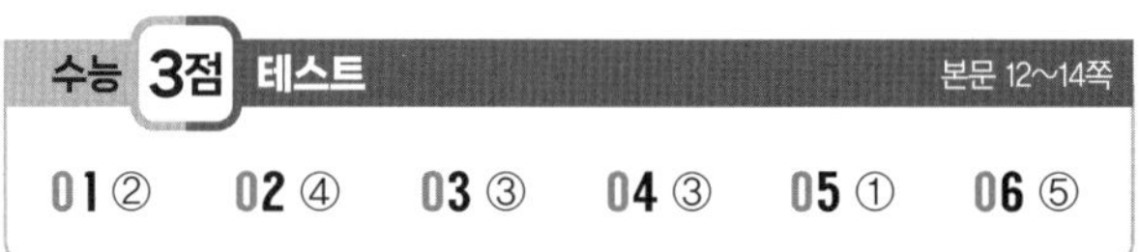

수능 3점 테스트 본문 12~14쪽

01 ② 02 ④ 03 ③ 04 ③ 05 ① 06 ⑤

01 암모니아의 대량 생산

X. ㉠은 암모니아(NH_3)이다. 하버와 보슈에 의한 암모니아(NH_3)의 대량 생산 공정이 개발된 이후에 암모니아를 이용하여 질소 비료를 합성하였다.
X. 암모니아(NH_3)는 탄소 화합물이 아니다.
㉢. 암모니아의 대량 생산은 질소 비료를 합성하기 쉽게 하여 인류의 식량 문제 해결에 기여하였다.

02 탄화수소

㉠. 메테인(CH_4), 뷰테인(C_4H_{10}), 옥테인(C_8H_{18})은 모두 탄소와 수소만으로 이루어진 탄화수소이다.
X. C_4H_{10}의 $\frac{\text{H 원자 수}}{\text{C 원자 수}}$는 $\frac{10}{4}$이고, C_8H_{18}의 $\frac{\text{H 원자 수}}{\text{C 원자 수}}$는 $\frac{18}{8}$

이므로 $\frac{\text{H 원자 수}}{\text{C 원자 수}}$는 뷰테인이 옥테인보다 크다.

ⓒ. CH_4, C_4H_{10}, C_8H_{18}은 모두 탄화수소로 완전 연소할 때 생성되는 물질은 이산화 탄소(CO_2)와 물(H_2O)로 생성물의 가짓수는 2로 같다.

03 화학과 우리 생활

Ⓐ. 인류는 화석 연료의 사용으로 철광석으로부터 철을 대량으로 제련할 수 있게 되었으며, 철을 이용하면 견고한 건축물을 만들 수 있다.

Ⓑ. 인류는 석유로부터 얻은 스타이로폼을 건물의 단열재로 이용한다.

Ⓧ. 유리는 모래에서 얻는 물질로 탄소 화합물이 아니다.

04 탄소 화합물

ⓐ. (가)는 메테인(CH_4)으로 1개의 C 원자는 4개의 H 원자와 결합하고, (나)는 에탄올(C_2H_5OH)로 1개의 C 원자는 3개의 H 원자, 1개의 C 원자와 결합하고, 다른 C 원자는 1개의 C 원자와 2개의 H 원자와 1개의 O 원자와 결합하고 있으므로 모든 탄소는 4개의 원자와 결합하고 있다.

ⓑ. (가)는 CH_4으로 탄소와 수소만으로 이루어진 탄소 화합물이고, (다)는 아세트산(CH_3COOH)으로 탄소와 수소와 산소로 이루어진 탄소 화합물이다. (가)와 (다) 모두 완전 연소할 때 생성되는 물질은 이산화 탄소(CO_2)와 물(H_2O)로 생성물의 가짓수는 2로 같다.

ⓧ. (나)는 에탄올(C_2H_5OH)로 수용액의 액성은 중성이고, (다)는 아세트산(CH_3COOH)으로 수용액의 액성은 산성이다.

05 탄소의 다양한 결합

ⓧ. 탄소 원자 1개는 최대로 다른 원자 4개와 결합할 수 있고, 결합한 2개의 탄소에 각각 수소 원자가 3개씩 결합하므로, 물질 ㉠의 화학식은 C_2H_6이다.

ⓑ. ㉠(C_2H_6)에서 수소 원자 1개를 빼고 탄소 원자를 결합시키면 새로 결합한 탄소 원자에 수소 원자 3개가 추가로 결합하므로, 물질 ㉡의 화학식은 C_3H_8이다. 그러므로 ㉠과 ㉡의 수소 원자 수의 차는 2이다.

ⓧ. $\frac{\text{C 원자 수}}{\text{H 원자 수}}$는 ㉠은 $\frac{2}{6}\left(=\frac{1}{3}\right)$이고 ㉡은 $\frac{3}{8}$이므로 ㉡>㉠이다.

06 탄소 화합물

CH_4, C_3H_8, C_2H_5OH, CH_3COOH이 각각 완전 연소하는 반응의 화학 반응식은 다음과 같다.

$CH_4 + 2O_2 \longrightarrow CO_2 + 2H_2O$

$C_3H_8 + 5O_2 \longrightarrow 3CO_2 + 4H_2O$

$C_2H_5OH + 3O_2 \longrightarrow 2CO_2 + 3H_2O$

$CH_3COOH + 2O_2 \longrightarrow 2CO_2 + 2H_2O$

CH_4, C_3H_8, C_2H_5OH, CH_3COOH 각 1 mol을 완전 연소시키면 생성되는 물질의 양은 각각 3 mol, 7 mol, 5 mol, 4 mol이므로, (가)~(라)는 각각 CH_4, CH_3COOH, C_2H_5OH, C_3H_8이다.

ⓐ. (나)는 CH_3COOH이고, 1 mol을 완전 연소시킬 때 생성물의 양은 4 mol이므로 $x=4$이다.

ⓑ. (가)와 (라)는 각각 CH_4, C_3H_8이므로 (가)와 (라)를 이루는 원소의 종류는 같다.

ⓒ. (다)는 에탄올(C_2H_5OH)이므로 손 소독제의 원료로 이용된다.

02 화학식량과 몰

수능 2점 테스트 본문 23~24쪽

01 ③ 02 ④ 03 ① 04 ② 05 ③ 06 ④
07 ③ 08 ②

01 원자량의 기준

Ⓐ. 원자량은 양성자수와 중성자수를 합한 질량수가 12인 ^{12}C를 기준으로 한 상대적인 질량이다.
Ⓑ. 원자의 실제 질량은 너무 작아서 사용하기 불편하므로 상대적인 질량인 원자량을 사용한다.
~~ⓒ~~. 원자량은 단위가 없다.

02 원자량과 화학식량

C 원자 4개와 X 원자 3개의 질량이 같으므로 원자량비는 C : X=3 : 4이다. 또한 X 원자 3개와 Y 원자 2개의 질량이 같으므로 원자량비는 X : Y=2 : 3이다. 따라서 원자량비는 C : X : Y=3 : 4 : 6이고, $\frac{CX_2\text{의 화학식량}}{YX\text{의 화학식량}}=\frac{11}{10}$이다.

03 물질의 양

㉠. (가)에서 $C_6H_{12}O_6$의 질량은 1.8 g이고, $C_6H_{12}O_6$의 분자량은 180이므로 $C_6H_{12}O_6$의 양은 $\frac{1.8\text{ g}}{180\text{ g/mol}}=0.01\text{ mol}$이다.
~~㉡~~. (나)에서 H_2O의 부피는 18 mL이므로 질량은 18 g이고, H_2O의 양은 $\frac{18\text{ g}}{18\text{ g/mol}}=1\text{ mol}$이다. 따라서 분자 수는 N_A이다.
~~㉢~~. (다)에서 He의 부피는 5.6 L이므로 He의 양은 $\frac{5.6\text{ L}}{22.4\text{ L/mol}}=\frac{1}{4}\text{ mol}$이다. He의 원자량은 4이므로 He의 질량은 1 g이다.

04 원자량과 분자량

온도와 압력이 같을 때 기체의 밀도비는 분자량비와 같다.
~~㉠~~. 밀도$=\frac{\text{질량}}{\text{부피}}$이므로 (가)와 (나)의 밀도가 같다. 따라서 (가)와 (나)의 분자량은 같다.
㉡. (가)와 (나)의 분자량이 같으므로 같은 질량에는 같은 분자 수가 들어 있다. 따라서 분자식으로부터 1 g에 들어 있는 전체 원자 수 비는 (가) : (나)=1 : 3이다.
~~㉢~~. X~Z의 원자량을 각각 x~z라고 하면 $x : y=7 : 6$이고, $2x=2y+4z$이므로 $x : y : z=7 : 6 : \frac{1}{2}=14 : 12 : 1$이다. 따라서 $\frac{\text{Z의 원자량}}{\text{X의 원자량}}=\frac{1}{14}$이다.

05 화학식량과 몰

㉠. (가)와 (나)의 분자량을 각각 $M_{(가)}$, $M_{(나)}$라고 하면, 1 g에 들어 있는 전체 원자 수 비는 (가) : (나)$=\frac{1}{M_{(가)}}\times2 : \frac{1}{M_{(나)}}\times3=46 : 45$이므로 $M_{(가)} : M_{(나)}=15 : 23$이다.
㉡. 분자량비는 (가) : (나)=15 : 23이므로 X와 Y의 원자량을 각각 x, y라고 하면 $x+y=15k$, $x+2y=23k$이고, $x : y=7 : 8$이므로 $\frac{\text{Y의 원자량}}{\text{X의 원자량}}=\frac{8}{7}$이다.
~~㉢~~. 1 g에 들어 있는 Y 원자 수 비는 (가) : (나)$=\frac{1}{15}\times1 : \frac{1}{23}\times2=23 : 30$이다.

06 화학식량과 몰

같은 온도와 압력에서 기체의 분자량은 밀도에 비례한다. 따라서 분자량비는 $XY_2 : XY_3=\frac{8w}{10} : \frac{5w}{5}=4 : 5$이므로, X와 Y의 원자량을 각각 x, y라고 하면 $x+2y=4k$, $x+3y=5k$이므로 $x : y=2 : 1$이다. 따라서 $\frac{\text{X의 원자량}}{\text{Y의 원자량}}=2$이다.

07 화학식량과 몰

(가)에 들어 있는 $X_2Y_2(g)$와 $X_2Y_4(g)$의 양을 각각 m mol, n mol이라고 하면, (나)에 들어 있는 $X_2Y_2(g)$와 $X_2Y_4(g)$의 양은 각각 $2m$ mol, $3n$ mol이다. 실린더 속 기체의 온도와 압력이 같으므로 기체의 부피는 양(mol)에 비례한다. 따라서 $m+n : 2m+3n=1 : \frac{5}{2}$이므로 $m=n$이다.
㉠. $m=n$이므로 (가)에서 $X_2Y_2(g)$의 양을 m mol이라고 하면 $X_2Y_4(g)$의 양도 m mol이다. (나)에서 $X_2Y_2(g)$와 $X_2Y_4(g)$의 양은 각각 $2m$ mol, $3m$ mol이다. 따라서 실린더 속 기체의 전체 원자 수 비는 (가) : (나)$=(4m+6m) : (8m+18m)=5 : 13$이다.
㉡. (가)에서 $X_2Y_2(g)$와 $X_2Y_4(g)$의 양(mol)이 같으므로 분자량비는 $X_2Y_2 : X_2Y_4=15 : 16$이다. X와 Y의 원자량을 각각 x, y라고 하면 $2x+2y=15k$, $2x+4y=16k$이므로 $\frac{y}{x}=\frac{1}{14}$이다.
~~㉢~~. 실린더 속 기체 1 L에 들어 있는 X의 질량비는 1 L에 들어 있는 X의 양(mol)으로 나타낼 수 있으므로 (가) : (나)$=\frac{2m+2m}{V} : \frac{4m+6m}{2.5V}=1 : 1$이다.

08 화학식량과 몰

$\frac{\text{X의 원자량}}{\text{Y의 원자량}}=2$이므로 분자량비는 $XY_2:XY_3=4:5$이다. XY_2의 분자량을 $4M$이라고 하면 (가)에서 $8w$ g의 양은 $\frac{8w}{4M}$ mol이고, XY_3의 분자량을 $5M$이라고 하면 (나)에서 $15w$ g의 양은 $\frac{15w}{5M}$ mol이다. 따라서 기체의 분자 수 비는 (가) : (나)=2 : 3이고, 분자당 구성 원자 수 비는 $XY_2:XY_3=3:4$이므로 전체 원자 수 비는 $XY_2:XY_3=6:12$이다. 따라서 $a=12$이다.

수능 3점 테스트

본문 25~29쪽

01 ③	02 ①	03 ④	04 ②	05 ④	06 ②
07 ③	08 ③	09 ①	10 ④		

01 몰과 부피

같은 양(mol)의 $C_2H_4(g)$과 $H_2O(g)$의 혼합 기체 $2V$ L가 반응하여 생성된 $X(g)$의 부피가 V L이므로 X의 양은 n mol이다. 따라서 화학 반응식은 $C_2H_4(g)+H_2O(g) \longrightarrow C_2H_6O(g)$이다.

㉠. 생성된 $X(g)$의 양은 n mol이어야 하므로 X의 분자식은 C_2H_6O이다.

ㄴ. 실린더 속 기체의 부피는 $2V$ L에서 V L로 감소하였으므로 실린더 속 기체의 밀도는 (나)>(가)이다.

㉢. 반응 전과 후 전체 원자 수는 변하지 않으므로 실린더 속 기체 1 L에 들어 있는 전체 원자 수 비는 (가) : (나)$=\frac{6n+3n}{2V}:\frac{9n}{V}=1:2$이다.

02 화학식량과 몰

(가)에서 X_2Y의 양을 m mol, (나)에서 X_2Y_2의 양을 n mol이라고 하면, 전체 원자 수 비는 (가) : (나)$=3m+8n:6m+4n=5:4$이다. 이를 풀면 $m:n=2:3$이다. 기체의 밀도는 각 기체의 질량의 합을 부피로 나눈 것이므로 X와 Y의 원자량을 각각 x, y라고 할 때 밀도비는 (가) : (나)$=\frac{4x+2y+12x+12y}{2+6}:\frac{8x+4y+6x+6y}{4+3}=35:29$이고, 이를 풀면 $\frac{x}{y}=\frac{1}{16}$이다.

03 화학식량과 몰

온도와 압력이 같을 때 1 g당 부피는 $\frac{1}{\text{분자량}}$에 비례하므로 분자량비는 (가) : (나) : (다)$=\frac{1}{23}:\frac{1}{23}:\frac{1}{22}=22:22:23$이다. (가)와 (나)는 분자량이 같고, 1 g당 Y 원자 수 비는 (가) : (나)=2 : 1이다. (가)~(다)는 삼원자 분자이므로 (가)~(다)의 분자식은 각각 XY_2, YZ_2, Y_2Z이고, 원자량비는 X : Y : Z=6 : 8 : 7이다. 1 g당 Y 원자 수 비는 (나) : (다)$=\frac{1}{22}\times1:\frac{1}{23}\times2=1:a$이므로 $a=\frac{44}{23}$이다. 따라서 $a\times\frac{\text{Z의 원자량}}{\text{X의 원자량}}=\frac{44}{23}\times\frac{7}{6}=\frac{154}{69}$이다.

04 화학식량과 몰

(가)의 부피는 7 L이므로 (가)의 양은 0.25 mol이다. 따라서 (가)의 분자량은 88이다. (다)의 부피는 5.6 L이므로 (다)의 양은 0.2 mol이다. 전체 원자 수 비는 (가) : (다)$=\frac{1}{4}\times5:\frac{1}{5}\times(2+x)=25:24$이므로 $x=4$이다. (나)의 양은 0.5 mol이므로 A_2B_2의 분자량은 62이다. A와 B의 원자량을 각각 a, b라고 하면 $a+4b=88$, $2a+2b=62$이므로 $a=12$, $b=19$이다. 따라서 A_2B_4 0.2 mol의 질량은 20 g이고, $\frac{x}{y}=\frac{4}{20}=\frac{1}{5}$이다.

05 화학식량과 몰

분자량비는 A : B=2 : 3이므로 (가)에 들어 있는 A와 B의 양(mol)을 각각 n, n이라고 할 수 있다. (나)에 들어 있는 A와 B의 양(mol)은 각각 $0.5n$, $\frac{a}{3}n$이므로

$\frac{\text{(나)에 들어 있는 기체의 양(mol)}}{\text{(가)에 들어 있는 기체의 양(mol)}}=\frac{0.5n+\frac{a}{3}n}{2n}=\frac{5}{4}$이므로 $a=6$이다. A와 B의 구성 원자 수를 각각 p, q라고 하면 단위 부피당 전체 원자 수 비는 (가) : (나)$=\frac{(p+q)n}{2n}:\frac{(0.5p+2q)n}{2.5n}=25:18$이므로 $p:q=11:4$이다. (다)에서 A와 B의 양(mol)은 각각 $0.5n$, $\frac{x}{3}n$이고, 전체 기체의 질량은 $(1+x)w$ g이므로 전체 기체의 밀도비는 (가) : (다)$=\frac{5w}{2n}:\frac{(1+x)w}{\left(0.5+\frac{x}{3}\right)n}=25:24$이므로 $x=1$이다. 단위 부피당 전체 원자 수 비는 (가) : (다)$=\frac{15n}{2n}:\frac{\left(5.5+\frac{4}{3}\right)n}{\frac{5}{6}n}=25:y$이므로 $y=\frac{82}{3}$이다. 따라서 $a\times\frac{x}{y}=\frac{9}{41}$이다.

06 화학식량과 몰

같은 온도와 압력에서 기체의 밀도비는 분자량비와 같다.

X. 분자량비는 $AB_2 : AB_n = \frac{4\text{ g}}{V\text{ L}} : \frac{10\text{ g}}{2V\text{ L}} = 4 : 5$이다.

ㄴ. 1 g에 들어 있는 전체 원자 수 비는 $AB_2 : AB_n = \frac{1}{4} \times 3 : \frac{1}{5} \times (1+n) = 15 : 16$이므로 $n=3$이다.

X. $n=3$이므로 1 g에 들어 있는 B 원자 수 비는 $AB_2 : AB_3 = \frac{1}{4} \times 2 : \frac{1}{5} \times 3 = 5 : 6$이다.

07 화학식량과 몰

(가)와 (나)의 분자량을 각각 a, b라고 하면 1 g에 들어 있는 Y 원자 수 비는 (가) : (나)$=\frac{n}{a} : \frac{2n}{b} = 25 : 33$이다. 따라서 $a : b = 33 : 50$이다.

ㄱ. 같은 온도와 압력에서 기체의 밀도는 분자량에 비례하므로, 밀도비는 (가) : (나)$=33 : 50$이다.

ㄴ. 1 g에 들어 있는 전체 원자 수 비는 (가) : (나)$=\frac{2+n}{a} : \frac{3n}{b} = 100 : 99$이고, $a : b = 33 : 50$이므로 $n=2$이다.

X. X~Z의 원자량을 각각 $x \sim z$라고 하면 분자량비는 (가) : (나)$=2x+2y : 4y+2z = 33 : 50$이고, $\frac{z}{x+y} = \frac{4}{11}$이므로 $2y+z : z = 50 : 12$에서 $\frac{z}{y} = \frac{12}{19}$이다.

08 화학식량과 몰

(가)에 들어 있는 $XY_2(g)$와 $X_2Z_4(g)$의 양(mol)을 각각 m, n이라고 하면 $\frac{\text{Z 원자 수}}{\text{X 원자 수}} = \frac{4n}{m+2n} = \frac{8}{9}$이므로 이를 풀면 $2m = 5n$이고, $m=5k$, $n=2k$라고 할 수 있다. (가)에서 기체 $7V$ L의 양은 $7k$ mol이고, $X_2Z_4(g)$ $20w$ g을 추가하였을 때 기체의 부피가 $2V$ L 증가하였으므로 $2k$ mol이 추가된 것이다. 따라서 (가)에서 $XY_2(g)$ $5k$ mol의 질량은 $22w$ g이고, $X_2Z_4(g)$ $2k$ mol의 질량은 $20w$ g임을 알 수 있다.

ㄱ. (가)에서 $XY_2(g)$와 $X_2Z_4(g)$의 양을 각각 $5k$ mol, $2k$ mol이라고 할 수 있고, 추가된 $X_2Z_4(g)$의 양은 $2k$ mol이므로 (나)에서 실린더 속 기체의 $\frac{\text{Z 원자 수}}{\text{X 원자 수}} = \frac{16}{13}$이다.

X. XY_2 k mol의 질량은 $\frac{22w}{5}$ g이라고 할 수 있고, X_2Z_4 k mol의 질량은 $10w$ g이라고 할 수 있으므로 분자량비는 $XY_2 : X_2Z_4 = 11 : 25$이다. 원자량비는 X : Y $= 3 : 4$이므로 $\frac{\text{Z의 원자량}}{\text{X의 원자량}} = \frac{19}{12}$이다.

ㄷ. 실린더 속 기체 1 g에 들어 있는 전체 원자 수 비는 (가) : (나)$=\frac{(15+12)k}{42w} : \frac{(15+24)k}{62w} = 93 : 91$이다.

09 혼합된 기체의 화학식량과 몰

(나)에서 $\frac{\text{A 원자 수}}{\text{B 원자 수}} = 6$이므로 기체의 분자 수 비는 $BA_2 : CA = 1 : 4$이다. 전체 원자 수 비는 (가) : (나)$=23 : 22$이므로 (나)에서 BA_2, CA의 양(mol)을 각각 $2k$, $8k$라고 하면 (가)에서 A_2, BA_2의 양(mol)은 각각 $7k$, $3k$이다.

ㄱ. (가)에서 A_2, BA_2의 양(mol)은 각각 $7k$, $3k$이어야 하므로 $\frac{\text{A 원자 수}}{\text{B 원자 수}} = \frac{14+6}{3} = \frac{20}{3}$이다.

X. $\frac{\text{B의 원자량}}{\text{A의 원자량}} = 2$이므로 A~C의 원자량을 각각 a, b, c라고 하면 (가)에서 기체의 질량(g)은 $14ak+(3b+6a)k = 26ak = 13w$이고, (나)에서 기체의 질량(g)은 $(2b+4a)k+(8c+8a)k = (16a+8c)k = 11w$이다. 이를 풀면 $\frac{c}{a} = \frac{3}{4}$이다.

X. 분자량비는 $A_2 : CA = 8 : 7$이므로 $\frac{\text{(나)에서 CA}(g)\text{의 질량}}{\text{(가)에서 A}_2(g)\text{의 질량}} = 1$이다.

10 화학식량과 몰

(가)에서 X_aY_b와 X_aY_c의 양(mol)을 각각 m, $2n$, (나)에서 X_aY_b와 X_aY_c의 양(mol)을 각각 $2m$, n이라고 하면, 전체 기체의 부피가 같으므로 $m+2n = 2m+n$에서 $m=n$이다. 전체 원자 수 비는 (가) : (나)$=a+b+2a+2c : 2a+2b+a+c = 13 : 11$이고, Y 원자 수 비는 (가) : (나)$=b+2c : 2b+c = 7 : 5$이다. 이를 풀면 $a : b : c = 2 : 1 : 3$이다. (다)에서 X_aY_b와 X_aY_c의 양(mol)을 각각 p, q라고 하면, 전체 원자 수는 $3p+5q = 24m$이고, Y 원자 수는 $p+3q = 12m$이므로 $p=q=3m$이다. X_aY_b의 양(mol)은 (다)에서가 (가)에서의 3배이므로 $x=33$이고, X_aY_c의 양(mol)은 (다)에서가 (나)에서의 3배이므로 $y=57$이다. 또한 $m+2n : p+q = 1 : 2$이므로 $z=2$이다. 따라서 $\frac{x+y}{z} = \frac{33+57}{2} = 45$이다.

03 화학 반응식과 용액의 농도

수능 2점 테스트 본문 38~40쪽

01 ②	02 ⑤	03 ③	04 ④	05 ③	06 ①
07 ②	08 ②	09 ①	10 ⑤	11 ④	12 ②

01 화학 반응식과 반응의 양적 관계

$C_xH_{2x}O_y(g)$ 1 mol이 반응할 때 생성되는 $CO_2(g)$와 $H_2O(g)$의 양은 각각 x mol로 같다. 반응 후 $H_2O(g)$의 양이 3 mol이므로 $x=3$이다.

화학 반응 전과 후 원자의 종류와 수는 변하지 않는다. O 원자 수로부터 $y+8=2\times3+3$을 만족하는 $y=1$이다. 온도와 압력이 일정할 때 반응 전과 후 전체 기체의 부피는 전체 기체의 양(mol)에 비례하고, $C_3H_6O(g)$ 1 mol과 $O_2(g)$ 4 mol이 반응하여 $CO_2(g)$ 3 mol과 $H_2O(g)$ 3 mol이 생성되므로 $V_1:V_2=5:6$이다. 따라서 $\frac{y}{x}\times\frac{V_2}{V_1}=\frac{1}{3}\times\frac{6}{5}=\frac{2}{5}$이다.

02 화학 반응식 완성하기

화학 반응 전과 후의 원자의 종류와 수는 변하지 않으므로 H 원자 수로부터 $8=2b$, O 원자 수로부터 $2+2a=4+b$이다.

㉠. $a=3$, $b=4$이므로 $b>a$이다.

㉡. CH_3OH 3.2 g은 0.1 mol에 해당하며, CH_3OH 0.1 mol이 모두 반응하기 위해 필요한 O_2의 최소 양은 0.15 mol이다. O_2 0.15 mol에 해당하는 질량은 0.15 mol×32 g/mol=4.8 g이다.

㉢. CH_3OH 2 mol과 O_2 3 mol이 반응하므로 각각 1 mol씩 용기에 넣어 반응시키면 O_2가 모두 소모되며, 생성되는 CO_2의 양은 $\frac{2}{3}$ mol이다.

03 금속과 염산의 반응에서의 양적 관계

화학 반응식에서 각 물질의 계수비는 반응 몰비와 같다. 일정한 온도와 압력에서 기체 1 mol의 부피를 알면 반응물의 양(mol)을 통해 생성되는 기체의 부피를 구할 수 있다.

㉠. 반응한 $A(s)$의 질량이 w g이므로 A의 원자량을 알아야 반응한 $A(s)$의 양(mol)을 알 수 있다.

~~㉡~~. 충분한 양의 $HCl(aq)$과 반응하므로 $HCl(aq)$의 몰 농도는 생성되는 $H_2(g)$의 부피를 구하는 데 필요하지 않다.

㉢. $A(s)$의 양(mol)을 알면 반응 계수비를 통해 생성되는 $H_2(g)$의 양(mol)을 알 수 있으므로 $H_2(g)$의 부피를 구하기 위해서는 t℃, 1 atm에서 기체 1 mol의 부피를 알아야 한다.

04 기체 반응의 양적 관계

$AB(g)$ 2 mol과 $B_2(g)$ 1 mol이 반응하여 $AB_2(g)$ 2 mol이 생성되는 반응이다.

㉠. $AB(g)$ 1 mol과 $B_2(g)$ 1 mol을 반응시키면 $AB(g)$ 1 mol과 $B_2(g)$ 0.5 mol이 반응하여 $AB_2(g)$ 1 mol이 생성되고, $B_2(g)$ 0.5 mol이 남는다.

㉡. 온도와 압력이 일정할 때 반응하는 기체의 부피는 기체의 양(mol)에 비례한다. 반응 몰비가 $B_2(g):AB_2(g)=1:2$이므로 $B_2(g)$가 1 L 반응하면 $AB_2(g)$ 2 L가 생성된다.

~~㉢~~. 분자량비는 $AB:B_2:AB_2=7:8:11$이고 반응 몰비는 $AB:B_2:AB_2=2:1:2$이므로 반응 질량비는 $AB(g):B_2(g):AB_2(g)=14:8:22=7:4:11$이다. 따라서 $AB(g)$ 7 g과 $B_2(g)$ 5 g을 반응시키면 $AB_2(g)$ 11 g이 생성되고 $B_2(g)$ 1 g이 남는다.

05 화학 반응의 양적 관계

화학 반응 전과 후 원자의 종류와 수는 변하지 않는다.

㉠. Al 원자 수로부터 $2a=c$, O 원자 수로부터 $3a=2d$, C 원자 수로부터 $b=d$이다. 이를 만족하는 $a:b:c:d=2:3:4:3$이므로 $c+d>a+b$이다.

㉡. Fe 1 mol을 얻기 위해 Fe_2O_3 0.5 mol이 필요하다. Fe_2O_3의 화학식량이 160이므로 Fe 1 mol을 얻기 위해 필요한 Fe_2O_3의 질량은 80 g이다.

~~㉢~~. Al_2O_3 1 g은 $\frac{1}{102}$ mol, Fe_2O_3 1 g은 $\frac{1}{160}$ mol이다.
Al_2O_3 1 mol이 반응할 때 CO_2 $\frac{3}{2}$ mol이 생성되며 Fe_2O_3 1 mol이 반응할 때 CO_2 3 mol이 생성된다. 1 g이 반응할 때 생성되는 CO_2의 양은 Al_2O_3이 $\frac{1}{102}\times\frac{3}{2}$ mol, Fe_2O_3이 $\frac{1}{160}\times3$ mol이므로 Fe_2O_3이 Al_2O_3의 $\frac{51}{40}$배이다.

06 메테인 연소 반응의 양적 관계

$O_2(g)$ 8.0 g은 0.25 mol이므로 $CH_4(g)$ 0.1 mol이 모두 연소되면 $O_2(g)$ 0.05 mol이 남게 된다.

㉠. $CH_4(g)$ 0.1 mol이 모두 반응하면 $CO_2(g)$ 0.1 mol이 생성되며, CO_2의 분자량이 44이므로 생성된 $CO_2(g)$의 질량은 4.4 g이다.

~~㉡~~. 생성되는 $H_2O(g)$의 양이 0.2 mol이며, H_2O의 분자량이 18이므로 생성되는 $H_2O(g)$의 질량은 0.2×18=3.6 g이다. 남아 있는 0.05 mol의 $O_2(g)$ 질량은 0.05×32=1.6 g이므로 반응 후 $\frac{\text{생성된 } H_2O(g)\text{의 질량}}{\text{남은 } O_2(g)\text{의 질량}}=\frac{3.6}{1.6}>2$이다.

~~㉢~~. 반응물과 생성물의 반응 계수 합이 같으므로 온도와 압력이

일정할 때 반응이 일어나도 전체 기체의 부피는 변하지 않으며, 질량은 보존되므로 전체 기체의 밀도는 반응 전과 후가 같다.

07 화학 반응의 양적 관계

C_2H_4, $C_2H_4O_2$, C_2H_6O의 $O_2(g)$와의 반응에 대한 화학 반응식은 각각 다음과 같다.

$C_2H_4+3O_2 \longrightarrow 2CO_2+2H_2O$

$C_2H_4O_2+2O_2 \longrightarrow 2CO_2+2H_2O$

$C_2H_6O+3O_2 \longrightarrow 2CO_2+3H_2O$

반응한 물질의 총 양(mol)과 생성된 물질의 총 양(mol)이 같은 것은 (나)이므로 (나)는 C_2H_4이고, $b=4$이다. 생성된 물질의 총 양(mol)이 4 mol인 것은 (가), 반응한 물질의 총 양(mol)이 4 mol인 것은 (다)이므로 (가)는 $C_2H_4O_2$, (다)는 C_2H_6O이다.

ㄱ. (나)는 C_2H_4이다.

ㄴ. $a=3$, $c=5$이므로 $2a>c$이다.

ㄷ. 반응한 $O_2(g)$의 양은 (가)가 2 mol, (다)가 3 mol이므로 (다)가 (가)의 1.5배이다.

08 기체 반응의 양적 관계

실험 Ⅰ에서 $A(g)$가 모두 반응하였다면, Ⅱ에서도 $A(g)$가 모두 반응하여야 한다. 이때 생성된 $C(g)$의 양(mol)은 Ⅰ에서가 Ⅱ에서보다 커야 하므로 모순이다. 따라서 Ⅰ에서는 $B(g)$가 모두 반응하였다. 생성된 $C(g)$의 양(mol)이 Ⅰ에서와 Ⅱ에서가 같으므로 반응한 $A(g)$와 $B(g)$의 양(mol)도 Ⅰ에서와 Ⅱ에서가 같아야 한다.

ㄱ. Ⅰ과 Ⅱ에서 반응한 양은 $A(g)$가 1.5 mol, $B(g)$가 0.5 mol이며, 생성된 $C(g)$의 양이 1 mol이므로 반응 몰비는 $A(g):B(g):C(g)=a:b:c=3:1:2$이다. 따라서 $\frac{c}{a+b}=\frac{2}{3+1}=\frac{1}{2}$이다.

ㄴ. Ⅰ과 Ⅱ에서 생성된 $C(g)$의 양(mol)이 같으므로 반응한 $B(g)$의 양(mol)도 같아야 한다. 따라서 Ⅱ에서 남은 반응물은 $B(g)$이다.

ㄷ. Ⅰ에서 $A(g)$ 1.5 mol과 $B(g)$ 0.5 mol이 반응하여 $C(g)$ 1 mol이 생성되므로 반응 후 $A(g)$ 0.5 mol이 남게 된다. 따라서 $x=0.5$이다.

09 용액의 몰 농도

두 수용액에 녹아 있는 용질의 질량은 같고, 화학식량은 A가 B의 3배이므로 녹아 있는 용질의 양(mol)은 B가 A의 3배이다. 몰 농도비는 $A(aq):B(aq)=0.5:x=\frac{1}{V}:\frac{3}{y}$이므로 $V=\frac{2}{3}xy$이다.

10 용액의 몰 농도와 화학식량과의 관계

몰 농도는 용액 1 L에 녹아 있는 용질의 양(mol)이므로, 몰 농도(mol/L)와 용액의 부피(L)를 곱하면 용질의 양(mol)이 된다.

ㄱ. (가)에 녹아 있는 A의 양(mol)은 $0.1\ M\times0.1\ L=0.01$ mol이다.

ㄴ. (가)와 (나)에 녹아 있는 A와 B의 질량을 각각 w_A, w_B라고 할 때, 용질의 몰비는 $A:B=\frac{w_A}{9}:\frac{w_B}{2}=1:4$이다. 따라서 $\frac{\text{(나)에 녹아 있는 B의 질량}(w_B)}{\text{(가)에 녹아 있는 A의 질량}(w_A)}=\frac{8}{9}$이다.

ㄷ. (나) 50 mL에 녹아 있는 용질의 양(mol)은 0.01 mol이므로 여기에 물을 넣어 100 mL로 만든 수용액의 몰 농도는 0.1 M로 (가)와 같다.

11 몰 농도 용액의 제조

(나)에서 만든 $A(aq)$의 몰 농도는 $\frac{\frac{w}{a}\text{ mol}}{0.5\text{ L}}=\frac{2w}{a}$ M이다. (나) 수용액 y mL에 들어 있는 A의 양(mol)은 $\frac{2w}{a}\text{ M}\times\frac{y}{1000}\text{ L}=\frac{w\times y}{500a}$ mol이며, (다)에서 만든 x M의 $A(aq)$ 250 mL에 들어 있는 A의 양(mol)과 같으므로 $\frac{w\times y}{500a}=0.25x$이다. 따라서 $\frac{w\times y}{x}=125a$이다.

12 몰 농도와 용질의 화학식량과의 관계

용질의 몰비는 $A(aq):B(aq):C(aq)=2\times0.1:3\times0.2:3\times0.3=2:6:9$이고, 용질 A~C의 질량이 같으므로 용질의 화학식량비는 $A:B:C=\frac{1}{2}:\frac{1}{6}:\frac{1}{9}=1:\frac{1}{3}:\frac{2}{9}$이다. 따라서 A의 화학식량이 a이므로 B와 C의 화학식량은 각각 $\frac{1}{3}a$, $\frac{2}{9}a$이다.

수능 3점 테스트

본문 41~48쪽

01 ④	02 ③	03 ⑤	04 ①	05 ④	06 ②
07 ③	08 ②	09 ⑤	10 ①	11 ⑤	12 ④
13 ③	14 ③	15 ④	16 ⑤		

01 화학 반응식과 양적 관계를 이용한 분자량 측정

화학 반응에서 생성된 CO_2의 질량은 $(w_1+w_2-w_3)$ g이며, 반응한 $CaCO_3(s)$의 양은 $\frac{w_2}{a}$ mol이다. 반응 몰비가 $CaCO_3(s)$: $CO_2(g)=1:1$이므로 $CaCO_3(s)$ $\frac{w_2}{a}$ mol이 반응하여 생성된 $CO_2(g)$의 양은 $\frac{w_2}{a}$ mol이다. 따라서 $\frac{w_1+w_2-w_3}{CO_2\text{의 분자량}}=\frac{w_2}{a}$ 이므로 CO_2의 분자량은 $\frac{a(w_1+w_2-w_3)}{w_2}$이다.

02 기체 반응의 양적 관계

실린더 속 전체 기체의 질량은 변하지 않으므로 전체 기체의 밀도는 전체 기체의 부피에 반비례하며, 온도와 압력이 일정하므로 기체의 부피는 기체의 양(mol)에 비례한다. 따라서

$\frac{\text{반응 후 전체 기체의 양(mol)}}{\text{반응 전 전체 기체의 양(mol)}}=\frac{4}{5}$이다.

반응 전 전체 기체의 양을 $5n$ mol, $AB(g)$의 양을 x mol이라고 하면 $B_2(g)$의 양은 $(5n-x)$ mol이다. $B_2(g)$가 모두 반응하였다면 반응의 양적 관계는 다음과 같다.

	$2AB(g)$	+ $B_2(g)$	$\longrightarrow$ $2AB_2(g)$
반응 전(mol)	x	$5n-x$	0
반응(mol)	$-2(5n-x)$	$-(5n-x)$	$+2(5n-x)$
반응 후(mol)	$3x-10n$	0	$2(5n-x)$

반응 후 전체 기체의 양(mol)은 $4n$이어야 하므로 $x=4n$이고, 남은 반응물의 양과 생성물의 양이 $2n$ mol로 같다.

A와 B의 원자량을 각각 $7k$, $8k$라고 하면, 분자량비는 $AB:B_2:AB_2=15:16:23$이므로 생성된 AB_2의 질량을 $23k$ g이라고 하면 남은 반응물의 질량은 $16k$ g이어야 하지만, 반응 후 남은 반응물 $AB(g)$의 질량이 $15k$ g이 되므로 모순이다. 따라서 $AB(g)$가 모두 반응하였음을 알 수 있다.

$AB(g)$가 모두 반응하였을 때 반응의 양적 관계는 다음과 같다.

	$2AB(g)$	+ $B_2(g)$	$\longrightarrow$ $2AB_2(g)$
반응 전(mol)	x	$5n-x$	0
반응(mol)	$-x$	$-\frac{x}{2}$	$+x$
반응 후(mol)	0	$5n-\frac{3x}{2}$	x

반응 후 전체 기체의 양(mol)은 $\left(5n-\frac{x}{2}\right)=4n$이며, 이를 만족하는 $x=2n$이다.

㉠. 반응 후 $\frac{\text{생성물의 양(mol)}}{\text{남은 반응물의 양(mol)}}=\frac{2n}{2n}=1$이다.

ⓧ. 반응 전 기체의 양(mol)은 $AB(g)$가 $2n$, $B_2(g)$가 $3n$이므로 $B_2(g)>AB(g)$이다.

㉢. $AB(g)$가 모두 반응하였으므로 남은 반응물은 $B_2(g)$이다.

03 화학 반응의 양적 관계

실험 Ⅰ에서 반응 후 $\frac{C(g)\text{의 질량}}{\text{전체 기체의 질량}}=1$이므로 실린더 속에는 생성물만 존재하며, 반응 질량비는 $A(g):B(g)=x:y$이다.

실험 Ⅲ에서는 $A(g)$ $2x$ g이 모두 반응하게 되며, 생성된 $C(g)$의 질량은 $(2x+2y)$ g이므로 반응 후 $\frac{C(g)\text{의 질량}}{\text{전체 기체의 질량}}=\frac{2x+2y}{2x+4y}=\frac{5}{6}$를 만족하는 $x=4y$이다.

반응 질량비는 $A(g):B(g):C(g)=4:1:5$이고, 반응 몰비는 $A(g):B(g):C(g)=2:1:2$이므로 분자량비는 $A(g):B(g):C(g)=4:2:5$이다.

실험 Ⅱ에서 $A(g)$가 모두 반응하게 되면 $z=5y$가 되므로 $z<4y$ 조건에 모순이 된다. 따라서 Ⅱ에서는 $B(g)$가 모두 반응하게 되며, 생성된 $C(g)$의 질량은 $5z$ g이고 남은 $A(g)$의 질량이 $(x-4z)$ g$=(4y-4z)$ g이므로 반응 후 $\frac{C(g)\text{의 질량}}{\text{전체 기체의 질량}}=\frac{5z}{4y-4z+5z}=\frac{5}{9}$를 만족하는 $z=\frac{1}{2}y$이다. 따라서 $\frac{C\text{의 분자량}}{A\text{의 분자량}}\times\frac{x}{z}=\frac{5}{4}\times\frac{4y}{\frac{1}{2}y}=10$이다.

04 기체 반응의 양적 관계

온도와 압력이 일정하므로 기체의 부피는 기체의 양(mol)에 비례한다. (나)에서 6 L의 $A(g)$가 들어 있는 실린더에 $B(g)$ w g을 넣어 모두 반응시켰음에도 불구하고 전체 기체의 부피가 변하지 않은 것으로 보아 반응한 $A(g)$의 양(mol)과 생성된 $C(g)$의 양(mol)이 같음을 알 수 있다. 따라서 $a=2$이다. (다)에서 $B(g)$ $2w$ g을 추가하였을 때, 전체 기체의 부피가 변했으므로 $A(g)$는 모두 반응하였고 $B(g)$가 남게 되며, $B(g)$ w g의 부피를 V L라고 할 때 반응의 양적 관계는 다음과 같다.

	$2A(g)$	+ $B(g)$	$\longrightarrow$ $2C(g)$
반응 전(L)	6	$3V$	0
반응(L)	-6	-3	$+6$
반응 후(L)	0	$3V-3$	6

(다) 과정 후 전체 기체의 부피(L)는 $V_3=3V-3+6=9$이므로 이를 만족하는 $V=2$이다.

$A(g)$ $4w$ g의 부피는 2 L이므로 (다)의 실린더에 $A(g)$ 2 L를 넣고 반응을 완결시켰을 때 반응의 양적 관계는 다음과 같다.

	$2A(g)$ +	$B(g)$ ⟶	$2C(g)$
반응 전(L)	2	3	6
반응(L)	−2	−1	+2
반응 후(L)	0	2	8

(라) 과정 후 실린더 속 전체 기체의 부피(V_4)는 10 L이므로 $x=10$이다.

(나) 과정에서는 $A(g)$ 4 L와 $B(g)$ 2 L가 반응하여 $C(g)$ 4 L가 생성되므로

$x\times\frac{\text{(다) 과정 후 실린더 속 A}(g)\text{ 또는 B}(g)\text{의 양(mol)}}{\text{(나) 과정 후 실린더 속 C}(g)\text{의 양(mol)}}=$

$10\times\frac{3}{4}=\frac{15}{2}$이다.

05 기체 반응의 양적 관계

기체 n mol의 부피를 10 L라고 하면, 실험 Ⅰ에서 반응 전 전체 기체의 양은 $2n$ mol이고, 반응 후 전체 기체의 양은 n mol이다. 반응 전 $B(g)$ b g의 양을 x mol, 반응한 $A(g)$의 양을 y mol이라고 하면, 반응의 양적 관계는 다음과 같다.

	$A(g)$ +	$3B(g)$ ⟶	$2C(g)$
반응 전(mol)	$2n-x$	x	0
반응(mol)	$-y$	$-3y$	$+2y$
반응 후(mol)	$2n-x-y$	$x-3y$	$2y$

반응 후 전체 기체의 양은 $2n-2y=n$이므로 $y=0.5n$이다. 반응한 $A(g)$와 $B(g)$의 양이 각각 $0.5n$ mol, $1.5n$ mol이므로 반응물 $A(g)$와 $B(g)$는 모두 반응하였다.

실험 Ⅱ에서 반응 전 $A(g)$ a g은 $0.5n$ mol, $B(g)$ $2b$ g은 $3n$ mol이므로 전체 기체의 양은 $3.5n$ mol이다. 반응 후에는 $B(g)$ $1.5n$ mol이 남아 있으며 $C(g)$ n mol이 생성되므로 전체 기체의 양은 $2.5n$ mol이 된다.

$A(g)$ a g이 $0.5n$ mol이므로 $A(g)$ n mol의 질량은 $2a$ g이고, $B(g)$ b g이 $1.5n$ mol이므로 생성된 $C(g)$ $(a+b)$ g은 n mol이다. 반응 전과 후의 질량은 같으므로 밀도는 부피(전체 기체의 양(mol))에 반비례한다. 따라서

$\frac{\text{C의 분자량}}{\text{A의 분자량}}\times\frac{\text{Ⅱ에서 반응 후 실린더 속 전체 기체의 밀도}}{\text{Ⅱ에서 반응 전 실린더 속 전체 기체의 밀도}}=$

$\frac{(a+b)}{2a}\times\frac{3.5n}{2.5n}=\frac{7(a+b)}{10a}$이다.

06 기체 반응의 양적 관계

실린더 속 전체 기체의 질량은 $A(g)$와 $B(g)$의 질량의 합과 같다. 넣어 준 $B(g)$의 총 질량이 0일 때와 8 g일 때 전체 기체의 밀도비는 $\frac{w}{V}:\frac{w+8}{3V}=7:3$이므로 이를 만족하는 $w=28$이다.

넣어 준 $B(g)$의 총 질량이 0~6 g으로 증가할 때와 6~8 g으로 증가할 때 전체 기체의 부피 증가가 V L로 같으므로 넣어 준 $B(g)$의 질량이 8 g일 때는 $A(g)$ 28 g이 $B(g)$ 6 g과 모두 반응했고, 남은 $B(g)$ 2 g의 부피가 V L임을 알 수 있다.

$A(g)$ 28 g을 n mol이라고 하면 기체 n mol의 부피가 V L이므로 남은 $B(g)$ 2 g의 양은 n mol이고, 반응한 $B(g)$ 6 g의 양은 $3n$ mol이다. 따라서 반응 몰비는 $A(g):B(g)=1:3$이므로 $b=3$이다.

ㄱ. $\frac{w}{b}=\frac{28}{3}<10$이다.

ㄴ. 반응 질량비는 $A(g):B(g):C(g)=28:6:34=14:3:17$이므로 $B(g)$ 3 g이 반응하면 $C(g)$ 17 g이 생성된다.

ㄷ. $B(g)$ 4 g은 $2n$ mol이므로 $A(g)$ n mol과 반응시키면 $B(g)$가 모두 반응하고, $A(g)$ $\frac{1}{3}n$ mol이 남게 되며, $C(g)$ $\frac{4}{3}n$ mol이 생성된다. 전체 기체의 양은 $\frac{5}{3}n$ mol이므로 반응 후 전체 기체의 부피는 $\frac{5}{3}V$ L이고, 전체 기체의 질량은 32 g이므로 전체 기체의 밀도(㉠)는 $\frac{32}{\frac{5}{3}V}=\frac{32\times3}{5V}$ (g/L)이다. $A(g)$ 28 g의 부피는 V L이고 밀도가 $7d$ g/L이므로 $7d=\frac{28}{V}$이며, $d=\frac{4}{V}$이므로 ㉠은 $\frac{8\times3}{5}\times\frac{4}{V}=\frac{24}{5}d$이다.

07 화학 반응식과 양적 관계

$A(g)$의 양(mol)은 실험 Ⅱ에서가 Ⅰ에서보다 5배 큰데, Ⅱ에서 $A(g)$가 모두 반응하였다면 Ⅰ에서도 $A(g)$가 모두 반응하게 되고, 반응한 $B(g)$와 생성된 $C(g)$의 양(mol)이 Ⅱ에서가 Ⅰ에서의 5배가 된다. Ⅰ에서 생성된 $C(g)$의 양을 $2n$ mol이라고 하면, 남은 $B(g)$의 양은 $3n$ mol, 반응 전 $B(g)$의 양은 $4n$ mol이다. Ⅱ에서는 반응하는 $B(g)$의 양이 $5n$ mol이어야 하지만 반응 전 $B(g)$의 양이 $4n$ mol이므로 모순이 된다. 따라서 Ⅱ에서는 $B(g)$가 모두 반응하였고, Ⅰ에서도 $B(g)$가 모두 반응한다면 생성물의 양(mol)은 같지만 남은 반응물의 양(mol)이 Ⅱ에서가 Ⅰ에서보다 커야 하므로 주어진 조건에 모순이 된다. 따라서 Ⅰ에서는 $A(g)$가 모두 반응하였다.

Ⅰ에서 반응의 양적 관계는 다음과 같다.

	aA(g) +	B(g) ⟶	2C(g)
반응 전(mol)	1	$2x$	0
반응(mol)	-1	$-\frac{1}{a}$	$+\frac{2}{a}$
반응 후(mol)	0	$2x-\frac{1}{a}$	$\frac{2}{a}$

생성물과 남은 반응물의 몰비가 2 : 3이므로 $\frac{2}{a}$: $2x-\frac{1}{a}$ =2 : 3을 만족하는 $ax=2$이다.

Ⅱ에서 반응의 양적 관계는 다음과 같다.

	aA(g) +	B(g) ⟶	2C(g)
반응 전(mol)	5	$2x$	0
반응(mol)	$-2ax$	$-2x$	$+4x$
반응 후(mol)	$5-2ax$	0	$4x$

생성물과 남은 반응물의 몰비가 4 : 1이므로 $4x$: $5-2ax$= 4 : 1이다. $ax=2$이므로 $x=1$, $a=2$이다.

Ⅲ에서 반응의 양적 관계는 다음과 같다.

	B(g) +	D(g) ⟶	eE(g)
반응 전(mol)	2	3	0
반응(mol)	-2	-2	$+2e$
반응 후(mol)	0	1	$2e$

생성물과 남은 반응물의 몰비가 4 : 1이므로 $e=2$이다.

ㄱ. $x=1$, $a=2$, $e=2$이므로 $\frac{e}{a}\times x=1$이다.

ㄴ. 반응 후 실린더에 들어 있는 전체 기체의 양은 Ⅱ에서 $5-2ax+4x=5$ mol, Ⅲ에서 $1+2e=5$ mol이므로 전체 기체의 부피는 Ⅱ에서와 Ⅲ에서가 같다.

ㄷ. 반응 후 남은 기체의 양은 Ⅰ에서 $2x-\frac{1}{a}=\frac{3}{2}$ mol, Ⅱ에서 $5-2ax=1$ mol, Ⅲ에서 1 mol이므로 Ⅰ에서가 가장 크다.

08 기체 반응의 양적 관계

(다) 과정에서 A(g) w g을 추가하여 반응을 완결시켰을 때 전체 기체의 부피가 변하지 않았으므로 $b=c$이다. 온도와 압력이 일정할 때 기체의 부피는 기체의 양(mol)에 비례하며, 기체 1 L에 해당하는 양을 n mol이라고 할 때, (나) 과정에서 A(g) w g은 모두 반응하고 B(g)의 감소한 양(mol)만큼 C(g)의 양(mol)이 증가하므로 A(g) w g에 해당하는 양(mol)만큼 전체 기체의 부피가 감소하게 된다. (나) 과정 후 전체 기체의 부피가 2 L 감소하였으므로 A(g) w g의 양은 $2n$ mol이며, (가) 과정에서 반응 전 A(g) w g은 $2n$ mol, B(g) $2w$ g은 $8n$ mol이 된다.

(가) → (다)로의 변화에서 A(g) $4n$ mol(=$2w$ g)과 B(g) $8n$ mol(=$2w$ g)이 반응하여 C(g) $8n$ mol이 생성되므로 반응 몰비 A(g) : B(g) : C(g)=1 : 2 : 2=1 : b : c를 만족하는 $b=c=2$이고, 분자량비는 A : B=2 : 1이다.

(나) 과정에서 A(g) $2n$ mol이 모두 반응하므로 실린더에 들어 있는 B(g)의 양은 $(8n-2\times2n)=4n$ mol, C(g)의 양은 $2\times2n=4n$ mol이다. 따라서

$\frac{\text{(나) 과정 후 실린더 속 B}(g)\text{의 양(mol)}}{\text{(나) 과정 후 실린더 속 C}(g)\text{의 양(mol)}}\times\frac{\text{A의 분자량}}{\text{B의 분자량}}=\frac{4n}{4n}\times\frac{2}{1}=2$이다.

09 혼합 기체의 연소 반응과 양적 관계

$CH_4(g)$과 $C_3H_8(g)$의 $O_2(g)$와의 반응의 화학 반응식은 다음과 같다.

$CH_4(g)+2O_2(g) \longrightarrow CO_2(g)+2H_2O(g)$

$C_3H_8(g)+5O_2(g) \longrightarrow 3CO_2(g)+4H_2O(g)$

$CH_4(g)$의 양을 a mol, $C_3H_8(g)$의 양을 b mol이라고 하면, 반응 후 $O_2(g)$가 남았으므로 $CH_4(g)$과 $C_3H_8(g)$은 모두 반응하였으며, 이때 생성된 $CO_2(g)$의 양은 $(a+3b)$ mol이다. CO_2의 분자량이 44이므로 35.2 g은 0.8 mol이다. 따라서 $a+3b=0.8$(…①)이다.

$CH_4(g)$과 $C_3H_8(g)$의 분자량이 각각 16, 44이며, 반응 전 $CH_4(g)$과 $C_3H_8(g)$의 질량 합이 12.4 g이므로 $16a+44b=12.4$(…②)이다. ①과 ②를 만족하는 $a=0.5$, $b=0.1$이다.

ㄱ. 반응 전 $\frac{CH_4(g)\text{의 양(mol)}}{C_3H_8(g)\text{의 양(mol)}}=\frac{a}{b}=5$이다.

ㄴ. 반응 후 생성된 $H_2O(g)$의 양은 $2a+4b=1.4$ mol이고, $CH_4(g)$과 $C_3H_8(g)$의 혼합 기체와 반응한 $O_2(g)$의 양은 $2a+5b=1.5$ mol이므로 남은 $O_2(g)$의 양은 0.1 mol이다. 따라서 반응 후 $\frac{H_2O(g)\text{의 양(mol)}}{O_2(g)\text{의 양(mol)}}=\frac{1.4}{0.1}=14$이다.

ㄷ. 반응 전 전체 기체의 양은 $a+b+1.6=2.2$ mol이고, 반응 후 전체 기체의 양은 $3a+7b+0.1=2.3$ mol이다. 기체의 온도와 압력이 일정하므로 기체의 부피는 기체의 양(mol)에 비례한다. 따라서 $V_1 : V_2=2.2 : 2.3$이므로 $\frac{V_2}{V_1}=\frac{23}{22}$이다.

10 기체 반응의 양적 관계

반응 전과 후에 전체 질량은 보존되므로 반응 후의 전체 기체의 질량은 실험 Ⅰ에서 10 g, 실험 Ⅱ에서 25 g이다.

Ⅰ과 Ⅱ에서 반응 후 $\frac{\text{남은 반응물의 질량}}{C(g)\text{의 질량}}$이 각각 $\frac{1}{4}$, $\frac{1}{24}$이므로 반응 후 C(g)의 질량은 Ⅰ에서 $10\text{ g}\times\frac{4}{4+1}=8$ g, Ⅱ에서 $25\text{ g}\times\frac{24}{24+1}=24$ g이며 남은 반응물의 질량은 Ⅰ에서 2 g, Ⅱ에서 1 g이다.

Ⅰ에서 B(g)가 모두 반응하였다면 Ⅱ에서도 B(g)가 모두 반응하여야 하며, 이때 생성된 C(g)의 질량은 Ⅱ에서가 Ⅰ에서의 $\frac{4}{3}$배이어야 하므로 모순이다. 따라서 Ⅰ에서는 A(g)가 모두 반응하였고, B(g) 2 g이 남게 된다. 반응 질량비는 A(g) : B(g)=7 : 1이고, 반응 몰비는 A(g) : B(g)=1 : 2이므로 분자량비는 A : B=$\frac{7}{1}$: $\frac{1}{2}$=14 : 1이다. 온도와 압력이 일정하고, 반응 전과 후 질량이 보존되므로

$\frac{\text{반응 후 전체 기체의 밀도}}{\text{반응 전 전체 기체의 밀도}}=\frac{\text{반응 전 전체 기체의 부피}}{\text{반응 후 전체 기체의 부피}}=\frac{\text{반응 전 전체 기체의 양(mol)}}{\text{반응 후 전체 기체의 양(mol)}}$이다.

Ⅰ에서 $\frac{\text{반응 후 전체 기체의 밀도}}{\text{반응 전 전체 기체의 밀도}}=\frac{7}{5}$이므로 전체 기체의 부피비는 반응 전 : 반응 후=7 : 5이다.

Ⅰ에서 반응 전 기체의 몰비가 A(g) : B(g)=$\frac{7}{14}$: $\frac{3}{1}$=1 : 6이므로 반응 전 A(g) 7 g의 양을 n mol이라고 하면, 화학 반응에서의 양적 관계는 다음과 같다.

	A(g) +	2B(g) ⟶	cC(g)
반응 전(mol)	n	$6n$	0
반응(mol)	$-n$	$-2n$	$+cn$
반응 후(mol)	0	$4n$	cn

전체 기체의 몰비가 반응 전 : 반응 후=7 : 5이므로 $7n$: $4n+cn$=7 : 5이다. 따라서 c=1이다.

Ⅱ에서 A(g) 21 g은 $3n$ mol, B(g) 4 g은 $8n$ mol이므로 A(g)가 모두 반응하고, C(g) $3n$ mol이 생성되며, B(g)가 $2n$ mol 남게 된다. 반응 전과 후 질량이 보존되므로

$\frac{\text{반응 후 전체 기체의 밀도}}{\text{반응 전 전체 기체의 밀도}}=\frac{\text{반응 전 전체 기체의 양(mol)}}{\text{반응 후 전체 기체의 양(mol)}}=\frac{11n}{5n}=\frac{11}{5}$이다. 따라서 Ⅱ에서 $\frac{\text{반응 후 전체 기체의 밀도}}{\text{반응 전 전체 기체의 밀도}}\times c=\frac{11}{5}\times 1=\frac{11}{5}$이다.

11 혼합 기체의 연소 반응과 양적 관계

$C_3H_x(g)$와 $C_3H_yO_z(g)$의 몰비는 (가)에서 $C_3H_x(g)$: $C_3H_yO_z(g)$=1 : 1, (나)에서 $C_3H_x(g)$: $C_3H_yO_z(g)$=3 : 2이다. $C_3H_x(g)$와 $C_3H_yO_z(g)$의 분자당 C 원자 수가 3으로 같으므로 (가)에서 $C_3H_x(g)$와 $C_3H_yO_z(g)$가 각각 $O_2(g)$와 반응하여 각각 0.3 mol의 $CO_2(g)$가 생성되었으며, $C_3H_x(g)$와 $C_3H_yO_z(g)$는 각각 0.1 mol이 반응하였다. (가)에서 생성된 $H_2O(l)$의 양(mol)으로부터 $0.1\times\frac{x}{2}+0.1\times\frac{y}{2}=0.6$(…①), (나)에서 생성된 $H_2O(l)$의 양(mol)으로부터 $0.3\times\frac{x}{2}+0.2\times\frac{y}{2}=1.4$(…②)이므로 ①과 ②를 만족하는 $x=4$, $y=8$이다.

분자량비가 C_3H_4 : $C_3H_8O_z$=40 : (44+16z)=2 : 3이므로 z=1이다.

C_3H_4과 C_3H_8O의 $O_2(g)$와의 반응의 화학 반응식은 다음과 같다.

$C_3H_4(g)+4O_2(g) \longrightarrow 3CO_2(g)+2H_2O(l)$

$C_3H_8O(g)+\frac{9}{2}O_2(g) \longrightarrow 3CO_2(g)+4H_2O(l)$

(가)에서 반응 전 $C_3H_4(g)$과 $C_3H_8O(g)$의 양이 각각 0.1 mol이므로 반응 전 $O_2(g)$의 양은 0.4+0.45=0.85 mol이고, (나)에서 반응 전 $C_3H_4(g)$과 $C_3H_8O(g)$의 양이 각각 0.3 mol, 0.2 mol이므로 반응 전 $O_2(g)$의 양은 1.2+0.9=2.1 mol이다.

따라서 $\left(\frac{x+y}{z}\right)\times\frac{w_1}{w_2}=\left(\frac{4+8}{1}\right)\times\frac{0.85\times 32}{2.1\times 32}=\frac{34}{7}$이다.

12 기체 반응의 양적 관계

온도와 압력이 일정하므로 기체의 양(mol)은 부피에 비례한다.

(가)에서 기체 $4n$ mol의 부피가 4 L이므로 기체 n mol의 부피는 1 L이다.

(가)에서 실린더에 들어 있는 A(g)의 양을 m mol이라고 하면 C(g)의 양은 ($4n-m$) mol이며, A(g)의 양이 $4n$ mol보다 작으므로 B(g) $2n$ mol을 추가해서 완결시키면 A(g)가 모두 반응하게 되므로 반응의 양적 관계는 다음과 같다.

	2A(g) +	B(g) ⟶	cC(g)
반응 전(mol)	m	$2n$	$4n-m$
반응(mol)	$-m$	$-\frac{m}{2}$	$+\frac{cm}{2}$
반응 후(mol)	0	$2n-\frac{m}{2}$	$4n-m+\frac{cm}{2}$

(나)에서 전체 기체의 부피가 5L이므로 전체 기체의 양은 $5n$ mol이고, $\frac{\text{남은 반응물의 양(mol)}}{\text{전체 기체의 양(mol)}}=\frac{3}{10}$이므로 남은 B($g$)의 양은 $5n\times\frac{3}{10}=1.5n$ mol, C(g)의 양은 $5n\times\frac{7}{10}=3.5n$ mol이다. $2n-\frac{m}{2}=1.5n$이므로 $m=n$이며, $4n-m+\frac{cm}{2}=3.5n$이므로 c=1이다.

(나)에 X(g)를 $4n$ mol 추가할 때, X(g)가 B(g)이면 반응할 A(g)가 없으므로 (다)에서 전체 기체의 부피는 9 L가 되어 조건에 모순이다. 따라서 X(g)는 A(g)이다. (다)에서 전체 기체의 부피가 6 L이므로 반응의 양적 관계는 다음과 같다.

	2A(g) +	B(g) ⟶	C(g)
반응 전(mol)	$4n$	$1.5n$	$3.5n$
반응(mol)	$-3n$	$-1.5n$	$+1.5n$
반응 후(mol)	n	0	$5n$

(가)에서 $C(g)$ $3n$ mol의 질량이 w g이므로 (다)에서 실린더에 들어 있는 $C(g)$ $5n$ mol의 질량은 $\frac{5}{3}w$ g이다. 따라서

$\frac{\text{(다)에서 실린더에 들어 있는 C}(g)\text{의 질량(g)}}{c}=\frac{5}{3}w$이다.

13 몰 농도

몰 농도(M)$=\frac{\text{용질의 양(mol)}}{\text{용액의 부피(L)}}$이므로 용질의 양(mol)$=$ 몰 농도(M)$\times$용액의 부피(L)이다.

㉠. (가)에 녹아 있는 A의 양은 0.5 M$\times$0.04 L$=$0.02 mol이다.

㉡. (가)와 (나)에 녹아 있는 A의 양(mol)을 합하면 (다)에 녹아 있는 용질의 양(mol)과 같다. $0.02+\frac{3.2}{a}=0.1$이므로 $a=40$이다.

ㄷ. (나)에 녹아 있는 A의 양은 $\frac{3.2}{40}=0.08$ mol이고 수용액 (나)의 밀도가 1 g/mL보다 크므로 부피는 100 mL보다 작다. 따라서 (나)의 몰 농도는 0.8 M보다 크므로 수용액의 몰 농도는 (나)가 (다)의 2배보다 크다.

14 몰 농도

밀도가 d g/mL인 $a\%$ $A(aq)$ 50 mL의 질량은 $50d$ g이며, 이 용액에 녹아 있는 A의 질량은 $\frac{a}{100}\times 50d=\frac{ad}{2}$ g이므로 $a\%$ $A(aq)$ 20 mL에는 $\frac{2}{5}\times\frac{ad}{2}=\frac{ad}{5}$ g의 A가 녹아 있다. 따라서 (다)에서 만든 수용액에 녹아 있는 A의 질량은 $\left(\frac{ad}{5}+b\right)$ g이다. 수용액의 몰 농도는 $a\%$ $A(aq)$이 (다)에서 만든 수용액의 4배이며, 수용액의 부피는 $a\%$ $A(aq)$ 50 mL가 (다)에서 만든 수용액의 $\frac{1}{5}$배이므로 녹아 있는 A의 질량은 $a\%$ $A(aq)$ 50 mL가 (다)에서 만든 수용액의 $\frac{4}{5}$배이다. 따라서 $\frac{ad}{2}=\frac{4}{5}\times\left(\frac{ad}{5}+b\right)$이므로 $\frac{b}{a}=\frac{17}{40}d$이다.

15 몰 농도와 화학식량

몰 농도(M)$=\frac{\frac{\text{용질의 질량}}{\text{용질의 화학식량}}\text{(mol)}}{\text{용액의 부피(L)}}$이다. (가)에서 $A(aq)$~$C(aq)$은 용질의 질량과 용액의 부피가 같으므로 몰 농도비는 $\frac{1}{\text{화학식량}}$의 비와 같다. 따라서 화학식량비 A : B : C$=\frac{1}{0.2}:\frac{1}{0.6}:\frac{1}{0.9}=9:3:2$이다. (나)에서 $B(aq)$과 $C(aq)$은 용질의 질량과 몰 농도가 같으므로 수용액의 부피비는 $\frac{1}{\text{화학식량}}$의 비와 같다. 따라서 수용액의 부피비 $x:y=\frac{1}{3}:\frac{1}{2}=2:3$이다.

$\frac{\text{B의 화학식량}}{\text{A의 화학식량}}\times\frac{y}{x}=\frac{3}{9}\times\frac{3}{2}=\frac{1}{2}$이다.

16 혼합 용액의 몰 농도

혼합 용액 Ⅰ의 몰 농도(M)가 $\frac{0.2\times 20+0.3\times 40}{20+40+V}=\frac{16}{60+V}=\frac{1}{10}$이므로 $V=100$이다.

ㄱ. 혼합 용액 Ⅰ의 부피는 $20+40+100=160$ mL이고, Ⅱ의 부피는 $30+60+100=190$ mL이므로

$\frac{\text{Ⅱ의 부피}}{\text{Ⅰ의 부피}}=\frac{190}{160}=\frac{19}{16}<\frac{5}{4}\left(=\frac{20}{16}\right)$이다.

㉡. 혼합 용액 Ⅱ의 몰 농도는 $\frac{0.2\times 30+0.3\times 60}{30+60+100}=\frac{12}{95}$ M이므로 $x=\frac{12}{95}$이다.

㉢. Ⅰ과 Ⅱ를 혼합한 용액의 몰 농도는 $\frac{0.2\times 50+0.3\times 100}{50+100+200}=\frac{40}{350}=\frac{4}{35}$ M이다.

04 원자의 구조

수능 2점 테스트 본문 54~55쪽

01 ③ 02 ⑤ 03 ⑤ 04 ③ 05 ⑤ 06 ③
07 ① 08 ④

01 원자를 구성하는 입자

Ⓐ. 원자핵을 이루는 입자는 양성자와 중성자이다. 양성자는 (+)전하를 띤 입자이고, 중성자는 전하를 띠지 않는 입자이다.
Ⓑ. 전자는 (−)전하를 띠는 입자이다. 전자와 양성자는 전하의 부호는 반대이고 전하량의 크기는 같다.
~~Ⓒ~~. 원자가 전기적으로 중성인 까닭은 원자핵의 양성자수와 전자 수가 같기 때문이다.

02 원자와 이온을 구성하는 입자

㉠. (가)에서 양성자수, 중성자수, 전자 수가 모두 1로 같으므로 (가)는 원자이다.
㉡. (가)~(다) 중 원자는 1개이므로 (나)와 (다)는 이온이다. 따라서 ○은 양성자이고 ●은 중성자이다.
㉢. 질량수=양성자수+중성자수이므로 (나)와 (다)의 질량수는 각각 3으로 같다.

03 α 입자 산란 실험

~~㉠~~. α 입자 산란 실험으로 원자핵을 발견하였다. 원자핵은 (+)전하를 띠고 전자는 (−)전하를 띤다.
㉡. 원자핵의 질량은 원자 질량의 대부분을 차지한다.
㉢. α 입자는 헬륨 원자핵으로 (+)전하를 띤 입자이다. 원자핵은 (+)전하를 띠고 있으므로 (+)전하를 띤 α 입자를 밀어낸다. 그러므로 α 입자 산란 실험 결과 일부 α 입자가 큰 각도로 휘거나 튕겨 나온다.

04 원자와 이온을 구성하는 입자

㉠. Li의 원자 번호는 3이므로 $^{7}Li^{+}$의 양성자수는 3, 중성자수는 4, 전자 수는 2이다. Na의 원자 번호는 11이므로 $^{23}Na^{+}$의 양성자수는 11, 중성자수는 12, 전자 수는 10이다. 그러므로 ㉠은 중성자수이고 ㉡은 전자 수이다.
~~㉡~~. Li은 원자 번호가 3이므로 Li^{+}의 전자 수(㉡)는 2이다.
㉢. $\frac{\text{질량수}}{\text{전자 수}}$는 ^{7}Li이 $\frac{7}{3}$이고, ^{23}Na이 $\frac{23}{11}$이므로 $\frac{\text{질량수}}{\text{전자 수(㉡)}}$는 $^{7}Li>^{23}Na$이다.

05 원자를 구성하는 입자

질량수=양성자수+중성자수이다. (가)의 양성자수는 4, (나)의 양성자수는 5, (다)의 양성자수는 5이다.
㉠. 원자 번호는 원자핵의 양성자수이므로 원자 번호는 (나)>(가)이다.
㉡. (나)와 (다)는 양성자수가 같고 중성자수가 다르므로 (나)는 (다)의 동위 원소이다.
㉢. (가)와 (다)는 원자이고, (가)와 (다)의 양성자수는 각각 4, 5이므로 전자 수는 (다)>(가)이다.

06 이온을 구성하는 입자

F, Mg의 원자 번호는 각각 9, 12이므로 $^{19}F^{-}$, $^{24}Mg^{2+}$의 양성자수, 중성자수, 전자 수는 다음과 같다.

이온	양성자수	중성자수	전자 수
$^{19}F^{-}$	9	10	10
$^{24}Mg^{2+}$	12	12	10

a는 중성자수, b는 양성자수, c는 전자 수이다.

07 동위 원소

㉠. C의 평균 원자량이 12.0이고 CCl_4의 분자량이 154이므로 Cl의 평균 원자량은 35.5이고 $x=75$이다.
~~㉡~~. Cl의 평균 원자량은 35.5이므로 Cl_2의 분자량은 71이다.
~~㉢~~. 1 mol에 들어 있는 중성자의 양은 $^{37}Cl_2$가 $^{35}Cl_2$보다 4 mol 만큼 많다.

08 동위 원소

X와 Y의 평균 원자량은 각각 다음과 같다.

X : $\frac{70a+30(a+2)}{100}=a+0.6$

Y : $\frac{75b+25(b+2)}{100}=b+0.5$

XY_2의 화학식량은 다음과 같다.

$(a+0.6)+2(b+0.5)=a+2b+1.6$

수능 3점 테스트 본문 56~60쪽

01 ③ 02 ⑤ 03 ④ 04 ② 05 ③ 06 ④
07 ⑤ 08 ⑤ 09 ③ 10 ②

01 음극선 실험

㉠. (가)에서 음극선이 바람개비를 회전시켰으므로 음극선은 질량을 지닌 입자의 흐름임을 알 수 있다.
㉡. 음극선은 (−)전하를 띤 입자의 흐름이다. (나)에서 음극선이 B극 쪽으로 휘었으므로 B극은 (+)극이다.
~~㉢~~. 톰슨의 음극선 실험의 결과로 제안된 원자 모형은 건포도 푸딩 모형이다.

02 원자를 구성하는 입자

Ⓐ. 양성자와 전자만으로 이루어진 원자는 질량수가 1인 수소 원자(^1H)이다.
Ⓑ. 양성자 1개와 중성자 1개로 이루어진 입자는 $^2H^+$으로 ^2H(중수소)의 양이온이다.
Ⓒ. 양성자는 (+)전하를 띠고 전자는 (−)전하를 띠며 양성자와 전자의 전하량의 크기는 같다.

03 원자와 이온을 구성하는 입자

(가)~(다)는 모두 이온이고 ○과 ●은 양성자 또는 중성자이므로 (가)는 양성자, 즉 H^+이다. (나)는 $^3H^-$이고, (다)는 $^3He^+$이다.
㉠. (가)는 양성자(H^+)이므로 ○은 양성자이고 ●은 중성자이다.
~~㉡~~. (가)와 (다)는 모두 양이온이므로 전하의 종류는 같다.
㉢. 질량수=양성자수+중성자수이다. (나)와 (다)는 모두 질량수가 3으로 같다.

04 원자와 이온을 구성하는 입자

Z^-에서 전자 수와 ㉠이 10으로 같으므로 ㉠은 양성자수가 아니고 중성자수이다. 그러므로 ㉡은 양성자수이고 $c=9$이다. X^+은 양성자수가 3이므로 전자 수 $a=2$이고 중성자수 $2a=4$이다. Y는 양성자수가 4이므로 전자 수 $b=4$이다. 그러므로 $a+b+c=15$이다.

05 원자를 구성하는 입자

X와 Y는 2주기 원소이다. 질량수=양성자수+중성자수이고 원자 번호는 양성자수와 같다.
X의 중성자수는 $a+2b-a=2b$이다. Y의 원자 번호는 $a-b$이다. Z에서 $a+2b+4b=a+6b=39$이다.
㉠. Y의 원자 번호는 $a-b$이고 2주기 원소이므로 원자 번호는 2보다 크다. 그러므로 $a>b+2$이다.
~~㉡~~. X는 2주기 원소이므로 X의 원자 번호(a)는 조건 $b+2<a<11$을 만족하고, a와 b는 자연수이다. 따라서 $a=9$, $b=5$이다. Z의 원자 번호는 19이므로 Z는 4주기 원소이다.
㉢. $\frac{질량수}{양성자수}$는 X가 $\frac{19}{9}$이고 Z가 $\frac{39}{19}$이므로 X>Z이다.

06 동위 원소

^{14}N의 양성자수와 중성자수는 모두 7이고, ^{15}N의 양성자수는 7, 중성자수는 8이다. ^{16}O의 양성자수와 중성자수는 모두 8이고, ^{18}O의 양성자수는 8, 중성자수는 10이다.
(가)에 들어 있는 양성자의 양(mol)은 $(2\times a\times 7+2\times b\times 8)$이고, 중성자의 양(mol)은 $(2\times a\times 7+2\times b\times 10)$이므로 $\frac{14a+16b}{14a+20b}=\frac{19}{22}$이다. 그러므로 $a:b=2:3$이다.
(나)에 들어 있는 양성자의 양(mol)은 $(2\times b\times 7+2\times a\times 8)$이고, 중성자의 양(mol)은 $(2\times b\times 8+2\times a\times 8)$이므로 (나)에 들어 있는 $\frac{양성자의\ 양(mol)}{중성자의\ 양(mol)}$은 $\frac{14b+16a}{16b+16a}=\frac{37}{40}$이다.

07 동위 원소

^{16}O에 들어 있는 양성자수와 중성자수는 모두 8이고, ^{19}F에 들어 있는 양성자수는 9, 중성자수는 10이다. ^{35}Cl에 들어 있는 양성자수는 17, 중성자수는 18이고, ^{37}Cl에 들어 있는 양성자수는 17, 중성자수는 20이다.
㉠. 용기 속 양성자의 양(mol)은 다음과 같다.
(가) : $2\times 16a\times 8+2\times 16a\times 9$
(나) : $2\times 9a\times 17+2\times 6a\times 17+2\times a\times 17$
그러므로 양성자의 양(mol)은 (가)에서와 (나)에서가 같다.
㉡. 용기 속 중성자의 양(mol)은 다음과 같다.
(가) : $2\times 16a\times 8+2\times 16a\times 10$
(나) : $(2\times 9a+6a)\times 18+(6a+2\times a)\times 20$
그러므로 중성자의 양(mol)은 (나)>(가)이다.
㉢. 용기 속 기체의 질량(g)은 다음과 같다.
(가) : $2\times 16\times 16a+2\times 19\times 16a$
(나) : $(2\times 9a+6a)\times 35+(6a+2\times a)\times 37$
그러므로 용기 속 기체의 질량비는 (가) : (나)=70 : 71이다.

08 동위 원소

$^{12}C^1H_2{}^{35}Cl_2$의 화학식량은 $12+2\times 1+2\times 35=84$이고,
$^{13}C^1H_2{}^{37}Cl_2$의 화학식량은 $13+2\times 1+2\times 37=89$이다.
㉠. 질량이 같을 때 기체의 양(mol)은 화학식량에 반비례한다. 그러므로 실린더에 들어 있는 기체의 몰비는 (가) : (나)$=\frac{1}{84}:\frac{1}{89}$이므로 $V_1>V_2$이다.
㉡. CH_2Cl_2 1 mol에 들어 있는 양성자의 양은 동위 원소와 관계없이 $(6+2\times 1+2\times 17)$ mol로 같다. 그러므로 (가)와 (나)에서 기체에 들어 있는 양성자의 양(mol)은 기체의 양(mol)에 비례하므로 (가)>(나)이다.
㉢. $^{12}C^1H_2{}^{35}Cl_2$ 1 mol에 들어 있는 중성자의 양은 $(6+2\times 18)$ mol이고, $^{13}C^1H_2{}^{37}Cl_2$ 1 mol에 들어 있는 중성자의 양은

$(7+2\times20)$ mol이다. 그러므로 (가)와 (나)에서 기체에 들어 있는 중성자의 양(mol)의 비는 (가) : (나)$=\frac{42}{84}:\frac{47}{89}$이므로 (나)>(가)이다.

09 동위 원소

Y의 평균 원자량은 다음과 같다.

$\frac{75b+25(b+2)}{100}=b+0.5$

그러므로 Y_2 1 mol의 질량은 $(2b+1)$ g이다.

XY $(8b+7)$ g은 XY 2 mol에 해당하므로 $(8b+7)$ g 중 $(6b+6)$ g은 X 2 mol의 질량에 해당하고 X의 화학식량은 $3b+3$이다.

X의 동위 원소 ^{a}X의 원자량이 a, ^{3b+2}X의 원자량이 $3b+2$이고, 동위 원소의 존재 비율이 각각 50%이므로, X의 화학식량(평균 원자량)은 $\frac{a+(3b+2)}{2}$이다. 그러므로 $a=3b+4$이다.

10 동위 원소

(가)와 (나)에서 기체의 부피는 V L로 같으므로 (가)와 (나)에서 기체의 양(mol)은 같다. 또한 (가)와 (나)에서 기체의 밀도가 같으므로 기체의 질량도 같다.

(가)에서 기체의 양은 $5a$ mol이고, 기체의 질량(g)은 다음과 같다.

$3a\times(12+4\times1)+2a\times(2\times1+18)=88a$

(나)에서 기체의 양은 $5a$ mol이어야 하므로 CH_4의 양을 xa mol이라고 하면 H_2O의 양은 $(5-x)a$ mol이다. (나) 기체의 질량(g)은 다음과 같다.

$xa\times(13+4\times1)+(5-x)a\times(2\times1+16)=(90-x)a=88a$

$x=2$이므로 (나)에서 $^{13}C^{1}H_4$은 $2a$ mol, $^{1}H_2{}^{16}O$은 $3a$ mol이다.

$\frac{\text{(나)에 들어 있는 중성자의 양(mol)}}{\text{(가)에 들어 있는 중성자의 양(mol)}}$은 $\frac{7\times2a+8\times3a}{6\times3a+10\times2a}=1$이다.

05 현대적 원자 모형과 전자 배치

수능 2점 테스트

본문 69~71쪽

01 ④	02 ④	03 ③	04 ③	05 ②	06 ②
07 ④	08 ③	09 ⑤	10 ④	11 ③	12 ③

01 오비탈

Ⓐ. 1개의 오비탈에는 스핀 자기 양자수가 다른 전자가 들어갈 수 있으므로 최대 2개의 전자가 들어갈 수 있다.

~~Ⓑ~~. p 오비탈은 아령 모양으로 에너지가 같은 p 오비탈은 3개가 있다.

Ⓒ. s 오비탈은 공 모양이므로 원자핵으로부터 거리가 같으면 전자가 발견될 확률이 같다.

02 수소 원자 모형

㉠. 수소 원자에서 전자의 에너지는 불연속적이다. 수소 원자에서 전자 껍질의 에너지 준위는 n(주 양자수)에 의해서만 결정된다.

~~㉡~~. 원자핵에 가장 가까운 전자 껍질의 에너지 준위가 가장 낮고, 원자핵에서 멀어질수록 전자 껍질의 에너지 준위가 높아진다.

㉢. 에너지 준위가 낮은 전자 껍질에서 에너지 준위가 높은 전자 껍질로 전자가 전이할 때는 에너지 준위의 차에 해당하는 에너지를 흡수하고, 에너지 준위가 높은 전자 껍질에서 에너지 준위가 낮은 전자 껍질로 전자가 전이할 때는 에너지 준위의 차에 해당하는 에너지를 방출한다.

03 수소 원자의 오비탈

㉠. (가)는 $1s$ 오비탈로 에너지 준위가 가장 낮은 오비탈이다. 그러므로 (가)에 전자가 들어 있는 수소 원자는 바닥상태이다.

㉡. (나)는 $2s$ 오비탈이고 (다)는 $2p$ 오비탈이다. 수소 원자에서 전자 껍질의 에너지 준위는 n(주 양자수)에 의해서만 결정되므로 에너지 준위는 (나)=(다)이다.

~~㉢~~. 원자핵으로부터 거리가 같으면 전자가 발견될 확률이 같은 오비탈은 공 모양인 s 오비탈의 특징이다. (다)는 $2p$ 오비탈로 p 오비탈은 원자핵으로부터 거리가 같더라도 방향에 따라 전자가 발견될 확률이 다르다.

04 전자 배치 규칙

㉠. 전자의 스핀 자기 양자수는 $+\frac{1}{2}$ 또는 $-\frac{1}{2}$이고, 1개의 오비탈에는 스핀 자기 양자수가 다른 2개의 전자가 채워질 수 있다. (가)에서 3개의 오비탈에 전자가 2개씩 채워져 있으므로 모든 전

자의 스핀 자기 양자수의 합은 0이다.

ㄴ. (나)는 쌓음 원리, 파울리 배타 원리, 훈트 규칙을 모두 만족하는 바닥상태의 전자 배치이다.

ㄷ. 다전자 원자에서 오비탈의 에너지 준위는 $2s<2p$이다. (다)에서 $2s$ 오비탈에 전자를 1개만 채우고 $2p$ 오비탈에 전자가 채워졌으므로 (다)는 쌓음 원리를 만족하지 않는다.

05 전자 배치 규칙

A. 전자 배치에서 쌓음 원리는 에너지가 낮은 오비탈부터 전자를 채우는 규칙이다. 다전자 원자에서 오비탈의 에너지 준위는 $1s<2s<2p$이므로, X의 전자 배치에서 $2s$ 오비탈에 전자를 모두 채우지 않고 $2p$ 오비탈에 전자를 1개 채웠으므로 쌓음 원리를 만족하지 않는다.

B. 전자 배치에서 파울리 배타 원리는 1개의 오비탈에 스핀 자기 양자수가 서로 다른 전자가 들어갈 수 있으므로 최대 2개의 전자가 들어갈 수 있는 원리이다. Y의 전자 배치에서 전자가 채워진 오비탈에 스핀 자기 양자수가 서로 다른 2개의 전자가 채워져 있으므로 파울리 배타 원리를 만족한다.

C. X는 쌓음 원리를 만족하지 않으므로 바닥상태가 아니다. Y는 훈트 규칙을 만족하지 않으므로 바닥상태가 아니다. 훈트 규칙은 에너지 준위가 같은 오비탈이 여러 개인 경우 홀전자 수가 최대가 되도록 전자가 배치된다는 규칙이다. 쌓음 원리, 파울리 배타 원리, 훈트 규칙을 모두 만족하는 전자 배치가 바닥상태이다.

06 원자와 이온의 전자 배치

X^{m-}, Y^{n+}의 전자 배치는 모두 $1s^22s^22p^6$이고, m, n은 각각 3 이하의 자연수이므로 X와 Y의 가능한 전자 배치는 다음과 같다.

X : $1s^22s^22p^3$, $1s^22s^22p^4$, $1s^22s^22p^5$

Y : $1s^22s^22p^63s^1$, $1s^22s^22p^63s^2$, $1s^22s^22p^63s^23p^1$

또 홀전자 수는 X와 Y가 같고 전자가 들어 있는 오비탈 수는 Y가 X보다 2만큼 크므로, X의 전자 배치는 $1s^22s^22p^5$, Y의 전자 배치는 $1s^22s^22p^63s^23p^1$이다.

ㄱ. X^{m-}, Y^{n+}의 전자 배치는 $1s^22s^22p^6$이므로 $m=1$, $n=3$이고 $m+n=4$이다.

ㄴ. X는 2주기 원소이고, Y는 3주기 원소이다.

ㄷ. X의 원자가 전자 수는 7이고, Y의 원자가 전자 수는 3이므로 원자가 전자 수는 X>Y이다.

07 전자의 양자수

오비탈의 양자수는 (n, l, m_l)로 나타내고, 전자의 양자수는 (n, l, m_l, m_s)로 나타낼 수 있다. 주 양자수는 $n=1, 2, 3\cdots$의 정숫값을 갖고, 방위(부) 양자수(l)는 $0\le l\le n-1$의 정숫값을 갖고, 자기 양자수(m_l)는 $-l\le m_l\le l$의 정숫값을 갖는다. 전자의 양자수는 오비탈의 양자수에 추가로 스핀 자기 양자수(m_s)를 가지며 m_s는 $-\frac{1}{2}$ 또는 $+\frac{1}{2}$을 갖는다.

ㄱ. $(1, 0, -1, +\frac{1}{2})$에서 $l=0$일 때 $m_l=0$이어야 하므로 전자의 양자수로 가능하지 않다.

ㄴ. $(2, 0, 0, +\frac{1}{2})$에서 $n=2$이고 l, m_l가 모두 가능한 양자수이고, 전자의 스핀 자기 양자수도 가능하므로 (가)에 해당한다.

ㄷ. $(2, 1, -1, -\frac{1}{2})$에서 $n=2$이고 l, m_l가 모두 가능한 양자수이고, 전자의 스핀 자기 양자수도 가능하므로 (가)에 해당한다.

08 원자의 전자 배치

a를 $\frac{\text{전자가 들어 있는 오비탈 수}}{\text{전자가 2개 들어 있는 오비탈 수}}$로 둘 때 바닥상태인 2주기 원자의 전자 배치와 a는 다음과 같다.

원자	전자 배치	a
Li	$1s^22s^1$	$\frac{2}{1}=2$
Be	$1s^22s^2$	$\frac{2}{2}=1$
B	$1s^22s^22p^1$	$\frac{3}{2}$
C	$1s^22s^22p^2$	$\frac{4}{2}=2$
N	$1s^22s^22p^3$	$\frac{5}{2}$
O	$1s^22s^22p^4$	$\frac{5}{3}$
F	$1s^22s^22p^5$	$\frac{5}{4}$
Ne	$1s^22s^22p^6$	$\frac{5}{5}=1$

$\frac{\text{전자가 들어 있는 오비탈 수}}{\text{전자가 2개 들어 있는 오비탈 수}}$(상댓값)의 비가 X : Y : Z= 3 : 4 : 5이므로 X~Z는 각각 B, C, N이다.

ㄱ. X(B)의 홀전자 수는 1이다.

ㄴ. Y(C)의 전자 배치는 $1s^22s^22p^2$이고, 전자가 들어 있는 오비탈 수는 4이다.

ㄷ. Z(N)의 전자 배치는 $1s^22s^22p^3$이고, 전자가 2개 들어 있는 오비탈 수는 2이다.

09 오비탈의 양자수

원자가 전자는 바닥상태에서 주 양자수가 가장 큰 오비탈에 들어 있는 전자이다. (나)의 $n+l=2$이므로 (나)는 $2s$ 오비탈($n=2$, $l=0$)이다. (가)의 $n+m_l=3$이므로 $n=2$, $m_l=+1$이고 $l=1$이어야 하므로 (가)는 $2p$ 오비탈이다.

ㄱ. 원자가 전자가 들어 있는 오비탈의 $n=2$이므로 X는 2주기 원소이다.

ㄴ. (가)는 $n=2$, $l=1$이므로 $a=3$이고, (나)는 $n=2$, $m_l=0$이므로 $n+m_l=2$이다. 따라서 $a>b$이다.
ㄷ. 다전자 원자에서 오비탈의 에너지 준위는 $2p>2s$이므로 (가)>(나)이다.

10 전자 배치와 오비탈의 양자수

$n+l=3$인 오비탈은 $3s$ 오비탈($n=3$, $l=0$) 또는 $2p$ 오비탈($n=2$, $l=1$)이다. 바닥상태에서 $n+l=3$인 오비탈에 들어 있는 전자 수가 7인 원자 X는 $1s^22s^22p^63s^1$의 전자 배치를 가진다. $n+l=4$인 오비탈은 $4s$ 오비탈($n=4$, $l=0$) 또는 $3p$ 오비탈($n=3$, $l=1$)이다. 바닥상태에서 $n+l=4$인 오비탈에 들어 있는 전자 수가 4인 원자 Y는 $1s^22s^22p^63s^23p^4$의 전자 배치를 가진다. X의 홀전자 수는 1이고, Y의 홀전자 수는 2이므로 $\frac{\text{Y의 홀전자 수}}{\text{X의 홀전자 수}}=2$이다.

11 전자 배치와 오비탈의 양자수

3주기 바닥상태 원자에서 전자가 들어 있는 오비탈 중 $n+l>2$를 만족하는 오비탈은 $2p$, $3s$, $3p$ 오비탈이다. $2p$, $3s$, $3p$ 오비탈에 들어 있는 전자 수의 비가 2 : 3을 만족하는 원자의 전자 배치는 $1s^22s^22p^63s^2$, $1s^22s^22p^63s^23p^4$이므로 A는 Mg, B는 S이다. A^{a+}의 전자 배치가 Ne과 같으므로 $a=2$이고, B(S)의 홀전자 수는 2이므로, $\frac{\text{B의 홀전자 수}}{a}=1$이다.

12 전자의 양자수

$n+l=3$인 오비탈은 $3s$ 오비탈($n=3$, $l=0$) 또는 $2p$ 오비탈($n=2$, $l=1$)이다. 바닥상태에서 $n+l=3$인 오비탈에 들어 있는 전자 수가 3인 X의 전자 배치는 $1s^22s^22p^3$이고, $n+l=3$인 오비탈에 들어 있는 전자 수가 7인 Y의 전자 배치는 $1s^22s^22p^63s^1$이다.
ㄱ. X의 홀전자 수는 3이고, Y의 홀전자 수는 1이므로 홀전자 수는 X>Y이다.
ㄴ. X의 전자 배치는 $1s^22s^22p^3$이므로 전자가 들어 있는 오비탈 수는 5이다.
ㄷ. Y의 전자 배치는 $1s^22s^22p^63s^1$이다. Y에서 전자가 들어 있는 오비탈 중 $l+m_l=2$($l=1$, $m_l=1$)를 만족하는 오비탈은 $2p$ 오비탈 중 하나이므로 $a=2$이다.

수능 3점 테스트

본문 72~77쪽

01 ②	02 ①	03 ②	04 ⑤	05 ②	06 ④
07 ②	08 ⑤	09 ①	10 ③	11 ③	12 ⑤

01 오비탈

ㄱ. 다전자 원자에서 오비탈의 에너지 준위는 주 양자수(n)가 같아도 방위(부) 양자수(l)에 따라 달라진다.
ㄴ. 오비탈의 모양을 결정하는 양자수는 방위(부) 양자수(l)이다.
ㄷ. 에너지 준위가 같은 오비탈이 여러 개인 경우 전자가 들어갈 때는 홀전자 수가 많을수록 안정하며 이를 훈트 규칙이라고 한다.

02 오비탈

① Ⅰ에 (가)(원자가 전자가 들어 있는 오비탈인가?)를 적용하면 $2s$와 $2p$는 '예', $1s$는 '아니요'에 해당한다. Ⅱ에 (나)(홀전자가 들어 있는 오비탈인가?)를 적용하면 $2p$는 '예', $2s$는 '아니요'에 해당하므로 적절하다.
② Ⅰ에 (가)(원자가 전자가 들어 있는 오비탈인가?)를 적용하면 $2s$와 $2p$는 '예', $1s$는 '아니요'에 해당한다. Ⅱ에 (다)($n+l=1$인 오비탈인가?)를 적용하면 $2s$와 $2p$는 모두 '아니요'에 해당하므로 부적절하다.
③, ④ Ⅰ에 (나)(홀전자가 들어 있는 오비탈인가?)를 적용하면 $2p$는 '예', $1s$와 $2s$는 모두 '아니요'에 해당하므로 부적절하다.
⑤ Ⅰ에 (다)($n+l=1$인 오비탈인가?)를 적용하면 $1s$는 '예', $2s$와 $2p$는 모두 '아니요'에 해당하므로 부적절하다.

03 전자 배치

홀전자 수가 다른 2~3주기 바닥상태 원자의 홀전자 수의 합이 4가 되는 조합은 0, 1, 3이다. 2주기 바닥상태 원자에서 전자가 들어 있는 오비탈 수는 2~5이고, 3주기 바닥상태 원자에서 전자가 들어 있는 오비탈 수는 6~9이다. 전자가 들어 있는 오비탈의 수 비(X : Y : Z)가 1 : 2 : 3이므로 이를 만족하는 전자가 들어 있는 오비탈의 수 조합은 2가지이다.
첫 번째 경우로, X~Z에서 전자가 들어 있는 오비탈의 수가 각각 2, 4, 6인 경우에는 홀전자의 수가 모두 다르고 홀전자 수의 합이 4가 될 수는 없다.
두 번째 경우로, X~Z에서 전자가 들어 있는 오비탈의 수가 각각 3, 6, 9인 경우에는 홀전자의 수가 모두 다르고 홀전자 수의 합이 4가 될 수 있으며, X~Z의 전자 배치와 홀전자 수는 다음과 같다.
X: $1s^22s^22p^1$ (홀전자 수 1)
Y: $1s^22s^22p^63s^2$ (홀전자 수 0)
Z : $1s^22s^22p^63s^23p^3$ (홀전자 수 3)
ㄱ. X는 2주기 원소이고, Y는 3주기 원소이다.

ㄴ. X의 원자가 전자 수는 3이고, Y의 원자가 전자 수는 2이다. 그러므로 원자가 전자 수는 X > Y이다.

ㄷ. 전자가 2개 들어 있는 오비탈의 수는 Y와 Z가 6으로 같다.

04 전자 배치

ㄱ. (가)는 쌓음 원리와 훈트 규칙, 파울리 배타 원리를 모두 만족하므로 바닥상태이고, (나)는 훈트 규칙을 만족하지 않으므로 들뜬상태이다. 그러므로 원자의 에너지는 (나) > (가)이다.

ㄴ. $n=2$까지 있는 전자 배치에서 $n-l=1$에 해당하는 것은 $1s$, $2p$ 오비탈이다. 그러므로 $n-l=1$인 전자 수는 (가) = (나)이다.

ㄷ. $n=2$까지 있는 전자 배치에서 $l=1$에 해당하는 것은 $2p$ 오비탈이다. m_l는 $-l$에서 l까지의 정숫값을 가지는데, $l=1$일 때 m_l는 3개의 정숫값을 가지므로 $2p$ 오비탈이 3개이다. (가)의 전자 배치에서 3개의 $2p$ 오비탈에 전자가 들어 있고, (나)의 전자 배치에서 2개의 $2p$ 오비탈에 전자가 들어 있으므로 m_l의 가짓수는 (가)에서 3가지, (나)에서 2가지이다.

05 전자 배치

2주기 바닥상태 원자에서 전자가 들어 있는 오비탈 수는 2~5이고, 3주기 바닥상태 원자에서 전자가 들어 있는 오비탈 수는 6~9이다. 전자가 들어 있는 오비탈 수는 Y가 X보다 2만큼 크므로, 전자가 들어 있는 오비탈 수는 X가 4, Y가 6 또는 X가 5, Y가 7이다. 이 중 X와 Y의 홀전자 수의 합은 2이고, Y의 모든 전자의 스핀 자기 양자수의 합이 0이 아닌 조건을 만족하는 경우는 전자가 들어 있는 오비탈 수가 X가 5, Y가 7일 때이고, X와 Y의 전자 배치는 다음과 같다.

X: $1s^22s^22p^5$

Y: $1s^22s^22p^63s^23p^1$

ㄱ. X에서 전자가 들어 있는 오비탈 수는 5이다.

ㄴ. Y의 전자 배치는 $1s^22s^22p^63s^23p^1$이므로 홀전자 수는 1이다.

ㄷ. Y^{2+}은 전자가 11개이므로 전자가 들어 있는 오비탈 수는 5보다 크다.

06 오비탈의 양자수

전자가 2개 들어 있는 오비탈의 수가 같으면서 전자가 들어 있는 오비탈의 수의 비가 1 : 2가 되는 같은 주기의 바닥상태 원자 X와 Y의 조합은 다음의 경우이다.

X: $1s^22s^2$

Y: $1s^22s^22p^2$

X의 원자가 전자 수는 2이고, Y의 홀전자 수는 2이므로,

$\frac{\text{Y의 홀전자 수}}{\text{X의 원자가 전자 수}}=1$이다.

07 전자 배치

X에서 전자가 2개 들어 있는 오비탈의 수가 2이고 원자가 전자가 들어 있는 오비탈 수가 1이므로 X의 전자 배치는 $1s^22s^2$이다.

Y에서 전자가 2개 들어 있는 오비탈의 수가 6이고 원자가 전자가 들어 있는 오비탈 수가 2이므로 Y의 전자 배치는 $1s^22s^22p^63s^23p^1$이다.

Z에서 전자가 2개 들어 있는 오비탈의 수가 3이고 원자가 전자가 들어 있는 오비탈 수가 4이므로 Z의 전자 배치는 $1s^22s^22p^4$이다.

그러므로 a~c는 각각 0, 1, 2이다.

08 오비탈의 양자수

원자가 전자가 들어 있는 오비탈 (가)~(다)에서 (나)는 $n+l=3$이므로 $3s$ 또는 $2p$ 오비탈인데, (가)에서 $n+m_l=4$이므로 $n=2$라면 m_l는 2가 될 수 없으므로 $n=3$이다. 즉, (나)는 $3s$ 오비탈, (가)는 $3p$ 오비탈이고, (다)도 $3p$ 오비탈이다.

ㄱ. X에서 원자가 전자가 들어 있는 오비탈의 $n=3$이므로 X는 3주기 원소이다.

ㄴ. (가)는 $3p$ 오비탈이므로 $n+l=3+1=4$, (나)는 $3s$ 오비탈이므로 $n+m_l=3$이다. 그러므로 $a=4$, $b=3$이다.

ㄷ. (다)는 $3p$ 오비탈이므로 $n+l=3+1=4$이다.

09 오비탈의 양자수

$l=0$은 s 오비탈, $l=1$은 p 오비탈에 해당한다.

X에서 전자가 들어 있는 s 오비탈과 p 오비탈의 수 비가 2 : 1이므로 X의 전자 배치는 $1s^22s^22p^1$이다.

Y와 Z에서 전자가 들어 있는 s 오비탈과 p 오비탈의 수 비가 1 : 1이므로 가능한 전자 배치는 $1s^22s^22p^2$, $1s^22s^22p^63s^1$, $1s^22s^22p^63s^2$이다. X~Z의 홀전자 수가 서로 다르고 원자 번호는 Z > Y이므로 Y의 전자 배치는 $1s^22s^22p^2$, Z의 전자 배치는 $1s^22s^22p^63s^2$이다.

ㄱ. X의 전자 배치는 $1s^22s^22p^1$이므로 홀전자 수는 1이다.

ㄴ. X와 Y의 전자 배치는 각각 $1s^22s^22p^1$, $1s^22s^22p^2$이므로 전자가 2개 들어 있는 오비탈 수는 X = Y이다.

ㄷ. Y와 Z의 전자 배치는 각각 $1s^22s^22p^2$, $1s^22s^22p^63s^2$이므로 전자가 들어 있는 오비탈 수는 Y가 4, Z가 6이다.

10 전자 배치

2주기 바닥상태 원자에서 홀전자를 갖는 것은 Li, B, C, N, O, F이고, 전자의 수는 $Y > X^-$이므로 원자 번호는 Y가 X보다 2 이상 크다. 2주기 바닥상태 원자에서 전자가 2개 들어 있는 오비탈 수가 같은 원자는 Be, B, C, N이다. 그러므로 조건을 만족하는 X는 B, Y는 N이고, 전자 배치는 다음과 같다.

X(B): $1s^22s^22p^1$

Y(N): $1s^22s^22p^3$

전자가 2개 들어 있는 오비탈 수가 X와 X^-이 같다고 하였으므로, $X^-(B^-)$에서 전자가 2개 들어 있는 오비탈의 수는 2이고 홀전자 수는 2이다. 그러므로 $\frac{X^-\text{의 홀전자 수}}{Y\text{의 홀전자 수}}=\frac{2}{3}$이다.

11 오비탈의 양자수

X의 가능한 전자 배치는 $1s^22s^22p^3$, $1s^22s^22p^4$, $1s^22s^22p^5$이다.

Y의 전자 배치에서 5개의 p 오비탈에 전자가 들어 있으므로 Y의 전자 배치는 $1s^22s^22p^63s^23p^2$이다.

Z의 가능한 전자 배치는 $1s^22s^22p^63s^23p^64s^1$이다.

X~Z의 홀전자 수는 서로 다르므로 X~Z의 전자 배치는 다음과 같다.

X: $1s^22s^22p^3$

Y: $1s^22s^22p^63s^23p^2$

Z : $1s^22s^22p^63s^23p^64s^1$

ⓞ. X는 전자 배치가 $1s^22s^22p^3$이므로 2주기 원소이다.

ⓛ. Y는 전자 배치가 $1s^22s^22p^63s^23p^2$이므로 홀전자 수는 2이다.

Ⓧ. 원자가 전자 수는 X는 5, Z는 1이다.

12 오비탈의 양자수

$n+l=3$에 해당하는 오비탈은 $3s$ 오비탈 또는 $2p$ 오비탈이다. $n+l=3$인 오비탈에 들어 있는 전자 수가 X는 4, Z는 7이므로 X의 전자 배치는 $1s^22s^22p^4$, Z의 전자 배치는 $1s^22s^22p^63s^1$이다. $n-l=2$에 해당하는 오비탈은 $2s$, $3p$ 오비탈 등이다. Y는 $n-l=2$인 오비탈에 들어 있는 전자 수가 6이므로 Y의 전자 배치는 $1s^22s^22p^63s^23p^4$이다.

ⓞ. X(O)와 Y(S)는 모두 16족이다.

ⓛ. Y(S)와 Z(Na)는 모두 3주기 원소이다.

ⓒ. Y의 전자 배치는 $1s^22s^22p^63s^23p^4$이므로 $n+l=3$에 해당하는 오비탈에 들어 있는 전자 수는 8이다(㉠=8). X의 전자 배치는 $1s^22s^22p^4$이므로 $n-l=2$인 오비탈에 들어 있는 전자 수는 2이다(㉡=2). Z의 전자 배치는 $1s^22s^22p^63s^1$이므로 $n-l=2$인 오비탈에 들어 있는 전자 수는 2이다(㉢=2). 그러므로 $\frac{㉠}{㉡+㉢}=2$이다.

06 원소의 주기적 성질

수능 2점 테스트

본문 86~88쪽

01 ③	02 ⑤	03 ①	04 ②	05 ③	06 ④
07 ①	08 ⑤	09 ①	10 ⑤	11 ①	12 ②

01 주기적 성질

ⓞ. 같은 주기에서 원자 반지름은 원자 번호가 증가할수록 감소하므로 W>X이다.

Ⓧ. 제1 이온화 에너지는 같은 족 원소인 X와 Z에서는 X>Z이고, 2주기 원소 중에서는 18족 원소인 Y가 가장 크다.

ⓒ. 전자 껍질 수는 Z>X이므로 이온 반지름은 $Z^->X^-$이다.

02 2주기 원자의 주기적 성질

2주기 원자 중에서 홀전자 수가 서로 같은 3개의 원소는 Li, B, F이다. 원자가 전자 수는 X>Y이므로 X와 Y는 각각 F, Li 또는 F, B 또는 B, Li 중 하나이고, 제1 이온화 에너지는 Li이 가장 작으므로 X~Z는 각각 F, B, Li이다.

ⓞ. 원자가 전자가 느끼는 유효 핵전하는 같은 주기에서 원자 번호가 증가할수록 커지므로 Y(B)>Z(Li)이다.

ⓛ. 같은 주기 원자에서 원자 반지름은 원자 번호가 증가할수록 감소하므로 Y(B)>X(F)이다.

ⓒ. Z는 원자가 전자 수가 1이므로 제2 이온화 에너지가 X~Z 중 가장 크다. 따라서 제2 이온화 에너지는 Z(Li)>X(F)이다.

03 2, 3주기 원자의 주기적 성질

금속 원소는 $\frac{\text{이온 반지름}}{\text{원자 반지름}}<1$이고, 비금속 원소는 $\frac{\text{이온 반지름}}{\text{원자 반지름}}>1$이므로, A와 B는 각각 Na, Mg 중 하나이고, C는 F이다. 원자가 전자 수는 A>B이므로 A는 Mg, B는 Na이다.

ⓞ. $\frac{\text{이온 반지름}}{\text{원자 반지름}}>1$인 C는 F이다.

Ⓧ. A(Mg)와 B(Na)는 3주기 원소이므로 원자 번호가 큰 A가 B보다 원자가 전자가 느끼는 유효 핵전하가 크다.

Ⓧ. A~C 중 원자 반지름은 3주기 원소 중 원자 번호가 더 작은 B가 가장 크다.

04 이온화 에너지

홀전자 수가 1인 2, 3주기 원자들은 같은 주기에서 원자 번호가 증가할수록 제1 이온화 에너지가 증가하는 경향을 보인다. 또한 같은 족 원소들은 원자 번호가 증가할수록 원자 반지름이 증가하므로 제1 이온화 에너지가 감소하는 경향을 보인다. $a=1$,

$b=13$, $c=17$이므로 13족 원소 중 제1 이온화 에너지가 더 작은 X는 3주기 13족 원소이고 원자 번호가 13인 Al이다.

05 원소의 주기적 성질

원자 번호가 8, 9, 12, 13인 원자 중 원자 반지름이 가장 작은 것은 원자 번호가 9인 F이므로 A는 F이다. 이온 반지름이 가장 큰 것은 원자 번호가 8인 O이다. 제3 이온화 에너지가 가장 큰 것은 원자가 전자 수가 2인 Mg이다. 따라서 A~D의 원자 번호는 각각 9, 8, 12, 13이다.

ㄱ. A~D 중 원자 반지름이 가장 큰 것은 3주기 원소이면서 원자 번호가 작은 C이다.

ㄴ. 2주기 원소의 제1 이온화 에너지는 17족 원소가 16족 원소보다 크므로 A>B이다.

ㄷ. 원자가 전자가 느끼는 유효 핵전하는 같은 주기의 원소에서 원자 번호가 클수록 증가하므로 D>C이다.

06 원소의 주기적 성질

전기 음성도는 Y가 가장 크므로 Y는 O, Z는 Cl임을 알 수 있다. W와 X가 같은 주기 원소라면 제1 이온화 에너지는 W>X이어야 한다. 하지만 제1 이온화 에너지는 X>W이므로 W는 3주기 2족, X는 2주기 13족 원소이다. 따라서 W~Z의 주기율표에서 위치는 다음과 같다.

주기＼족	2	13	16	17
2		X	Y	
3	W			Z

ㄱ. W는 3주기 2족 원소이므로 W의 원자 번호는 12이다.

ㄴ. X와 Y는 2주기 원소이다.

ㄷ. W는 2족 원소이므로 제2 이온화 에너지는 같은 주기 원소 중 가장 작다. 따라서 제2 이온화 에너지는 Z가 W보다 크다.

07 원소의 주기적 성질

바닥상태 원자 W~Z의 $\dfrac{p\text{ 오비탈에 들어 있는 전자 수}}{s\text{ 오비탈에 들어 있는 전자 수}}$는 O, Mg, P, S이 각각 1, 1, $\dfrac{3}{2}$, $\dfrac{5}{3}$이고, 제1 이온화 에너지는 O>Mg이므로 W~Z는 각각 Mg, O, P, S이다.

ㄱ. W는 $\dfrac{p\text{ 오비탈에 들어 있는 전자 수}}{s\text{ 오비탈에 들어 있는 전자 수}}=1$이고, 제1 이온화 에너지가 X보다 작으므로 Mg이다.

ㄴ. Y와 Z는 각각 P, S이고, 같은 주기에서 원자 번호가 커질수록 원자가 전자가 느끼는 유효 핵전하가 증가하므로 Z(S)>Y(P)이다.

ㄷ. Y(P)는 3주기 15족, Z(S)는 3주기 16족 원소이므로 제1 이온화 에너지는 Y>Z이다. 따라서 $y>1000$이다.

08 이온화 에너지와 주기적 성질

2주기 16, 17족 원소인 O와 F은 제1 이온화 에너지가 3주기 2, 13족 원소인 Mg, Al보다 크다. 따라서 W와 X는 각각 Mg과 Al 중 하나인데, 제1 이온화 에너지는 Mg>Al이므로 W, X는 각각 Al, Mg이다. Y와 Z는 각각 O와 F 중 하나인데, 제1 이온화 에너지는 F>O이므로 Y, Z는 각각 O, F이다.

ㄱ. W는 제1 이온화 에너지가 가장 작으므로 Al이다.

ㄴ. Y는 O이고, Z는 F이므로 제2 이온화 에너지는 Y>Z이다. 따라서 $y>z$이다.

ㄷ. 원자 번호는 Z(F)>Y(O)이므로 원자가 전자가 느끼는 유효 핵전하는 Z>Y이다.

09 이온화 에너지와 주기적 성질

Li, Na, Mg, Al 중 $\dfrac{\text{제2 이온화 에너지}}{\text{제1 이온화 에너지}}$는 1족 원소인 Li과 Na이 Mg과 Al보다 크고, 원자 번호는 W>Z이므로 W는 Na, Z는 Li이다. 제1 이온화 에너지는 Mg>Al이고, 제2 이온화 에너지는 Al>Mg이므로 X, Y는 각각 Mg, Al이다. 따라서 W~Z는 각각 Na, Mg, Al, Li이다.

ㄱ. Z는 Li이다.

ㄴ. X(Mg)와 Y(Al)는 같은 3주기 원소이고, 원자 번호는 Y>X이므로 원자가 전자가 느끼는 유효 핵전하는 Y>X이다.

ㄷ. W(Na)와 X(Mg)는 같은 3주기 원소이고, 원자 번호는 X>W이므로 원자 반지름은 W>X이다.

10 원소의 주기적 성질

홀전자 수는 X~Z가 각각 0, 1, 2 또는 1, 2, 3인데, 원자가 전자 수가 X>Y>Z이므로 X~Z는 각각 F, O, N이다.

ㄱ. Z는 N이므로 원자가 전자 수는 5이다.

ㄴ. 원자 번호는 X>Y이므로 원자 반지름은 Y>X이다.

ㄷ. 제2 이온화 에너지는 2주기 15, 16, 17족 원소 중 16족 원소가 가장 크므로 Y가 가장 크다.

11 원소의 주기적 성질

A~E 중 금속 원소가 3가지, 비금속 원소가 2가지이다. 따라서 2가지 원자의 $\dfrac{㉠}{㉡}$이 1보다 작으므로 ㉠은 원자 반지름, ㉡은 이온 반지름이다.

ㄱ. A와 B는 각각 O와 F 중 하나인데, 홀전자 수는 A>B이므로 A는 O, B는 F이다.

ㄴ. C~E는 각각 Na, Mg, Al 중 하나인데 제1 이온화 에너지가 E>D>C이므로 C~E는 각각 Na, Al, Mg이다. 따라서 D(Al)와 E(Mg)는 같은 주기 원소이고, 원자 번호는 D>E이므로 원자가 전자가 느끼는 유효 핵전하는 D>E이다.

X. A~E 중 원자 반지름은 3주기 1족 원소인 C가 가장 크다.

12 이온화 에너지

만약 ㉠이 제1 이온화 에너지라면 F보다 이온화 에너지가 큰 원자가 1가지이므로 d가 F이어야 한다. 따라서 ㉠은 제2 이온화 에너지이다. 제2 이온화 에너지가 가장 작은 a는 Mg, b는 Al, c는 O, d는 Ne, 가장 큰 e는 Na이다.

X. ㉠은 제2 이온화 에너지이다.

ⓛ. a와 b는 주기가 같고, 원자 번호는 b>a이므로 원자가 전자가 느끼는 유효 핵전하는 b>a이다.

X. c는 2주기 16족 원소이고, e는 3주기 1족 원소이므로 원자 반지름은 e>c이다.

수능 3점 테스트 (본문 89~94쪽)

01 ③	02 ⑤	03 ③	04 ①	05 ①	06 ①
07 ②	08 ③	09 ①	10 ①	11 ③	12 ⑤

01 원자 반지름

이온의 전하량과 전자 배치 모형으로부터 X~Z는 각각 3주기 2족, 3주기 17족, 4주기 1족 원소임을 알 수 있다.

㉠. 원자가 전자 수는 X~Z가 각각 2, 7, 1이므로 합은 10이다.

ⓛ. 같은 주기에서는 원자 번호가 증가할수록 원자가 전자가 느끼는 유효 핵전하가 커진다. X와 Y는 3주기 원소이고, 원자 번호는 Y>X이므로 원자가 전자가 느끼는 유효 핵전하는 Y>X이다.

X. X~Z 중 원자 반지름은 3주기 17족 원자인 Y가 가장 작다.

02 전자 배치와 이온화 에너지

$n+l=3$인 오비탈은 $2p$, $3s$ 오비탈이므로 $n+l=3$인 오비탈에 들어 있는 전자 수가 각각 2, 4, 5, 7인 원자는 각각 C, O, F, Na이다. 제1 이온화 에너지는 F>O>C>Na이므로 W~Z는 각각 Na, C, O, F이다.

X. Y는 O이므로 원자가 전자 수가 6이다.

ⓛ. 원자 반지름은 3주기 1족 원소인 W(Na)가 가장 크다.

ⓒ. Y와 Z는 각각 2주기 16족, 17족 원소이므로 제1 이온화 에너지는 Z>Y이고, 제2 이온화 에너지는 Y>Z이다.

03 이온화 에너지

Na은 $E_1 \ll E_2$이므로 A는 Na이다. A와 C는 홀전자 수가 같으므로 C는 F이다. O는 F보다 E_1가 작고, E_2는 크므로 B는 O이고, D는 Mg이다. 따라서 A~D는 각각 Na, O, F, Mg이다.

㉠. 전기 음성도는 C(F)가 가장 크다.

X. Ne의 전자 배치를 갖는 이온 반지름은 D의 이온(Mg^{2+})이 가장 작다.

ⓒ. 제2 이온화 에너지는 2주기 16족 원소인 O가 17족 원소인 F보다 크므로 B>C이다. Mg은 제2 이온화 에너지가 가장 작으므로 B>C>D이다.

04 전자 배치와 주기적 성질

전자가 들어 있는 오비탈 수가 7인 W는 Al이다.

$\frac{p\text{ 오비탈에 들어 있는 전자 수}}{\text{원자가 전자 수}}$ 비가 1 : 2 : 5인 원자는 B, O, S이고, $\frac{p\text{ 오비탈에 들어 있는 전자 수}}{\text{원자가 전자 수}}$는 각각 $\frac{1}{3}$, $\frac{2}{3}$, $\frac{5}{3}$이다. 따라서 Al의 $\frac{p\text{ 오비탈에 들어 있는 전자 수}}{\text{원자가 전자 수}}=\frac{7}{3}$이므로 $d=7$이다.

㉠. X~Z의 전자가 들어 있는 오비탈 수는 각각 3, 5, 9이고, $d=7$이므로 $\frac{a+b+c}{d}=\frac{17}{7}$이다.

X. Y와 Z는 같은 족 원소이므로 원자 번호가 큰 Z가 Y보다 원자 반지름이 크다.

X. W와 Z는 같은 주기 원소이고, 원자 번호는 Z>W이므로 원자가 전자가 느끼는 유효 핵전하는 Z>W이다.

05 이온 반지름과 이온화 에너지

Ne과 같은 전자 배치를 갖는 이온의 반지름은 $O^{2-}>F^{-}>Mg^{2+}>Al^{3+}$이다. 따라서 W~Z는 각각 Al, Mg, F, O이다. 제1 이온화 에너지는 X>W이고, 제2 이온화 에너지는 W>X이므로 ㉠은 제1 이온화 에너지이다.

X. W와 X는 각각 Al과 Mg이다. 제1 이온화 에너지는 X(Mg)>W(Al)이고, 제2 이온화 에너지는 W(Al)>X(Mg)이므로 ㉠은 제1 이온화 에너지(E_1)이다.

ⓛ. W와 X는 같은 주기 원소이고 원자 번호는 W>X이므로 원자 반지름은 X>W이다.

X. Y와 Z는 각각 F과 O이다. 제2 이온화 에너지는 16족인 O가 17족인 F보다 크므로 E_2는 Z>Y이다.

06 전자 배치와 주기적 성질

$\frac{\text{홀전자 수}}{\text{전자가 들어 있는 } s\text{ 오비탈 수}}$가 1인 원자는 C, O, P이고, $\frac{3}{2}$인 원자는 N이다. 따라서 Z는 N이고, 원자가 전자 수는 W>X>Y이므로 W~Y는 각각 O, P, C이다.

㉠. W~Z 중 전기 음성도가 가장 큰 것은 W(O)이다.

X. Y(C)와 Z(N)는 같은 주기 원소이고, 원자 번호는 Z>Y이므로 원자가 전자가 느끼는 유효 핵전하는 Z>Y이다.

X. W와 Z는 각각 O와 N이다. 따라서 제1 이온화 에너지는 Z>

W이고, 제2 이온화 에너지는 W>Z이므로 $\frac{\text{제2 이온화 에너지}}{\text{제1 이온화 에너지}}$는 W>Z이다.

07 원소의 주기적 성질

바닥상태 원자 O, F, Mg, Al의 홀전자 수는 각각 2, 1, 0, 1이므로 B와 C는 각각 F과 Al 중 하나이고, A와 D는 각각 O와 Mg 중 하나이다. 제1 이온화 에너지는 A>D이므로 A와 D는 각각 O, Mg이고, ㉠이 원자 반지름이라면 A는 O가 될 수 없으므로 ㉠은 이온 반지름이고, B와 C는 각각 F과 Al이다.

ㄱ. ㉠은 이온 반지름이다.

ㄴ. C(Al)와 D(Mg)는 같은 주기 원소이고, 원자 번호는 C>D이므로 원자가 전자가 느끼는 유효 핵전하는 C>D이다.

ㄷ. A~D 중 전기 음성도는 B(F)가 가장 크다.

08 홀전자 수와 이온화 에너지

홀전자 수가 0이고 제2 이온화 에너지가 가장 큰 W는 Ne이다. 홀전자 수가 3인 Z는 N이고, Z보다 제2 이온화 에너지가 작고 홀전자 수가 2인 원자는 C이다. 따라서 W~Z는 각각 Ne, F, C, N이다.

ㄱ. W는 Ne이므로 18족 원소이다.

ㄴ. 원자 번호는 Z(N)>Y(C)이므로 원자 반지름은 Y>Z이다.

ㄷ. X는 17족, Z는 15족 원소이므로 제1 이온화 에너지는 X>Z이다.

09 전자 배치와 주기적 성질

18족을 제외한 2, 3주기 원자의 $\frac{\text{홀전자 수}}{\text{원자가 전자 수}}$는 각각 1, 0, $\frac{1}{3}$, $\frac{1}{2}$, $\frac{3}{5}$, $\frac{1}{3}$, $\frac{1}{7}$이므로 3개의 원자에서 같을 수 있는 값은 $\frac{1}{3}$이고, 해당하는 원자는 B, O, Al, S이다. 따라서 Z는 $\frac{\text{홀전자 수}}{\text{원자가 전자 수}}$의 값이 $\frac{1}{2}$이어야 제시된 상댓값의 비를 만족하게 되므로 3주기 14족 원소인 Si이고, W~Y는 각각 B, O, Al이다.

ㄱ. W(B)와 X(O)의 원자 번호 차는 3이고, W와 Y(Al)의 원자 번호 차는 8이며, W와 Z(Si)의 원자 번호 차는 9이다. 따라서 $x+y+z=3+8+9=20$이다.

ㄴ. 홀전자 수는 W(B)가 1, X(O)가 2이므로 X>W이다.

ㄷ. Y(Al)와 Z(Si)는 각각 3주기 13족, 14족 원소이므로 제2 이온화 에너지는 Y>Z이다.

10 원소의 주기적 성질

X~Z의 홀전자 수로 가능한 조합은 (1, 0, 1), (1, 1, 2), (1, 2, 3)이다. 만약 $a=0$이라면 X~Z의 홀전자 수는 각각 1, 0, 1인데, Z는 제2 이온화 에너지가 가장 커야 하므로 Al이 될 수 없다. Z가 Na이라고 하면 X와 Y는 각각 Al, Mg 또는 F, Mg인데, X, Y가 각각 Al, Mg일 때 이온 반지름은 Z>Y>X이고, X, Y가 각각 F, Mg일 때 이온 반지름은 X>Z>Y이므로 조건에 맞지 않다. Z가 F이라고 하면 제2 이온화 에너지는 Z>X이므로 X와 Y는 각각 Al, Mg이 가능하지만 이온 반지름은 Z>Y>X가 되어 조건에 맞지 않다. $a=2$라면 Z는 N, Y는 O이고, X는 F, Na, Al 중 하나이므로 이온 반지름의 조건에 맞지 않다. 따라서 $a=1$, Z는 O이고, 이온 반지름은 Z>X>Y이므로 X와 Y로 가능한 원자는 (F, Al), (F, Na), (Na, Al)이다. 이 중 제2 이온화 에너지의 조건을 만족하는 X~Z는 각각 F, Al, O이다.

ㄱ. X는 F이다.

ㄴ. $a=1$이다.

ㄷ. X와 Z는 각각 F, O이므로 주기는 같고 원자 번호는 X>Z이다. 따라서 원자가 전자가 느끼는 유효 핵전하는 X>Z이다.

11 이온화 에너지와 주기적 성질

제1 이온화 에너지(E_1)는 F>O>Mg>Al>Na이다. 따라서 A~E는 각각 Na, Al, Mg, O, F이다.

ㄱ. ㉠이 이온 반지름이라면 E_1가 두 번째로 큰 D(O)의 값이 가장 커야 하므로 맞지 않다. 따라서 ㉠은 원자 반지름이다.

ㄴ. D(O)와 E(F)는 같은 주기 원소이고, 원자 번호는 E>D이므로 원자가 전자가 느끼는 유효 핵전하는 E>D이다.

ㄷ. $\frac{\text{제2 이온화 에너지}}{\text{제1 이온화 에너지}}$는 원자가 전자 수가 1인 A(Na)가 가장 크다.

12 전자 배치와 주기적 성질

원자 번호가 5~13인 원자의 $\frac{n+l=3\text{인 오비탈에 들어 있는 전자 수}}{\text{홀전자 수}}=a$를 나타내면 다음과 같다.

원자	B	C	N	O	F	Ne	Na	Mg	Al
a	$\frac{1}{1}$	$\frac{2}{2}$	$\frac{3}{3}$	$\frac{4}{2}$	$\frac{5}{1}$	$\frac{6}{0}$	$\frac{7}{1}$	$\frac{8}{0}$	$\frac{8}{1}$
	X	W	V	Y					Z

따라서 V~X는 각각 B, C, N 중 하나이고, Y는 O, Z는 Al이다. 전기 음성도는 V>W>X이므로 V~X는 각각 N, C, B이다.

ㄱ. X(B)는 13족 원소이므로 15족 원소인 V(N)보다 제2 이온화 에너지가 작다. 따라서 제2 이온화 에너지는 V>X이다.

ㄴ. Y(O)와 W(C)는 같은 2주기 원소이고, 원자 번호는 Y>W이므로 원자가 전자가 느끼는 유효 핵전하는 Y>W이다.

ㄷ. V~Z 중 원자 반지름은 3주기 13족 원소인 Z(Al)가 가장 크다.

07 이온 결합

수능 2점 테스트 본문 101~102쪽

01 ③ 02 ⑤ 03 ② 04 ⑤ 05 ⑤ 06 ④ 07 ③ 08 ①

01 전기 분해

㉠. 전기 분해를 통해 X_aY가 성분 물질인 X_2와 Y_2로 분해되었으므로 가설로는 'X_aY에서 X와 Y 사이의 화학 결합에 전자가 관여한다.'가 적절하다.
㉡. 생성된 X_2와 Y_2의 부피비가 2 : 1이므로 구성 원자의 존재비는 X : Y=2 : 1이다. 따라서 $a=2$이다.
~~ㄷ~~. (나)와 연결된 전극이 들어 있는 A에서 X_2가 생성되었으므로 (나)는 (−)극이다.

02 이온 결합

양이온과 음이온 사이의 정전기적 인력으로 결합된 이온 결합 화합물은 이온 사이의 거리가 가까울수록, 전하량이 클수록 녹는점이 높다. 따라서 이온 사이의 거리는 NaCl<NaBr<NaI이므로 녹는점은 NaCl>NaBr>NaI이다.
~~ㄱ~~. (가)는 3가지 화합물 중 녹는점이 가장 높으므로 이온 사이의 정전기적 인력이 가장 큰 NaCl이다.
㉡. NaF은 NaCl과 비교하여 이온의 전하량은 같고, 이온 사이의 거리가 작으므로 녹는점은 a℃보다 높다.
㉢. 음이온의 반지름은 I^->Br^-이므로 (다)>(나)이다.

03 이온 결합

~~ㄱ~~. A는 3주기 1족, C는 3주기 2족 원소이므로 원자가 전자 수는 C>A이다.
㉡. A는 금속 원소이고, B_2는 비금속 원소로 이루어진 공유 결합 물질이므로 액체 상태에서 전기 전도성은 B_2가 A보다 작다.
~~ㄷ~~. B는 2주기 17족 원소이고, C는 3주기 2족 원소이다. 따라서 B와 C로 이루어진 화합물은 B^-과 C^{2+}이 결합한 것이므로 안정한 화합물의 화학식은 CB_2이다. 따라서 B와 C는 2 : 1로 결합하여 안정한 화합물을 형성한다.

04 이온 결합 물질

Cu^{2+}과 O^{2-}이 정전기적 인력으로 결합하고 있는 X는 이온 결합 물질이다.
~~ㄱ~~. X는 Cu^{2+}과 O^{2-}이 결합하여 이온 결합을 형성하고 있으므로 화학식은 CuO이다.
㉡. X는 이온 결합 물질이므로 액체 상태에서 양이온과 음이온이 이동할 수 있어 전기 전도성이 있다.
㉢. X는 이온 결합 물질이므로 이온 사이의 결합에 전자가 관여하고 있어 전기 분해하면 성분 원소인 Cu와 O_2를 얻을 수 있다.

05 이온 결합의 화학 결합 모형

화학 결합 모형으로부터 A~D는 각각 Li, F, Mg, S임을 알 수 있다.
~~ㄱ~~. B는 2주기, C는 3주기 원소이다.
㉡. A와 D는 각각 금속, 비금속 원소이므로 이온 결합을 형성하는데, 결합 비율은 A^+ : D^{2-}=2 : 1이어야 하므로 안정한 화합물의 화학식은 A_2D이다.
㉢. C는 금속이고, D_2B_2는 비금속 원소 간에 결합한 공유 결합 물질이므로 액체 상태에서의 전기 전도성은 C가 D_2B_2보다 크다.

06 이온 결합

~~ㄱ~~. AB와 A_2D는 모두 액체 상태에서 전기 전도성이 있으므로 이온 결합 물질임을 알 수 있다. 따라서 A는 Na, B는 Cl, C는 Mg, D는 O이므로 CD는 MgO, CB_2는 $MgCl_2$이다.
㉡. CD와 CB_2는 모두 이온 결합 물질이므로 액체 상태에서 전기 전도성이 있다. 따라서 ㉠과 ㉡은 모두 '있음'이다.
㉢. AB는 NaCl이고, CD는 MgO이다. CD는 AB보다 이온 사이의 거리가 가깝고, 전하량도 크므로 이온 사이의 결합력이 크다. 따라서 1 atm에서 녹는점은 CD>AB이다.

07 이온 결합

A는 3주기 2족 원소인 Mg이고, B는 3주기 17족 원소인 Cl이며, C는 4주기 1족 원소인 K이다.
㉠. A와 B는 모두 3주기 원소이다.
~~ㄴ~~. AB_2는 이온 결합 물질이므로 고체 상태에서 전기 전도성이 없다.
㉢. B^-과 C^+은 1 : 1로 결합하여 안정한 화합물 CB를 만든다.

08 이온 결합 물질의 성질

안정한 이온의 전자 배치는 Ne이고, (가)와 (나)의 화학식은 각각 XZ, Y_2Z_3이므로 X의 이온은 X^{2+}이고, Y의 이온은 Y^{3+}이며, Z의 이온은 Z^{2-}이다.
㉠. (가)와 (나)는 모두 이온 결합 물질이므로 고체 상태에서는 전기 전도성이 없다.
~~ㄴ~~. $a=2$, $b=3$, $c=2$이므로 $a+b+c=7$이다.
~~ㄷ~~. X는 3주기 2족, Y는 3주기 13족, Z는 2주기 16족 원소이므로 원자가 전자 수 합은 2+3+6=11이다.

01 물의 전기 분해

전극 A에서 t_1일 때 생성된 기체의 질량이 전극 B에서 t_2에서 생성된 질량보다 크므로 전극 A에서는 O_2가, 전극 B에서는 H_2가 생성되었음을 알 수 있다.

㉠. 전극 A에서는 O_2가 발생하므로 전원 장치의 (+)극에 연결되어 있어야 한다.

ㄴ(×). 황산 나트륨을 물에 넣어 주면 전류가 흐르게 되므로 전기 전도성은 황산 나트륨 수용액이 물보다 크다.

㉢. 생성된 기체의 몰비는 전극 A : 전극 B=1 : 2이고, 분자량비는 O_2 : H_2=16 : 1이므로 같은 시간 동안 생성된 기체의 질량비는 전극 A : 전극 B=8 : 1이다. 따라서 $x=16w$, $y=w$이므로 $\frac{x}{y}=16$이다.

02 이온 결합 물질의 성질

㉠. ㉠과 ㉡은 (−)전하를 띠고 있는 염화 이온(Cl^-)이다.

㉡. ㉡은 (−)전하를 띠므로 (나)에서 전류를 흘려주면 (+)극 쪽으로 이동한다.

㉢. NaCl은 고체 상태에서는 전기 전도성이 없고, 수용액 상태에서는 전기 전도성이 있다.

03 이온 결합 모형

㉠. AB^- 2개와 C^{x+} 1개가 결합하여 $C(AB)_2$를 형성한 것이므로 $x=2$이다.

ㄴ(×). A와 C는 각각 O, Ca이므로 원자가 전자 수는 A가 C의 3배이다.

ㄷ(×). C는 4주기 2족 원소이므로 원자 번호가 20이다. 따라서 C 1 mol의 전자 수는 20 mol이고, AB^- 1 mol의 전자 수는 10 mol이다. 따라서 $\frac{\text{C 1 mol의 전자 수}}{\text{AB}^- \text{ 1 mol의 전자 수}}=2$이다.

04 이온 결합의 화학 결합 모형

C와 D는 각각 +1, −1의 전하량을 갖는 이온이므로 각각 Na, F이고, A는 Mg이며, B는 O이다.

㉠. A^{2+}은 Mg^{2+}이고, B^{2-}은 O^{2-}이므로 $n=2$이다.

㉡. C는 3주기 1족, A는 3주기 2족 원소이므로 원자 반지름은 C>A이다.

㉢. A는 금속, D는 비금속 원소이므로 A^{2+}과 D^-은 1 : 2로 결합하여 안정한 화합물 AD_2를 형성한다.

05 이온 결합 물질

전자 배치 모형으로부터 X~Z는 각각 Li, O, Cl이다. (가)는 X와 Y가 2 : 1로 이온 결합한 $X_2Y(Li_2O)$이고, (나)는 X와 Z가 1 : 1로 이온 결합한 XZ(LiCl)이며, (다)는 Y와 Z가 1 : 2로 공유 결합한 $Z_2Y(Cl_2O)$이다.

ㄱ(×). (가)~(다)의 화학식은 각각 X_2Y, XZ, Z_2Y이므로 $\frac{c}{a+b}=\frac{2}{3}$이다.

㉡. (가)와 (나)는 이온 결합 물질이고, (다)는 공유 결합 물질이다.

㉢. XYZ는 LiOCl이므로 $X^+(Li^+)$과 $YZ^-(OCl^-)$이 결합한 이온 결합 물질이다. 따라서 액체 상태에서 전기 전도성이 있다.

06 이온 결합 물질과 이온 사이의 거리

이온 사이의 거리는 $b>a$이므로 ㉠은 NaX이고, ㉡은 NaY이다.

㉠. 이온 사이의 거리는 $b>a$이므로 이온 반지름은 $Y^->X^-$이다.

㉡. NaX는 NaY보다 이온 사이의 거리가 가까우므로 녹는점은 NaX(㉠)가 NaY(㉡)보다 높다.

ㄷ(×). ㉡은 NaY이므로 Na^+과 Y^- 사이의 거리가 x pm보다 클 때 이온 결합을 형성한다.

07 화학 결합 모형과 이온 결합

AB에서 A와 B는 각각 Na, Cl임을 알 수 있고, ACB에서 C는 O임을 알 수 있다.

㉠. 원자가 전자 수는 B와 C가 각각 7, 6이므로 B>C이다.

㉡. AB와 ACB는 모두 이온 결합 물질이므로 액체 상태에서 전기 전도성이 있다.

㉢. A^+과 C^{2-}의 전자 배치는 모두 Ne과 같다.

08 화학 결합 모형

A_2B_2는 공유 결합 물질, CB는 이온 결합 물질이고, A~C는 각각 F, O, Mg이다.

ㄱ(×). B는 원자가 전자 수가 6인 O이므로 전자 2개를 얻으면 Ne과 같은 전자 배치를 갖는다. 따라서 $n=2$이다.

㉡. CB는 이온 결합 물질이고, A_2B_2는 공유 결합 물질이다. 따라서 전기 전도성은 $CB(l)>A_2B_2(l)$이다.

ㄷ. A는 F이므로 원자가 전자 수가 7이고, C는 Mg이므로 원자가 전자 수가 2이다. 따라서 A와 C는 2 : 1로 결합하여 안정한 화합물을 만든다.

08 공유 결합과 결합의 극성

수능 2점 테스트 본문 116~118쪽

01 ④	02 ③	03 ⑤	04 ③	05 ①	06 ⑤
07 ③	08 ②	09 ②	10 ①	11 ⑤	12 ④

01 공유 결정과 금속 결정

ㄱ. (가)는 공유 결합 물질이고, (나)는 금속 결합 물질이므로 (가)와 (나)는 화학 결합의 종류가 다르다.

ㄴ. ㉠은 금속 양이온과 금속 결합을 하는 자유 전자이다.

ㄷ. (나)는 금속 결합 물질이므로 연성(뽑힘성)이 있다.

02 공유 결합과 루이스 전자점식

W~Z는 각각 Li, C, O, F이다.

ㄱ. W(Li)는 금속이므로 W(s)는 전성(펴짐성)이 있다.

ㄴ. $YZ_2(OF_2)$의 구조식은 F−O−F이므로 OF_2에는 다중 결합이 없다.

ㄷ. $XYZ_2(COF_2)$의 구조식은 :F̤−C(=Ö:)−F̤:이고,

$\frac{\text{비공유 전자쌍 수}}{\text{공유 전자쌍 수}}=\frac{8}{4}=2$이다.

03 화학 결합 모형과 공유 결합

XYZ는 HCN이고, ZX_3은 NH_3이므로 X~Z는 각각 H, C, N이다.

ㄱ. 비공유 전자쌍 수는 XYZ와 ZX_3이 각각 1로 같다.

ㄴ. 전기 음성도는 N>C이므로 XYZ(HCN)에서 Z(N)는 부분적인 음전하(δ^-)를 띤다.

ㄷ. $Y_2X_4(C_2H_4)$의 구조식은 H−C(H)=C(H)−H이고, $Z_2X_4(N_2H_4)$의 구조식은 H−N(H)−N(H)−H이므로 공유 전자쌍 수는 Y_2X_4가 6, Z_2X_4가 5이다.

04 구조식과 결합의 극성

(가)는 COF_2이고, (나)는 FNO이며, W~Z는 각각 F, C, O, N이다.

ㄱ. (가)의 $\frac{\text{비공유 전자쌍 수}}{\text{공유 전자쌍 수}}=\frac{8}{4}=2$이고, (나)의 $\frac{\text{비공유 전자쌍 수}}{\text{공유 전자쌍 수}}$

$=\frac{6}{3}=2$이다.

~~ㄴ~~. $Z_2W_2(N_2F_2)$의 구조식은 $F-N=N-F$이므로 Z_2W_2에는 3중 결합이 없다.

㉢. 전기 음성도는 $F>O>N$이므로 $YW_2(OF_2)$에서 W는 부분적인 음전하(δ^-)를 띠고, $ZW_3(NF_3)$에서 W는 부분적인 음전하(δ^-)를 띤다.

05 분자식과 결합의 극성

XY_4에서 X와 Y는 옥텟 규칙을 만족하므로 XY_4는 CF_4이다. X는 C이고, Y는 F이므로 XO_2는 CO_2, OY_2는 OF_2이다.

㉠. 원자가 전자 수는 $Y(7)>X(4)$이다.

~~ㄴ~~. $XY_4(CF_4)$에는 무극성 공유 결합이 없다.

~~ㄷ~~. 전기 음성도는 $F>O>C$이므로 $XO_2(CO_2)$에서 O는 부분적인 음전하(δ^-)를 띠고, $OY_2(OF_2)$에서 O는 부분적인 양전하(δ^+)를 띤다.

06 화학 반응식과 공유 결합

2가지 반응의 화학 반응식은 다음과 같다.

◦ $CH_4+H_2O \longrightarrow CO+3H_2$

◦ $CO+H_2O \longrightarrow CO_2+H_2$

㉠은 CH_4이고, ㉡은 H_2O이다.

㉠. 분자당 H 원자 수는 ㉠(CH_4)이 4이고, ㉡(H_2O)이 2이다.

㉡. ㉡(H_2O)은 공유 전자쌍 수와 비공유 전자쌍 수가 2로 같다.

㉢. 전기 음성도는 $O>C>H$이므로 ㉠(CH_4)에서 중심 원자 C는 부분적인 음전하(δ^-)를 띠고, ㉡(H_2O)에서 중심 원자 O는 부분적인 음전하(δ^-)를 띤다.

07 공유 결합 물질의 구조식

분자에서 X~Z는 옥텟 규칙을 만족하므로 (가)~(다)의 구조식은 다음과 같다.

$H-\underset{..}{\overset{..}{O}}-H$ (가)

$H-\underset{..}{\overset{H}{N}}-H$ (나)

$H-\overset{H}{C}=\overset{H}{C}-H$ (다)

X~Z는 각각 O, N, C이다.

㉠. 비공유 전자쌍 수는 (가)가 2, (나)가 1이다.

㉡. HZY(HCN)는 구조식이 $H-C\equiv N$이므로 다중 결합인 3중 결합이 있다.

~~ㄷ~~. $ZX_2(CO_2)$는 구조식이 $O=C=O$이므로 CO_2에는 무극성 공유 결합이 없다.

08 전기 음성도와 결합의 극성

2주기 원소 중 전기 음성도가 C보다 크고 F보다 작은 것은 N, O이고, 전기 음성도는 $O>N$이므로 X는 N, Y는 O이다.

~~ㄱ~~. 원자 번호는 X(N)가 7, Y(O)가 8이다.

㉡. $X_2F_4(N_2F_4)$에는 X(N)와 X 사이에 무극성 공유 결합이 있다.

~~ㄷ~~. FXY(FNO)에서 X(N)는 부분적인 양전하(δ^+)를 띤다.

09 주기율표와 공유 결합

W~Z는 각각 H, C, N, O이다.

~~ㄱ~~. WXY(HCN)의 중심 원자(C)에는 비공유 전자쌍이 없다.

㉡. WYZ(HNO)의 구조식은 $H-N=O$이므로 WYZ에는 다중 결합인 2중 결합이 있다.

~~ㄷ~~. $Y_2W_4(N_2H_4)$의 구조식은 $H-\underset{..}{\overset{H}{N}}-\underset{..}{\overset{H}{N}}-H$이므로

$\frac{\text{공유 전자쌍 수}}{\text{비공유 전자쌍 수}}=\frac{5}{2}<3$이다.

10 구조식과 결합의 극성

(가)와 (나)는 각각 CO_2와 OF_2 중 하나이다. (가)가 OF_2일 경우 W가 F인데, (나)에서 F이 중심 원자가 될 수 없다. 따라서 (가)는 CO_2이고, (나)는 OF_2이며, W는 O이고, X는 C, Y는 F이다. (다)는 FNO이고, Z는 N이다.

~~ㄱ~~. (가)의 구조식은 $O=C=O$이므로 W(O)와 X(C)의 결합은 2중 결합이다.

㉡. 전기 음성도는 $F>O>N$이므로 (나)와 (다) 모두 중심 원자가 부분적인 양전하(δ^+)를 띤다.

~~ㄷ~~. $YXZ(F-C\equiv N)$의 중심 원자(C)에는 비공유 전자쌍이 없다.

11 전기 음성도와 결합의 극성

산소(O)는 O보다 전기 음성도가 큰 F과 결합할 때 부분적인 양전하(δ^+)를 띤다. H_2O_2, HCHO, C_2H_5OH에서 O는 부분적인 음전하(δ^-)를 띠고, OF_2, O_2F_2에서 O는 부분적인 양전하(δ^+)를 띤다.

12 구조식과 다중 결합

(나)에서 C와 X가 모두 옥텟 규칙을 만족하므로 (나)는 $F-\overset{F}{C}=\overset{F}{C}-F$이고, X는 F이다. (가)는 C와 X(F) 사이에 단일 결합이 있으므로 C가 옥텟 규칙을 만족하기 위해서는 C와 Y 사이에 3중 결합이 있어야 한다. 따라서 (가)는 $F-C\equiv N$이고, Y는 N이다. (다)에서 C와 Z가 모두 옥텟 규칙을 만족하므로 (다)는 $O=C=O$이고, Z는 O이다.

~~ㄱ~~. 원자가 전자 수는 $Z(O)>Y(N)$이다.

㉡. 비공유 전자쌍 수는 (가)와 (다)가 모두 4로 같다.

ㄷ. (나)에는 C와 C 사이에 2중 결합이 있고, (다)에는 C와 Z(O) 사이에 2중 결합이 있다.

수능 3점 테스트					본문 119~124쪽
01 ①	02 ④	03 ②	04 ③	05 ③	06 ③
07 ⑤	08 ④	09 ②	10 ⑤	11 ③	12 ②

01 루이스 전자점식

WXY는 F−N=O이고, XZ_4YZ는 NH_4OH이다. W~Z는 각각 F, N, O, H이다.

ㄱ. $X_2(N_2)$의 공유 전자쌍 수는 3, $Y_2(O_2)$의 공유 전자쌍 수는 2이다.

ㄴ. ZYW(HOF)의 비공유 전자쌍 수는 5이다.

ㄷ. $X_2W_4(N_2F_4)$의 구조식은 F−N(F)−N(F)−F이므로 N_2F_4에는 2중 결합이 없다.

02 공유 결합

(가) H_2O_x는 공유 전자쌍 수−비공유 전자쌍 수=−1이므로 H−Ö−Ö−H이고, x=2이다. N가 옥텟 규칙을 만족하고 분자식이 N_2H_y와 N_2H_z인 분자는 N_2H_2 또는 N_2H_4이다. (나) N_2H_y는 공유 전자쌍 수−비공유 전자쌍 수=2이므로 H−N̈=N̈−H이고, y=2이다. (다) N_2H_z는 공유 전자쌍 수−비공유 전자쌍 수=3이므로 H−N(H)−N(H)−H이고, z=4이다.

ㄱ. $x+y=2+2=4=z$이다.

ㄴ. (나)에서 N와 N 사이에 2중 결합이 있다.

ㄷ. (가)~(다)는 모두 무극성 공유 결합이 있다.

03 공유 결합

Y_2X에서 중심 원자가 X이고, 중심 원자의 비공유 전자쌍 수가 2이므로 Y_2X는 Cl_2O이고, X는 O, Y는 Cl이다. ZY_3에서 중심 원자가 Z이고, 중심 원자의 비공유 전자쌍 수가 1이므로 ZY_3은 NCl_3이고, Z는 N, W는 C이다. WXY_2는 $COCl_2$이다.

ㄱ. $COCl_2$의 중심 원자 C의 비공유 전자쌍 수 x=0이다.

ㄴ. $WXY_2(COCl_2)$의 구조식은 Cl−C(=O)−Cl이므로 WXY_2에는 다중 결합인 2중 결합이 있다.

ㄷ. $\frac{\text{비공유 전자쌍 수}}{\text{공유 전자쌍 수}}$는 $ZY_3(NCl_3)$이 $\frac{10}{3}$, $Y_2X(Cl_2O)$가 $\frac{8}{2}$=4이다.

04 공유 결합

CH_2O는 단일 결합의 수가 2, 2중 결합의 수가 1이므로 CH_2O의 점수 a=12이고, NF_3는 단일 결합의 수가 3이므로 NF_3의 점수 b=3이다. 따라서 $\frac{a}{b}=\frac{12}{3}=4$이다.

05 결합의 극성과 부분적인 전하

(나)에서 X~Z가 옥텟 규칙을 만족하므로 (나)의 구조식은 :Ẍ−Z(=Y)−Ẍ:이고, X~Z는 각각 F, O, C이다.

ㄱ. (나)에서 결합 X−Z에서 X가 부분적인 음전하(δ^-)를 띠고 있으므로 전기 음성도는 X>Z이다.

ㄴ. (가) YX_2는 OF_2이다.

ㄷ. (나)의 $\frac{\text{비공유 전자쌍 수}}{\text{공유 전자쌍 수}}=\frac{8}{4}>1$이다.

06 2주기 원소의 전기 음성도

2주기 원소에서 원자 번호가 증가할수록 전기 음성도는 증가한다.

ㄱ. 전기 음성도는 X>Y이므로 원자 번호는 X>Y이다. 따라서 $a>b$이다.

ㄴ. Z는 C보다 원자 번호가 크므로 Z의 전기 음성도 x는 C의 전기 음성도인 2.5보다 크다.

ㄷ. 전기 음성도는 C>X>Y>Li이므로 원자 번호는 $6>a>b>3$이다. 원자 번호는 정수이므로 a=5, b=4이다. 따라서 원자 번호가 4인 Y는 베릴륨(Be)이다.

07 전기 음성도와 결합의 극성

원자 간 전기 음성도 차가 가장 큰 YX는 HF이다. X_2는 비공유 전자쌍이 있으므로 F_2이고, Y는 H이며, Z는 Cl이다.

ㄱ. X는 F이다.

ㄴ. YX(HF)에서 Y(H)는 부분적인 양전하(δ^+)를 띤다.

ㄷ. 비공유 전자쌍 수는 ZX(ClF)가 6, YZ(HCl)가 3이다.

08 공유 결합

(가) XY_2는 극성 공유 결합인 단일 결합의 수가 2이므로 구조식은 Y−X−Y이고, X와 Y가 옥텟 규칙을 만족하므로 OF_2이다.

(나) ZX_2는 극성 공유 결합인 2중 결합의 수가 2이므로 구조식은 X=Z=X이고, X와 Z가 옥텟 규칙을 만족하므로 CO_2이다. X~Z가 각각 O, F, C이므로 (다) Z_2Y_2는 C_2F_2이다.

㉠. C_2F_2의 구조식은 F−C≡C−F이므로 극성 공유 결합인 단일 결합의 수 $a=2$이고, 무극성 공유 결합인 3중 결합의 수 $b=1$이다. 따라서 $a-b=2-1=1$이다.

㉡. 전기 음성도는 F>O이므로 (가) $XY_2(OF_2)$에서 X(O)는 부분적인 양전하(δ^+)를 띤다.

~~㉢~~. 비공유 전자쌍 수는 (나) $ZX_2(CO_2)$가 4, (다) $Z_2Y_2(C_2F_2)$가 6이므로 (다)>(나)이다.

09 비공유 전자쌍 수와 공유 결합

분자당 구성 원자 수가 4인 플루오린 화합물은 C_2F_2, NF_3, N_2F_2, O_2F_2 등이 가능하다. 비공유 전자쌍 수는 C_2F_2가 6, NF_3가 10, N_2F_2가 8, O_2F_2가 10이므로 (가)~(다)는 각각 N_2F_2, NF_3, O_2F_2이고, X는 N, Y는 O이다.

~~㉠~~. X는 질소(N)이다.

㉡. $a=8$이므로 $a>7$이다.

~~㉢~~. 공유 전자쌍 수는 (나) NF_3와 (다) O_2F_2가 각각 3으로 같다.

10 공유 결합

(가)는 $\mathrm{H-\overset{\overset{:O:}{\|}}{C}-H}$이고, 공유 전자쌍 수 $a=4$, 비공유 전자쌍 수 $b=2$이다. (나)는 $\mathrm{H-\overset{\overset{H}{|}}{\underset{\underset{H}{|}}{C}}-\ddot{\underset{..}{O}}-H}$이고, 공유 전자쌍 수 $x=5$, 비공유 전자쌍 수 $y=2$이다. 따라서 $\frac{a}{b}\times\frac{x}{y}=\frac{4}{2}\times\frac{5}{2}=5$이다.

11 원자 수 비와 공유 결합

(가)는 공유 전자쌍 수가 3이고, 분자당 구성 원자 수 비가 H : X=3 : 1이므로 NH_3이다. (다)는 공유 전자쌍 수가 5이고, 분자당 구성 원자 수 비가 H : Y=1 : 1이므로 C_2H_2이다. X와 Y는 각각 N와 C이고, (나)는 공유 전자쌍 수가 4이고, 분자당 구성 원자 수 비가 H : X : Y=1 : 1 : 1이므로 HCN이다.

㉠. 전기 음성도는 X(N)>Y(C)이다.

~~㉡~~. (나)에서 X, Y는 옥텟 규칙을 만족하므로 (나)의 구조식은 H−Y≡X이다. (나)의 중심 원자는 Y(C)이다.

㉢. (가)~(다) 중 3중 결합이 있는 분자는 (나)와 (다) 2가지이다.

12 비공유 전자쌍 수와 공유 결합

(가) CH_aO_b는 비공유 전자쌍 수가 2이므로 $b=1$이고, 단일 결합 수가 2이므로 $\mathrm{H-\overset{\overset{:O:}{\|}}{C}-H}$이다. (나) H_mO_n은 비공유 전자쌍 수가 4이므로 $n=2$이고, 단일 결합 수가 3이므로 $\mathrm{H-\ddot{\underset{..}{O}}-\ddot{\underset{..}{O}}-H}$이다. (다) N_xF_y는 비공유 전자쌍 수가 8이고, 단일 결합 수가 2이므로 $\mathrm{:\ddot{\underset{..}{F}}-\ddot{N}=\ddot{N}-\ddot{\underset{..}{F}}:}$이다.

~~㉠~~. $b+n+y=1+2+2=5$이다.

㉡. (가)~(다) 중 다중 결합이 있는 것은 (가)와 (다) 2가지이다.

~~㉢~~. (가)~(다) 중 무극성 공유 결합이 있는 것은 (나)와 (다) 2가지이다.

09 분자의 구조와 성질

수능 2점 테스트 본문 133~135쪽

01 ⑤	02 ③	03 ②	04 ③	05 ④	06 ①
07 ②	08 ②	09 ③	10 ⑤	11 ③	12 ②

01 분자의 구조와 성질

HCN, CO_2, FNO, BCl_3, $CHCl_3$에 대하여 구조식, 분자의 극성, 분자의 모양, 중심 원자의 비공유 전자쌍 존재 여부를 나타내면 다음과 같다.

분자	구조식	분자의 극성	분자의 모양	중심 원자의 비공유 전자쌍 존재 여부
HCN	H−C≡N:	극성 분자	직선형	존재하지 않음
CO_2	:Ö=C=Ö:	무극성 분자	직선형	존재하지 않음
FNO	:F̤̈−N̈=Ö:	극성 분자	굽은 형	존재함
BCl_3	:C̤̈l−B(−C̤̈l:)−C̤̈l:	무극성 분자	평면 삼각형	존재하지 않음
$CHCl_3$	:C̤̈l−C(−C̤̈l:)(−H)−C̤̈l:	극성 분자	사면체형	존재하지 않음

극성 분자이고, 분자 모양이 직선형이 아니며, 중심 원자에 비공유 전자쌍이 없는 분자 A는 $CHCl_3$이다.

02 루이스 전자점식과 분자의 구조

HCN는 중심 원자 C에 H는 단일 결합, N는 3중 결합으로 결합된 직선형 분자이다. CH_3Cl은 중심 원자 C에 3개의 H와 1개의 Cl가 각각 단일 결합으로 결합된 사면체형 분자이다. CH_2O는 중심 원자 C에 2개의 H는 각각 단일 결합, 1개의 O는 2중 결합으로 결합된 평면 삼각형 분자이다.

ㄱ. HCN, CH_3Cl, CH_2O는 모두 극성 분자이다.

~~ㄴ~~. HCN, CH_2O에는 다중 결합이 있지만, CH_3Cl은 단일 결합으로만 이루어진 분자이다.

ㄷ. HCN는 단일 결합 1개와 3중 결합 1개, CH_3Cl은 단일 결합 4개, CH_2O는 단일 결합 2개와 2중 결합 1개로 이루어진 분자이다. 따라서 (가)~(다)의 공유 전자쌍 수는 4로 같다.

03 분자의 구조와 결합각

(가)(NH_3)는 중심 원자에 3개의 원자가 결합되어 있고, 중심 원자에 존재하는 비공유 전자쌍 수가 1이므로 분자 모양은 삼각뿔형이고, 결합각(α)은 107°이다. (나)(CH_2O)는 중심 원자에 3개의 원자가 결합되어 있고, 중심 원자에 비공유 전자쌍이 존재하지 않으므로 분자 모양은 평면 삼각형이다. (다)(CF_4)는 중심 원자에 4개의 동일한 원자가 결합되어 있고, 중심 원자에 비공유 전자쌍이 존재하지 않으므로 분자 모양은 정사면체형이고, 결합각(β)은 109.5°이다.

~~ㄱ~~. (가)의 분자 모양은 삼각뿔형이다.

ㄴ. (나)는 중심 원자 C에 O 원자 1개와 H 원자 2개가 결합된 평면 삼각형 분자로, 중심 원자에 결합된 원자들이 모두 같지 않아 분자의 쌍극자 모멘트가 0이 아니므로 극성 분자이다.

~~ㄷ~~. α는 107°, β는 109.5°로 $\beta > \alpha$이다.

04 분자의 구조와 성질

XY_2에서 중심 원자 X가 옥텟 규칙을 만족하며 X에 비공유 전자쌍이 없으므로 X의 공유 전자쌍 수는 4이다. 따라서 X와 2개의 Y 사이의 결합은 각각 2중 결합이며, (가)는 O=C=O이다.

YZ_2에서 중심 원자 Y(O)가 옥텟 규칙을 만족하며 Y의 비공유 전자쌍 수가 2이므로 Y의 공유 전자쌍 수는 2이다. 따라서 Y와 2개의 Z 사이의 결합은 각각 단일 결합이며, (나)는 F−O−F이다.

X가 C, Y가 O, Z가 F이므로 (다)는 O=C(−F)−F이다.

ㄱ. 극성 분자는 (나)(OF_2)와 (다)(COF_2) 2가지이다.

~~ㄴ~~. 분자 모양이 (가)(CO_2)는 직선형, (나)(OF_2)는 굽은 형, (다)(COF_2)는 평면 삼각형이므로 분자 모양이 직선형인 것은 (가) 1가지이다.

ㄷ. 공유 전자쌍 수는 (나)(OF_2)가 2, (다)(COF_2)가 4이므로 (다)가 (나)의 2배이다.

05 분자의 구조와 결합각

H_2O, CO_2, HCN, HOCl의 $\frac{\text{비공유 전자쌍 수}}{\text{공유 전자쌍 수}}$는 각각 $\frac{2}{2}=1$, $\frac{4}{4}=1$, $\frac{1}{4}$, $\frac{5}{2}$이다. $\frac{\text{비공유 전자쌍 수}}{\text{공유 전자쌍 수}}$가 (라)>(다)>(가)이므로 (라)는 HOCl, (가)는 HCN이고, (다)는 H_2O과 CO_2 중 하나이다. (가)(HCN)와 (나)의 중심 원자가 같으므로 (나)는 CO_2이고, (다)는 H_2O이다.

~~ㄱ~~. (다)(H_2O)의 분자 모양은 굽은 형이다.

ㄴ. $\frac{\text{비공유 전자쌍 수}}{\text{공유 전자쌍 수}}$는 (나)($CO_2$)와 (다)($H_2O$)가 1로 같다.

ㄷ. 결합각은 직선형 분자인 (가)(HCN)가 굽은 형 분자인 (라)(HOCl)보다 크다.

06 분자의 구조와 성질

CO_2는 무극성 분자이고, 3중 결합이 없으며, 분자 모양이 직선형이다. $CHCl_3$은 극성 분자이고, 3중 결합이 없으며, 분자 모양이 사면체형이다.

ㄱ. 기준 ㉠에 의해 CO_2는 '예'로, $CHCl_3$은 '아니요'로 분류되어야 하므로 ㉠은 '분자 모양이 직선형인가?'가 적절하다. ㉠은 (다)이다.

ㄴ. 기준 ㉢은 $CHCl_3$을 '예'로 분류하는 기준이어야 하므로 '극성 분자인가?'가 적절하다. ㉢이 (가)이므로 ㉡은 (나)이다.

ㄷ. 분자 모양이 직선형이며 3중 결합이 있는 HCN가 X이고, 분자 모양이 직선형이 아니며 무극성 분자인 BCl_3가 Y이다. 결합각은 직선형인 X(HCN)가 180°, 평면 삼각형인 Y(BCl_3)가 120°이므로 X가 Y보다 크다.

07 분자의 구조와 결합각

중심 원자가 모두 옥텟 규칙을 만족하므로 XH_4, YH_3, H_2Z에서 중심 원자의 비공유 전자쌍 수는 각각 0, 1, 2이다. XH_4, YH_3, H_2Z에서 $\frac{\text{공유 전자쌍 수}}{\text{공유 전자쌍 수}+\text{비공유 전자쌍 수}}$는 각각 $\frac{4}{4+0}=1$, $\frac{3}{3+1}=\frac{3}{4}$, $\frac{2}{2+2}=\frac{1}{2}$이다. 따라서 (가)는 $H_2Z(H_2O)$, (나)는 $YH_3(NH_3)$, (다)는 $XH_4(CH_4)$이다.

ㄱ. $a=\frac{3}{4}$이다.

ㄴ. (가)(H_2O)는 중심 원자에 2개의 원자가 결합되어 있고, 중심 원자에 존재하는 비공유 전자쌍 수가 2이므로 분자 모양은 굽은 형이다.

ㄷ. 결합각은 (나)(NH_3)가 107°, (다)(CH_4)가 109.5°이므로 (다)가 (나)보다 크다.

08 CO_2, H_2O, NH_3, CH_4의 분자 구조

CO_2, H_2O, NH_3, CH_4에 대하여 분자당 구성 원자 수와 전자쌍 수를 나타내면 다음과 같다.

분자	CO_2	H_2O	NH_3	CH_4
분자당 구성 원자 수	3	3	4	5
공유 전자쌍 수	4	2	3	4
비공유 전자쌍 수	4	2	1	0
공유 전자쌍 수+비공유 전자쌍 수	8	4	4	4

(나)는 공유 전자쌍 수와 비공유 전자쌍 수가 다르므로 NH_3와 CH_4 중 하나이다. 분자당 구성 원자 수는 $CH_4>NH_3>CO_2=H_2O$이고, (가)>(나)이므로 (가)는 CH_4, (나)는 NH_3이다. (공유 전자쌍 수+비공유 전자쌍 수)는 (가)=(라)이므로 (라)는 H_2O이고, (다)는 CO_2이다.

ㄱ. (라)(H_2O)의 분자 모양은 굽은 형이다.

ㄴ. 결합각은 (가)(CH_4)가 109.5°, (나)(NH_3)가 107°이므로 (가)가 (나)보다 크다.

ㄷ. 공유 전자쌍 수는 (다)(CO_2)가 4, (라)(H_2O)가 2이므로 (다)가 (라)의 2배이다.

09 분자의 구조

H_2O, NF_3, FCN의 비공유 전자쌍 수는 각각 2, 10, 4이다. (가)~(다)에서 비공유 전자쌍 수의 상댓값이 각각 1, 2, m이므로 $m=5$이고, (가)~(다)는 각각 H_2O, FCN, NF_3이다. (가)(H_2O), (나)(FCN), (다)(NF_3)에서 공유 전자쌍 수는 각각 2, 4, 3이며, $\frac{\text{비공유 전자쌍 수}}{\text{공유 전자쌍 수}}$는 각각 $\frac{2}{2}=1$, $\frac{4}{4}=1$, $\frac{10}{3}$이다.

ㄱ. (가)(H_2O), (나)(FCN), (다)(NF_3)의 비공유 전자쌍 수가 각각 2, 4, 10이며, 상댓값이 각각 1, 2, m이므로 $m=5$이다. (가)(H_2O), (나)(FCN), (다)(NF_3)의 $\frac{\text{비공유 전자쌍 수}}{\text{공유 전자쌍 수}}$가 각각 1, 1, $\frac{10}{3}$이며, 상댓값이 각각 3, n, 10이므로 $n=3$이다. 따라서 $m+n=8$이다.

ㄴ. (가)(H_2O)의 분자 모양은 굽은 형이다.

ㄷ. (가)~(다) 중 공유 전자쌍 수는 (나)(FCN)가 가장 크다.

10 원자가 전자 수와 분자의 구조

공유 전자쌍 수와 비공유 전자쌍 수가 각각 n인 분자 (가)(H_aX)에서 X가 옥텟 규칙을 만족하므로 $n+n=4$에서 $n=2$이다. (가)는 H_2O이며, X는 산소(O)이다. X~Z의 원자가 전자 수가 각각 $m+1$, m, $m+2$이므로 Y → X → Z일 때 원자 번호가 1씩 증가한다. X가 산소(O)이므로 Y는 질소(N), Z는 플루오린(F)이다.

ㄱ. Y(N)의 원자가 전자 수 $m=5$이다. $m=5$, $n=2$이므로 $\frac{m}{n}=\frac{5}{2}$이다.

ㄴ. (나)(NH_3)와 (다)(HF)의 공유 전자쌍 수는 각각 3, 1이고, 비공유 전자쌍 수는 각각 1, 3이다. 따라서 ㉠이 비공유 전자쌍 수, ㉡이 공유 전자쌍 수이다.

ㄷ. (나)(NH_3)는 중심 원자에 3개의 원자가 결합되어 있고, 중심 원자에 존재하는 비공유 전자쌍 수가 1이므로 분자 모양은 삼각뿔형이다.

11 분자의 구조와 결합각

H_2O, NH_3, CO_2, BCl_3에서 중심 원자에 결합한 원자 수(m)는 각각 2, 3, 2, 3이고, 중심 원자의 비공유 전자쌍 수(n)는 각각 2, 1, 0, 0이다. 따라서 $\frac{m+n}{m}$은 H_2O, NH_3, CO_2, BCl_3에서 각각 2, $\frac{4}{3}$, 1, 1이다.

ⓞ. (가)에서 $\frac{m+n}{m}$이 가장 큰 ㉠은 H_2O, 두 번째로 큰 ㉢은 NH_3, 가장 작은 ㉡은 CO_2 또는 BCl_3이며, (나)에서 결합각이 ㉣ > ㉡이므로 ㉡은 BCl_3(120°), ㉣은 CO_2(180°)이다.

ⓛ. 중심 원자에 결합한 원자 수(m)는 ㉡(BCl_3)과 ㉢(NH_3)이 3으로 같다.

ⓧ. 2주기 원소의 수소 화합물에서 중심 원자에 4개의 전자쌍이 있는 경우, 비공유 전자쌍 수가 클수록 결합각이 작다. 결합각은 ㉠(H_2O)이 104.5°, ㉢(NH_3)이 107°로 ㉢이 ㉠보다 크다.

12 2주기 수소 화합물의 분자 구조

(가)~(다)로 가능한 화합물은 CH_4, NH_3, H_2O, HF이다. (다)에서 H 원자 수가 $a+1$이므로 a는 3 이하이며, (나)에서 비공유 전자쌍 수가 $a-2$이므로 a는 2 이상이다. $a=3$이라면 H 원자 수가 3인 (가)도 NH_3이고, 비공유 전자쌍 수가 1인 (나)도 NH_3이므로 가능하지 않다. 따라서 $a=2$이고, H 원자 수가 2인 (가)는 H_2O, 비공유 전자쌍 수가 0인 (나)는 CH_4, H 원자 수가 3인 (다)는 NH_3이다.

ⓧ. $a=2$이다.

ⓧ. (가)(H_2O)는 중심 원자에 2개의 원자가 결합되어 있고, 중심 원자에 존재하는 비공유 전자쌍 수가 2이므로 분자 모양은 굽은 형이다.

ⓒ. (나)(CH_4)는 분자 모양이 정사면체형인 무극성 분자이다.

수능 3점 테스트 본문 136~141쪽

01 ②	02 ①	03 ②	04 ②	05 ①	06 ③
07 ④	08 ②	09 ⑤	10 ③	11 ③	12 ②

01 전자쌍 반발 이론과 분자의 구조

풍선의 배열 모양을 통해 중심 원자 주위의 전자쌍 배열과 분자 구조를 예측할 수 있다. 같은 크기의 풍선 4개는 정사면체형 모양으로, 3개는 평면 삼각형 모양으로, 2개는 직선형 모양으로 배열된다.

ⓧ. 같은 크기의 풍선 4개가 정사면체형 모양으로 배열되므로 $n=4$이다.

ⓧ. 같은 크기의 풍선 2개가 직선형으로 배열된 모양을 통해 $BeCl_2$과 같이 중심 원자의 전자쌍 수가 2인 직선형 분자의 구조를 예측할 수 있다. H_2O은 중심 원자에 공유 전자쌍 2개와 비공유 전자쌍 2개, 총 4개의 전자쌍이 존재하는 굽은 형 분자이다.

ⓒ. 풍선들이 가능한 한 서로 멀리 떨어져 있는 배열이 반발을 최소화한다. 전자쌍의 경우도 반발을 최소화하기 위해 가능한 한 서로 멀리 떨어져 배열되는데, 이를 전자쌍 반발 이론이라고 한다.

02 분자의 구조와 성질

주기율표에 표시된 원소는 수소(H), 탄소(C), 산소(O), 플루오린(F)이다. 분자에 비공유 전자쌍이 없는 (다)(YZ_4)는 CH_4이므로 Y는 C, Z는 H이다. (나)(YW_2)에서 2개의 W와 결합한 중심 원자 Y(C)가 옥텟 규칙을 만족하므로 Y와 W 사이의 결합은 2중 결합이며, (나)(YW_2)는 CO_2이고, W는 O이다. 따라서 X는 F이고, (가)(WX_2)는 OF_2이다.

ⓞ. OF_2에서 비공유 전자쌍은 O에 2개, 2개의 F에 각각 3개씩 있으므로 (가)의 비공유 전자쌍 수 $a=8$이다. CO_2에서 비공유 전자쌍은 2개의 O에 각각 2개씩 있으므로 (나)의 비공유 전자쌍 수 $b=4$이다. 따라서 $a=2b$이다.

ⓧ. (나)(CO_2)의 분자 모양은 직선형이다.

ⓧ. 전기 음성도가 X(F) > W(O) > Y(C)이므로 (가)(WX_2(OF_2))에서 W(O)는 부분적인 양전하(δ^+)를 띠고, (나)(YW_2(CO_2))에서 W(O)는 부분적인 음전하(δ^-)를 띤다.

03 루이스 전자점식과 분자의 구조

원자가 전자 수가 6인 X는 산소(O), 5인 Y는 질소(N), 4인 Z는 탄소(C)이다. X~Z가 옥텟 규칙을 만족하는 분자 H_mX, YH_n, ZH_mX는 각각 H_2O, NH_3, CH_2O이며, $\frac{\text{비공유 전자쌍 수}}{\text{공유 전자쌍 수}}$는 H_2O이 $\frac{2}{2}=1$, NH_3가 $\frac{1}{3}$, CH_2O가 $\frac{2}{4}=\frac{1}{2}$이다. H_2O, NH_3, CH_2O를 기준에 따라 분류하면 다음과 같다.

기준	예	아니요
2중 결합이 있는가?	CH_2O	NH_3, H_2O
$\frac{\text{비공유 전자쌍 수}}{\text{공유 전자쌍 수}}<1$인가?	CH_2O, NH_3	H_2O

㉠은 CH_2O, ㉡은 NH_3, ㉢은 H_2O이다.

ⓧ. H_2O과 NH_3의 결합각은 각각 104.5°와 107°이므로 결합각은 H_mX(H_2O)가 YH_n(NH_3)보다 작다.

ⓛ. ㉢(H_2O)은 중심 원자에 2개의 원자가 결합되어 있고, 중심 원자에 존재하는 비공유 전자쌍 수가 2이므로 분자 모양은 굽은 형이다.

ⓧ. CH_2O에서 중심 원자 C의 비공유 전자쌍 수는 0이고, NH_3에서 중심 원자 N의 비공유 전자쌍 수는 1이다. 따라서 중심 원자의 비공유 전자쌍 수는 ㉠(CH_2O)이 ㉡(NH_3)보다 작다.

04 화학 결합 모형과 분자의 구조

(가)는 Cl_2, (나)는 H_2O, (다)는 HCl, (라)는 HOCl이다.

ⓧ. 무극성 공유 결합이 있는 분자는 Cl_2 1가지이다.

ⓛ. H_2O, HCl, HOCl은 극성 분자이고, Cl_2는 무극성 분자이므로 극성 분자는 3가지이다.

ⓧ. (라)(HOCl)는 중심 원자 O에 H와 Cl가 각각 1개씩 결합된 분자로, 중심 원자에 2개의 원자가 결합되어 있고, 중심 원자에 존재하는 비공유 전자쌍 수가 2이므로 분자 모양은 굽은 형이다.

05 루이스 전자점식과 분자의 구조

두 원자 사이에 전자쌍 1개를 공유하면 전자 2개가 증가하는 것과 같은 효과를 가지므로, x개의 H와 y개의 2주기 원자가 18족 원소의 전자 배치를 갖는 데 필요한 전자 수와 가지고 있는 전자 수의 차이인 $(2x+8y-z)$를 2로 나눈 값이 공유 전자쌍 수가 된다. 따라서 공유 전자쌍 수는 $\frac{2x+8y-z}{2}=x+4y-\frac{z}{2}$이다.

ⓞ. H, C, N의 원자가 전자 수가 각각 1, 4, 5이므로 HCN 분자를 구성하는 모든 원자들의 원자가 전자 수의 합은 10이다. 따라서 ㉠은 10이다.

ⓧ. HCN에서 C와 N 사이의 결합은 3중 결합이므로 ㉡은 3중 결합이다.

ⓧ. HCN는 중심 원자 C에 2개의 원자가 결합되어 있고, 중심 원자에 비공유 전자쌍이 존재하지 않으므로 분자 모양은 직선형이다. 따라서 ㉢은 직선형이다.

06 결합각과 분자의 극성

빗금 친 부분은 (가)~(다)에 공통으로 포함된 Y를 나타내므로 (나)는 Z 1개와 Y 4개로 이루어진 분자로 CF_4이다. 따라서 Z는 C, Y는 F이고, X는 N이다. (가)는 X(N) 1개와 Y(F) 3개로 이루어진 분자로 NF_3이다. 구성 원자 수 비가 1 : 1 : 1인 (다)는 C, N, F 각 1개씩으로 구성된 삼원자 분자로 FCN이다.

ⓧ. (가)(NF_3)와 (다)(FCN)는 극성 분자이고, (나)(CF_4)는 무극성 분자이다.

ⓧ. (가)(NF_3)의 중심 원자는 N이고, (다)(FCN)의 중심 원자는 C이므로 (가)와 (다)는 중심 원자가 같지 않다.

ⓒ. 결합각은 정사면체형인 (나)(CF_4)가 109.5°, 직선형인 (다)(FCN)가 180°이므로 (다)가 (나)보다 크다.

07 분자의 극성

CH_2O, H_2O, HCN, CO_2, CH_3Cl, CCl_4에 대하여 중심 원자의 비공유 전자쌍 유무와 분자의 극성을 나타내면 다음과 같다.

분자	중심 원자의 비공유 전자쌍 유무	분자의 극성
CH_2O	없음	극성 분자
H_2O	있음	극성 분자
HCN	없음	극성 분자
CO_2	없음	무극성 분자
CH_3Cl	없음	극성 분자
CCl_4	없음	무극성 분자

㉠은 중심 원자에 비공유 전자쌍이 없는 무극성 분자이어야 하므로 가능한 것은 CO_2, CCl_4이고, ㉡은 중심 원자에 비공유 전자쌍이 없는 극성 분자이어야 하므로 가능한 것은 CH_2O, HCN, CH_3Cl이다. ㉠과 ㉡이 모두 적절하게 짝 지어진 것은 ㉠에 CO_2, ㉡에 HCN인 ④이다.

08 분자의 구조와 성질

(가)는 중심 원자 X에 2개의 W가 결합하여 이루어진 결합각 180°의 직선형 분자로, 중심 원자에 비공유 전자쌍은 없고 2개의 동일한 원자가 각각 2중 결합하여 형성된 분자 CO_2이며, X는 C, W는 O이다. (다)는 X, Y, Z 1개씩으로 이루어진 결합각 180°의 직선형 분자로, 중심 원자에 비공유 전자쌍이 없으며 중심 원자가 옥텟 규칙을 만족하므로 공유 전자쌍 수는 4이고 $\frac{\text{공유 전자쌍 수}}{\text{비공유 전자쌍 수}}=4$에서 분자 내 비공유 전자쌍 수는 1이다.

따라서 (다)는 중심 원자 C에 H가 단일 결합, N가 3중 결합을 이루고 있으며, N에 비공유 전자쌍이 1개 있는 H−C≡N**:**이다. Y와 Z는 각각 H와 N 중 하나이므로 중심 원자 Z에 Y가 결합하여 이루어진 분자 (라)는 NH_3이며, Z는 N, Y는 H이다. 구성 원소가 W(O)와 Y(H)인 분자 (나)는 H_2O이다.

ⓧ. (나)(H_2O)의 구성 원자 수 $m=3$이고, (라)(NH_3)의 구성 원자 수 $n=4$이므로 $n>m$이다.

ⓛ. (가)~(라) 중 극성 분자는 (나)(H_2O), (다)(HCN), (라)(NH_3) 3가지이다.

ⓧ. X(C), Y(H), Z(N)로 이루어진 분자 (다)(HCN)에서 중심 원자는 X(C)이다.

09 전자쌍 수와 분자의 구조

NH_3, HCN, CH_2F_2은 공유 전자쌍 수가 각각 3, 4, 4이고, 비공유 전자쌍 수가 각각 1, 1, 6이므로 $\frac{\text{공유 전자쌍 수}}{\text{비공유 전자쌍 수}}$는 각각

3, 4, $\frac{4}{6}\left(=\frac{2}{3}\right)$이고, |공유 전자쌍 수−비공유 전자쌍 수|는 각각 2, 3, 2이다. 따라서 ㉠은 $\frac{\text{공유 전자쌍 수}}{\text{비공유 전자쌍 수}}$, ㉡은 |공유 전자쌍 수−비공유 전자쌍 수|이고, (가)는 NH_3, (나)는 CH_2F_2, (다)는 HCN이다.

ㄱ. ㉠은 $\frac{\text{공유 전자쌍 수}}{\text{비공유 전자쌍 수}}$이다.

ㄴ. (가)(NH_3)와 (나)(CH_2F_2)는 |공유 전자쌍 수−비공유 전자쌍 수|가 2로 같다. 따라서 $a=2$이다.

ㄷ. (다)(H−C≡N)는 중심 원자 C에 2개의 원자가 결합되어 있고, 중심 원자에 비공유 전자쌍이 존재하지 않으므로 분자 모양은 직선형이다.

10 분자의 구조와 성질

(나)에서 4개의 원자가 결합되어 있는 X는 탄소(C)이고, 3개의 원자가 결합되어 있는 Z는 수소(H)일 수 없으므로 질소(N)이며, Y는 수소(H)이다. 비공유 전자쌍을 표시하여 (나)의 구조식을 나타내면

```
      H   H
      |   |
  H − C − N − H
      |   ‥
      H
```

이다.

ㄱ. (가)는 중심 원자 X(C)에 Y(H) 1개와 Z(N) 1개가 결합되어 있는 분자로, X(C)와 Y(H) 사이의 결합은 단일 결합이고, X(C)와 Z(N) 사이의 결합은 3중 결합이다. 비공유 전자쌍을 표시하여 (가)의 구조식을 나타내면 H−C≡N:이며, (가)에는 다중 결합이 있다.

✗ㄴ. 무극성 공유 결합은 같은 원소의 원자 사이의 공유 결합이다. (나)에는 무극성 공유 결합이 없다.

ㄷ. (가)는 중심 원자 X에 2개의 원자가 결합되어 있고, 중심 원자에 비공유 전자쌍이 존재하지 않으므로 분자 모양은 직선형이다. 결합각(∠YXZ)은 직선형의 (가)에서는 180°이고, X에 3개의 Y와 1개의 Z가 사면체형으로 배치된 (나)에서는 약 109.5°이므로 $\alpha>\beta$이다.

11 분자의 구조와 성질

(가)는 중심 원자 X에 2개의 H 원자가 단일 결합되어 있는 분자이므로 X가 옥텟 규칙을 만족하기 위해서는 X의 비공유 전자쌍 수 $m=2$이다. (나)에서 중심 원자에 존재하는 비공유 전자쌍 수가 $(n-4)$이므로 n은 4 이상의 자연수인데, YCl_n에서 Y가 옥텟 규칙을 만족하므로 $n=4$이다. 따라서 (가)는 H_2O이고, (나)는 CCl_4이다.

ㄱ. $m=2$, $n=4$이므로 $n=2m$이다.

✗ㄴ. H_2X(H_2O)는 중심 원자에 2개의 원자가 결합되어 있고, 중심 원자에 존재하는 비공유 전자쌍 수가 2이므로 (가)의 분자 모양은 굽은 형이다.

ㄷ. YCl_n(CCl_4)은 중심 원자에 4개의 동일한 원자가 결합되어 있고, 중심 원자에 비공유 전자쌍이 존재하지 않으므로 분자 모양이 정사면체형이다. 따라서 (나)는 무극성 분자이다.

12 루이스 전자점식과 분자의 구조

CH_4, H_2O, BCl_3의 $\frac{\text{비공유 전자쌍 수}}{\text{공유 전자쌍 수}}$는 각각 $\frac{0}{4}=0$, $\frac{2}{2}=1$, $\frac{9}{3}=3$이므로 ㉠은 H_2O, ㉡은 CH_4, ㉢은 BCl_3이다.

✗ㄱ. ㉠(H_2O)은 극성 분자이고 ㉡(CH_4)은 무극성 분자이므로 분자의 쌍극자 모멘트는 ㉠과 ㉡이 같지 않다.

ㄴ. ㉢(BCl_3)은 평면 삼각형 분자로, 분자를 구성하는 원자가 모두 동일 평면에 존재한다.

✗ㄷ. NH_3의 결합각 107°는 ㉠(H_2O)의 결합각 104.5°보다는 크고, ㉡(CH_4)의 결합각 109.5°보다는 작다. NH_3는 공유 전자쌍 수가 3, 비공유 전자쌍 수가 1이므로 $\frac{\text{비공유 전자쌍 수}}{\text{공유 전자쌍 수}}$는 $\frac{1}{3}$이다. NH_3의 결합각과 $\frac{\text{비공유 전자쌍 수}}{\text{공유 전자쌍 수}}$를 (나)에 나타내면 아래 그림의 빗금 친 영역에 포함된다.

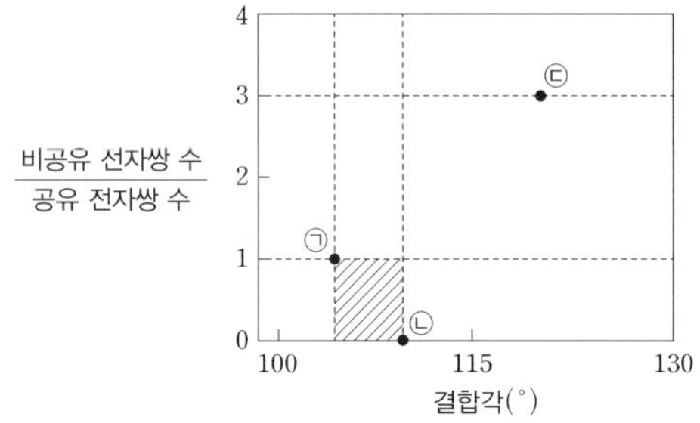

10 동적 평형

수능 2점 테스트 본문 150~152쪽

01 ③	02 ④	03 ③	04 ③	05 ①	06 ①
07 ⑤	08 ③	09 ①	10 ⑤	11 ②	12 ②

01 가역 반응

가역 반응은 반응 조건에 따라 정반응과 역반응이 모두 일어날 수 있는 반응으로, 화학 반응식에서 ⇌로 나타낸다.

㉠. (가)와 (나)는 정반응과 역반응이 모두 일어날 수 있는 가역 반응이다.

ㄴ. (가)는 이산화 탄소의 상변화이다. 정반응은 고체에서 기체로의 승화이고, 역반응은 기체에서 고체로의 승화이다.

㉢. 석회암의 주성분인 탄산 칼슘이 지하수, 이산화 탄소와 함께 반응하여 물에 잘 녹는 탄산수소 칼슘이 생성되면서 석회 동굴이 만들어진다. 따라서 석회 동굴의 생성 반응은 (나)에서의 정반응으로 나타낼 수 있다.

02 용해 평형

용해 평형은 용질이 용해되는 속도와 석출되는 속도가 같아서 겉보기에 용해나 석출이 일어나지 않는 것처럼 보이는 동적 평형 상태이다.

ㄱ. 동적 평형 상태에 도달한 이후에 겉으로 보기에는 반응이 일어나지 않는 것처럼 보이지만 실제로는 용해와 석출이 같은 속도로 일어나고 있다. 따라서 t_2일 때 설탕의 용해 속도는 0이 아니다.

㉡. 용해 평형 상태에서는 설탕의 용해 속도와 석출 속도가 같다. 따라서 t_2와 t_3일 때 $\frac{\text{설탕의 용해 속도}}{\text{설탕의 석출 속도}}=a=1$이다.

㉢. 녹지 않고 남아 있는 고체 설탕의 질량은 용해 평형 상태에 도달할 때까지는 감소하며, 용해 평형 상태에서는 일정하게 유지된다. 따라서 용해 평형 상태에 도달하기 전인 t_1일 때가 용해 평형 상태인 t_2일 때보다 고체 설탕의 질량(상댓값)이 크므로 $b>c$이다.

03 $H_2O(l)$과 $H_2O(g)$의 동적 평형

t일 때는 동적 평형 상태에 도달하기 전이고, $2t$일 때와 $3t$일 때는 동적 평형 상태이다.

ㄱ. 동적 평형 상태에 도달한 $2t$일 때가 동적 평형 상태에 도달하기 전인 t일 때보다 ㉠의 양(mol)이 많으므로 ㉠은 $H_2O(g)$이다.

ㄴ. t일 때 $H_2O(g)$의 응축 속도는 $H_2O(l)$의 증발 속도 a보다 작고, $2t$일 때 $H_2O(g)$의 응축 속도는 $H_2O(l)$의 증발 속도 a와 같다. 따라서 $H_2O(g)$의 응축 속도는 $2t$일 때가 t일 때보다 크다.

㉢. $3t$일 때 $H_2O(l)$과 $H_2O(g)$는 동적 평형 상태이므로 $H_2O(l)$의 증발 속도와 $H_2O(g)$의 응축 속도는 같다.

04 아이오딘(I_2)의 상평형

밀폐된 진공 용기에 $I_2(s)$을 넣은 경우 동적 평형 상태에 도달하기 전에는 $I_2(s)$이 $I_2(g)$으로 승화되는 속도가 $I_2(g)$이 $I_2(s)$으로 승화되는 속도보다 크고, 동적 평형 상태에서는 $I_2(s)$이 $I_2(g)$으로 승화되는 속도와 $I_2(g)$이 $I_2(s)$으로 승화되는 속도가 같다.

㉠. 동적 평형 상태에 도달하기 전인 t_1일 때가 동적 평형 상태에 도달한 t_2일 때보다 $\frac{㉡}{㉠}$이 크므로 ㉡은 $I_2(s)$이 $I_2(g)$으로 승화되는 속도이고, ㉠은 $I_2(g)$이 $I_2(s)$으로 승화되는 속도이다.

㉡. 동적 평형 상태에서는 $I_2(s)$이 $I_2(g)$으로 승화되는 속도와 $I_2(g)$이 $I_2(s)$으로 승화되는 속도가 같으므로 $a=1$이다.

ㄷ. $0<t_1$이므로 t_1일 때 $I_2(g)$의 양(mol)은 0보다 크다. 따라서 t_1일 때 $I_2(g)$이 $I_2(s)$으로 승화되는 반응은 일어난다.

05 이산화 탄소(CO_2)의 상평형

t_1일 때는 동적 평형 상태에 도달하기 전이고, t_2일 때와 t_3일 때는 동적 평형 상태이다.

㉠. 밀폐된 진공 용기에 $CO_2(s)$를 넣은 경우 $CO_2(s)$의 양(mol)은 동적 평형 상태에서가 동적 평형 상태에 도달하기 전보다 적고, $CO_2(g)$의 양(mol)은 동적 평형 상태에서가 동적 평형 상태에 도달하기 전보다 많다. 따라서 $\frac{CO_2(s)\text{의 양(mol)}}{CO_2(g)\text{의 양(mol)}}$은 t_1일 때가 t_2일 때보다 크므로 $a>b$이다.

ㄴ. 동적 평형 상태에 도달하기 전에는 $CO_2(g)$가 $CO_2(s)$로 승화되는 속도가 $CO_2(s)$가 $CO_2(g)$로 승화되는 속도보다 작다. 따라서 t_1일 때 $\frac{CO_2(g)\text{가 }CO_2(s)\text{로 승화되는 속도}}{CO_2(s)\text{가 }CO_2(g)\text{로 승화되는 속도}}<1$이다.

ㄷ. 동적 평형 상태에 도달하면 정반응과 역반응이 같은 속도로 일어나서 $CO_2(s)$의 양(mol)과 $CO_2(g)$의 양(mol)이 각각 변하지 않고 일정하게 유지된다. 따라서 용기 내 $CO_2(g)$의 양(mol)은 t_3일 때와 t_2일 때가 같다.

06 물(H_2O)의 상평형

밀폐 진공 용기에 $H_2O(l)$을 넣은 경우 동적 평형 상태에 도달하기 전에는 $H_2O(g)$의 응축 속도가 $H_2O(l)$의 증발 속도보다 작고, 동적 평형 상태에서는 $H_2O(g)$의 응축 속도가 $H_2O(l)$의 증발 속도와 같다.

㉠. 동적 평형 상태에 도달하기 전인 t_1일 때는 $\frac{H_2O(l)\text{의 증발 속도}}{H_2O(g)\text{의 응축 속도}}$

가 1보다 크고, 동적 평형 상태인 t_2일 때는 $\frac{H_2O(l)\text{의 증발 속도}}{H_2O(g)\text{의 응축 속도}}$가 1이다. 따라서 $\frac{H_2O(l)\text{의 증발 속도}}{H_2O(g)\text{의 응축 속도}}$는 t_1일 때가 t_2일 때보다 크다.

ㄴ. 동적 평형 상태에서 겉으로 보기에 반응이 일어나지 않는 것처럼 보이지만 실제로는 정반응과 역반응이 같은 속도로 일어난다. 동적 평형 상태인 t_3일 때 $H_2O(l)$이 $H_2O(g)$로 되는 반응과 $H_2O(g)$가 $H_2O(l)$로 되는 반응은 같은 속도로 모두 일어나고 있다.

ㄷ. t_2일 때 $H_2O(l)$의 양을 k mol이라고 하면 $k+x=a$이고, $k<b$이다. 따라서 $a<b+x$이다.

07 0.1 M NaOH(aq)의 pH

0.1 M NaOH(aq)에서 $[Na^+]=[OH^-]=0.1$ M이다.

ㄱ. $[OH^-]=0.1$ M이고, 용액의 부피가 0.1 L이므로 OH^-의 양은 $0.1\ \text{mol/L}\times0.1\ \text{L}=0.01$ mol이다.

ㄴ. 25℃에서 $K_w=[H_3O^+][OH^-]=[H_3O^+]\times0.1=1\times10^{-14}$이므로 $[H_3O^+]=1\times10^{-13}$ M이다.

$[Na^+]=0.1$ M, $[H_3O^+]=1\times10^{-13}$ M이므로 $\frac{[Na^+]}{[H_3O^+]}=1\times10^{12}$이다.

ㄷ. $pH=-\log[H_3O^+]=-\log(1\times10^{-13})=13.0$이다.

08 pH와 pOH

$H_2O(l)$은 pH=pOH이고, a M HCl(aq)은 $0<pH<pOH$이고, b M NaOH(aq)은 $0<pOH<pH$이다.

Ⓐ. 산성 수용액이나 염기성 수용액은 pH와 pOH가 같지 않으므로 $|pH-pOH|$가 0보다 크고, $H_2O(l)$은 pH와 pOH가 같으므로 $|pH-pOH|$가 0이다. 따라서 $|pH-pOH|$는 $H_2O(l)$이 가장 작다.

Ⓑ. $\frac{pOH}{pH}$가 $H_2O(l)$은 1이고, a M HCl(aq)은 1보다 크고, b M NaOH(aq)은 1보다 작다. 따라서 $\frac{pOH}{pH}$는 a M HCl(aq)이 가장 크다.

Ⓒ. a M HCl(aq)의 pH는 $-\log a$이고, b M NaOH(aq)의 pH는 $14.0-pOH=14.0-(-\log b)=14.0+\log b$이다. a M HCl(aq)의 pH와 b M NaOH(aq)의 pH를 합한 값은 $14.0+\log b-\log a$이며, $a>b$에서 $\log a>\log b$이므로 이 값은 14.0보다 작다.

09 HCl(aq)과 NaOH(aq)의 pH

25℃에서 HCl(aq)은 pH<7.0이고, NaOH(aq)은 pH>7.0이므로 pH는 NaOH(aq)이 HCl(aq)보다 크다.

ㄱ. (가)와 (나)의 pH가 각각 x와 $x-7.0$이므로 pH가 큰 (가)가 NaOH(aq)이다.

ㄴ. NaOH(aq)인 (가)에서 $x=14.0-pOH=14.0+\log a$이고, HCl(aq)인 (나)에서 $x-7.0=-\log(10a)$, $x=6.0-\log a$이다. 두 식을 연립하면 $\log a=-4.0$이고, $x=10.0$이다.

ㄷ. $a=1\times10^{-4}$이므로 $[OH^-]$는 (가)에서 1×10^{-4} M, (나)에서 1×10^{-11} M이다. OH^-의 양(mol)은 $[OH^-]$와 용액의 부피에 각각 비례하므로 OH^-의 몰비는 (가) : (나)$=1\times10^{-4}\times V : 1\times10^{-11}\times\frac{V}{100}=1\times10^{9} : 1$이다. 따라서 $\frac{\text{(가)에서 }OH^-\text{의 양(mol)}}{\text{(나)에서 }OH^-\text{의 양(mol)}}=1\times10^{9}$이다.

10 물과 수용액의 $\frac{pOH}{pH}$

pH=pOH인 (가)는 $H_2O(l)$이고, pH<pOH인 (나)는 HCl(aq)이고, pH>pOH인 (다)는 NaOH(aq)이다.

ㄱ. (나)에서 $\frac{pOH}{pH}=\frac{5}{2}$, pH+pOH=14.0을 연립하면 pH=4.0이다.

ㄴ. (다)에서 $\frac{pOH}{pH}=\frac{1}{6}$, pH+pOH=14.0을 연립하면 pH=12.0이고, pOH=2.0이다. 같은 용액에 들어 있는 물질의 몰비는 몰 농도비와 같으므로 $\frac{OH^-\text{의 양(mol)}}{H_3O^+\text{의 양(mol)}}=\frac{[OH^-]}{[H_3O^+]}=\frac{1\times10^{-2}}{1\times10^{-12}}=1\times10^{10}$이다.

ㄷ. 1×10^{-2} M NaOH(aq)인 (다)에 $H_2O(l)$을 넣어 희석하면 $[OH^-]<1\times10^{-2}$ M이다. 따라서 pOH>2.0이고, pH<12.0이다.

11 수용액의 pH와 pOH

(가)에서 $\frac{pOH}{pH}=3$, pH+pOH=14.0을 연립하면 pH=3.5이고 pOH=10.5이다. pOH의 비는 (가) : (나)=7 : 1이므로 (나)의 $pOH=10.5\times\frac{1}{7}=1.5$이다. $[H_3O^+]$는 (다)가 (나)의 1000배이므로 pH는 (다)가 (나)보다 3.0만큼 작다.

ㄱ. (나)의 pH는 12.5이고, pH는 (다)가 (나)보다 3.0만큼 작으므로 (다)의 pH는 9.5이다. pH가 7.0보다 큰 (다)의 액성은 염기성이다.

ㄴ. $\frac{pOH}{pH}$는 (가)에서 3이고, (나)에서 $\frac{1.5}{12.5}=\frac{3}{25}$이므로 (가)가 (나)의 25배이다.

ㄷ. $|pH-pOH|$는 (가)에서 $|3.5-10.5|=7.0$이고, (다)에서 $|9.5-4.5|=5.0$이므로 (가)가 (다)보다 2.0만큼 크다.

12 pH와 수용액의 희석

산성 수용액이 염기성 수용액보다 pH가 작으므로 pH가 x인 (가)는 HCl(aq)이고, pH가 $3x$인 (나)는 NaOH(aq)이다. (가)(HCl(aq))의 몰 농도를 c라고 하면 (나)(NaOH(aq))의 몰 농도는 $100c$이며, (가)에서 $x=-\log c$, (나)에서 $3x=14.0-\text{pOH}=14.0+\log(100c)=16.0+\log c$가 성립하여 두 식을 연립하면 $3x=16.0-x$에서 $x=4.0$이다.

~~ㄱ~~. $x=-\log c$, $x=4.0$이므로 $c=1\times10^{-4}$ M이다. (가)의 몰 농도는 1×10^{-4} M이다.

㉡. (가)는 pH=4.0, pOH=10.0이고, (나)는 pH=12.0, pOH=2.0이다. (가)의 $\dfrac{\text{pOH}}{\text{pH}}=\dfrac{10.0}{4.0}=2.5$이고, (나)의 $\dfrac{\text{pH}}{\text{pOH}}=\dfrac{12.0}{2.0}=6$이므로 (나)의 $\dfrac{\text{pH}}{\text{pOH}}$는 (가)의 $\dfrac{\text{pOH}}{\text{pH}}$보다 크다.

~~ㄷ~~. 0.01 M NaOH(aq) 10 mL인 (나)에 물을 추가하여 100 mL로 만들면 $[\text{OH}^-]$가 1×10^{-3} M로 $\dfrac{1}{10}$배가 되므로 pOH는 1.0 증가한다. pOH가 1.0 증가할 때 pH는 1.0 감소하므로 묽힌 수용액의 pH는 $(3x-1.0)$이다.

수능 3점 테스트

본문 153~158쪽

01 ⑤	02 ④	03 ①	04 ⑤	05 ②	06 ②
07 ②	08 ④	09 ②	10 ③	11 ⑤	12 ①

01 설탕의 용해 평형

용기 속에 녹지 않고 남아 있는 고체 설탕의 질량은 용해 평형 상태에 도달할 때까지는 감소하며, 용해 평형 상태에서는 일정하게 유지된다. 용해 평형 상태에서는 설탕의 용해 속도와 석출 속도가 같다.

㉠. 용해 평형 상태에서 녹지 않고 남아 있는 고체 설탕의 질량은 처음 넣어 준 고체 설탕의 질량보다 작으며, 용기 ㉠에서 t_2일 때와 t_3일 때는 모두 용해 평형 상태이다. 따라서 $a>b=1$이다.

㉡. 용기 ㉡에서 t_1일 때는 용해 평형 상태에 도달하기 전이고, t_3일 때는 용해 평형 상태이므로 $c>d$이다.

㉢. t_3일 때 용기 ㉠과 ㉡은 모두 용해 평형 상태이므로 $\dfrac{\text{설탕의 용해 속도}}{\text{설탕의 석출 속도}}=1$로 같다.

02 물(H_2O)의 상평형

밀폐된 진공 용기에 $H_2O(l)$을 넣은 경우 동적 평형 상태에 도달할 때까지는 용기 내 $H_2O(l)$의 양(mol)은 감소하고, $H_2O(g)$의 양(mol)은 증가하며, 동적 평형 상태에 도달한 이후에는 $H_2O(l)$의 양(mol)과 $H_2O(g)$의 양(mol)이 각각 일정하게 유지된다.

~~ㄱ~~. $\dfrac{H_2O(g)\text{의 양(mol)}}{H_2O(l)\text{의 양(mol)}}$은 t_2일 때가 t_1일 때보다 크고, t_2 이후에는 그 값이 일정하게 유지된다. $\dfrac{H_2O(l)\text{의 증발 속도}}{H_2O(g)\text{의 응축 속도}}$는 t_1일 때 1보다 크고, t_2 이후에는 1로 일정하게 유지된다. 따라서 ㉠은 $\dfrac{H_2O(g)\text{의 양(mol)}}{H_2O(l)\text{의 양(mol)}}$이고, ㉡은 $\dfrac{H_2O(l)\text{의 증발 속도}}{H_2O(g)\text{의 응축 속도}}$이다.

㉡. 동적 평형 상태에 도달할 때까지는 $H_2O(l)$의 양(mol)은 감소하고, $H_2O(g)$의 양(mol)은 증가하므로 용기 내 $H_2O(l)$의 양(mol)은 t_1일 때가 t_2일 때보다 많다.

㉢. 동적 평형 상태에 도달한 이후에는 $H_2O(l)$의 양(mol)과 $H_2O(g)$의 양(mol)이 각각 일정하게 유지되므로 $\dfrac{t_3\text{일 때 }H_2O(g)\text{의 양(mol)}}{t_2\text{일 때 }H_2O(g)\text{의 양(mol)}}=1$이다.

03 아이오딘(I_2)의 상평형

밀폐된 진공 용기에 $I_2(s)$을 넣은 경우 동적 평형 상태에 도달하기 전에는 $I_2(s)$이 $I_2(g)$으로 승화되는 속도가 $I_2(g)$이 $I_2(s)$으로 승화되는 속도보다 크고, 동적 평형 상태에서는 $I_2(s)$이 $I_2(g)$으로 승화되는 속도와 $I_2(g)$이 $I_2(s)$으로 승화되는 속도가 같다.

㉠. I_2의 상변화($I_2(s) \rightleftarrows I_2(g)$)는 정반응과 역반응이 모두 일어날 수 있는 가역 반응이다.

~~ㄴ~~. 동적 평형 상태에 도달하기 전인 t_1일 때는 $\dfrac{I_2(g)\text{이 }I_2(s)\text{으로 승화되는 속도}}{I_2(s)\text{이 }I_2(g)\text{으로 승화되는 속도}}$가 1보다 작고, 동적 평형 상태인 t_2일 때는 $\dfrac{I_2(g)\text{이 }I_2(s)\text{으로 승화되는 속도}}{I_2(s)\text{이 }I_2(g)\text{으로 승화되는 속도}}$가 1이다. 따라서 $\dfrac{I_2(g)\text{이 }I_2(s)\text{으로 승화되는 속도}}{I_2(s)\text{이 }I_2(g)\text{으로 승화되는 속도}}$는 t_2일 때가 t_1일 때보다 크다.

~~ㄷ~~. 동적 평형 상태인 t_3일 때 $I_2(s)$이 $I_2(g)$으로 승화되는 반응과 $I_2(g)$이 $I_2(s)$으로 승화되는 반응은 같은 속도로 일어난다.

04 액체와 기체 사이의 상평형

밀폐된 진공 용기에 액체를 넣은 경우 동적 평형 상태에 도달할 때까지는 용기 내 액체의 양(mol)은 감소하고 기체의 양(mol)은 증가하며, 동적 평형 상태에 도달한 이후에는 액체의 양(mol)과 기체의 양(mol)이 각각 일정하게 유지된다.

㉠. (가)에서 t_2일 때는 동적 평형 상태에 도달하기 전이고, t_3일 때는 동적 평형 상태이다. $H_2O(g)$의 양(mol)은 t_3일 때가 t_2일

때보다 많고, $H_2O(l)$의 양(mol)은 t_3일 때가 t_2일 때보다 적으므로 $\frac{H_2O(g)\text{의 양(mol)}}{H_2O(l)\text{의 양(mol)}}$은 t_3일 때가 t_2일 때보다 크다.

ㄴ. 동적 평형 상태에 도달하기 전에는 증발 속도가 응축 속도보다 크므로 $\frac{\text{증발 속도}}{\text{응축 속도}}$가 1보다 크고, 동적 평형 상태에서는 증발 속도와 응축 속도가 같으므로 $\frac{\text{증발 속도}}{\text{응축 속도}}$가 1이다. (나)에서 t_1일 때는 동적 평형 상태에 도달하기 전이고, t_3일 때는 동적 평형 상태이므로 $\frac{A(l)\text{의 증발 속도}}{A(g)\text{의 응축 속도}}$는 t_1일 때가 t_3일 때보다 크다.

ㄷ. 동적 평형 상태에서는 증발 속도와 응축 속도가 같다. t_3일 때 (가)와 (나)는 모두 동적 평형 상태이므로 (가)에서 $\frac{H_2O(g)\text{의 응축 속도}}{H_2O(l)\text{의 증발 속도}}$와 (나)에서 $\frac{A(g)\text{의 응축 속도}}{A(l)\text{의 증발 속도}}$는 1로 같다.

05 pH와 pOH

(가)는 pOH > pH이므로 $HCl(aq)$이다. (나)와 (다)는 각각 $H_2O(l)$과 $NaOH(aq)$ 중 하나인데, $\frac{[OH^-]}{[H_3O^+]}$의 상댓값이 (나) > (다)이므로 (나)가 $NaOH(aq)$이고, (다)가 $H_2O(l)$이다.

ㄱ. (가)에서 $\frac{pH}{pOH}=\frac{1}{3}$, pH+pOH=14.0을 연립하면 pH=3.5, pOH=10.5이다. (가)의 pOH는 10.0보다 크다.

ㄴ. (나)는 $NaOH(aq)$이므로 $[H_3O^+]<1\times10^{-7}$ M이다.

ㄷ. (다)는 $H_2O(l)$이므로 $\frac{[OH^-]}{[H_3O^+]}=1$이다. (나)의 $\frac{[OH^-]}{[H_3O^+]}$를 x라고 하면 (나)와 (다)에서 $x:1=1:10^{-11}$의 비례식이 성립하여 $x=1\times10^{11}$이다. (나)에서 pH−pOH=11.0, pH+pOH=14.0을 연립하면 pH=12.5, pOH=1.5이다. |pH−pOH|는 (가)에서 |3.5−10.5|=7.0, (나)에서 |12.5−1.5|=11.0이므로 (나)가 (가)보다 4.0만큼 크다.

06 pOH와 용액의 희석

pOH는 $HCl(aq)$이 $NaOH(aq)$보다 크므로 (가)는 $HCl(aq)$이고, (나)는 $NaOH(aq)$이다. a M $HCl(aq)$ 10 mL에 물 90 mL를 가해 용액 100 mL가 되면 $[H_3O^+]$는 희석 전의 $\frac{1}{10}$배가 되어 pH는 1.0 증가하고 pOH는 1.0 감소한다. 따라서 $4k-(k+8.0)=1.0$이 성립하여 $k=3.0$이다. a M $HCl(aq)$의 pOH가 12.0이므로 pH는 2.0이고 $a=1\times10^{-2}$이다. b M $NaOH(aq)$의 pOH가 3.0이므로 $b=1\times10^{-3}$이다. 따라서 $\frac{k\times b}{a}=\frac{3.0\times1\times10^{-3}}{1\times10^{-2}}=\frac{3}{10}$이다.

07 수용액의 pH와 pOH

(가)의 $[H_3O^+]$가 (나)의 $[OH^-]$의 1000배이므로 (나)의 pOH는 (가)의 pH보다 3.0만큼 크다. (나)의 pH와 pOH가 각각 $19x$, $(3x+3.0)$이며, 25℃에서 pH+pOH=14.0이므로 $19x+3x+3.0=14.0$에서 $x=0.5$이다.

ㄱ. (다)에서 $[H_3O^+]$가 $[OH^-]$의 100배로, pH가 pOH보다 2.0만큼 작으므로 pH와 pOH는 각각 6.0과 8.0이다. 따라서 $k=\frac{pH}{x}=\frac{6.0}{0.5}=12$이다.

ㄴ. (가)는 pH가 1.5이므로 pOH는 12.5이다.

ㄷ. (나)는 pH가 9.5이므로 pOH는 4.5이다. (나)의 $[H_3O^+]$와 $[OH^-]$가 각각 $1\times10^{-9.5}$ M와 $1\times10^{-4.5}$ M이므로 $\frac{[OH^-]}{[H_3O^+]}=\frac{1\times10^{-4.5}}{1\times10^{-9.5}}=1\times10^5$이다.

08 pH, pOH와 수용액의 희석

pH−pOH가 0보다 큰 (가)는 $NaOH(aq)$이고, 0인 (나)는 $H_2O(l)$이고, 0보다 작은 (다)는 $HCl(aq)$이다.

ㄱ. (가)는 $NaOH(aq)$이다.

ㄴ. (가)에서 pH−pOH=10.0, pH+pOH=14.0을 연립하면 pH=12.0, pOH=2.0이다. 몰 농도(M)에 용액의 부피(L)를 곱해 물질의 양(mol)을 구하면 OH^-의 양은 $[OH^-]\times0.01$ L=0.01 M×0.01 L=1×10^{-4} mol이다.

ㄷ. (다)에서 pH−pOH=−11.0, pH+pOH=14.0을 연립하면 pH=1.5이다. 0.01 M $NaOH(aq)$ 10 mL인 (가)와 $H_2O(l)$ 90 mL인 (나)를 모두 혼합한 수용액은 1×10^{-3} M $NaOH(aq)$이므로 pOH=3.0이다.

따라서 $\frac{\text{(가)와 (나)를 모두 혼합한 수용액의 pOH}}{\text{(다)의 pH}}=\frac{3.0}{1.5}=2$이다.

09 pH와 pOH

pH=pOH인 (다)는 $H_2O(l)$이다. 수용액에서 pH와 pOH의 합은 일정하므로 0.1 M $HCl(aq)$에 물을 넣어 농도가 $\frac{1}{10}$배가 될 때 pH는 1.0 증가하고 pOH는 1.0 감소하며, 0.01 M $NaOH(aq)$에 물을 넣어 농도가 $\frac{1}{10}$배가 될 때 pOH는 1.0 증가하고 pH는 1.0 감소한다. 따라서 농도가 $\frac{1}{10}$배가 될 때 pH−pOH가 2.0 감소한 (가)는 $NaOH(aq)$이고, pH−pOH가 2.0 증가한 (나)는 $HCl(aq)$이다.

ㄱ. (가)는 0.01 M $NaOH(aq)$이므로 pOH=−log 0.01=2.0이고, pH=12.0이다. (나)는 0.1 M $HCl(aq)$이므로 pH=−log 0.1=1.0이고, pOH=13.0이다. pH−pOH는 (가)에서 12.0−2.0=10.0, (나)에서 1.0−13.0=−12.0이므로

$a+b=10.0+(-12.0)=-2.0<0$이다.

ㄴ. (가)는 0.01 M NaOH(aq)이므로 $[OH^-]=1\times10^{-2}$ M이고, (나)는 0.1 M HCl(aq)이므로 $[H_3O^+]=1\times10^{-1}$ M, $[OH^-]=1\times10^{-13}$ M이다. 따라서 $\frac{c}{d}=\frac{1\times10^{-2}}{1\times10^{-13}}=1\times10^{11}$이다.

ㄷ. 0.1 M HCl(aq) 10 mL인 (나)에 물 90 mL를 넣으면 $[H_3O^+]=1\times10^{-2}$ M로 희석 전의 $\frac{1}{10}$배가 된다. 물의 이온화 상수(K_w)가 일정한 값을 가지므로 $[OH^-]$는 희석 전의 10배인 $10d$ M이다.

10 OH^-의 몰비와 pH, pOH

pH가 (가)>(나)이므로 $[H_3O^+]$는 (나)>(가)이다. 몰 농도는 물질의 양(mol)에는 비례하고 용액의 부피에는 반비례하므로 $[OH^-]$의 비는 (가) : (다)$=\frac{1}{10}:\frac{10^5}{100}=1:10^4$이고, $[H_3O^+]$의 비는 (가) : (다)$=10^4:1$이다.

ㄱ. $[H_3O^+]$가 (나)>(가)>(다)이므로 (나)는 HCl(aq), (가)는 $H_2O(l)$, (다)는 NaOH(aq)이다.

ㄴ. (나)는 HCl(aq)으로 pH<pOH이므로 $|pH-pOH|=-(pH-pOH)=10.0$이다. pH+pOH=14.0과 연립하면 pH=2.0, pOH=12.0이며, $\frac{pOH}{pH}=6$이다.

ㄷ. (가)($H_2O(l)$)의 $[H_3O^+]=1\times10^{-7}$ M이고 $[H_3O^+]$의 비가 (가) : (다)$=10^4:1$이므로 (다)의 $[H_3O^+]=1\times10^{-11}$ M이다. 따라서 $x=11.0$이다.

11 수용액의 pH와 pOH

pOH−pH가 (가)는 −7.0, (나)는 11.0, (다)는 −12.0이며, 각 수용액에서 pH+pOH=14.0이므로 (가)에서 pH=10.5, pOH=3.5이고, (나)에서 pH=1.5, pOH=12.5이고, (다)에서 pH=13.0, pOH=1.0이다.

ㄱ. ㉡에 물을 넣어 1 L로 만든 수용액의 pH가 ㉡의 pH보다 작으므로 ㉡은 염기성 수용액이며, pOH가 ㉡이 ㉢보다 크므로 ㉡은 (가), ㉢은 (다)이다. 따라서 ㉠은 (나)이며, ㉠의 pOH인 $x=12.5$이다.

ㄴ. 몰 농도(M)에 용액의 부피(L)를 곱해 물질의 양(mol)을 구하면 (가)(㉡)에서 OH^-의 양은 $1\times10^{-3.5}$ M$\times$0.1 L$=1\times10^{-4.5}$ mol이고, (나)(㉠)에서 H_3O^+의 양은 $1\times10^{-1.5}$ M$\times$0.01 L$=1\times10^{-3.5}$ mol이다. 따라서 $\frac{\text{㉡에서 } OH^- \text{의 양(mol)}}{\text{㉠에서 } H_3O^+ \text{의 양(mol)}}=\frac{1}{10}$이다.

ㄷ. pOH=1.0, pH=13.0인 수용액 (다)(㉢)는 0.1 M NaOH(aq)이다. 0.1 M NaOH(aq) 100 mL에 물을 넣어 1 L로 만들면 희석 용액의 pOH는 1.0 증가하여 2.0이 되고, pH는 1.0 감소하여 12.0이 되므로 $\frac{pH}{pOH}=\frac{12.0}{2.0}=6$이다.

12 H_3O^+의 양(mol)과 $\frac{[H_3O^+]}{[OH^-]}$

(가)에서 $\frac{[H_3O^+]}{[OH^-]}=1\times10^{10}$, $[H_3O^+][OH^-]=1\times10^{-14}$이므로 $[H_3O^+]=1\times10^{-2}$ M, $[OH^-]=1\times10^{-12}$ M이다.

ㄱ. $[H_3O^+]$는 H_3O^+의 양(mol)에는 비례하고, 용액의 부피에는 반비례하므로 $[H_3O^+]$의 비는 (가) : (나)$=\frac{2n}{V}:\frac{n}{5V}=10:1$이다. $[H_3O^+]$는 (가)가 (나)의 10배이다.

ㄴ. (나)에서 $[H_3O^+]=1\times10^{-3}$ M, $[OH^-]=1\times10^{-11}$ M이므로 $\frac{[H_3O^+]}{[OH^-]}=\frac{1\times10^{-3}}{1\times10^{-11}}=1\times10^8$이다.

ㄷ. OH^-의 양(mol)은 $[OH^-]$와 용액의 부피에 각각 비례하므로 OH^-의 몰비는 (가) : (나)$=1\times10^{-12}\times V:1\times10^{-11}\times5V=1:50$이다. 따라서 OH^-의 양(mol)은 (나)가 (가)의 50배이다.

11 산 염기와 중화 반응

수능 2점 테스트 본문 167~169쪽

01 ⑤	02 ④	03 ④	04 ⑤	05 ②	06 ③
07 ⑤	08 ⑤	09 ⑤	10 ①	11 ①	12 ③

01 브뢴스테드 · 로리 산과 염기

2가지 반응의 화학 반응식은 다음과 같다.

(가) $CO_3^{2-}+H_2O \longrightarrow HCO_3^-+OH^-$

(나) $CH_3COOH+H_2O \longrightarrow CH_3COO^-+H_3O^+$

㉠. ㉠은 H_2O이다.

㉡. (가)에서 ㉠(H_2O)은 CO_3^{2-}에게 양성자(H^+)를 주고 OH^-이 되므로 브뢴스테드·로리 산이다.

㉢. (나)에서 ㉠(H_2O)은 CH_3COOH으로부터 양성자(H^+)를 받아 H_3O^+이 되므로 브뢴스테드·로리 염기이다.

02 중화 반응에서 이온의 양(mol)

a M $H_2A(aq)$ 10 mL에 들어 있는 H^+의 양은 $2\times a$ M$\times$10 mL $=20a$ mmol이다. b M NaOH(aq) 10 mL에 들어 있는 OH^-의 양은 b M$\times$10 mL$=10b$ mmol이고, 20 mL에 들어 있는 OH^-의 양은 b M $\times$20 mL$=20b$ mmol이다. (가)에 존재하는 H^+의 양은 $(20a-10b)$ mmol$=1$ mmol이고, (나)에 존재하는 OH^-의 양은 $(20b-20a)$ mmol$=4$ mmol이다. 따라서 $a=0.3$, $b=0.5$이므로 $b-a=0.5-0.3=0.2$이다.

03 중화 적정 실험

식초 A 1 mL에 CH_3COOH x mol이 들어 있으므로 A 15 mL에는 CH_3COOH $15x$ mol이 들어 있다. 이 중 $\frac{50\text{ mL}}{100\text{ mL}}=\frac{1}{2}$만 a M NaOH(aq)과 반응시켰으므로 중화 반응한 양(mol)은 $15x\text{ mol}\times\frac{1}{2}=a\text{ M}\times\frac{V}{1000}$ L이다. 따라서 $\frac{a\times V}{x}=7500$이다.

04 중화 반응

(가)에 들어 있는 OH^-의 양은 0.1 M$\times$20 mL$=$2 mmol이고, (나)에 들어 있는 H^+의 양은 2×0.2 M$\times$30 mL$=$12 mmol이다.

㉠. (나)에 들어 있는 H^+의 양(mol)이 (가)에 들어 있는 OH^-의 양(mol)보다 크므로 (다)의 액성은 산성이다.

㉡. (다)에 들어 있는 양이온(Na^+, H^+)의 양은 2 mmol$+$12 mmol$-$2 mmol$=$12 mmol이고, 음이온(A^{2-})의 양은 6 mmol이다.

㉢. (다)에 들어 있는 모든 양이온의 몰 농도(M) 합은 $\frac{12\text{ mmol}}{50\text{ mL}}$ $=0.24$ M>0.2 M이다.

05 브뢴스테드 · 로리 산과 염기

2가지 반응의 화학 반응식은 다음과 같다.

(가) $HCOOH+OH^- \longrightarrow HCOO^-+H_2O$

(나) $H_2PO_4^-+OH^- \longrightarrow HPO_4^{2-}+H_2O$

ㄱ. ㉡은 HPO_4^{2-}이다.

㉡. (가)에서 HCOOH은 OH^-에게 양성자(H^+)를 주고 $HCOO^-$이 되므로 브뢴스테드·로리 산으로 작용한다.

ㄷ. (나)에서 ㉠(OH^-)은 $H_2PO_4^-$으로부터 양성자(H^+)를 받아 H_2O이 되므로 브뢴스테드·로리 염기로 작용한다.

06 중화 적정 실험

식초 1 g에 CH_3COOH 0.03 g이 들어 있으므로 (가)에서 식초 20 g에는 CH_3COOH 0.03 g$\times$20$=$0.6 g이 들어 있고, 이 중 $\frac{x}{100}$만 KOH(aq)과 반응시켰으므로 CH_3COOH의 분자량이 60일 때 중화 반응한 양(mol)은 $\frac{0.6}{60}\times\frac{x}{100}$ mol$=$0.1 M $\times\frac{40}{1000}$ L이다. 따라서 $x=40$이다.

07 중화 반응과 몰 농도(M)비

(가)는 중성이므로 중화 반응의 양적 관계에 따라 $10a+2\times5b$ $=10c$, $a+b=c$이다. (나)는 중성이므로 중화 반응의 양적 관계에 따라 $15a+2\times20b=30c$, $3a+8b=6c$이다. 따라서 $5b=3c$이므로 $\frac{c}{b}=\frac{5}{3}$이다.

08 중화 반응과 이온 모형

(가)와 (나)에 들어 있는 이온의 종류가 다르므로 (가)와 (나)는 액성이 서로 다르다. 혼합 전 HCl(aq)의 부피가 작은 (가)가 염기성으로 ▲은 OH^-이고, 혼합 전 HCl(aq)의 부피가 큰 (나)가 산성으로 ☆은 H^+이다. (가)와 (나)의 부피가 30 mL로 같고, 혼합 전 HCl(aq)의 부피는 (나)가 (가)의 2배인데, 혼합 용액 1 mL에 들어 있는 ●은 (나)가 (가)의 2배이므로 ●은 Cl^-이다. 마찬가지로 □은 (가)가 (나)의 2배이므로 □은 Ca^{2+}이다.

㉠. ▲은 OH^-이므로 음이온이다.

㉡. (가)에서 이온 수 비가 Cl^- : $Ca^{2+}$$=1:1$이고, 혼합 전 용액의 부피비가 HCl($aq$) : $Ca(OH)_2(aq)=1:2$이므로 $a:b=\frac{1}{1}:\frac{1}{2}=2:1$이다. 따라서 $\frac{a}{b}=2$이다.

㉢. $\frac{\text{(가)에서 모든 양이온의 몰 농도(M) 합}}{\text{(나)에서 모든 음이온의 몰 농도(M) 합}}$ = $\frac{\text{(가) 1 mL에 들어 있는 양이온(□) 수}}{\text{(나) 1 mL에 들어 있는 음이온(●) 수}}=\frac{2}{4}=\frac{1}{2}$이다.

09 중화 적정 실험으로 몰 농도(M) 비교

(나)에서 중화 반응한 양(mmol)은 x M×40 mL=a M×45 mL이므로 $x=\frac{9}{8}a$이다. (다)에서 중화 반응한 양(mmol)은 y M×30 mL=a M×60 mL이므로 $y=2a$이다. 따라서 $\frac{y}{x}=\frac{2a}{\frac{9}{8}a}=\frac{16}{9}$이다.

10 중화 반응과 이온의 몰 농도(M)

0.2 M $H_2A(aq)$ 20 mL에 들어 있는 H^+의 양은 2×0.2 M×20 mL=8 mmol, A^{2-}의 양은 0.2 M×20 mL=4 mmol이다. a M NaOH(aq) V mL에 들어 있는 Na^+과 OH^-의 양은 각각 aV mmol이다.

㉠. (가)에는 OH^-이 있으므로 (가)의 액성은 염기성이다.

ㄴ(X). (가)에서 OH^-의 양(mol)과 A^{2-}의 양(mol)이 같으므로 $(aV-8)$ mmol=4 mmol, $aV=12$이다. 또 Na^+의 몰 농도(M)는 $\frac{aV}{20+V}=\frac{12}{20+V}=\frac{1}{5}$이므로 $V=40$, $a=0.3$이다. 따라서 $\frac{a}{V}=\frac{0.3}{40}=\frac{3}{400}<\frac{1}{100}$이다.

ㄷ(X). A^{2-}의 몰 농도(M)는 $x=\frac{4}{20+V}=\frac{4}{60}=\frac{1}{15}<\frac{1}{10}$이다.

11 중화 적정 실험

A 1 g에 CH_3COOH x g이 들어 있으므로 (가)에서 A 15 mL인 15 mL×$\frac{1\text{ g}}{a\text{ mL}}=\frac{15}{a}$ g에는 CH_3COOH $\frac{15x}{a}$ g이 들어 있다. 이 중 $\frac{1}{2}$만 0.1 M NaOH(aq)과 반응시켰으므로 CH_3COOH의 분자량이 60일 때 중화 반응한 양(mol)은 $\frac{15x}{60a}$ mol×$\frac{1}{2}$=0.1 M×$\frac{50}{1000}$ L이다. 따라서 $x=\frac{a}{25}$이다.

12 중화 반응과 이온 수 비

(나)는 이온이 2가지이므로 중성이며, 혼합 전 H^+ 수와 OH^- 수가 같으므로 $4aV=50b$이다. (가)는 중성인 (나)보다 NaOH(aq)의 비율이 작으므로 산성이다. (가)에 존재하는 이온의 양(mmol)은 Na^+이 $10b$, A^{2-}이 $aV=\frac{5}{4}\times10b$, H^+이 $2aV-10b=\frac{6}{4}\times10b$이다. (가)에 존재하는 이온 수 비는 Na^+ : A^{2-} : H^+=4 : 5 : 6이고, $x=6$이다. (나)에는 Na^+과 A^{2-}만 존재하고 양이온과 음이온의 전하량 합은 0이므로 이온 수 비는 A^{2-} : Na^+=1 : 2이고, $y=2$이다. 따라서 $\frac{x}{y}=\frac{6}{2}=3$이다.

수능 3점 테스트 (본문 170~176쪽)

01 ⑤	02 ③	03 ⑤	04 ①	05 ③	06 ⑤
07 ⑤	08 ②	09 ③	10 ②	11 ④	12 ②
13 ①	14 ②				

01 브뢴스테드·로리 산과 염기

(나)와 (다)의 화학 반응식은 다음과 같다.

(나) $HF+(CH_3)_3N \longrightarrow F^-+(CH_3)_3NH^+$

(다) $HF+HCO_3^- \longrightarrow F^-+H_2CO_3$

㉠. (가)에서 CH_3NH_2은 HCl로부터 양성자(H^+)를 받아 $CH_3NH_3^+$이 되므로 브뢴스테드·로리 염기이다.

㉡. ㉡은 HCO_3^-이다.

㉢. (나)와 (다)에서 모두 HF는 양성자(H^+)를 주고 F^-이 되므로 브뢴스테드·로리 산이다.

02 중화 적정 실험

(나)와 (다)에서 1 mL에 CH_3COOH이 각각 0.033 g, 0.039 g이 들어 있는 식초 Ⅰ, Ⅱ 10 mL씩을 0.1 M NaOH(aq)으로 중화 적정하였을 때 중화점까지 넣어 준 NaOH(aq)의 부피가 각각 55 mL, 65 mL이었다.

㉠. 같은 부피의 식초를 0.1 M NaOH(aq)으로 중화 적정할 때, 식초 1 mL에 들어 있는 CH_3COOH의 질량이 클수록 중화점까지 넣어 준 NaOH(aq)의 부피가 크므로 '중화점까지 넣어 준 NaOH(aq)의 부피가 크다.'는 ㉠으로 적절하다.

㉡. 같은 부피의 식초를 0.1 M NaOH(aq)으로 중화 적정할 때, 식초 1 mL에 들어 있는 CH_3COOH의 질량이 클수록 중화점까지 넣어 준 NaOH(aq)의 부피가 크므로 $x>65$이다.

ㄷ(X). (나)에서 반응한 CH_3COOH의 양(mol)은 반응한 NaOH의 양(mol)과 같다. 따라서 반응한 CH_3COOH의 양은 0.1 M×$\frac{55}{1000}$ L=5.5×10^{-3} mol이다.

03 중화 반응의 양적 관계

(가)~(다)에서 혼합 전 NaOH(aq)의 부피는 모두 같고, 산성 용액의 부피를 고려하면, (가)~(다)의 액성은 각각 염기성, 중성, 산성이다.

ㄷ̸. (가)에 들어 있는 이온은 모두 1가 양이온 또는 1가 음이온이므로 양이온 수와 음이온 수가 같다. 따라서 (가)에서 모든 음이온의 몰 농도(M) 합은 모든 양이온의 몰 농도(M) 합과 같은 $\frac{4}{15}$이다.

ⓛ. (가)는 염기성이므로 양이온은 Na^+만 들어 있고, Na^+의 몰 농도(M)는 $\frac{10c}{30}=\frac{4}{15}$이며, $c=0.8$이다. (나)는 중성이므로 양이온은 Na^+만 들어 있고, Na^+의 몰 농도(M)는 $\frac{10c}{50}=\frac{8}{50}=\frac{4}{25}=x$이다.

ⓒ. (나)는 중성이므로 중화 반응의 양적 관계는 $20a+20b=10c=8$, $a+b=0.4$이다. (다)는 산성이므로 존재하는 이온은 H^+, Cl^-, Br^-, Na^+이고, 양이온 수와 음이온 수가 같다. 따라서 (다)에서 모든 양이온의 몰 농도(M) 합은 모든 음이온의 몰 농도(M) 합과 같은 $\frac{30a+20b}{60}=\frac{3}{20}$이며, $3a+2b=0.9$이다. $a=0.1$, $b=0.3$이고, $\frac{b}{a}=\frac{0.3}{0.1}=3$이다.

04 중화 반응에서 이온의 몰 농도(M) 변화

NaOH(aq) 200 mL를 가했을 때 혼합 용액은 중성이다. 이때 중화 반응의 양적 관계는 0.2 M×100 mL=0.1 M×200 mL이다.

ⓞ. 혼합 용액에 들어 있는 이온은 모두 1가 양이온 또는 1가 음이온이므로 양이온 수와 음이온 수가 같아 NaOH(aq) 300 mL를 가했을 때 모든 양이온의 몰 농도(M) 합은 모든 음이온의 몰 농도(M) 합과 같은 $\frac{3}{40}$이다.

ㄴ̸. NaOH(aq) 200 mL를 가했을 때 혼합 용액은 중성이므로 음이온은 Cl^-만 들어 있어 Cl^-의 몰 농도(M)는 $\frac{0.2\times100}{100+200}=\frac{1}{15}=x$이다.

ㄷ̸. 0.1 M NaOH(aq)을 가할 때 모든 음이온의 몰 농도(M) 합은 중화점까지 감소하다가 중화점 이후로 점점 증가하지만 가한 NaOH(aq)의 몰 농도인 0.1 M보다 클 수 없다. NaOH(aq) V mL를 가했을 때 모든 음이온의 몰 농도(M) 합이 0.1 M보다 큰 $\frac{2}{15}$ M이므로 이때 혼합 용액의 액성은 중화점 이전인 산성이다. 산성 용액에서 음이온은 Cl^-만 들어 있으므로 Cl^-의 몰 농도(M)는 $\frac{0.2\times100}{100+V}=\frac{2}{15}$이고, $V=50$이다.

05 중화 적정 실험

CH_3COOH의 분자량을 M, 25℃에서 (나)에서 만든 수용액의 밀도를 d g/mL라고 할 때 w를 구하는 과정은 다음과 같다. 식초 A 1 g에 들어 있는 CH_3COOH의 질량이 w g이므로 식초 A 10 g에 들어 있는 CH_3COOH의 질량은 $10w$ g이다. (나)에서 만든 수용액 100 g의 부피는 $\frac{100\text{ g}}{d\text{ g/mL}}=\frac{100}{d}$ mL이고, 이 중 30 mL만 0.1 M NaOH(aq)과 반응시켰으므로 중화 반응한 양(mol)은 $\frac{10w\text{ g}}{M\text{ g/mol}}\times\frac{30\text{ mL}}{\frac{100}{d}\text{ mL}}=0.1\text{ M}\times\frac{V}{1000}$ L이다. $w=\frac{MV}{30000d}$이다.

ⓞ. 중화 적정을 통해 CH_3COOH의 양(mol)을 구할 수 있고, 반응한 CH_3COOH의 질량을 구하기 위해서 CH_3COOH의 분자량이 필요하다.

ⓛ. (나)에서 수용액 100 g을 만들었고 이 중 30 mL만 반응시켰으므로 수용액 100 g의 부피를 계산하기 위해서는 25℃에서 (나)에서 만든 수용액의 밀도가 필요하다.

ㄷ̸. NaOH(aq)의 몰 농도(0.1 M)를 알고 반응한 부피(V mL)를 측정하여 반응한 NaOH의 양(mol)을 계산할 수 있으므로 25℃에서 0.1 M NaOH(aq)의 밀도는 필요하지 않다.

06 중화 반응에서 이온의 몰 농도(M) 변화

NaOH(aq) 50 mL를 가했을 때 모든 양이온의 몰 농도(M) 합이 가장 작으므로 혼합 용액은 중성이다. 중화 반응의 양적 관계에 따라 0.1 M×V mL=a M×50 mL…ⓞ이다. 이때 혼합 용액에서 양이온은 Na^+만 들어 있으므로 Na^+의 몰 농도(M)는 $\frac{a\times50}{V+50}=\frac{1}{15}$이고, $750a=V+50$…ⓛ이다. ⓞ과 ⓛ을 이용하면 $a=0.2$, $V=100$이다. NaOH(aq) 150 mL를 가했을 때 혼합 용액은 염기성이고, 양이온은 Na^+만 들어 있으므로 Na^+의 몰 농도(M)는 $\frac{a\times150}{V+150}=\frac{30}{250}=\frac{3}{25}=x$이다. 따라서 $\frac{x\times V}{a}=\frac{\frac{3}{25}\times100}{0.2}=60$이다.

07 중화 적정 실험

Ⅰ 1 g에 CH_3COOH x g이 들어 있으므로 (다)에서 Ⅰ 50 mL인 50 mL×d_1 g/mL=$50d_1$ g에는 CH_3COOH $50d_1x$ g이 들어 있다. CH_3COOH의 분자량을 M이라고 하면 중화 반응한 양(mol)은 $\frac{50d_1x}{M}$ mol=a M×$\frac{20}{1000}$ L…ⓞ이다.

Ⅱ 1 g에 CH_3COOH y g이 들어 있으므로 (라)에서 Ⅱ 40 mL인 40 mL×d_2 g/mL=$40d_2$ g에는 CH_3COOH $40d_2y$ g이 들어 있다. 중화 반응한 양(mol)은 $\frac{40d_2y}{M}$ mol=a M×$\frac{24}{1000}$ L…ⓛ이다. ⓞ과 ⓛ을 이용하면 $\frac{40d_2y}{50d_1x}=\frac{24}{20}$이므로 $\frac{y}{x}=\frac{3d_1}{2d_2}$이다.

08 중화 반응과 이온 수 비

(가)~(다)는 존재하는 이온의 종류가 각각 3가지이므로 H^+과 OH^-이 없는 중성 용액이다. A가 HBr라고 하면, 중화 반응의 양적 관계에 따라 (가)에서 $20a+10c=20b$와 (나)에서 $30a+20c=20b$가 동시에 성립할 수 없으므로 모순이다. 따라서 A는 KOH이다. (가)에서 음이온(Cl^-) 수와 양이온(Na^+, K^+) 수가 같고, 이온 수 비에 따라 $Cl^- : Na^+ : K^+ = 20a : 20b : 10c = 2 : 1 : 1$이므로 $a : b : c = 2 : 1 : 2$이다. (다)에서 중화 반응의 양적 관계에 따라 $ax=60b+cy=30a+ay$이므로 $x-y=30$이다. 따라서 $\frac{b(x-y)}{a}=\frac{1}{2}\times 30=15$이다.

09 중화 반응과 몰 농도(M)비

(가)에서 음이온이 3가지(A^{2-}, OH^-, Cl^-)이므로 X는 HCl이고, (가)의 액성은 염기성이다. (나)에서 음이온이 2가지(A^{2-}, Cl^-)이므로 (나)의 액성은 산성 또는 중성이다. (나)에서 음이온의 몰 농도(M)비가 $A^{2-} : Cl^- = 20a : 20c = 1 : 1$이므로 $a=c$이다. (가)에서 음이온의 몰 농도(M)비가 $A^{2-} : Cl^- : OH^- = 10a : 10c : 20b-20a-10c = 10a : 10a : 20b-30a = 1 : 1 : 3$이므로 $a : 2b-3a = 1 : 3$, $2b-3a=3a$, $b=3a$이고, $a : b : c = 1 : 3 : 1$이다. (나)에서 H^+의 몰 농도(M)는 $\frac{40a+20c-10b}{50}=\frac{3}{5}a$이다. 따라서

$\frac{c\times(\text{나})\text{에서 } H^+\text{의 몰 농도(M)}}{a\times b}=\frac{a}{a\times 3a}\times\frac{3}{5}a=\frac{1}{5}$이다.

10 중화 적정 실험

A 1 g에 CH_3COOH 0.03 g이 들어 있으므로 (나)에서 A 10 mL인 10 mL$\times d_A$ g/mL$=10d_A$ g에는 CH_3COOH $0.3d_A$ g이 들어 있다. B 1 g에 CH_3COOH x g이 들어 있으므로 (나)에서 B 20 mL인 20 mL$\times d_B$ g/mL$=20d_B$ g에는 CH_3COOH $20d_Bx$ g이 들어 있다. A 10 mL와 B 20 mL를 혼합하면 CH_3COOH $(0.3d_A+20d_Bx)$ g이 들어 있고 이 중 $\frac{3}{10}$만 a M NaOH(aq)과 반응시켰으므로 CH_3COOH의 분자량이 60일 때 중화 반응한 양(mol)은 $\frac{0.3d_A+20d_Bx}{60}$ mol$\times\frac{3}{10}=a$ M$\times\frac{50}{1000}$ L이다. $0.3d_A+20d_Bx=10a$이고, $x=\frac{a-0.03d_A}{2d_B}$이다.

11 중화 적정 실험

A 1 g에 CH_3COOH w g이 들어 있으므로 (나)에서 A 10 mL인 10 mL$\times d_A$ g/mL$=10d_A$ g에는 CH_3COOH $10d_Aw$ g이 들어 있다. 이 중 $\frac{2}{5}$만 0.1 M KOH(aq)과 반응시켰으므로 CH_3COOH의 분자량을 M이라고 하면 중화 반응한 양(mol)은 $\frac{10d_Aw}{M}$ mol$\times\frac{2}{5}=0.1$ M$\times\frac{a}{1000}$ L…㉠이다.

B 1 g에 CH_3COOH 0.04 g이 들어 있으므로 (라)에서 B 20 mL인 $20d_B$ g에는 CH_3COOH $20d_B$ g$\times0.04=0.8d_B$ g이 들어 있다. 이 중 $\frac{3}{5}$만 0.1 M KOH(aq)과 반응시켰으므로 중화 반응한 양(mol)은 $\frac{0.8d_B}{M}$ mol$\times\frac{3}{5}=0.1$ M$\times\frac{6a}{1000}$ L…㉡이다. ㉠과 ㉡을 이용하면 $\frac{\frac{0.8d_B}{M}\times\frac{3}{5}}{\frac{10d_Aw}{M}\times\frac{2}{5}}=\frac{0.1\times\frac{6a}{1000}}{0.1\times\frac{a}{1000}}$이므로 $\frac{d_B}{d_A}=50w$이다.

12 중화 반응의 양적 관계

NaOH(aq)의 부피와 비교하여 산성 용액의 부피를 고려하면 (가)~(다)의 액성은 각각 산성, 중성, 염기성이다. (가)는 산성이므로 OH^-이 없어 음이온(Cl^-, A^{2-})의 몰 농도(M) 합은 $\frac{10a+20b}{30+V}=\frac{1}{10}$이고, $100a+200b=30+V$…㉠이다. (나)는 중성이므로 음이온(Cl^-, A^{2-})의 몰 농도(M) 합은 $\frac{20a+20b}{40+2V}=\frac{1}{10}$이고, $200a+200b=40+2V$…㉡이다. ㉠과 ㉡을 이용하면 $b=0.1$, $100a=V+10$…㉢이다. (나)는 중성이므로 중화 반응의 양적 관계에 따라 $20a+40b=20a+4=0.8V$…㉣이고, ㉢과 ㉣을 이용하면 $V=10$, $a=0.2$이다. (다)는 염기성으로 음이온의 양(mmol)은 각각 Cl^-이 $20a$, A^{2-}이 $30b$, OH^-이 $0.4\times3V-20a-2\times30b$이므로 전체 음이온의 양(mmol)은 $0.4\times3V-30b$이다. 따라서 (다)에서 모든 음이온의 몰 농도(M) 합은 $\frac{0.4\times3V-30b}{50+3V}=\frac{12-3}{80}=\frac{9}{80}=x$이다.

13 중화 적정 실험

밀도가 d_A g/mL인 A 1 mL의 질량은 1 mL$\times d_A$ g/mL$=d_A$ g이고, 이에 CH_3COOH w g이 들어 있으므로 A 1 g에는 CH_3COOH $\frac{w}{d_A}$ g이 들어 있다. (나)에서 A 20 g에는 CH_3COOH $20\frac{w}{d_A}$ g이 들어 있고, 이 중 $\frac{3}{5}$만 a M NaOH(aq)과 반응시켰으므로 CH_3COOH의 분자량을 M이라고 하면 중화 반응한 양(mol)은 $\frac{20w}{Md_A}$ mol$\times\frac{3}{5}=a$ M$\times\frac{20}{1000}$ L…㉠이다. 밀도가 d_B g/mL인 B 1 mL의 질량은 1 mL$\times d_B$ g/mL$=d_B$ g이고, 이에 CH_3COOH $2w$ g이 들어 있으므로 B 1 g에는 CH_3COOH $\frac{2w}{d_B}$ g이 들어 있다. (라)에서 B

x g에는 CH_3COOH $x \times \frac{2w}{d_B}$ g이 들어 있고, 이 중 $\frac{3}{4}$만 a M NaOH(aq)과 반응시켰으므로 중화 반응한 양(mol)은 $\frac{2wx}{Md_B}$ mol$\times\frac{3}{4}=a$ M$\times\frac{30}{1000}$ L…ⓒ이다. ㉠과 ⓒ을 이용하면 $\frac{8d_B}{xd_A}=\frac{2}{3}$이므로 $x=12\frac{d_B}{d_A}$이다.

14 중화 반응의 양적 관계

(나)의 액성은 중성이므로 (가)와 (다)의 액성은 각각 산성과 염기성이다. (가)의 부피는 50 mL+10 mL=60 mL이고, (가)는 산성이므로 음이온은 A^{2-}만 들어 있다. A^{2-}의 몰 농도(M)는 $\frac{50x}{60}=12a$이다. (나)는 중성이므로 음이온은 A^{2-}만 들어 있으며, A^{2-}의 몰 농도(M)는 $\frac{50x}{60+V}=8a$이다. $\frac{50x}{60}:\frac{50x}{60+V}=12a:8a=3:2$이므로 $V=30$이다. (나)는 중성이므로 중화 반응의 양적 관계는 $2\times50x=40y$, $5x=2y$이다. (다)는 염기성이므로 음이온의 양(mmol)은 각각 A^{2-}이 $50x$, OH^-이 $70y-2\times50x$이므로 전체 음이온의 양(mmol)은 $70y-50x$이다. 따라서 (다)에서 모든 음이온의 몰 농도(M) 합은 $\frac{70y-50x}{120}=\frac{70y-20y}{120}=\frac{5y}{12}=15a$이다. $\frac{y}{a}=36$이고, $V=30$이므로 $\frac{y}{a\times V}=\frac{36}{30}=\frac{6}{5}$이다.

12 산화 환원 반응과 화학 반응에서 출입하는 열

수능 2점 테스트

본문 189~191쪽

01 ①	02 ②	03 ③	04 ⑤	05 ③	06 ④
07 ④	08 ②	09 ③	10 ③	11 ②	12 ⑤

01 분자에서 각 원자의 산화수

전기 음성도는 O>C, C>H이므로 O>C>H이다. 따라서 아세트산(CH_3COOH)에서 각 원자의 산화수는 다음과 같다.

```
      H⁺¹ O⁻²
       |   ||
H⁺¹ ─ C⁻³ ─ C⁺³ ─ O⁻² ─ H⁺¹
       |
      H⁺¹
```

㉠. H, C, O 중 H의 전기 음성도가 가장 작으므로 CH_3COOH에서 모든 H의 산화수는 +1이다.

ⓧ. C의 산화수는 ㉠이 −3, ㉡이 +3이므로 ㉠과 ㉡은 같지 않다.

ⓧ. O의 산화수는 ㉢과 ㉣이 모두 −2이다.

02 산화 환원 반응식 완성하기

화학 반응 전후에 원자의 종류와 수는 변하지 않는다. H 원자 수로부터 $2b+6=2c$, O 원자 수로부터 $4a+2b=c+10$이고, 반응 전과 후의 전하량이 보존되므로 $-a+6=2a$이다. 이를 만족하는 $a=2$, $b=5$, $c=8$이다.

ⓧ. $c>a+b$이다.

㉡. O의 산화수는 H_2O_2에서는 −1, H_2O에서는 −2이다.

ⓧ. MnO_4^-에서 Mn의 산화수는 +7, Mn^{2+}에서 Mn의 산화수는 +2이다. 따라서 MnO_4^-은 환원되므로 산화제로 작용한다.

03 산화 환원 반응

산화수의 변화가 있는 반응이 산화 환원 반응이다.

(가) Na의 산화수가 0에서 +1로 증가하였고, H의 산화수가 +1에서 0으로 감소하였으므로 산화 환원 반응이다.

(ⓧ) 모든 원자의 산화수가 변하지 않으므로 산화 환원 반응이 아니다.

(다) Al의 산화수가 0에서 +3으로 증가하였고, Fe의 산화수가 +3에서 0으로 감소하였으므로 산화 환원 반응이다.

04 산화 환원 반응식 완성하기

산화 환원 반응에서 증가한 산화수의 합과 감소한 산화수의 합은 항상 같으므로 반응물과 생성물의 원자 수와 산화수 변화를 맞추어 화학 반응식을 완성할 수 있다.

㉠. $w=+1$, $x=y=0$, $z=+3$이므로 $w+x+y+z=4$이다.

㉡. Ag_2S에서 Ag의 산화수는 +1이고, Ag의 산화수는 0이므로 Ag의 산화수는 1 감소했다. 따라서 '산화수 1 감소'는 ㉠으로 적절하다.

㉢. Ag의 산화수는 1 감소하고, Al의 산화수는 3 증가하므로 감소한 산화수와 증가한 산화수가 같도록 계수를 맞추면 화학 반응식은 다음과 같다.

$$3Ag_2S+2Al \longrightarrow 6Ag+Al_2S_3$$

(Ag: 1×6 감소, Al: 3×2 증가)

따라서 $\frac{a+d}{b+c}=\frac{3+1}{2+6}=\frac{1}{2}$이다.

05 산화 환원 반응식과 산화수

산화제는 다른 물질을 산화시키고 자신은 환원되는 물질이고, 환원제는 다른 물질을 환원시키고 자신은 산화되는 물질이다.

㉠. (가)에서 S의 산화수는 SO_2에서 +4, H_2S에서 −2, S에서 0이므로 SO_2은 환원되고, H_2S는 산화된다. 따라서 SO_2은 산화제, H_2S는 환원제이다.

㉡. S의 산화수는 ㉠이 −2, ㉡은 0, ㉢은 +4, ㉣은 +6이므로 ㉣이 가장 크다.

~~㉢~~. (나)에서 산화제는 Cl_2, 환원제는 SO_2이다. 1 mol의 산화제와 반응하는 환원제의 양은 (가)에서 2 mol, (나)에서 1 mol이므로 (가)가 (나)의 2배이다.

06 산화 환원 반응식 완성하기

N는 산화수가 +5에서 +2로 감소하고, H와 O의 산화수는 변화가 없으므로 M은 산화수가 0에서 $+x$로 증가한다. 따라서 M은 M^{x+}으로 산화되고, NO_3^-은 NO로 환원된다.

증가한 산화수의 총합은 감소한 산화수의 총합과 같으므로 $ax=3c$이며, 1 mol의 산화제(NO_3^-)와 반응하는 환원제(M)의 양이 1.5 mol이므로 $a:c=3:2$이다. 반응 전과 후에 원자 수는 변하지 않으므로 H 원자 수로부터 $b=2d$, O 원자 수로부터 $3c=c+d$이다. 이를 만족하는 $x=2$이고, $a:b:c:d=3:8:2:4$이다. 따라서 $\left(\frac{c+d}{a+b}\right)\times x=\frac{2+4}{3+8}\times 2=\frac{12}{11}$이다.

07 금속과 금속 이온의 반응

A^+이 들어 있는 수용액에 $B(s)$를 넣었을 때 A^+이 남아 있으므로 넣어 준 $B(s)$는 모두 반응하였다.

㉠. $B(s)$가 B^{2+}으로 산화되면서 A^+은 $A(s)$로 환원되므로 $B(s)$는 환원제이다.

~~㉡~~. 넣어 준 $B(s)$가 모두 산화되어 B^{2+}이 되었으므로 $x=2$이고, 전하량은 보존되므로 $1\times 6N=1\times yN+2\times 2N$을 만족하는 $y=2$이다. 따라서 $x\times y=4$이다.

㉢. 반응한 A^+의 양이 $4N$ mol이므로 이동한 전자의 양은 $4N$ mol이다.

08 금속과 염산의 반응

$a=c$, $b=2d$, $b=3c$이므로 $a:b:c:d=2:6:2:3$이다.

$A(s)$와 $HCl(aq)$과의 산화 환원 반응의 화학 반응식은 다음과 같다.

$$2A(s)+6HCl(aq) \longrightarrow 2ACl_3(aq)+3H_2(g)$$

$A(s)$ $3N$ mol을 넣어 반응을 완결시켰을 때 $H_2(g)$ $3N$ mol이 발생했으므로 $A(s)$ $3N$ mol 중 $2N$ mol만 $H^+(aq)$ $6N$ mol과 반응하였고, $A^{3+}(aq)$ $2N$ mol이 생성되었다. $H^+(aq)$은 모두 반응하였고, $Cl^-(aq)$ $6N$ mol이 남아 있으므로 전체 이온의 양은 $8N$ mol이다.

09 금속과 금속 이온의 반응

넣어 준 금속 B의 양이 $2N$ mol에서 $4N$ mol로 $2N$ mol 증가할 때 전체 양이온의 양이 $7N$ mol에서 $6N$ mol로 N mol 감소하였으므로, 금속 B가 $2N$ mol 증가하면 전체 양이온의 양은 N mol 감소한다.

㉠. 전체 양이온의 양(mol)이 감소하므로 이온의 산화수는 B>A이고, 금속 B가 $2N$ mol 반응하여 생성된 B^{b+}의 양이 $2N$ mol 증가하면 전체 이온의 양이 N mol 감소해야 하므로 반응한 A^{2+}의 양은 $3N$ mol이어야 한다. 전하량은 보존되므로 $b\times 2N=2\times 3N$을 만족하는 $b=3$이다.

㉡. B가 $2N$ mol 반응할 때 전체 양이온의 양이 N mol 감소하므로 반응 전 A^{2+}의 양은 $8N$ mol이다.

~~㉢~~. 반응 몰비는 $A^{2+}:B=3:2$이므로 A^{2+} $8N$ mol이 모두 반응하는 데 필요한 B의 양은 $\frac{16}{3}N$ mol이다. 넣어 준 B의 양이 $6N$ mol이면 A^{2+}은 모두 반응하고, B^{3+}이 $\frac{16}{3}N$ mol 생성되므로 수용액에 들어 있는 전체 양이온의 양은 $\frac{16}{3}N$ mol이다. 따라서 $x=\frac{16}{3}$이다.

10 흡열 반응

열분해 반응은 물질을 높은 온도로 가열할 때 일어나는 분해 반응이다.

㉠. 화학 반응 전과 후 원자의 종류와 수는 보존되므로 ㉠은 C 원자 1개와 O 원자 2개로 이루어진 물질이다. 따라서 ㉠은 CO_2이다.

ㄴ. (가)는 열을 흡수하여 일어나는 반응이므로 흡열 반응이다.
ㄷ̸. (나)의 반응에서 반응 전과 후 모든 원자의 산화수 변화가 없으므로 (나)는 산화 환원 반응이 아니다.

11 발열 반응

발열 반응은 화학 반응이 일어날 때 열을 방출하는 반응이다.
드라이아이스의 크기가 작아지는 것은 $CO_2(s) \longrightarrow CO_2(g)$의 승화가 일어나기 때문이므로 ㉠은 흡열 반응이다.
산화 칼슘(CaO)과 물이 반응할 때 열이 발생하므로 ㉡은 발열 반응이다.
광합성은 식물이 빛에너지를 흡수하여 포도당을 합성하는 반응이므로 ㉢은 흡열 반응이다.

12 화학 반응에서 출입하는 열

화학 반응이 일어날 때 열을 방출하는 반응은 발열 반응, 열을 흡수하는 반응은 흡열 반응이다.
ㄱ. $NH_4NO_3(s)$이 물에 용해될 때 온도가 낮아졌으므로 $NH_4NO_3(s)$이 물에 용해되는 반응은 흡열 반응이다.
ㄴ. $CaCl_2(s)$이 물에 용해될 때 온도가 높아졌으므로 $CaCl_2(s)$이 물에 용해되는 반응은 발열 반응이다.
ㄷ. $CaCl_2(s)$을 이용한 실험의 결과가 가설과 일치하지 않으므로 가설은 옳지 않다. 따라서 '옳지 않다'는 ㉠으로 적절하다.

수능 3점 테스트 본문 192~197쪽

01 ④	02 ③	03 ⑤	04 ④	05 ⑤	06 ④
07 ③	08 ①	09 ②	10 ②	11 ③	12 ①

01 산화 환원 반응식과 양적 관계

산화는 산화수가 증가하는 반응, 환원은 산화수가 감소하는 반응으로 산화되는 물질에서 증가한 산화수의 총합은 환원되는 물질에서 감소한 산화수의 총합과 같다.
ㄱ. 전기 음성도는 F>O이므로 OF_2에서 O의 산화수는 +2, F의 산화수는 −1이다. O의 산화수는 0에서 +2로 증가되었으므로 $O_2(g)$는 산화되었고, 환원제로 작용한다.
ㄴ. Fe이 Fe^{2+}으로 산화되고, Cu^{2+}이 Cu로 환원되며, Cu^{2+} 1 mol이 반응하면 Fe^{2+} 1 mol이 생성되므로 반응 전과 후에 수용액 속 전체 이온의 양(mol)은 변화가 없다.
ㄷ̸. 반응 전과 후에 원자의 종류와 수는 변하지 않으므로 Ag 원자 수로부터 $2a=c$, S 원자 수로부터 $a=3d$, Al 원자 수로부터 $b=2d$이므로 이를 만족하는 $a:b:c:d=3:2:6:1$이다. 반응 전과 후에 Ag의 감소한 총 산화수는 6이므로 6 mol의 전자가 이동할 때 $Ag(s)$ 6 mol이 생성된다. 따라서 $Ag(s)$ 1 mol이 생성되기 위해 이동하는 전자의 양은 1 mol이다.

02 산화수와 산화 환원 반응의 양적 관계

(가)에서 S의 산화수는 +4에서 +6으로 증가하고, Cl의 산화수는 0에서 −1로 감소한다. (나)에서 N의 산화수는 +5에서 +2로 감소하고, S의 산화수는 −2에서 0으로 증가한다. (다)에서 Fe의 산화수는 +2에서 +3으로 증가하고, Mn의 산화수는 +7에서 +2로 감소한다. 산화수가 +5인 원자가 포함되어 있는 것은 (나)이므로 ㉠은 (나)이다.
(가)에서 산화제는 Cl_2, 환원제는 SO_2이고, (나)에서 산화제는 HNO_3, 환원제는 H_2S이며, (다)에서 산화제는 MnO_4^-, 환원제는 Fe^{2+}이다.
$\frac{\text{반응하는 환원제의 양(mol)}}{\text{반응하는 산화제의 양(mol)}}$은 (가)가 1, (나)가 $\frac{3}{2}$, (다)가 5이므로 ㉡은 (다)이고, ㉢은 (가)이다.
ㄱ. (나)의 HNO_3에서 N의 산화수가 +5이므로 ㉠은 (나)이다.
ㄴ. $\frac{\text{반응하는 환원제의 양(mol)}}{\text{반응하는 산화제의 양(mol)}}$은 ㉠이 $\frac{3}{2}$, ㉡이 5이므로 ㉡>㉠이다.
ㄷ̸. (가)~(다)에서 환원제는 각각 SO_2, H_2S, Fe^{2+}이고, 환원제 1 mol이 반응할 때 반응하거나 생성되는 H_2O의 양은 (가)~(다)에서 각각 2 mol, $\frac{4}{3}$ mol, $\frac{4}{5}$ mol이므로 (가)(㉢)가 가장 많다.

03 산화 환원 반응식의 완성과 양적 관계

반응 전과 후에 원자의 종류와 수는 변하지 않으므로 O 원자 수로부터 $am+b+2=am+5$를 만족하는 $b=3$이다. H 원자 수로부터 $am+2=10$이므로 $am=8$이고, 전하량은 보존되므로 $-a-b-2=-an-b$를 만족하는 $an=a+2$이다. 반응물에서 X의 산화수는 $m-1$, 생성물에서 X의 산화수는 $2m-n$이므로 $\frac{m-1}{2m-n}=\frac{1}{2}$을 만족하는 $n=2$이다. 따라서 $a=2$, $m=4$이다.
ㄱ̸. Y의 산화수는 YO^-에서 +1, Y^-에서 −1이므로 YO^-은 환원된다. 따라서 YO^-은 산화제이다.
ㄴ. $(a+b)\times\frac{m}{n}=(2+3)\times\frac{4}{2}=10$이다.
ㄷ. X의 산화수는 $X(OH)_4^-$에서 +3, XO_4^{2-}에서 +6이므로 X의 산화수는 3 증가한다. 따라서 $X(OH)_m^-$ 1 mol이 반응할 때 이동하는 전자의 양은 3 mol이다.

04 산화 환원 반응식의 완성과 양적 관계

Y의 산화수는 +7에서 +4로 감소하고, H와 O의 산화수는

변화가 없으므로 X의 산화수는 +2에서 $+x$로 증가한다. 따라서 YO_4^-은 환원되고 X^{2+}은 산화된다. 산화제(YO_4^-)와 환원제(X^{2+})의 반응 몰비가 1 : 3=b : a이므로 $a=3b$이다. 반응 전과 후에 원자의 수는 변하지 않으므로 H 원자 수로부터 $2c=d$이고, O 원자 수로부터 $4b+c=2b+d$, $2b=c$이므로 $a:b:c:d=3:1:2:4$이다.

ㄱ. $\frac{c+d}{a+b}=\frac{2+4}{3+1}=\frac{3}{2}$이다.

ㄴ. 반응 전과 후 전하량은 보존되므로 $2a-b=ax-d$이고, 이를 만족하는 $x=3$이다.

ㄷ. H_2O 2 mol이 반응할 때 이동하는 전자의 양이 3 mol이므로 H_2O 1 mol이 반응할 때 이동하는 전자의 양은 1.5 mol이다.

05 산화 환원 반응식의 완성과 양적 관계

반응 전과 후 원자의 종류와 수는 변하지 않으므로 (가)에서 O 원자 수로부터 $2n=8$을 만족하는 $n=4$이고, 전하량 보존으로부터 $5m-2+16=5n+2m$을 만족하는 $m=2$이다.

(나)에서 O 원자 수로부터 $2a=c$, H 원자 수로부터 $b=2c$, Cl 원자 수로부터 $b=2a+2d$이므로 $c=2d$이다. 따라서 $a:b:c:d=1:4:2:1$이다.

ㄱ. $\frac{n}{m}=\frac{4}{2}=2$이다.

ㄴ. $\frac{c+d}{a+b}=\frac{2+1}{1+4}=\frac{3}{5}$이다.

ㄷ. (가)에서 8 mol의 H_2O이 생성되기 위해 이동하는 전자의 양은 10 mol이고, (나)에서 2 mol의 H_2O이 생성되기 위해 이동하는 전자의 양은 2 mol이므로 1 mol의 H_2O이 생성되기 위해 이동하는 전자의 양(mol)은 (가)가 (나)의 $\frac{5}{4}$배이다.

06 금속과 금속 이온의 반응에서의 양적 관계

(나) 과정에서 A^{2+}이 들어 있는 수용액에 금속 B와 C를 넣어 반응이 완결되었을 때 수용액에 B^+과 C^{3+}이 들어 있으므로 A^{2+}은 모두 반응하였고, 금속 C가 x g 남았으므로 B는 모두 반응하였다. (다) 과정에서 A^{2+}이 들어 있는 수용액을 추가하여 반응이 완결되었을 때 수용액에 B^+과 C^{3+}만 들어 있으므로 A^{2+}이 (나) 과정 후 남은 C와 모두 반응했음을 알 수 있다.

ㄱ. (나) → (다)에서 증가한 전체 양이온의 양은 $4N$ mol이고, (나) 과정 후 남은 C와 (다)에서 추가한 A^{2+}이 모두 반응하였으므로 C^{3+} $4N$ mol의 전하량과 반응한 A^{2+}의 총 전하량이 같아야 한다. 따라서 A^{2+}이 들어 있는 수용액 100 mL에 들어 있는 A^{2+}의 양은 $6N$ mol이다.

ㄴ. (나) 과정 후 수용액에 들어 있는 C^{3+}의 양을 cN mol이라고 하면 B^+의 양은 $(6-c)N$ mol이며, 전체 전하량은 (가)와 (나)에서 같으므로 $2\times6N=1\times(6-c)N+3\times cN$을 만족하는 $c=3$이다. 따라서 (나) 과정 후 수용액에 들어 있는 $\frac{C^{3+}\text{의 양(mol)}}{B^+\text{의 양(mol)}}=\frac{3N}{3N}=1$이다.

ㄷ. (나) 과정에서 반응한 C의 양은 처음 넣어 준 양의 $\frac{3}{7}$이므로 (나) 과정 후 남은 C의 양은 처음의 $\frac{4}{7}$이다. 따라서 $x=\frac{4}{7}w$이다.

07 금속과 산의 반응에서의 양적 관계

Ⅲ에서 넣어 준 A와 B의 질량이 Ⅰ과 Ⅱ에서 A와 B의 질량과 같고 금속 A 중 일부는 녹지 않고 남았으므로, 1 M $H_2X(aq)$ V mL에 들어 있는 H^+은 모두 $H_2(g)$로 환원된다. 생성된 $H_2(g)$의 양(mol)이 $4N$이므로 1 M $H_2X(aq)$ V mL에 들어 있는 H^+의 양(mol)은 $8N$이며 X^{2-}의 양(mol)은 $4N$이다.

ㄱ. Ⅰ에서 생성된 $H_2(g)$의 양(mol)이 $3N$이므로 반응한 H^+의 양(mol)은 $6N$이며, 반응하지 않고 남은 H^+의 양(mol)이 $2N$이다. 전체 이온의 양(mol)이 $9N$이므로 반응 결과 생성된 A 이온의 양(mol)은 $3N$이며, 넣어 준 A는 모두 반응하였다(남은 H^+ $2N$, X^{2-} $4N$).

ㄴ. Ⅱ에서 생성된 $H_2(g)$의 양(mol)이 $3N$이므로 반응한 H^+의 양(mol)은 $6N$이며, 반응하지 않고 남은 H^+의 양(mol)이 $2N$이다. 전체 이온의 양(mol)이 $8N$이므로 반응 결과 생성된 B 이온의 양(mol)은 $2N$(남은 H^+ $2N$, X^{2-} $4N$)이다.

H^+ $6N$ mol과 각각 반응하여 생성된 A 이온과 B 이온의 양(mol)이 각각 $3N$, $2N$이므로 A 이온의 산화수는 +2, B 이온의 산화수는 +3이다. 따라서 $\frac{\text{B 이온의 산화수}}{\text{A 이온의 산화수}}=\frac{3}{2}$이다.

ㄷ. Ⅲ에서 B가 모두 반응하여 $H_2(g)$ $3N$ mol이 생성되고, A의 일부가 반응하여 $H_2(g)$ N mol이 생성되므로 반응한 A의 양은 N mol이다. A a g의 양이 $3N$ mol이므로 남은 A의 질량은 $\frac{2}{3}a$ g이다.

08 금속과 금속 이온의 반응에서의 양적 관계

(나)에서 넣어 준 C가 모두 반응하였으므로 C 이온의 양은 $3N$ mol이고, 전체 전하량은 보존되므로 A^{3+}이 모두 반응하였다면 C 이온의 산화수가 +6이어야 하므로 모순이다. 따라서 B^+이 모두 반응하였음을 알 수 있다.

ㄱ. (나)에서 2종류의 양이온 수 비가 1 : 2이므로 (가)에 들어 있는 B^+ $6N$ mol은 C $3N$ mol과 모두 반응한다. 반응 전후의 전하량은 보존되고 B^+과 C 이온의 반응 몰비가 2 : 1이므로 이온의 산화수비는 B : C=1 : 2이다. 따라서 C 이온은 C^{2+}이다.

ㄴ. (나)의 수용액에 들어 있는 금속 이온의 양은 A^{3+} $6N$ mol,

C^{2+} $3N$ mol이며, C를 $3N$ mol 추가하면 A^{3+} $2N$ mol이 환원되고 C가 $3N$ mol 산화되어 C^{2+} $3N$ mol이 생성되므로 수용액에는 A^{3+} $4N$ mol, C^{2+} $6N$ mol이 들어 있다. 따라서 이온 수 비율은 A^{3+}이 $\frac{2}{5}$, C^{2+}이 $\frac{3}{5}$이므로 ㉠은 A^{3+}이다.

ㄷ. $\frac{\text{(다)에서 수용액에 들어 있는 전체 양이온의 양(mol)}}{\text{(나)에서 수용액에 들어 있는 전체 양이온의 양(mol)}}=\frac{4N+6N}{6N+3N}=\frac{10}{9}$이다.

09 금속과 금속 이온의 반응에서의 양적 관계

산화되는 금속의 양이온 수는 증가하고, 환원되는 금속 양이온 수는 감소한다. 반응이 진행된 후 (가)와 (나)에서 $0\sim t$ min 동안 이동한 전자의 양(mol)이 같고, $\frac{\text{(나)에서 }B^{2+}\text{의 양(mol)}}{\text{(가)에서 }B^{2+}\text{의 양(mol)}}=\frac{3}{5}$이므로 (가)에서는 B^{2+}의 양(mol)이 증가(B가 B^{2+}로 산화), (나)에서는 B^{2+}의 양(mol)이 감소(B^{2+}이 B로 환원)했음을 알 수 있다. 이때 이동한 전자의 양을 $2xN$ mol이라고 하면 B^{2+}의 양은 (가)에서 $(1-x)N$ mol, (나)에서 $(1+x)N$ mol이다. $\frac{(1-x)N}{(1+x)N}=\frac{3}{5}$이므로 이를 만족하는 $x=\frac{1}{4}$이고, 이동한 전자의 양은 $\frac{1}{2}N$ mol이다.

(가)에서 A^{+}은 A로 환원되고, (나)에서 C는 C^{c+}으로 산화되므로 이동한 전자의 양이 $\frac{1}{2}N$ mol일 때 $\frac{\text{(나)에서 }C^{c+}\text{의 양(mol)}}{\text{(가)에서 }A^{+}\text{의 양(mol)}}=\frac{\left(1+\frac{1}{2c}\right)N}{\left(1-\frac{1}{2}\right)N}=\frac{7}{3}$을 만족하는 $c=3$이다.

t min일 때 (가)에서 금속 A의 양은 $\left(1+\frac{1}{2}\right)N$ mol, B의 양은 $\left(1-\frac{1}{4}\right)N$ mol이고, (나)에서 B의 양은 $\left(1+\frac{1}{4}\right)N$ mol, C의 양은 $\left(1-\frac{1}{6}\right)N$ mol이므로 $\frac{\text{(나)에서 전체 금속의 양(mol)}}{\text{(가)에서 전체 금속의 양(mol)}}\times c=\frac{\left(\frac{5}{4}+\frac{5}{6}\right)N}{\left(\frac{3}{2}+\frac{3}{4}\right)N}\times 3=\frac{25}{9}$이다.

10 금속과 금속 이온의 반응에서의 양적 관계

(가)와 (나)를 혼합했을 때 $B(s)$가 석출되었으므로 B^{a+}이 $B(s)$로 환원되었으며, 이온의 양(mol)이 $A^{b+}>A^{a+}$이므로 A^{a+}이 산화되어 A^{b+}이 생성되었음을 알 수 있다. 따라서 $b>a$이다. $b=2$, $a=1$이면 A^{+}은 A^{2+}으로 산화되고 B^{+}은 B로 환원되며, 이동한 전자의 양(mol)이 같으므로 (다)에서 이온의 양(mol)이 A^{+}과 B^{+}이 같게 되어 $y>x$인 조건에 모순이 된다. $b=3$, $a=1$이면 A^{+}은 A^{3+}으로 산화되고, B^{+}은 B로 환원되며, 이동한 전자의 양(mol)이 같으므로 이온의 양(mol)이 $A^{+}>B^{+}$이 되어 $y>x$인 조건에 모순이 된다. 따라서 $b=3$, $a=2$이다.

반응한 B^{2+}의 양을 zN mol이라고 하면, (다)에서 이온의 양은 A^{2+}이 $(1-2z)N$ mol, A^{3+}은 $(1+2z)N$ mol이므로 $(1-2z):(1+2z)=1:2$를 만족하는 $z=\frac{1}{6}$이다. 따라서 (다)에 들어 있는 이온의 양(mol)은 A^{2+}이 $xN=(1-2z)N=\frac{2}{3}N$, A^{3+}은 $2xN=\frac{4}{3}N$, B^{2+}은 $(1-z)N=\frac{5}{6}N=yN$이다. 따라서 $(a+b)\times\frac{x}{y}=(2+3)\times\frac{\frac{2}{3}}{\frac{5}{6}}=4$이다.

11 화학 반응에서 출입하는 열

$A(s)\sim C(s)$의 물에 대한 용해 반응에서 Ⅰ~Ⅲ 중 흡열 반응이 일어난 것은 1가지이고, $t_1>t_3>t_2$이므로 $B(s)$의 용해 반응이 흡열 반응이고, $A(s)$와 $C(s)$의 용해 반응은 발열 반응이다.

㉠. $A(s)$의 물에 대한 용해 반응은 발열 반응이므로 $t_1>25$이다.

㉡. $B(s)$의 물에 대한 용해 반응은 흡열 반응이다.

ㄷ. $C(s)$의 용해 반응이 발열 반응이므로 물 100 g에 용해되는 $C(s)$의 질량이 $\frac{1}{2}$배로 감소하더라도 수용액의 최고 온도는 25 ℃보다 높으며, $t_2<25$이므로 $C(s)$ w g이 물 100 g에 용해될 때 최고 온도는 t_2 ℃보다 높다.

12 화학 반응에서 출입하는 열

생석회의 물에 대한 용해 반응으로 용액의 온도가 높아졌으므로 생석회의 용해 반응은 발열 반응이다.

㉠. CaO의 물에 대한 용해 반응은 발열 반응이다.

ㄴ. CaO이 물에 용해되는 과정에서 Ca의 산화수는 반응 전과 후에 +2로 같다.

ㄷ. (다) 과정에서 모든 원소들의 산화수 변화가 없으므로 (다) 과정에서 일어나는 반응은 산화 환원 반응이 아니다.

국립 강릉원주대학교
국립
강릉
원주
대학교